高手指引

IT教育研究工作室◎编著

不懂

Excel透视表 怎能做好数据分析

中国水利水电出版社
www.waterpub.com.cn
·北京·

内 容 提 要

这是一本以“职场故事”为背景，讲解 Excel 透视表应用的经典技能图书。《不懂 Excel 透视表 怎能做好数据分析》可教给读者快乐运用、便捷享受 Excel 数据透视表的方式，让读者不仅能够解决工作上的难题、提高工作效率、提升展现能力，还能够将数据透视表变为工作中的好“助手”，平添工作乐趣。

《不懂 Excel 透视表 怎能做好数据分析》采用对话的形式，巧妙剖析每一个任务及解决方法。全书共 9 章，主要内容包括：透视表的创建方法与规则、透视表的布局、透视表的美化、透视表数据的分析与计算，以及透视图的应用、VBA 在透视表中的应用等内容。

《不懂 Excel 透视表 怎能做好数据分析》既适合于被大堆数据搞得头昏眼花的办公人士使用，也适合作为刚毕业或即将毕业走向工作岗位的广大毕业生及广大职业院校和计算机培训机构的参考用书。

图书在版编目(CIP)数据

不懂Excel透视表 怎能做好数据分析：高手指引 / IT教育研究工作室编著. —北京：中国水利水电出版社，2019.7

ISBN 978-7-5170-7523-3

Ⅰ. ①不… Ⅱ. ①I… Ⅲ. ①表处理软件 Ⅳ. ①TP391.13

中国版本图书馆CIP数据核字(2019)第051223号

丛 书 名	高手指引
书 名	不懂 Excel 透视表 怎能做好数据分析 BUDONG Excel TOUSHIBIAO ZEN NENG ZUO HAO SHUJU FENXI
作 者	IT 教育研究工作室 编著
出版发行	中国水利水电出版社 （北京市海淀区玉渊潭南路 1 号 D 座 100038） 网址：www.waterpub.com.cn E-mail：zhiboshangshu@163.com 电话：（010）62572966-2205/2266/2201（营销中心）
经 售	北京科水图书销售中心（零售） 电话：（010）88383994、63202643、68545874 全国各地新华书店和相关出版物销售网点
排 版	北京智博尚书文化传媒有限公司
印 刷	河北华商印刷有限公司
规 格	180mm×210mm 24 开本 12.75 印张 478 千字 1 插页
版 次	2019 年 7 月第 1 版 2019 年 7 月第 1 次印刷
印 数	0001—5000 册
定 价	69.80 元

序 / Foreword

新的一年又到了，有的人在新年之初收到了辛苦一年的礼物，也有的人在忙碌的加班中度过了新年的第一天。遥想前几年的跨年夜，小李要么在加班的路上，要么正在加班。而现在，已经升职为公司主管的小李早已行进在下班的路上，感受着新年的新气象。

在互联网时代，效率至关重要。正所谓商场如战场，如果稍有懈怠就会被抛下高速行进的职场“战车”。为了今日事今日毕，越来越多的职场精英在加班道路上越走越远。

作为公司主管，小李每天要面对无数的Excel表格，并对表格进行深入的分析，他却很少需要加班。如果要问小李为什么可以快速地从海量表格中找出想要的数据，那么他一定会推荐数据透视表。用好数据透视表可以获得高效的数据分析能力，让用户轻松面对数据的统计、分析和管理。

虽然小李已经不再需要加班，但想当初，初入公司时面对屏幕上海量的Excel表格，他是什么反应呢？

小 李

我是小李，毕业于普通院校，读会计专业。在学校的时候，我就知道了Excel的重要性，所以一直潜心学习。进入职场后，本以为凭借学校的刻苦学习，可以一展抱负。哪曾想遇到一位严格的上司，每天布置的统计、汇总任务层出不穷，就算我每天加班，也不能及时完成工作。

还好我遇到了“贵人”，他在公司从不加班，用简单易懂的思路教会我如何使用数据透视表分析数据。

我是小李的上司——张经理。我的用人理念是：只有高效率的工作能力，才能匹配高效率的团队。

小李刚到公司时，我发现虽然他对Excel的了解比普通新人强一点，但是一让他分析、汇总数据就错漏频出。不过，他通过学习数据透视表的使用，不仅能快速分析和汇总数据，还能从数据中分析出商机。

小李具有这么强大的数据分析能力，不让他做公司主管都可惜了。

张经理

王 Sir

我是小李的前辈——王Sir。作为公司的内训师，我以提高员工效率为己任。在多年的培训实践中，我发现在分析数据时Excel数据透视表是新人的最佳工具。很多员工在学习数据透视表的应用后，就打开了数据分析的“大门”。用好数据透视表，可以减少工作量、加快工作效率。

对小李，我想说：方法只有一个，思路四通八达。我传授给他的是方法，应用和扩展却源于他本身。

>>> 数据透视表为什么能帮助原本平凡的小李成长为公司主管？

因为数据透视表让小李不仅学会了如何高效办公，还学会了数据分析、汇总的方法，总能从海量的数据中找到需要的精华部分。学好数据透视表，会发现数据透视表就是多类职场人士（如财务、行政、会计、销售、库管、项目经理、数据分析专员等）的好“帮手”。在职场中，只要需要用到Excel的人，都应该学会如何应用数据透视表。

>>> 可是会用数据透视表的职场人士也不少，为什么别人没有获得同小李一样的成就呢？

王 Sir

学习了数据透视表却没有效果，有以下几种原因。

原因1：没有系统学习。现在网络发达，很多人都认为，没有必要系统学习，有问题时可以通过百度搜索。可是，百度搜索虽然能解决一部分问题，但学习到的知识都是零散的——不能形成系统的知识体系，无法牢固记忆。

原因2：认为基础不重要。数据透视表的基础是Excel，如果不能制作出标准的数据源，那么数据透视表的分析也无从下手。因此，Excel基础的学习是数据透视表学习的奠基石。

原因3：学习“大、全、广”。数据透视表的操作技巧很多，需要全部学习吗？学完了，实用吗？有时间和精力吗？只有结合当前职场案例，将理论与实际操作相结合，才能学到有用的方法。

哈哈，小李成长为公司主管，当然有我的功劳。

功劳1：用“苛刻”的标准来要求小李分析、统计数据。我也是财务出身，对小李严格要求，所以他学习到了正确的数据分析、统计和汇总方式，养成了严谨的分析习惯。

功劳2：布置的任务经典实用。我在职场中摸索了十几年，遇到的问题有千百种，所以布置的任务也都是可以提高他对数据透视表的综合运用能力的，如为数据透视表布局、使用数据透视图展示数据、使用数据透视表分析数据等。

那么，你想不想知道张经理给小李布置了哪些任务，王Sir又是如何指导小李完成这些任务的呢？

赶快打开本书来看一看吧。书中的经典案例就是张经理布置给小李的任务，而小李的困惑也是大多数人学习数据透视表的困惑。跟着小李一起完成这些任务，与小李一起打开数据透视表的大门，从此让我们一起远离加班吧！

前言

在使用Excel时，数据透视表经常会被人遗忘。很多人以为，在职场中使用Excel表格就可以了。但是只会制表有什么用，还得会分析和汇总数据。分析数据、汇总数据这些都是日常的重要工作，面对如海的报表，怎样才能快速找出需要的数据是高效工作的第一步。另外，很多人在分析数据时只想到了公式和函数，而忽略了数据透视表。如果只需要动动鼠标完成"拖""拽""点"这几个简单的动作就可以准确地找出想要的数据，那么面对如此快捷方便的方法，为什么不去学习呢？

《不懂Excel透视表　怎能做好数据分析》的宗旨是，用简单的数据透视表解决令人头疼的海量数据问题。本书以职场真人真事——小李用数据透视表攻克难关为例，讲解如何在职场中使用数据透视表分析和汇总数据的方法，并提高管理数据、分析数据的能力。

本书相关特点

1 漫画教学，轻松有趣

本书将小李和身边的真实人物虚拟为漫画角色，以对话的形式提出要求、表达对任务的困惑、找到解决任务的各种方法，让读者在轻松的氛围中学习数据透视表，沿着小李的学习道路找到学习数据透视表的捷径。

2 真人真事，案例教学

书中的每一个小节都是从小李接到张经理的任务开始，提出任务后，分析任务，并图文并茂地讲解任务的解决方法。一个任务对应一个经典职场难题。这些任务贴合实际工作，读者可以轻松地将任务中的技法应用到实际工作中。相信读者在与小李一起攻破任务后，对数据透视表的理解会有一个"质"的提升。

3 掌握方法，灵活应用

很多人在学习数据透视表时，总是不能应用到实际工作中，其问题归根结底在于，知其然，而不知其所以然，并没有掌握使用的方法。而书中的每一个案例在讲解操作前，均以人物对话形式告知解决思路和方法，让读者明白为什么这么做，不再生搬硬套。

4 实用功能，学以致用

数据透视表的功能很多，但并不是每一项功能都适合应用于工作中。学习数据透视表的目的在于，提高工作效率，高效完成工作任务，而工作中不实用的功能学会了也无用武之地。本书结合真实的职场案例，精选实用的功能，以保证读者可学以致用。

5 技巧补充，查漏补缺

数据透视表的很多功能都是环环相扣的，为了扩展使用功能，书中穿插了“温馨提示”和“技能升级”栏目来及时对当前内容进行补充，以免读者在学习时遗漏重要内容。

赠送 学习资源

>>> 本书还赠送以下多维度学习套餐，真正超值实用！

- 1000个Office商务办公模板文件，包括Word模板、Excel模板、PPT模板，这些模板文件可以拿来即用，读者不用再去花时间与精力搜集整理。
- 《电脑入门必备技能手册》，即使读者不懂电脑，也可以通过本手册的学习，掌握电脑入门技能，更好地学习Excel办公应用技能。
- 12集电脑办公综合技能视频教程，即使读者一点基础都没有，也不用担心学不会，学完此视频就能掌握电脑办公的相关入门技能。
- 《Office办公应用快捷键速查表》帮助读者快速提高办公效率。

温馨提示：
以上资源，请用微信扫描下方二维码关注公众账号，输入代码sD3819eT，获取下载地址及密码。

官方微信公众账号

致亲爱的读者

若工作不高效，职场何来晋升？

90%的人都想改变现状，而付诸行动的人却不到30%。

从买下这本书的那一刻起，你就已经超越了绝大部分的人！

人一生中，“学习”是最有价值的投资。

利用碎片化时间给自己充电，身在职场，学无止境！

更多职场技能，可以用微信“扫一扫”功能，扫描下方的二维码进入恒图教育旗下的“新精英充电站”在线学习课堂。学习答疑QQ群：386353945。

在线学习课堂

本书由IT教育研究工作室策划并组织编写。全书由一线办公专家和多位MVP（微软全球最有价值专家）教师合作编写，他们具有丰富的Excel办公实战经验，对于他们的辛苦付出在此表示衷心的感谢。同时，由于计算机技术发展非常迅速，书中疏漏和不足之处在所难免，敬请广大读者及专家指正。

读者学习QQ交流群：744564267

编著者

START
SOLUTIONS

目录

CHAPTER 1 不会公式与函数，那就用数据透视表

CHAPTER 2 你的第一张数据透视表

CHAPTER 4
美化透视表，赏心悦目人人爱

4.1 表格样式，让数据透视表更美观

4.2 数据格式，让数据有据可依

4.3 条件格式，让领导一眼看清条件数据

CHAPTER 5
数据分析，重点数据轻松查看

5.1 排序，让数据排队“站好”

5.2 筛选，找出符合要求的数据

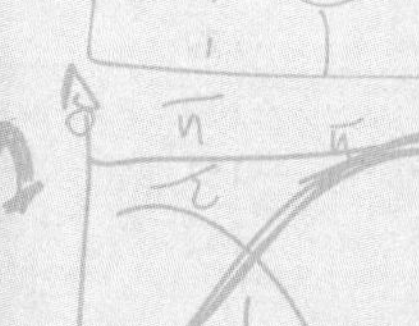

CHAPTER 7

数据计算，让数据透视表更强大

7.1 多款汇总方式，总有一款适合你

7.2 百变数据透视表的值显示方式

7.3 在数据透视表中使用计算字段和计算项

7.4 玩转复合范围的数据透视表

CHAPTER 8

VBA，自动化办公解放双手

8.1 使用宏，让你远离加班的苦恼

CHAPTER 1

不会公式与函数，那就用数据透视表

自工作以来，每天奋战在Excel表的“海洋”，自认为对Excel有了七分精通。可是，在面对数据统计时，还是感到力不从心——用公式和函数，感觉太深奥，函数读不懂，公式看不清。看着别人一长串的公式用下来，想要的结果就呈现在面前了，轮到自己的时候，总是出现错误。也不知道公式和函数的出现到底是为了方便大家，还是为了折磨公式和函数的“小白”。

还好，王Sir就像指路明灯，指引我找到了数据透视表的使用方法。对于我来说，数据统计变得越来越简单了。

小 李

很多职场新人都会觉得Excel方便、简单，以我多年的经验：方便是肯定的，简单却不一定。

在统计数据时，很多人都觉得使用公式和函数可能比较快。可是，公式和函数对于使用者有着比较严格的要求。稍微复杂一点的数据统计就需要使用数组公式，而对于刚入职的职场“菜鸟”来说，搞懂公式已经不容易，还要使用数组公式，那简直是一团乱。

所以我总是会告诉他们，如果不会公式与函数，那么就使用数据透视表吧！

王 Sir

1.1 看清数据透视表的“真面目”

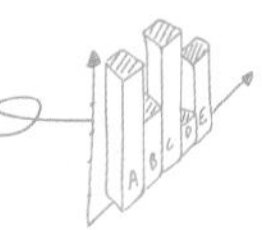

张经理

小李，把公司这两个月的销售业绩统计一下，开会时要分析各地区的销售情况。

小李

张经理，这是您要的数据报表，保证内容翔尽。

	A	B	C	D
3	行标签	求和项:单价	求和项:数量	求和项:销售额
4	湖北	20320	208	718520
5	长沙	20320	208	718520
6	门店	20320	208	718520
7	1月	10160	98	339610
8	冰箱	2690	29	78010
9	电视	4290	38	163020
10	空调	3180	31	98580
11	2月	10160	110	378910
12	冰箱	2690	38	102220
13	电视	4290	43	184470
14	空调	3180	29	92220
15	陕西	43110	332	1436820

张经理

小李，虽然你的Excel表格做得还不错，但是这次制作的数据透视表毫无章法。

（1）**汇总方式**不明确，让人不知道应该查看哪一项汇总。

（2）添加的**字段**过多。没有经过筛选的数据透视表字段，查看起来还不如Excel的数据源表。

（3）**数据项**统计没有指向性，毫无参考价值。

（4）数据表完全没有**格式**，无从区分数字的样式。

数据字段？数据项？这说的是Excel表中的内容吗？难道我用了一个假的Excel？

1.1.1 认识数据透视表

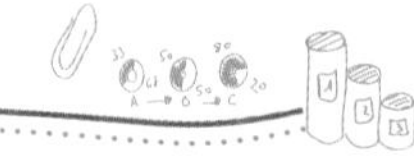

小李

王Sir，张经理说我的数据透视表毫无章法，难道数据透视表不是表格的另一种表现形式吗？还需要什么章法？

王Sir

小李啊，看来你还不知道数据透视表到底是什么。

数据透视表并不是表格的另一种表现形式，它最大的特点在于，可以快速整理**关键数据、汇总数据**。张经理希望看到的并不是一张跟数据源表有相同数据的表格，而是一份具有参考价值的**数据报表**。

数据透视表是Excel中一款强大的数据处理分析工具。通过数据透视表，用户可以快速分类汇总、筛选和比较海量数据。如果把Excel中的海量数据比作一个数据库，那么数据透视表就是根据数据库生成的动态汇总报表。这个报表可以存在于当前工作表中，也可以存储在一个外部数据文件中。在日常工作中，如果遇到含有大量数据记录、结构复杂的工作表，需要将其中的一些内在规律显现出来，就可以使用数据透视表快速整理出有意义的报表。

在为工作表创建数据透视表后，用户就可以使用各种方法重新安排或插入专门的公式执行新的计算，从而快速制作出一份数据报告。虽然我们也可以通过其他的方法制作出相同的数据报告，但是，如果使用数据透视表，用户只需要通过拖动字段就可以轻松改变报表的布局结构，从而创建出多份具有不同意义的报表。如果有需要，单击几次鼠标，就可以为数据透视表快速应用一些样式，使报表更加赏心悦目。数据透视表最大的优点是，如果对公式和函数不太熟悉，只需要通过鼠标的操作就可以统计、计算数据，从而避开公式和函数的使用，避免错误出现。

如果仅凭文字还不能理解数据透视表带来的便利，那么通过一个小例子，相信读者就能了解数据透视表的神奇之处了。例如，用户需要在公司销售业绩工作表中计算出每一个城市的总销售额，下面使用两种方法进行演示。

方法1：使用公式和函数来计算。操作方法是：先在J2单元格中输入数组公式{=LOOKUP(2,1/((B$2:B$61<>"")*NOT(COUNTIF(J$1:J1,B$2:B$61))),B$2:B$61)}，使用填充柄向下复制公式，直到出现单元格错误提示，以提取出不重复的城市名称，如图1-1所示；然后在K2单元格中输入数组公式{=SUM(IF($B: $B=J2, $H:$H))}，使用填充柄向下复制公式，即可计算出该公司在各城市的总销售额，如图1-2所示。

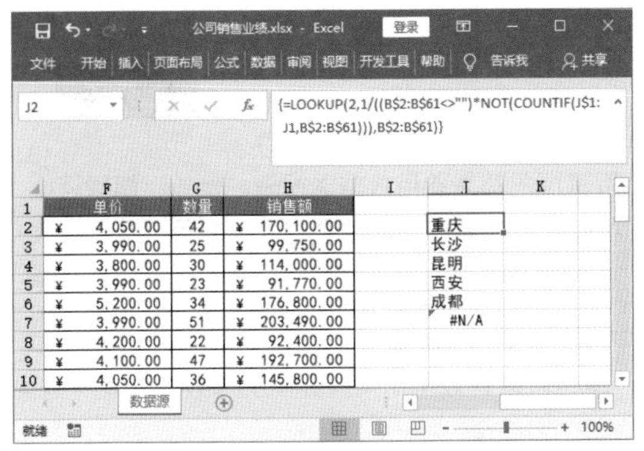

图1-1 提取城市名称

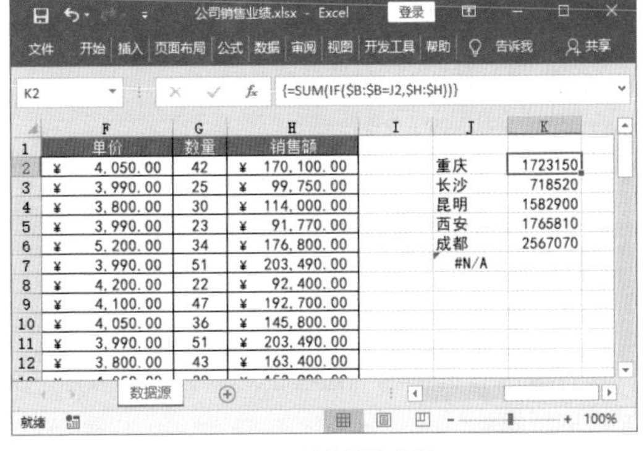

图1-2 计算销售总额

方法2：使用数据透视表来计算。操作方法是：先选中数据源表格，以其为依据创建数据透视表，然后根据需要在右侧【数据透视表字段】窗格中勾选字段，本例勾选【所在城市】字段和【销售额】字段，即可快速统计出该公司在各城市的总销售额，如图1-3所示。

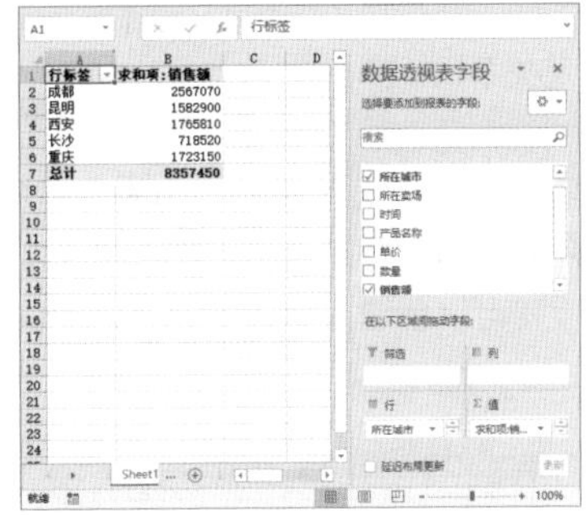

图1-3 使用数据透视表的统计结果

在得出统计结果后，还可以根据需要对销售额数据进行排序和筛选。通过以上两种方法的对比，相信读者不难看出Excel数据透视表在数据分析中的强大之处。

1.1.2 这些时候需要使用数据透视表

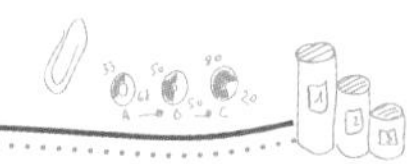

小李

王Sir，原来数据透视表如此强大，我决定以后一定要多用数据透视表。

王Sir

小李，数据透视表的功能虽然强大，但并不是所有情况都需要用数据透视表。例如，如果只需对一组数据进行简单的排序、筛选，是不需要使用数据透视表的。数据透视表一般用于**数据量较大、较复杂**的表格。

了解在什么情况下适合使用数据透视表这一分析工具，可以有效帮助用户提高工作效率并减少错误发生的概率。

以下这些情况就适合使用数据透视表。

☆ 需要处理含有大量、复杂数据的表格。

☆ 需要对经常变化的数据源进行及时的分析和处理。

☆ 需要对数据进行有效的分组。

☆ 需要分析数据的变化趋势。

☆ 需要找出数据间的某种特定关系。

……

例如，在一张工作表中记录了某几个地区某阶段分公司的销售情况，如图1-4所示。因为每一个分公司又下辖多个专卖店，所以数据众多。如果要在这样一张工作表中整理、分析出一些内在的规律，如分析各分店的销售额、销售数量等，就可以创建数据透视表，以便快速进行数据分组并进行相关的分类汇总处理。

	A	B	C	D	E	F	G	H
1	所在省份（自治区/直辖市）	所在城市	所在卖场	时间	产品名称	单价	数量	销售额
2	陕西	西安	七街门店	1月	电视	¥ 4,050.00	42	¥ 170,100.00
3	陕西	西安	七街门店	1月	冰箱	¥ 3,990.00	25	¥ 99,750.00
4	四川	成都	1号店	1月	电视	¥ 3,800.00	30	¥ 114,000.00
5	四川	成都	1号店	1月	冰箱	¥ 3,990.00	23	¥ 91,770.00
6	陕西	西安	三路门店	1月	空调	¥ 5,200.00	34	¥ 176,800.00
7	四川	成都	1号店	1月	空调	¥ 3,990.00	51	¥ 203,490.00
8	陕西	西安	三路门店	1月	电视	¥ 4,200.00	22	¥ 92,400.00
9	陕西	西安	三路门店	1月	冰箱	¥ 4,100.00	47	¥ 192,700.00
10	四川	成都	2号店	1月	空调	¥ 4,050.00	36	¥ 145,800.00
11	四川	成都	2号店	1月	电视	¥ 3,990.00	51	¥ 203,490.00
12	四川	成都	2号店	1月	冰箱	¥ 3,800.00	43	¥ 163,400.00
13	四川	成都	3号店	1月	空调	¥ 4,050.00	38	¥ 153,900.00
14	四川	成都	3号店	1月	电视	¥ 3,990.00	29	¥ 115,710.00
15	四川	成都	3号店	1月	冰箱	¥ 3,800.00	31	¥ 117,800.00
16	四川	西安	七街门店	1月	空调	¥ 4,130.00	33	¥ 136,290.00
17	云南	昆明	学府路店	1月	冰箱	¥ 4,050.00	43	¥ 174,150.00
18	云南	昆明	学府路店	1月	空调	¥ 3,700.00	38	¥ 140,600.00
19	云南	昆明	学府路店	1月	电视	¥ 3,800.00	29	¥ 110,200.00
20	云南	昆明	两路店	1月	电视	¥ 4,050.00	31	¥ 125,550.00
21	云南	昆明	两路店	1月	冰箱	¥ 3,650.00	33	¥ 120,450.00
22	云南	昆明	两路店	1月	空调	¥ 3,800.00	43	¥ 163,400.00
23	湖北	长沙	门店	1月	电视	¥ 4,290.00	38	¥ 163,020.00
24	湖北	长沙	门店	1月	冰箱	¥ 2,690.00	29	¥ 78,010.00
25	湖北	长沙	门店	1月	空调	¥ 3,180.00	31	¥ 98,580.00
26	重庆	重庆	1分店	1月	冰箱	¥ 3,990.00	38	¥ 151,620.00
27	重庆	重庆	1分店	1月	空调	¥ 3,800.00	29	¥ 110,200.00
28	重庆	重庆	1分店	1月	电视	¥ 4,130.00	31	¥ 128,030.00
29	重庆	重庆	2分店	1月	电视	¥ 4,050.00	33	¥ 133,650.00
30	重庆	重庆	2分店	1月	冰箱	¥ 4,290.00	51	¥ 218,790.00
31	重庆	重庆	2分店	1月	空调	¥ 4,100.00	43	¥ 176,300.00
32	陕西	西安	七街门店	2月	电视	¥ 4,050.00	31	¥ 125,550.00
33	陕西	西安	七街门店	2月	冰箱	¥ 3,990.00	31	¥ 123,690.00
34	四川	成都	1号店	2月	电视	¥ 3,800.00	33	¥ 125,400.00
35	四川	成都	1号店	2月	冰箱	¥ 3,990.00	43	¥ 171,570.00
36	陕西	西安	三路门店	2月	空调	¥ 5,200.00	38	¥ 197,600.00

图1-4 数据量大的工作表

1.1.3 看懂数据透视表的组成结构

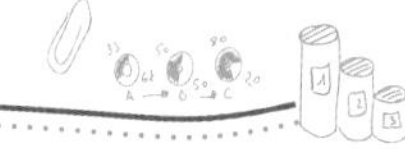

小李

王Sir，我现在倒是有一点了解数据透视表了。但是我以前用得少，连其组成结构都不清楚。你能不能教教我？

王Sir

小李，你终于明白“**磨刀不误砍柴工**”的道理了。与其想着快速入手、直接操作，不如先认识数据透视表的组成结构，以后才能更好地操作数据透视表。

创建数据透视表后，将光标定位到数据透视表中，Excel将自动打开【数据透视表字段】窗格，如图1-5所示。在其中可以对数据透视表的字段进行各种设置，并同步反映到数据透视表中。在认识数据透视表时，我们可以结合【数据透视表字段】窗格一起来认识。

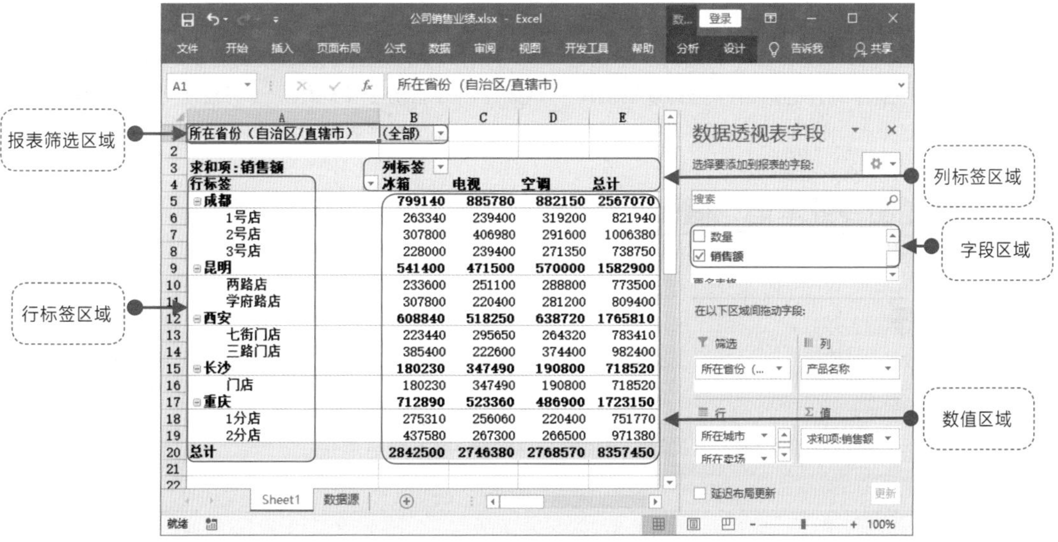

所在省份（自治区/直辖市）	(全部)			
求和项:销售额	列标签			
行标签	冰箱	电视	空调	总计
成都	799140	885780	882150	2567070
1号店	263340	239400	319200	821940
2号店	307800	406980	291600	1006380
3号店	228000	239400	271350	738750
昆明	541400	471500	570000	1582900
两路店	233600	251100	288800	773500
学府路店	307800	220400	281200	809400
西安	608840	518250	638720	1765810
七街门店	223440	295650	264320	783410
三路门店	385400	222600	374400	982400
长沙	180230	347490	190800	718520
门店	180230	347490	190800	718520
重庆	712890	523360	486900	1723150
1分店	275310	256060	220400	751770
2分店	437580	267300	266500	971380
总计	2842500	2746380	2768570	8357450

图1-5　数据透视表

1 字段区域

创建数据透视表后，字段将全部显示在【数据透视表字段】窗格的字段区域中。在字段区域中勾选需要的字段，即可将其添加到数据透视表中。

2 行标签区域

在【数据透视表字段】窗格的行标签区域中添加字段后，该字段将作为数据透视表的行标签显示在相应区域中。通常情况下，我们将一些可用来进行分组或分类的内容，例如【所在城市】【所在部门】【日期】等设置为行标签。

3 列标签区域

在【数据透视表字段】窗格的列标签区域中添加字段后，该字段将作为数据透视表的列标签显示在相应区域中。我们将一些可随时间变化而变化的内容，例如，将【年份】【季度】【月份】等设置为列标签，可以分析出数据随时间变化的趋势；再如，将【产品销量】【员工所在部门】等设置为列标签，可以分析出同类数据在不同条件下的情况或某种特定关系。

4 数值区域

数值区域是数据透视表中包含数值的大面积区域，其中的数据是对数据透视表中行字段和列字段数据的计算与汇总。在【数据透视表字段】窗格的值区域中添加字段时，需要注意该区域中的数据一般都是可以计算的。

5 报表筛选区域

报表筛选区域位于数据透视表的最上方。在【数据透视表字段】窗格的筛选区域中添加字段后，该字段将以一个下拉列表的形式显示在相应区域中。如果添加了多个字段，数据透视表的报表筛选区域中将出现多个下拉列表。通过选择下拉列表中的选项，可以一次性对整个数据透视表中的数据进行筛选。我们可以将一些重点统计的内容放置到该区域中，例如【所在省份】【班级】【分店】等。

1.1.4 忌抛出专业术语，假装很精通

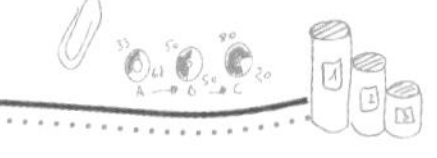

小李

王Sir，我把【产品名称】添加到行字段，这样显示是不是更清楚了？

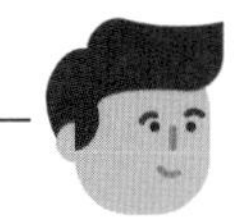

王Sir

小李，虽然我知道你刚学习数据透视表，但是说话的时候用了**行字段**这样的专业术语，听起来就会觉得很专业。不过，可千万不要假装很精通，而要真的理解这些专业术语。

刚开始接触数据透视表的用户容易混淆数据透视表中的各项元素，这样会导致在学习过程中产生错误的理解。为了避免这种情况，我们需要了解这些专业术语的详细解释。

1 数据源

数据源就是用于创建数据透视表的数据来源。数据源的形式可以是单元格区域，也可以是定义的名称，还可以是另一个数据透视表或其他外部数据来源，如文本文件、Access数据库及SQL Server数据库等。

2 字段

显示在【数据透视表字段】窗格中字段区域的数据透视表字段，其实就是数据源中各列的标题。每一个字段代表了一类数据。结合前面对数据透视表基本结构的介绍，根据字段在数据透视表中所处的区域，可以将字段分为行字段、列字段、值字段和筛选字段，如图1-6所示。

所在省份（自治区/直辖市）	(全部)			
求和项:销售额	列标签			
行标签	冰箱	电视	空调	总计
成都	799140	885780	882150	2567070
1号店	263340	239400	319200	821940
2号店	307800	406980	291600	1006380
3号店	228000	239400	271350	738750
昆明	541400	471500	570000	1582900
两路店	233600	251100	288800	773500
学府路店	307800	220400	281200	809400
西安	608840	518250	638720	1765810
七街门店	223440	295650	264320	783410
三路门店	385400	222600	374400	982400
长沙	180230	347490	190800	718520
门店	180230	347490	190800	718520
重庆	712890	523360	486900	1723150
1分店	275310	256060	220400	751770
2分店	437580	267300	266500	971380
总计	2842500	2746380	2768570	8357450

图1-6 数据透视表的字段

- ☆ 行字段：位于数据透视表行标签区域中的字段。在含有多个行字段的数据透视表中，各个行字段将根据层次关系从左到右依次展开（在以大纲形式显示的报表布局中尤其明显），如图1-6中行字段【所在城市】和【所在卖场】所显示出的情况。

☆ 列字段：位于数据透视表列标签区域中的字段，如图1-6中【产品名称】字段。

☆ 值字段：位于数据透视表最远离数值区域的外部行字段上方的字段，如图1-6中【求和项：销售额】字段。其中【求和项】表示对该字段中的项进行了求和计算。

☆ 报表筛选字段：位于数据透视表报表筛选区域中的字段，如图1-6中【所在省份（自治区/直辖市）】字段。通过在筛选字段的下拉列表中选择需要的项，可以对整个数据透视表进行筛选，从而显示出单个项或所有项的数据。

3 项

数据透视表中的项是指每个字段中包含的数据。以图1-6所示的数据透视表为例，部分项与所属字段的关系如下。

☆ 【（全部）】是属于【所在省份（自治区/直辖市）】字段中的项。

☆ 【成都】【昆明】【西安】【长沙】【重庆】是属于【所在城市】字段中的项。

☆ 【冰箱】【电视】【空调】是属于【产品名称】字段中的项。

☆ 【1号店】【2号店】【3号店】等是属于【所在卖场】字段中的项。

1.2 数据讲规则，排队更轻松

张经理

小李，最近四年的销售情况数据透视表做好了吗？

小李

张经理，数据透视表已经做好了，简直小菜一碟。

	A	B	C	D	E	F
1	行标签	求和项:2014年	求和项:2015年	求和项:2016年	求和项:2017年	求和项:2018年
2	成都	7550	4568	7983	5688	6988
3	昆明	9852	8744	8766	9866	8863
4	西安	6577	5466	4468	5433	4725
5	重庆	6890	7782	7845	7729	7564
6	总计	30869	26560	29062	28716	28140

张经理

小李，你怕是对数据透视表有什么误解吧，这样的数据透视表跟Excel表格有区别吗？就这个数据透视表来说，我要的是呈现**汇总信息**，而不是事无巨细的数据。

你需要搞清楚数据透视表的创建规则，重新制作出有效的数据透视表。

1.2.1 数据源设计四大准则

小李

王Sir，我创建了一个数据透视表，可是看起来数据跟Excel数据源表中的差不多，这是怎么回事呢？

王Sir

小李，虽然你现在声称自己已经会做数据透视表了，但是你没有认清数据透视表创建的根本。

数据透视表是在数据源的基础上创建的，如果数据源设计不规范，那么创建的数据透视表就会漏洞百出。因此，在制作数据透视表前，首先要明白规范的数据源应该是什么样子的。

并不是随便一个数据源都可以创建出有效的数据透视表。如果要创建数据透视表，对数据源会有以下一些要求。

1 数据源第一行必须包含各列的标题

如果数据源的第一行没有包含各列的标题（见图1-7），那么创建数据透视表后，在字段列表框中可以查看到每个分类字段使用的是数据源中各列的第一个数据（见图1-8），无法代表每一列数据的分类含义，而这样的数据难以进行下一步的操作。

	A	B	C	D	E	F
1	刘震源	1月	电暖器	¥1,050.00	32	¥33,600.00
2	刘震源	2月	电暖器	¥1,050.00	32	¥33,600.00
3	王光琼	1月	电暖器	¥1,050.00	40	¥42,000.00
4	王光琼	2月	电暖器	¥1,050.00	40	¥42,000.00
5	李小双	1月	电暖器	¥1,050.00	25	¥26,250.00
6	李小双	2月	电暖器	¥1,050.00	50	¥52,500.00
7	张军	1月	电暖器	¥1,050.00	42	¥44,100.00
8	张军	2月	电暖器	¥1,050.00	42	¥44,100.00

图1-7 第一行没有包含标题的数据源

图1-8 无法进行分析的数据透视表

如果是要用于创建数据透视表的数据源，首要的设计原则是：数据源的第一行必须包含各列的标题。只有这样的结构才能在创建数据透视表后正确显示出分类明确的标题，以方便进行后续的排序和筛选等操作。

2 数据源中不能包含同类字段

设计用于创建数据透视表的数据源，第二个需要注意的原则是：在数据源的不同列中不能包含同类字段。所谓同类字段，即类型相同的数据。在如图1-9所示的数据源中，B列到F列代表了5个连续年份的数据，这样的数据表（又被称为二维表）是数据源中包含多个同类字段的典型示例。

如果使用图1-9中的数据源创建数据透视表，由于每个分类字段使用的是数据源中各列的第一个数据，在右侧的【数据透视表字段】窗格中可以看到，生成的分类字段无法代表每一列数据的分类含义，如图1-10所示。面对这样的数据透视表，我们难以进行下一步的分析工作。

	A	B	C	D	E	F
1	地区	2014年	2015年	2016年	2017年	2018年
2	成都	7550	4568	7983	5688	6988
3	重庆	6890	7782	7845	7729	7564
4	昆明	9852	8744	8766	9866	8863
5	西安	6577	5466	4468	5433	4725

图1-9 数据表中包含同类字段

	A	B	C	D
1	行标签	求和项:2014年	求和项:2015年	求和项:2016年
2	成都	7550	4568	798
3	昆明	9852	8744	876
4	西安	6577	5466	446
5	重庆	6890	7782	784
6	总计	30869	26560	2906

数据透视表字段 选择要添加到报表的字段: 搜索 地区 2014年 2015年 2016年 在以下区域间拖动字段:

图1-10 无法进行分析的数据透视表

温馨提示

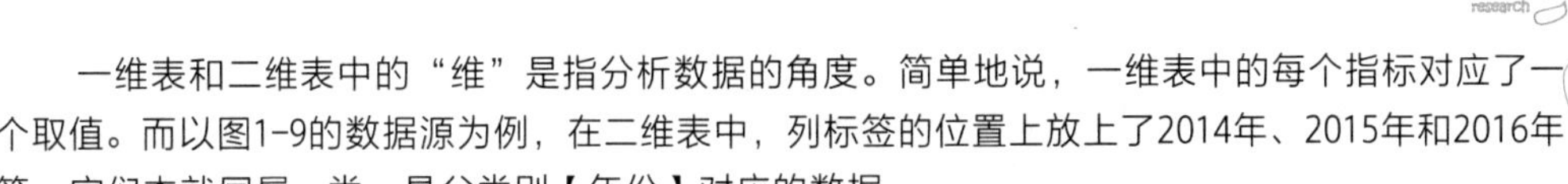

一维表和二维表中的“维”是指分析数据的角度。简单地说，一维表中的每个指标对应了一个取值。而以图1-9的数据源为例，在二维表中，列标签的位置上放上了2014年、2015年和2016年等，它们本就同属一类，是父类别【年份】对应的数据。

3 数据源中不能包含空行和空列

设计用于创建数据透视表的数据源，第三个需要注意的原则是：在数据源中不能包含空行和空列。当数据源中存在空行时，默认情况下，我们将无法使用完整的数据区域来创建数据透视表。例如，在图1-11所示的数据源中存在空行，那么在创建数据透视表时，系统将默认以空行为分隔线选择活动单元格所在区域，本例为空行上方的区域，忽视掉了其他数据区域。这样创建出的数据透视表，其中就不包含完整的数据区域了。

图1-11 包含空行的数据源

而当数据源存在空列时，也无法使用完整的数据区域来创建数据透视表。例如，在图1-12所示的数据源中存在空列，那么在创建数据透视表时，系统将默认以空行为分隔线选择活动单元格所在区域，本例为空列左侧的区域，忽视掉了空列右侧数据区域。

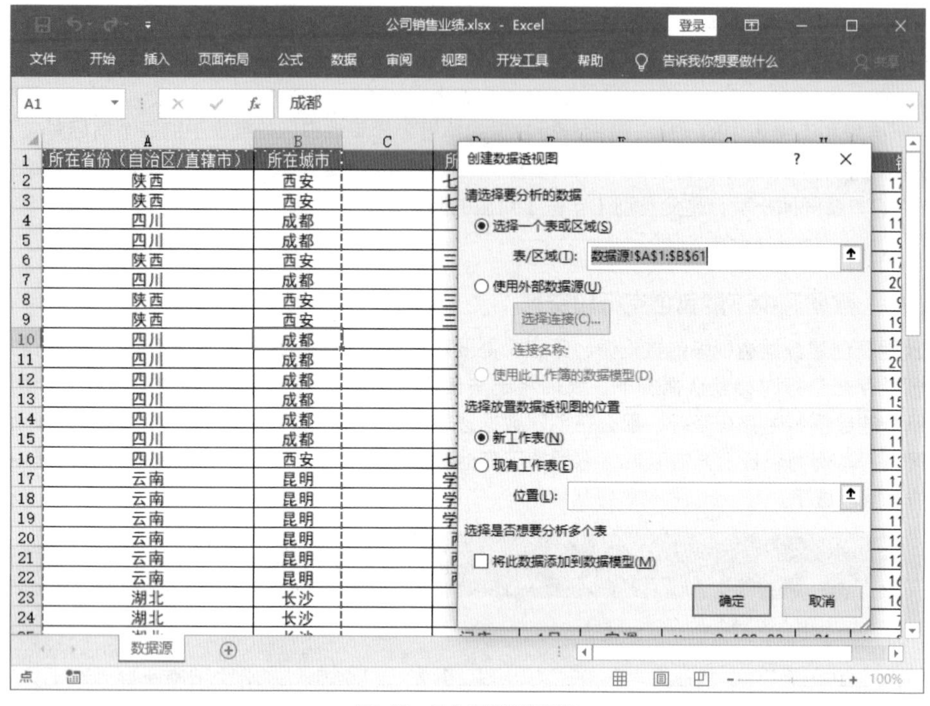

图1-12 包含空列的数据源

4 数据源中不能包含空单元格

设计用于创建数据透视表的数据源，第四个需要注意的原则是：在数据源中不能包含空单元格。与空行和空列导致的问题不同，即使数据源中包含空单元格，也可以创建出包含完整数据区域的数据透视表。但是，如果数据源中包含了空单元格，在创建好数据透视表后进行进一步处理时，很容易出现问题，导致无法获得有效的数据分析结果。如果数据源中不可避免地出现了空单元格，可以使用同类型的默认值来填充，例如在数值类型的空单元格中填充0。

1.2.2 只有标准数据源才能创建准确的数据库

小李

王Sir，我制作的Excel表格真有上面的问题，现在应该怎么办？重新做表格吗？

辛辛苦苦做好的Excel表格不必重新做。你只要找出问题，逐一解决就可以了。

★ 如果是二维表，就改为**一维表**。

★ 如果有空行和空列，就**删除空行和空列**。

★ 如果有空格，就**填充空格**。

放心，只要按照我说的做，很快就可以整理好数据源了。

数据源是数据透视表的基础。为了能够创建出有效的数据透视表，数据源必须符合以下几项默认的原则。对于不符合要求的数据源，我们可以加以整理，创建出准确的数据源。

1 将表格从二维变一维

当数据源的第一行中没有包含各列的标题时，解决问题的方法很简单：添加一行列标题即可。而在数据源的不同列中包含同类字段时，处理办法也不复杂：我们可以将这些同类的字段重组，使其存在于一个父类别下，然后相应调整与其相关的数据。

简单来说，当数据源用二维形式存储时，可以先将二维表整理为一维表（见图1-13），然后就可以进行数据透视表的创建了。

	A	B	C	D	E	F
1	地区	2014年	2015年	2016年	2017年	2018年
2	成都	7550	4568	7983	5688	6988
3	重庆	6890	7782	7845	7729	7564
4	昆明	9852	8744	8766	9866	8863
5	西安	6577	5466	4468	5433	4725

	A	B	C
1	地区	年份	销售量
2	成都	2014	7550
3	重庆	2014	6890
4	昆明	2014	9852
5	西安	2014	6577
6	成都	2015	4568
7	重庆	2015	7782
8	昆明	2015	8744
9	西安	2015	5466
10	成都	2016	7983
11	重庆	2016	7845
12	昆明	2016	8766
13	西安	2016	4468
14	成都	2017	5688
15	重庆	2017	7729
16	昆明	2017	9866
17	西安	2017	5433
18	成都	2018	6988
19	重庆	2018	7564
20	昆明	2018	8863
21	西安	2018	4725

图1-13　将二维表变一维表

2 删除数据源中的空行和空列

数据源中含有空行或空列会导致默认创建的数据透视表不能包含全部数据，所以在创建数据透视表前，需要先将其删除。当空行或空列较少时，我们可以按住Ctrl键并依次单击需要删除的空行或空列，选择完成后右击，在弹出的快捷菜单中选择【删除】命令。

其实，正常情况下，即便是包含大量数据记录的数据源，其中列标题数量也不会太多，可以手动删除。但是，要在包含大量数据记录的数据源中删除为数众多的空行，使用手动删除则比较麻烦，此时可以使用手工排序的方法。其具体操作方法如下。

Step01：插入辅助列。❶选中A列，右击，❷在弹出的快捷菜单中选择【插入】命令，插入空白列，如图1-14所示。

Step02：填充数字序列。❶在A1和A2单元格中输入起始数据，然后选中A1：A2单元格区域，❷将鼠标指针指向A2单元格右下角，当鼠标指针呈十字形状时，按住鼠标左键不放，使用填充柄向下拖动填充序列，如图1-15所示。

图1-14 插入辅助列

图1-15 填充数字序列

Step03：排序D列。❶将鼠标指针定位到D列任意单元格内，❷在【数据】选项卡的【排序和筛选】组中单击【升序】按钮，为数据排序，如图1-16所示。

Step04：删除空行。查看得到的排序结果，发现所有空行都集中显示在底部。❶选中所有要删除的行，右击，❷在弹出的快捷菜单中选择【删除】命令，如图1-17所示。

图1-16 排序D列

图1-17 删除空行

Step05：排序辅助列。❶将鼠标指针定位到A列任意单元格，❷在【数据】选项卡的【排序和筛选】组中单击【升序】按钮，为数据排序，使数据源中的数据内容恢复最初的顺序，如图1-18所示。

Step06：删除辅助列。❶选中A列，右击，❷在弹出的快捷菜单中选择【删除】命令即可，如图1-19所示。

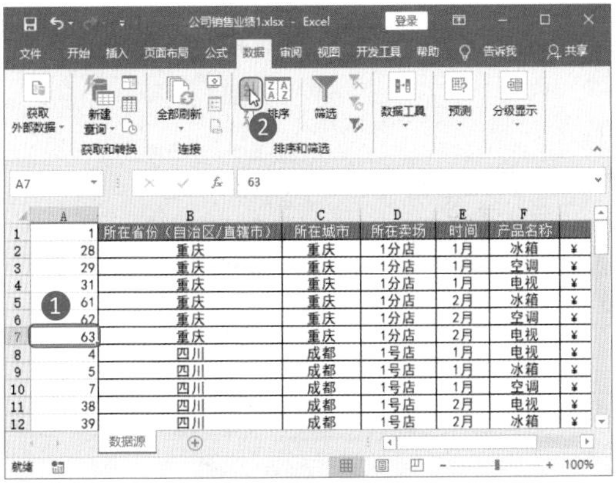

图1-18 排序辅助列

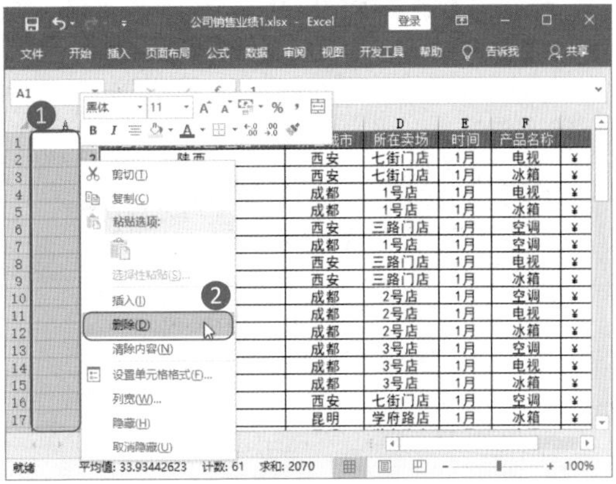

图1-19 删除辅助列

3 填充数据源中的空单元格

如果数据源中存在空白单元格，在创建的数据透视表中会有行或列出现空白，值的汇总方式也因存在空白单元格而默认为计数，其实汇总方式应为求和。为了避免出现问题，我们可以在数据源的空单元格中输入“0”。其具体操作方法如下。

Step01：选择【定位条件】命令。❶选中工作表中的整个数据区域，在【开始】选项卡的【编辑】组中单击【查找和选择】下拉按钮，❷在弹出的下拉菜单中选择【定位条件】命令，如图1-20所示。

Step02：设置定位条件。在打开的【定位条件】对话框中，❶选择【空值】单选按钮，❷单击【确定】按钮，如图1-21所示。

技能升级

按F5键，在弹出的【定位】对话框中单击【定位条件】按钮，即可快速打开【定位条件】对话框。

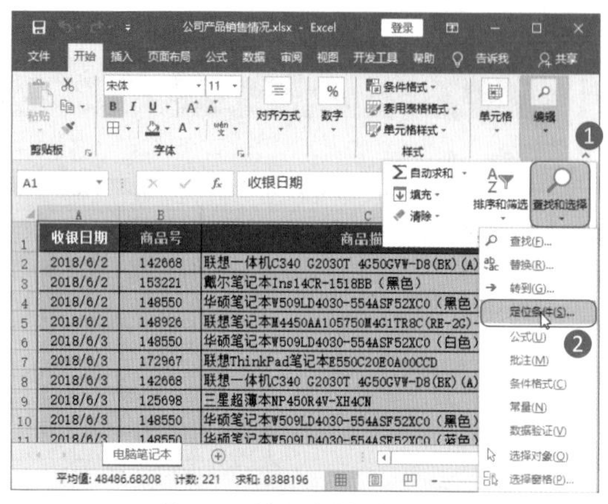

图1-20 选择【定位条件】命令

图1-21 设置定位条件

Step03：输入“0”。返回工作表，可以看到数据区域中的所有空白单元格被自动选中，保持单元格的选中状态不变，输入“0”，如图1-22所示。

Step04：完成填充。按Ctrl+Enter组合键，即可将“0”填充到所选的空白单元格中，完成对数据源的填充工作，如图1-23所示。

图1-22 输入“0”

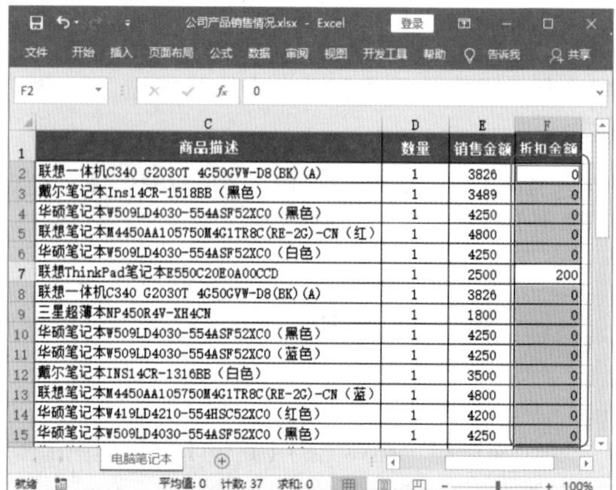

商品描述	数量	销售金额	折扣金额
联想一体机C340 G2030T 4G50GVW-D8(BK)(A)	1	3826	0
戴尔笔记本Ins14CR-1518BB（黑色）	1	3489	0
华硕笔记本W509LD4030-554ASF52XC0（黑色）	1	4250	0
联想笔记本M4450AA105750M4G1TR8C(RE-2G)-CN（红）	1	4800	0
华硕笔记本W509LD4030-554ASF52XC0（白色）	1	4250	0
联想ThinkPad笔记本E550C20E0A00CCD	1	2500	200
联想一体机C340 G2030T 4G50GVW-D8(BK)(A)	1	3826	0
三星超薄本NP450R4V-XH4CN	1	1800	0
华硕笔记本W509LD4030-554ASF52XC0（黑色）	1	4250	0
华硕笔记本W509LD4030-554ASF52XC0（蓝色）	1	4250	0
戴尔笔记本INS14CR-1316BB（白色）	1	3500	0
联想笔记本M4450AA105750M4G1TR8C(RE-2G)-CN（蓝）	1	4800	0
华硕笔记本W419LD4210-554HSC52XC0（红色）	1	4200	0
华硕笔记本W509LD4030-554ASF52XC0（黑色）	1	4250	0

图1-23 完成填充

1.2.3 解决合并单元格的大麻烦

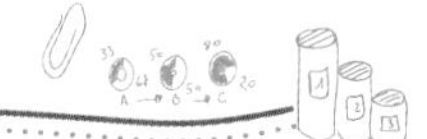

小李

王Sir，我创建了一个数据透视表，可是其中的数据不完整，这是什么原因？

王Sir

小李，首先我们来看数据源，其中有很多合并的单元格（见图1-24（左）），这些都是不标准的数据源。在创建数据透视表后，合并单元格所在行中的数据将无法在数据透视表中正确显示（见图1-24（右））。所以现在你要做的第一件事不是急于创建数据透视表，而是要**拆分数据源中的合并单元格**。而且，在拆分后还会出现空白单元格，这仍然不符合创建数据透视表的要求。你需要在其中填充相应的数据，才能完成对数据源的整理工作。

	A	B	C
1	地区	年份	销售量
2		2014	7550
3		2015	4568
4	成都	2016	7983
5		2017	5688
6		2018	6988
7		2014	9852
8		2015	8744
9	昆明	2016	8766
10		2017	9866
11		2018	8863
12		2014	6577
13		2015	5466
14	西安	2016	4468
15		2017	5433
16		2018	4725
17		2014	6890
18		2015	7782
19	重庆	2016	7845
20		2017	7729
21		2018	7564

	A	B	C
1	行标签	求和项:年份	求和项:销售量
2	成都	2014	7550
3	昆明	2014	9852
4	西安	2014	6577
5	重庆	2014	6890
6	(空白)	32264	112478
7	**总计**	**40320**	**143347**

图1-24 合并单元格及创建的数据透视表

要拆分数据源中的合并单元格，操作方法如下。

Step01：取消合并单元格。❶选中多个合并单元格，❷在【开始】选项卡的【对齐方式】组中单击【合并后居中】右侧的下拉按钮▾，❸在弹出的下拉菜单中选择【取消单元格合并】命令，如图1-25所示。

Step02：设置定位条件。保持选中状态，打开【定位条件】对话框，❶选择【空值】单选按钮，❷单击【确定】按钮，如图1-26所示。

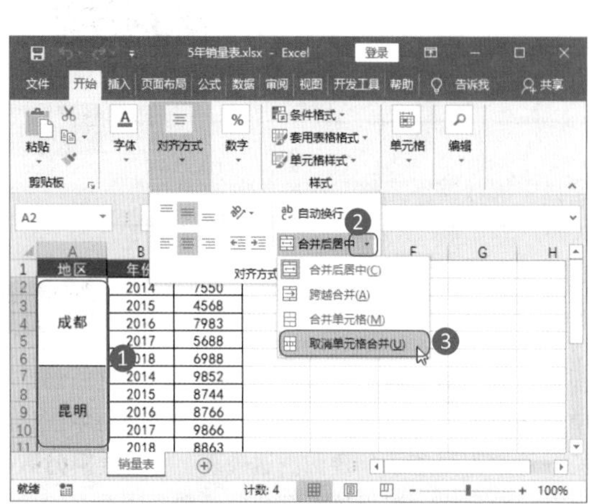

图1-25 取消合并单元格

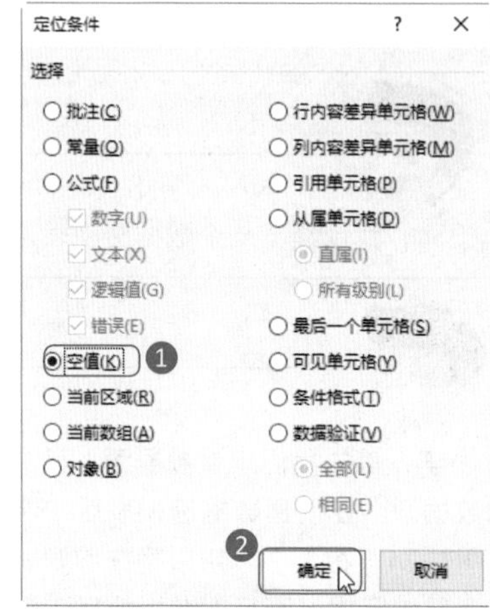

图1-26 设置定位条件

Step03：输入公式。此时将自动选中拆分出的所有空白单元格，将鼠标指针定位到A3单元格中，输入公式“=A2”（使用该公式，即表示空白单元格的内容与上一个单元格一样，如果鼠标指针定位在A7单元格，则输入“=A6”，以此类推），如图1-27所示。

Step04：完成填充。按Ctrl+Enter组合键，即可根据输入的公式，快速填充所选空白单元格，如图1-28所示。

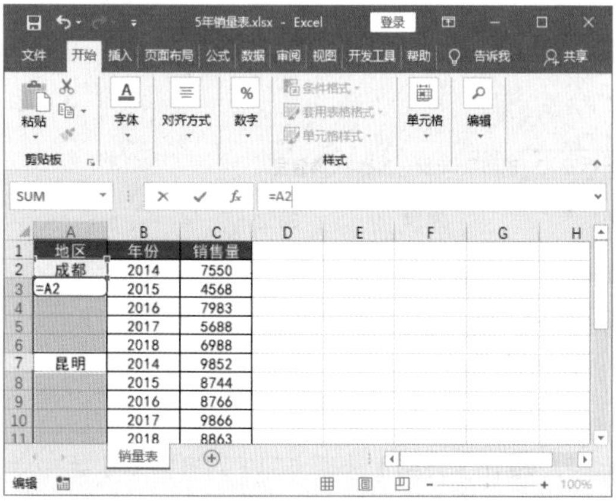

图1-27 输入公式

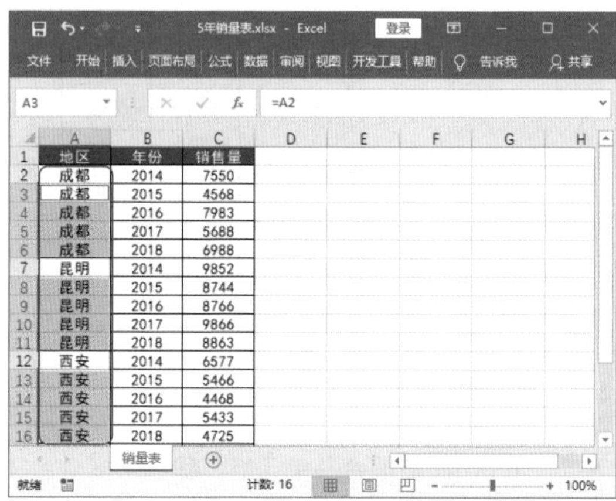

图1-28 完成填充

1.3 拯救数据“小白”的数据透视表

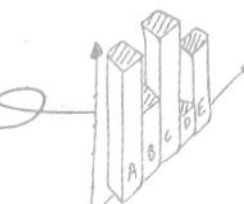

张经理

小李，我让你统计办公用品领用表，都过去3个小时了，怎么还没有做好？

小李

张经理，能不能再等两个小时，公式我不太熟悉。

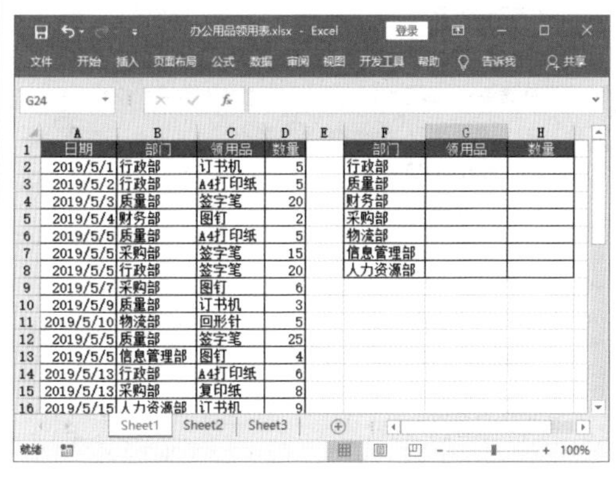

	A	B	C	D	E	F	G	H
1	日期	部门	领用品	数量		部门	领用品	数量
2	2019/5/1	行政部	订书机	5		行政部		
3	2019/5/2	行政部	A4打印纸	5		质量部		
4	2019/5/3	质量部	签字笔	20		财务部		
5	2019/5/4	财务部	图钉	2		采购部		
6	2019/5/5	质量部	A4打印纸	5		物流部		
7	2019/5/5	采购部	签字笔	15		信息管理部		
8	2019/5/5	行政部	签字笔	20		人力资源部		
9	2019/5/7	采购部	图钉	6				
10	2019/5/9	质量部	订书机	3				
11	2019/5/10	物流部	回形针	5				
12	2019/5/5	质量部	签字笔	25				
13	2019/5/5	信息管理部	图钉	4				
14	2019/5/13	行政部	A4打印纸	6				
15	2019/5/13	采购部	复印纸	8				
16	2019/5/15	人力资源部	订书机	9				

张经理

小李，就这几个统计还不容易吗？使用SUMPRODUCT函数就可以了。

先统计部门的数量，再统计每个部门领用办公用品的数量，这就是一个单条件求和与双条件求和的函数，都是固定公式，套上去就可以了。

小李

张经理说得好像很轻松的样子，可是为什么我研究了半天还没有理出头绪？

1.3.1 使用鼠标搞定条件求和

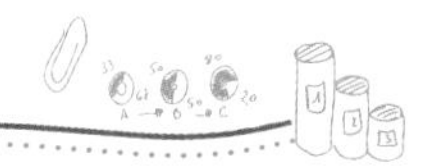

小李

王Sir，救命啊！张经理让我统计各部门的领用办公用品数量，可是我用公式计算了半天还是计算不出来。教教我吧！

王Sir

小李，公式虽然可以快速统计数据，可是如果你对公式不太了解，强行使用公式只会加重你的工作负担。

条件统计可以**使用数据透视表，用鼠标就可以搞定条件求和**，而且各种条件都能应付。如此简单的方法你不用，你一个公式“小白”用啥公式呀。

例如，要统计每个部门领用办公用品的种类和数量，操作方法如下。

Step01：创建数据透视表。选中数据区域的任意单元格，在【插入】选项卡的【表格】组中单击【数据透视表】按钮，如图1-29所示。

Step02：保持默认设置。在打开的【创建数据透视表】对话框中保持默认设置，单击【确定】按钮，如图1-30所示。

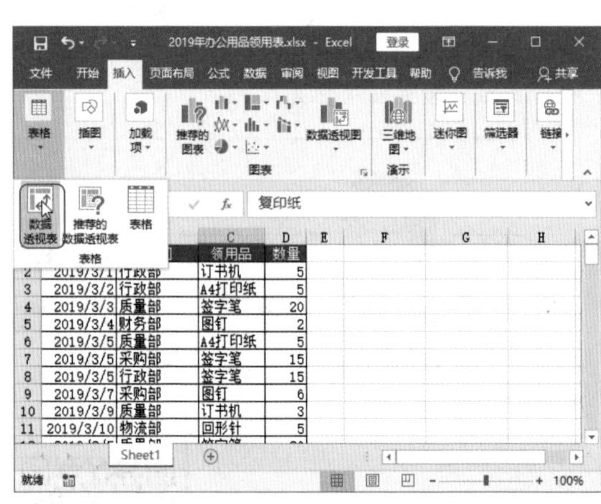

图1-29 创建数据透视表

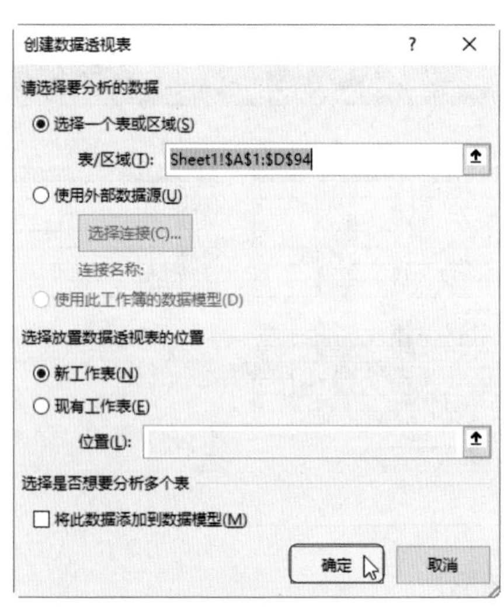

图1-30 打开【创建数据透视表】对话框

Step03：勾选需要的字段。在【数据透视表字段】窗格的字段列表框中勾选【部门】复选框、【领用品】复选框和【数量】复选框，即可在数据透视表中按部门统计出领用办公用品种类和数量，如图1-31所示。

图1-31 完成各部门领用办公用品种类和数量统计

例如，需要根据季度统计领用办公用品数量，操作方法如下。

Step01：勾选【日期】复选框。接上一例操作，在【数据透视表字段】窗格的字段列表框中取消勾选【部门】复选框和【领用品】复选框，勾选【日期】复选框，会自动按日期统计领用办公用品数量。此时，在字段列表框中会自动创建【月】字段，表示按月统计数量，如图1-32所示。

Step02：选择【组合】命令。因为要按季度统计数量，所以还需要将日期按季度组合，❶在日期字段上右击，❷在弹出的快捷菜单中选择【组合】命令，如图1-33所示。

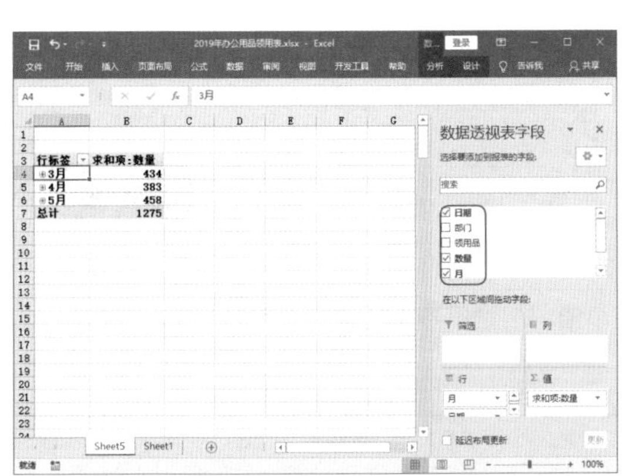

图1-32 勾选【日期】复选框

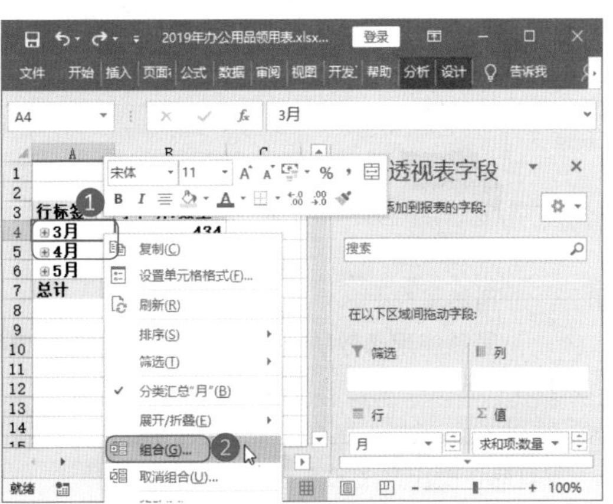

图1-33 选择【组合】命令

Step03：打开【组合】对话框。❶在【步长】列表框中已经默认选择了【日】和【月】选项，取消对这两项的选择后选择【季度】选项，❷单击【确定】按钮，如图1-34所示。

Step04：完成统计。返回数据透视表，即可查看到数据已经按季度统计数量了，如图1-35所示。

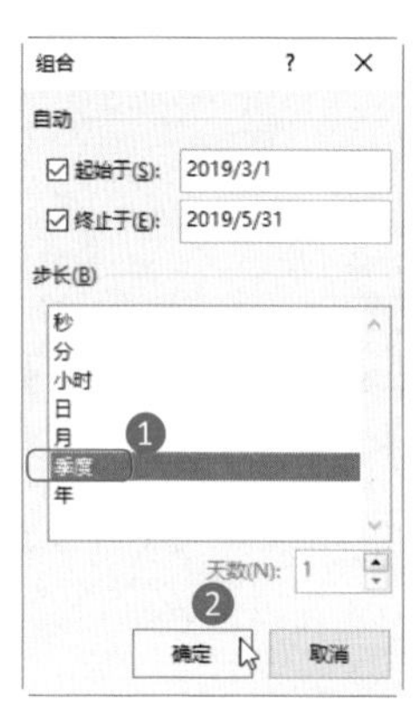

图1-34 【组合】对话框

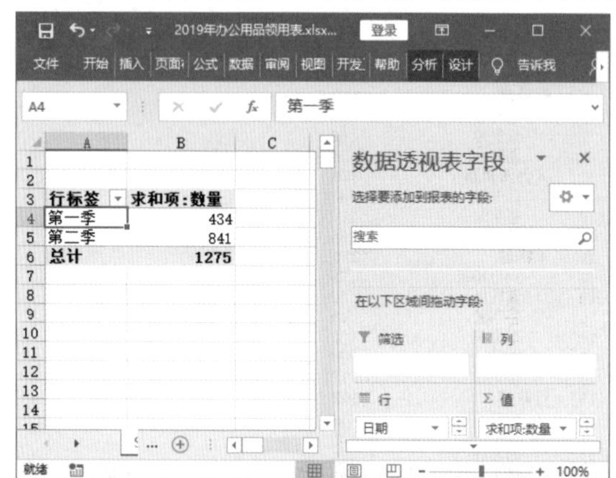

图1-35 完成按季度对领用办公用品数量的统计

1.3.2 轻松求出最大值和最小值

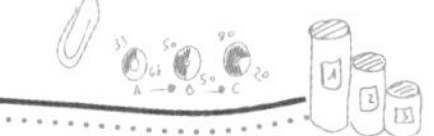

王Sir，我学会条件求和的统计方法了，那么最大值和最小值是不是也可以用数据透视表来统计呢？

王Sir

当然了！

虽然使用函数MAX和MIN可以获取最大值和最小值，但是不熟悉函数的人用起来比较麻烦。其实，最简单的方法还是使用数据透视表。

其具体操作方法如下。

Step01：创建数据透视表。❶在【数据透视表字段】窗格的字段列表框中勾选【月份】和要统计的分店，如【五里店分店】，❷再次拖动【五里店分店】字段到【值】区域，如图1-36所示。

Step02：设置汇总最大值。❶在【求和项:五里店分店】数值区域上右击，❷在弹出的快捷菜单中选择【值汇总依据】命令，❸在弹出的扩展菜单中选择【最大值】命令，如图1-37所示。

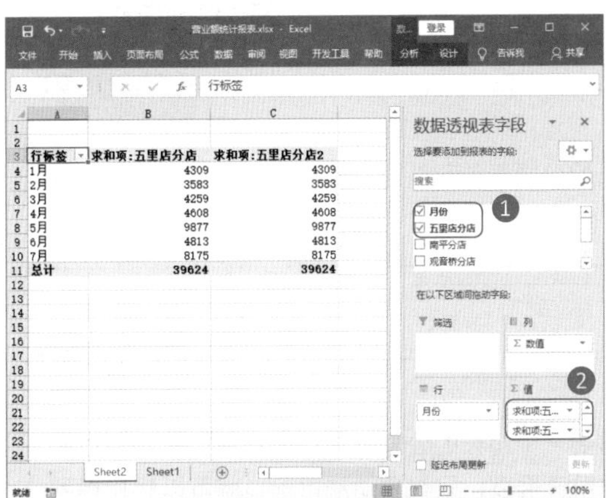

图1-36　创建数据透视表

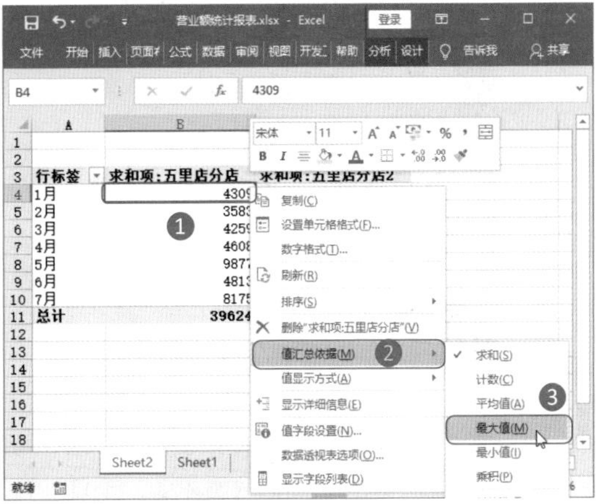

图1-37　设置汇总最大值

Step03：设置汇总最小值。❶在【求和项:五里店分店2】数值区域上右击，❷在弹出的快捷菜单中选择【值汇总依据】命令，❸在弹出的扩展菜单中选择【最小值】命令，如图1-38所示。

Step04：完成汇总。操作完成后，即可查看到已求出最大值和最小值，如图1-39所示。

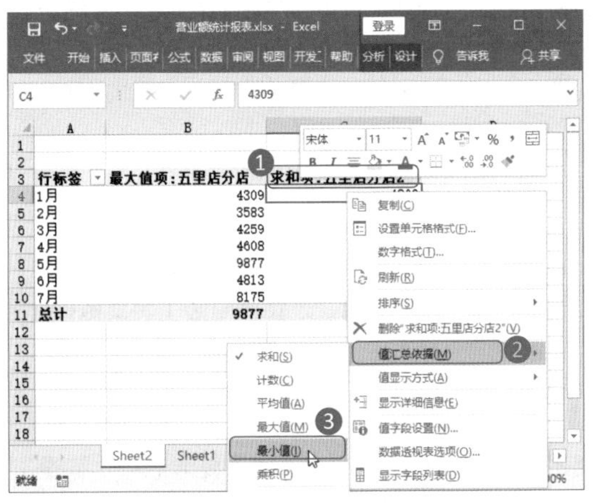

图1-38　设置汇总最小值

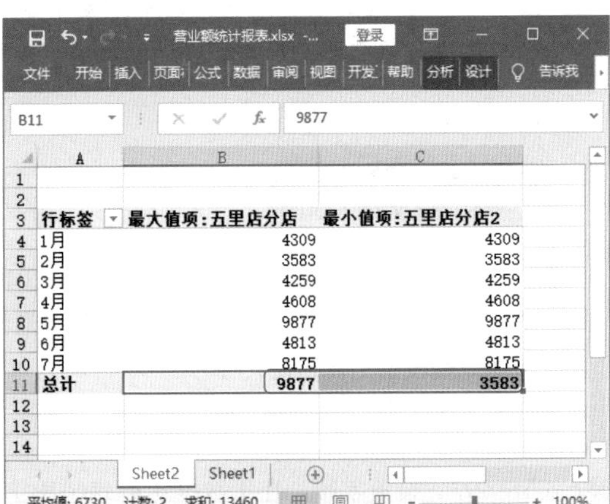

图1-39　完成汇总

1.3.3 不使用函数也可以得出不重复计数

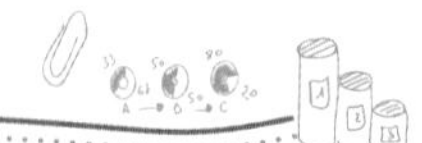

小李

王Sir，不重复计数的公式让人太痛苦了，长长的公式看得我头晕。不重复计数能不能也用数据透视表来计算?

王Sir

要计算不重复计数，如果使用公式法，可能需要一个超长的公式才能得出准确的答案。对于公式“小白”来说，当然会看晕了。不过，有了数据透视表，只需要动动鼠标，就可以轻松得到不重复计数。

其具体操作方法如下。

Step01：创建数据透视表。选中数据区域的任意单元格，❶打开【创建数据透视表】对话框，❷勾选【将此数据添加到数据模型】复选框，其他保持默认设置，❸单击【确定】按钮，如图1-40所示。

温馨提示

【将此数据添加到数据模型】是Excel 2013及以上版本的新功能，只有勾选了此复选框，数据透视表才能进行不重复计数，否则就跟普通的数据透视表一样。**切记，一定要勾选【将此数据添加到数据模型】复选框。**

Step02：设置字段。在【数据透视表字段】窗格的字段列表框中勾选【部门】复选框和【数量】复选框，如图1-41所示。

Step03：删除总计行。❶在【总计】单元格上右击，❷在弹出的快捷菜单中选择【删除总计】命令，如图1-42所示。

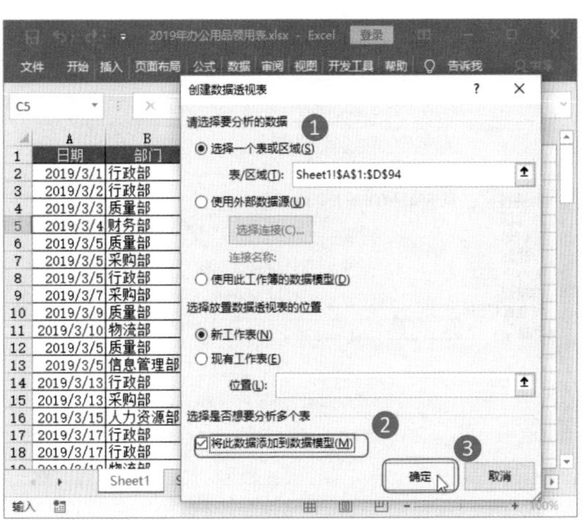

图1-40 创建数据透视表

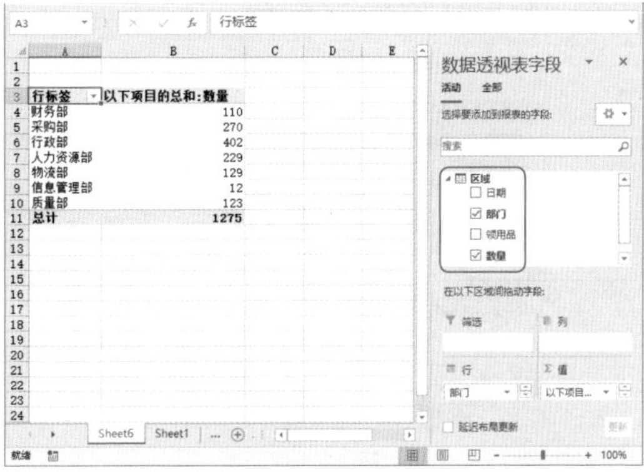

图1-41 设置字段

Step04：选择【其他选项】命令。❶在数值区域内使用鼠标右键单击任意单元格，❷在弹出的快捷菜单中选择【值汇总依据】命令，❸在弹出的扩展菜单中选择【其他选项】命令，如图1-43所示。

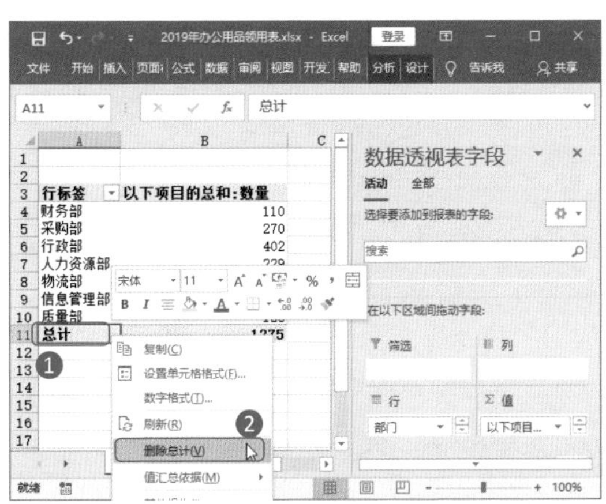

图1-42 删除总计行

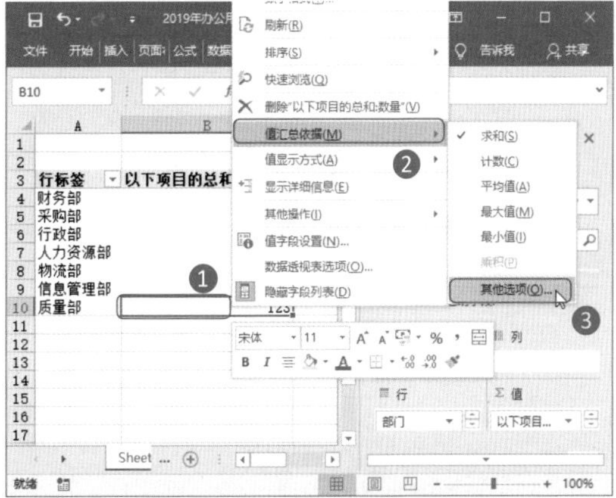

图1-43 选择【其他选项】命令

Step05：设置值字段。打开【值字段设置】对话框，❶在【计算类型】列表框中选择【非重复计数】选项，❷单击【确定】按钮，如图1-44所示。

Step06：完成不重复计数。操作完成后，即可查看到不重复计数的统计结果，如图1-45所示。

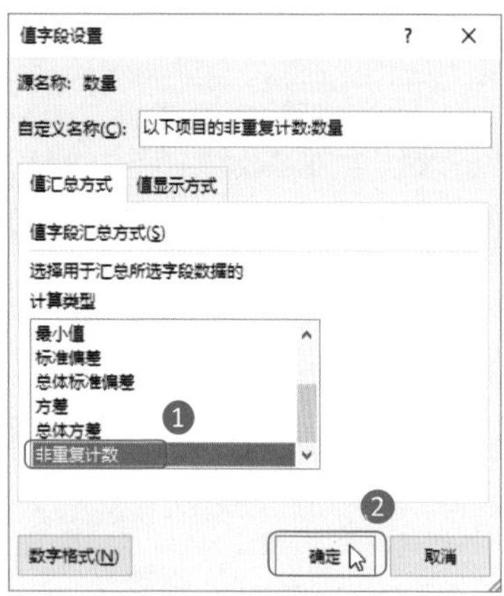

图1-44 设置值字段

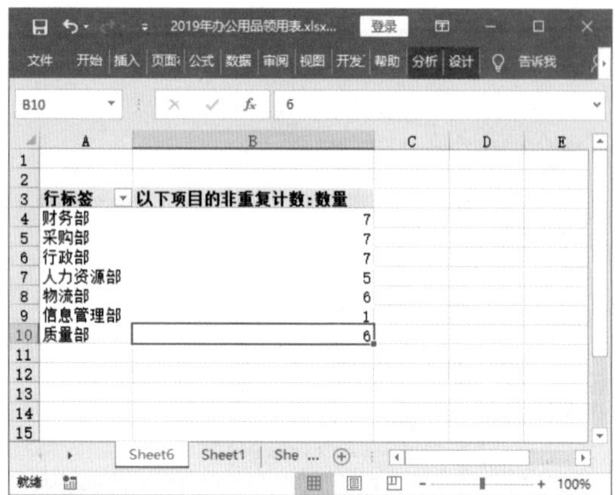

图1-45 完成不重复计数

CHAPTER 2

你的第一张数据透视表

一直以为使用数据透视表是一件很简单的事情，动动鼠标就可以完成了。真正要用的时候，才发现原来里面的门道还不少。

刚开始的时候，张经理给我布置的任务比较简单，往往只需要一个数据透视表就可以完成。可是，随着数据越来越复杂、要分析的数据越来越多，经常需要几个数据透视表来支撑。

还好，在我手忙脚乱的时候，王Sir告诉了我怎么才能创建一个合格的数据透视表。

小 李

很多人用过数据透视表后就会觉得很简单，认为“不过如此”。可是，当需要分析的数据一多时，就变得一脸茫然。其实，创建数据透视表虽然容易，但要用好数据透视表并不是那么简单。

在创建数据透视表时，不仅要考虑数据源的更改，还要思考查看数据透视表的人是否方便，还要管理好数据透视表的名称、位置……所以先做好第一张数据透视表吧！慢慢积累经验，力争早点制作出令人满意的数据透视表。

王 Sir

2.1 创建基本的数据透视表

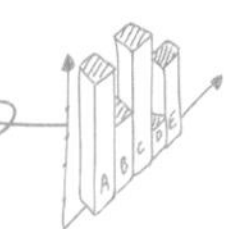

张经理

小李，等会儿视频会议要用到西南地区这几个月的销售数据，你整理一下发送给我。

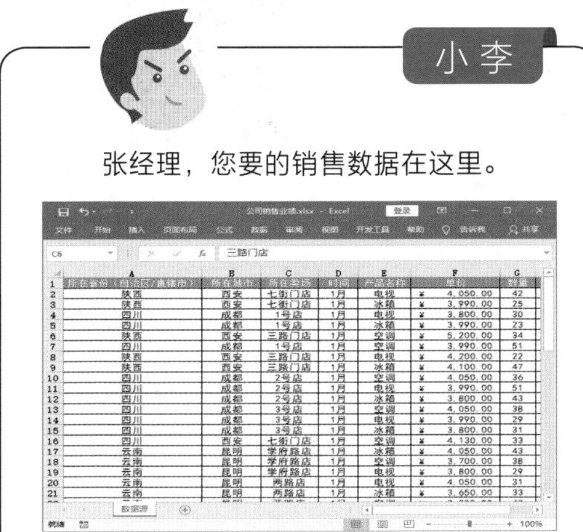

小李

张经理，您要的销售数据在这里。

	所在省份（自治区/直辖市）	所在城市	所在卖场	时间	产品名称	单价	数量
2	陕西	西安	七街门店	1月	电视	¥ 4,050.00	42
3	陕西	西安	七街门店	1月	冰箱	¥ 3,990.00	25
4	四川	成都	1号店	1月	电视	¥ 3,800.00	30
5	四川	成都	1号店	1月	冰箱	¥ 3,990.00	23
6	陕西	西安	三路门店	1月	空调	¥ 5,200.00	34
7	四川	成都	1号店	1月	空调	¥ 3,990.00	51
8	陕西	西安	三路门店	1月	电视	¥ 4,200.00	22
9	陕西	西安	三路门店	1月	冰箱	¥ 4,100.00	47
10	四川	成都	2号店	1月	空调	¥ 4,050.00	36
11	四川	成都	2号店	1月	电视	¥ 3,990.00	51
12	四川	成都	2号店	1月	冰箱	¥ 3,800.00	43
13	四川	成都	3号店	1月	空调	¥ 4,050.00	38
14	四川	成都	3号店	1月	电视	¥ 3,990.00	29
15	四川	成都	3号店	1月	冰箱	¥ 3,800.00	31
16	四川	西安	七街门店	1月	空调	¥ 4,130.00	33
17	云南	昆明	学府路店	1月	冰箱	¥ 4,050.00	43
18	云南	昆明	学府路店	1月	空调	¥ 3,700.00	38
19	云南	昆明	学府路店	1月	电视	¥ 3,800.00	29
20	云南	昆明	两路店	1月	电视	¥ 4,050.00	31
21	云南	昆明	两路店	1月	冰箱	¥ 3,650.00	33

张经理

小李，这些数据你让我怎么用？如果不清楚我要销售数据的目的，我可以告诉你。

（1）销售数据必须条理清楚，我是要了解每个地区的**汇总情况**，而不是明细数据。

（2）要了解每一项产品**当月的销售情况**。

（3）要了解每一个分店**这几个月的销售情况**。

（4）要了解这几个月销量的**增长情况**。

张经理需要的这些数据，是要我重新制作一个Excel表格吗？

2.1.1 创建一个数据透视表

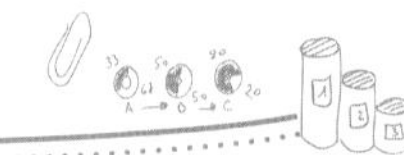

王Sir，张经理让我把数据整理出来，要有明细、汇总信息，我应该再做一个表格吗？

王Sir

小李，这时候不用数据透视表，你还准备什么时候用。

数据透视表可以让用户**根据不同的分类、不同的汇总方式，快速查看各种形式的数据汇总报表**，完全可以满足张经理提出的要求。

如果是一份符合规则的明细表，用其创建数据透视表非常方便。使用常规方式创建一个数据透视表，具体操作方法如下。

Step01：单击【数据透视表】按钮。❶将鼠标指针定位到数据区域的任意单元格，❷在【插入】选项卡的【表格】组中单击【数据透视表】按钮，如图2-1所示。

Step02：设置数据透视表位置。在打开的【创建数据透视表】对话框中，在【选择一个表或区域】中已经自动选择所有数据区域，直接单击【确定】按钮，如图2-2所示。

技能升级

在【创建数据透视表】对话框中选中【现有工作表】单选按钮，然后设置数据透视表的位置，即可将创建的数据透视表显示在现有工作表的相应位置上。

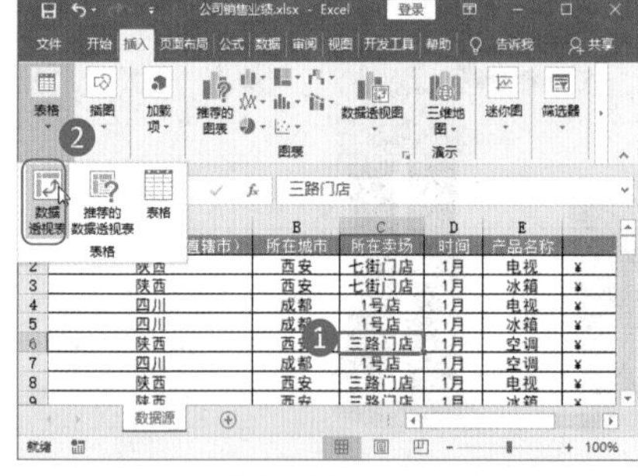

图2-1 单击【数据透视表】按钮

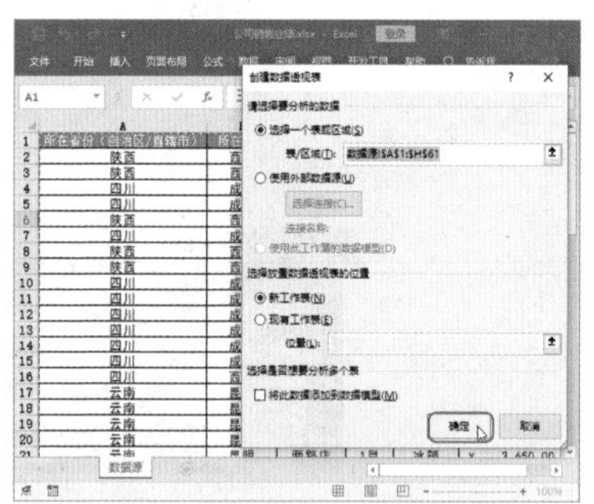

图2-2 设置数据透视表的位置

Step03：创建数据透视表。查看效果，发现新建了一个工作表，并在新工作表中创建了数据透视表，如图2-3所示。

行标签	求和项:销售额	求和项:数量
成都	2567070	651
冰箱	799140	207
电视	885780	225
空调	882150	219
昆明	1582900	412
冰箱	541400	140
电视	471500	120
空调	570000	152
西安	1765810	412
冰箱	608840	150
电视	518250	126
空调	638720	136
长沙	718520	208
冰箱	180230	67
电视	347490	81
空调	190800	60
重庆	1723150	422
冰箱	712890	171
电视	523360	128
空调	486900	123
总计	8357450	2105

图2-3 使用常规方式创建的数据透视表

2.1.2 使用推荐的数据透视表

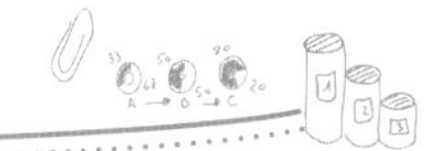

小李

王Sir，能不能帮我看一下，这个数据源需要使用哪些字段才合适？

王Sir

像这种比较详细的明细表，如果要看地区销量，可以勾选【地区】字段和【销售额】字段；如果要看分店销量，可以勾选【所在卖场】字段和【销售额】字段；如果要看某时段的销量，可以勾选【时间】字段和【销售额】字段。

你刚接触数据透视表，如果实在不知道怎么布置数据透视表的字段，可以**使用Excel推荐的数据透视表**。

其具体操作方法如下。

Step01：单击【推荐的数据透视表】按钮。❶将鼠标指针定位到数据区域的任意单元格，❷在【插入】选项卡的【表格】组中单击【推荐的数据透视表】按钮，如图2-4所示。

Step02：打开【推荐的数据透视表】对话框。❶选择一种需要的数据汇总维度，❷单击【确定】按钮，如图2-5所示。

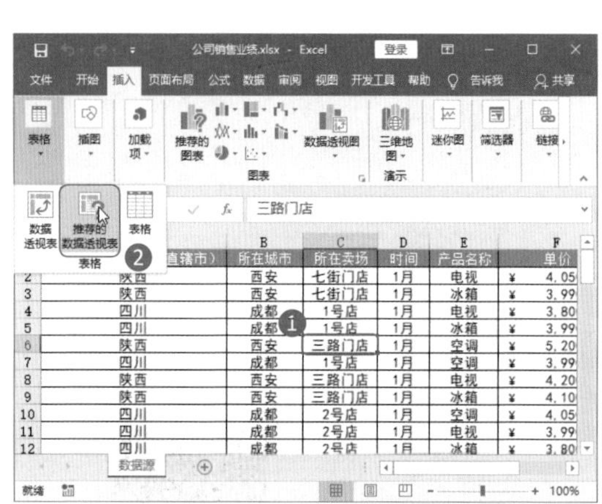

图2-4 单击【推荐的数据透视表】按钮

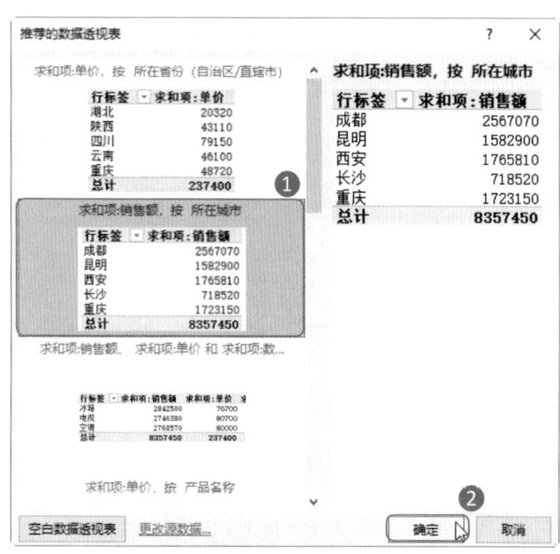

图2-5 选择一种数据汇总维度

Step03：创建数据透视表。查看效果，发现新建了一个工作表，并在新工作表中创建所选的数据透视表，如图2-6所示。

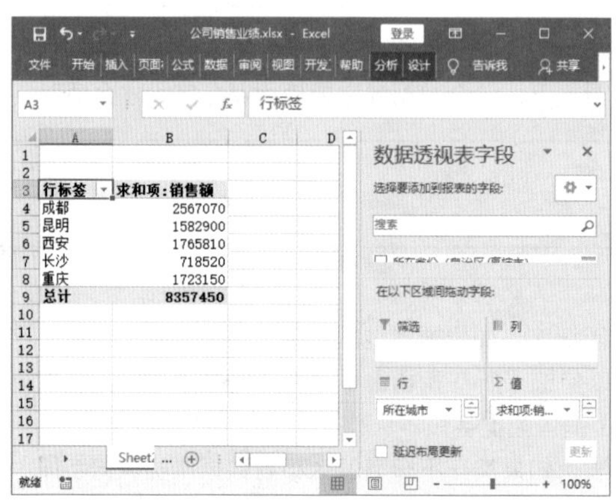

图2-6 使用推荐方式创建的数据透视表

2.1.3 万能的【数据透视表工具】选项卡

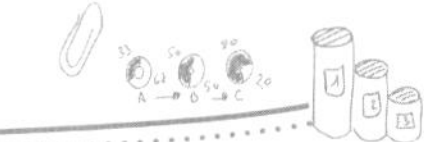

小李

王Sir，创建数据透视表后出现了一个【数据透视表工具】选项卡，这个选项卡有什么用?

王Sir

小李，【数据透视表工具】选项卡的用处，那可就大了。

【数据透视表工具】选项卡又分为【分析】和【设计】两个子选项卡，在操作数据透视表时，**各种操作都可以在【数据透视表工具】选项卡中完成**。可以说，它是操作数据透视表的“控制器”。

1 认识【数据透视表工具-分析】选项卡

创建数据透视表后，Excel的功能区中将显示出【数据透视表工具-分析】选项卡，如图2-7所示。通过该选项卡，可以对数据透视表进行字段设计、字段分组、数据源更新及计算等操作。

图2-7 【数据透视表工具-分析】选项卡

下面对其分组情况和相应具体功能进行介绍。

☆ 在【数据透视表】组中，可以调出【数据透视表选项】对话框，也可以设置分页显示报表筛选页，还可以调用数据透视表函数GetPivotData。

☆ 在【活动字段】组中，可以对活动字段进行展开和折叠的操作，也可以调出【字段设置】对话框进行相关设置。

☆ 在【组合】组中，可以对数据透视表进行手动分组的操作，也可以取消数据透视表中存在的组合项，还可以对日期或数字字段进行自动组合。

☆ 在【筛选】组中，可以调出【插入切片器】对话框使用切片器功能，也可以调出【插入日程表】对话框使用日程表功能，还可以实现切片器或日程表的联动。

☆ 在【数据】组中，可以进行刷新数据透视表和更改数据透视表数据源的操作。

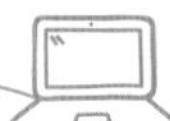

☆ 在【操作】组中，可以清除数据透视表字段和设置好的报表筛选，也可以选择数据透视表中的数据，还可以改变数据透视表在工作簿中的位置。

☆ 在【计算】组中，可以设置数据透视表中数据区域字段的值汇总方式和显示方式，也可以插入计算字段、计算项和集。

☆ 在【工具】组中，可以创建数据透视图，也可以调出【推荐的数据透视表】对话框，选择创建系统推荐的数据透视表。

☆ 在【显示】组中，可以开启或关闭【数据透视表字段列表】对话框，也可以展开或折叠数据透视表中的项目，还可以设置显示或隐藏数据透视表行、列的字段标题。

2 认识【数据透视表工具-设计】选项卡

创建数据透视表后，还会显示出【数据透视表工具-设计】选项卡，如图2-8所示。通过该选项卡，可以对数据透视表进行布局设置及设置数据透视表样式等。

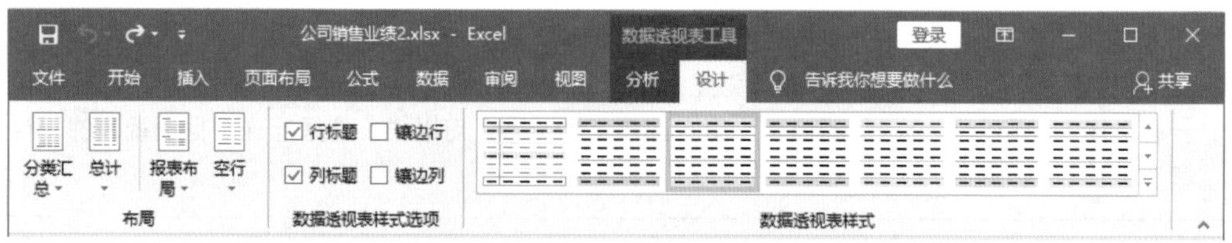

图2-8 【数据透视表工具-设计】选项卡

下面对其分组情况和相应具体功能进行介绍。

☆ 在【布局】组中，可以设置分类汇总的显示位置或将其关闭，可以开启或关闭行和列的总计；可以设置数据透视表的显示方式，还可以在每个项目后插入或删除空行。

☆ 在【数据透视表样式选项】组中，可以设置将行字段标题和列字段标题显示为特殊样式，也可以对数据透视表中的奇/偶行和奇/偶列应用不同颜色相间的样式。

☆ 在【数据透视表样式】组中，可以对数据透视表应用内置样式，可以自定义数据透视表样式，还可以清除已经应用的数据透视表样式。

2.2 “动”起来的数据透视表

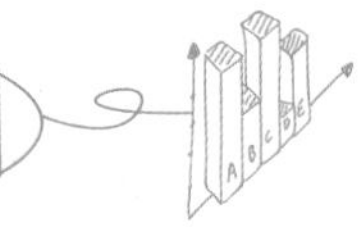

张经理

小李，前几个月的销售数据你统计出来了吗？马上交给我。

小李

张经理，已经做好了。

	A	B
1		
2		
3	行标签	求和项:销售额
4	⊟成都	2567070
5	1月	1309360
6	2月	1257710
7	⊟昆明	1582900
8	1月	834350
9	2月	748550
10	⊟西安	1765810
11	1月	868040
12	2月	897770
13	⊟长沙	718520
14	1月	339610
15	2月	378910
16	⊟重庆	1723150
17	1月	918590
18	2月	804560
19	总计	8357450

张经理

小李，这个数据怎么不完整?我要的是前三个月的销售情况，可是你这里只有前两个月的，这种错误可不能再犯。

此外，这个数据表以后会经常增加数据，**你要保证每次增加数据后，数据透视表中要同步更新**。

小李

我明明已经在数据源中加入了第三个月的数据，为什么在数据透视表中不能显示呢?

2.2.1 利用定义名称创建动态数据透视表

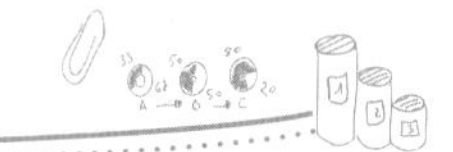

小李

王Sir，我在数据源中添加了数据，可是为什么不能显示在数据透视表中呢?

王Sir

小李，在创建数据透视表时你已经选择了数据区域，而新添加的数据并没有包括在数据区域中，就算刷新也肯定不会显示在数据透视表中。

如果想要创建动态的数据透视表，可以试试**定义名称法**，即使用公式定义数据透视表的数据源，实现数据源的动态扩展。

其具体操作方法如下。

Step01：单击【名称管理器】按钮。在【公式】选项卡的【定义的名称】组中单击【名称管理器】按钮，如图2-9所示。

Step02：打开【名称管理器】对话框。在打开的【名称管理器】对话框中单击【新建】按钮，如图2-10所示。

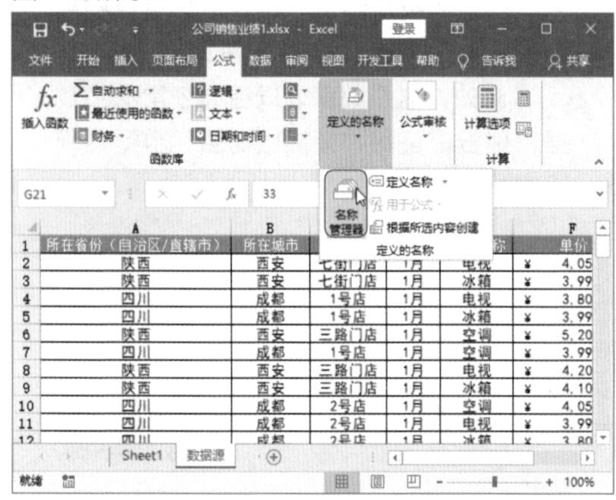

图2-9 单击【名称管理器】按钮

图2-10 打开的【名称管理器】对话框

Step03：输入公式。打开【新建名称】对话框，❶在【名称】文本框中输入定义的名称，❷在【引用位置】文本框中输入公式“=OFFSET(数据源!$A$1,,,COUNTA(数据源! $A: $A),COUNTA(数据源! $1: $1))”，❸单击【确定】按钮，如图2-11所示。

Step04：单击【关闭】按钮。返回【名称管理器】对话框，可以查看到定义的名称，单击【关闭】按钮，如图2-12所示。

图2-11 输入公式

图2-12 单击【关闭】按钮

Step05：单击【数据透视表】按钮。将鼠标指针定位到数据区域的任意单元格，在【插入】选项卡的【表格】组中单击【数据透视表】按钮，如图2-13所示。

Step06：设置数据透视表位置。在打开的【创建数据透视表】对话框中，在【选择一个表或区域】中已经自动选择所有数据区域，直接单击【确定】按钮，如图2-14所示。

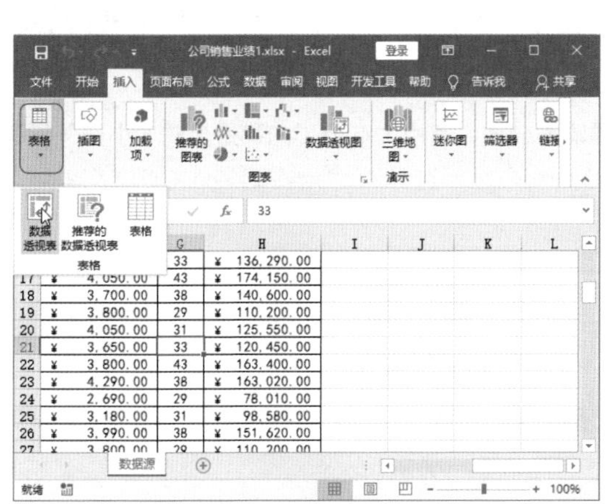

图2-13 单击【数据透视表】按钮

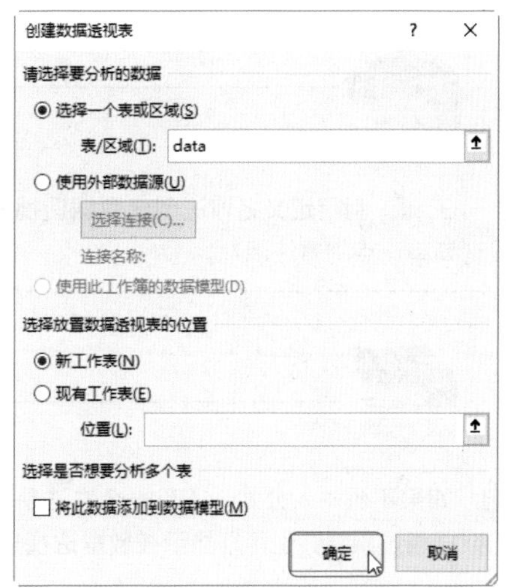

图2-14 设置数据透视表位置

Step07：创建数据透视表。返回工作表中，可查看到已经创建了数据透视表。在【数据透视表字段】窗格的字段列表框中勾选需要的字段，如【销售额】字段，如图2-15所示。

Step08：刷新数据源。在数据源工作表中增加数据，如3月的销售情况，然后在【数据透视表工具-分析】选项卡的【数据】组中单击【刷新】按钮，即可查看到新添加的数据已经更新到数据透视表，如图2-16所示。

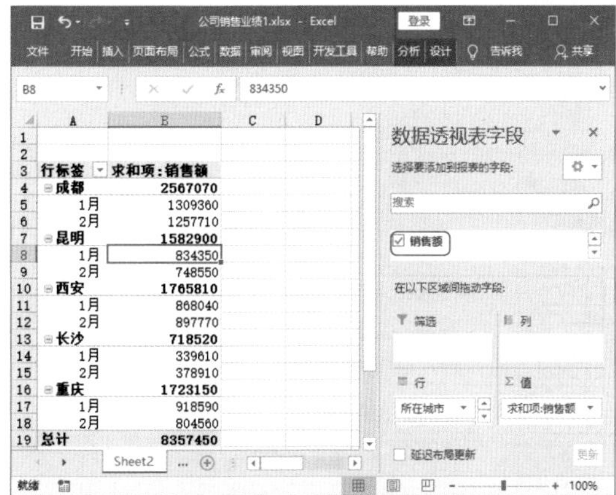

图2-15 创建的1-2月数据透视表

图2-16 刷新数据源得到的1-3月数据透视表

2.2.2 利用表功能创建动态数据透视表

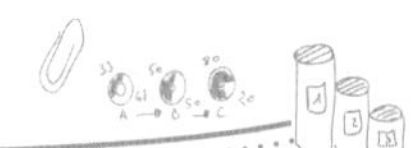

小李

王Sir，利用定义名称法创建数据透视表要输入公式，有点太难记了。我是公式“小白”，有没有简单一点的方法呢？

王Sir

如果不想输入公式，还有一个方法是**先把数据源表转换为表格，再利用表格扩展功能**。增加的数据通过刷新，也可以显示在数据透视表中。

其具体操作方法如下。

Step01：单击【表格】按钮。❶选择数据区域的任意单元格，❷在【插入】选项卡的【表格】组中单击【表格】按钮，如图2-17所示。

Step02：打开【创建表】对话框。在打开的【创建表】对话框中的【表数据的来源】文本框中默认选择了整个数据区域，单击【确定】按钮，即可将当前的数据列表转换为Excel表格，如图2-18所示。

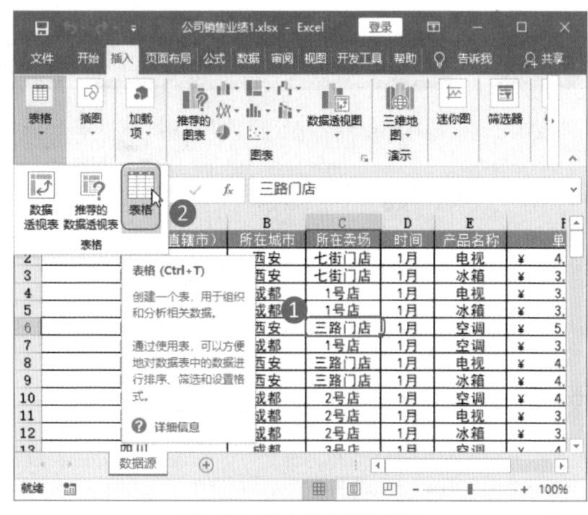

图2-17 单击【表格】按钮

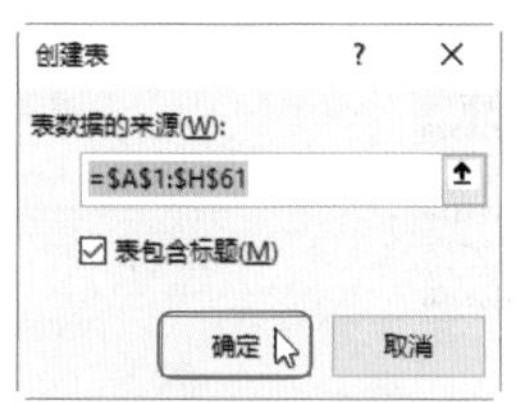

图2-18 打开的【创建表】对话框

Step03：单击【数据透视表】按钮。❶选择数据区域的任意单元格，❷在【插入】选项卡的【表格】组中单击【数据透视表】按钮，如图2-19所示。

Step04：设置数据透视表位置。打开【创建数据透视表】对话框，数据源区域自动设置为【表1】，❶选择【新工作表】单选按钮，❷单击【确定】按钮，如图2-20所示。

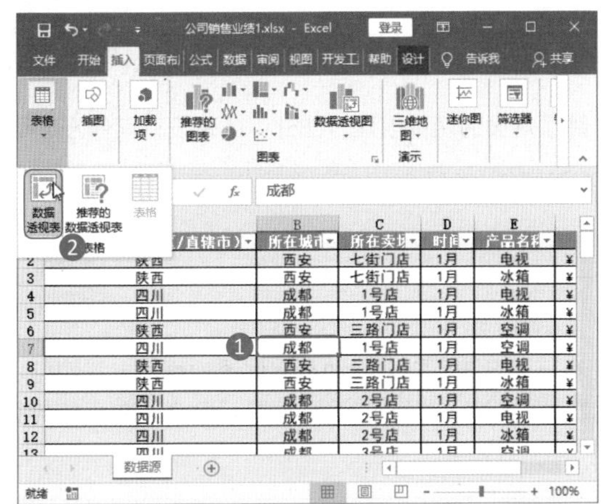

图2-19 单击【数据透视表】按钮

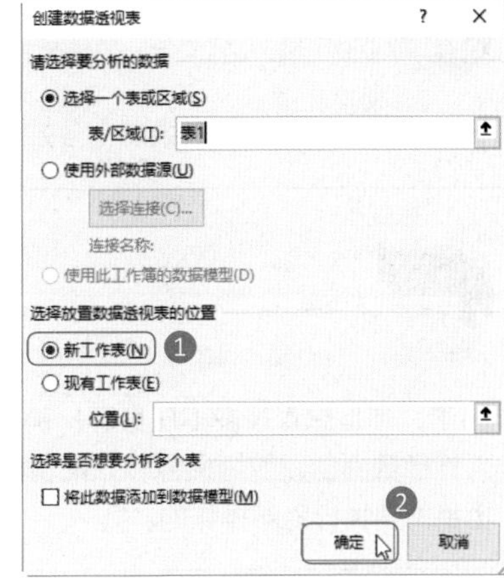

图2-20 设置数据透视表位置

Step05：创建数据透视表。返回工作表中，可查看到已经创建了数据透视表。在【数据透视表字段】窗格的字段列表框中勾选需要的字段，如图2-21所示。

Step06：刷新数据源。在数据源工作表中增加数据，如3月的销售情况，然后在【数据透视表工具-分析】选项卡的【数据】组中单击【刷新】按钮，即可查看到新添加的数据已经更新到数据透视表，如图2-22所示。

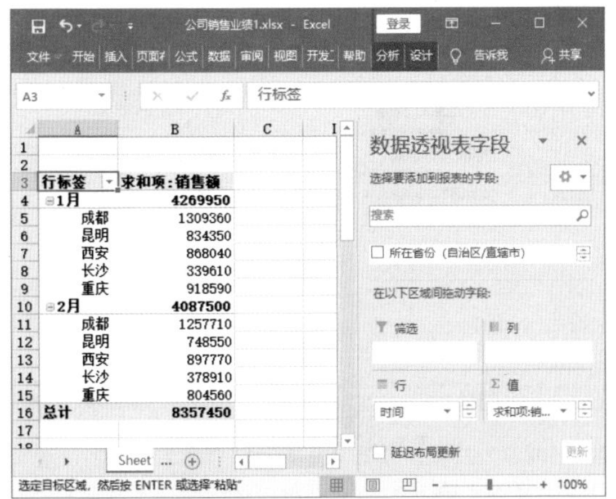

图2-21 创建的1-2月数据透视表

图2-22 刷新数据源得到3月的销售情况

2.2.3 通过导入外部数据创建动态数据透视表

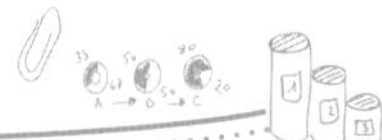

小李

王Sir，动态数据透视表果然十分方便，除了前面的两种创建方法外，还有没有其他方法呢？

王Sir

小李，你是想着技多不压身呀！确实还有一种方法可以创建动态数据透视表——我们可以通过**导入外部数据创建数据透视表，使创建的数据透视表获得动态的数据源**。同样，在更新数据源后，也是需要执行刷新操作的。

其具体操作方法如下。

Step01：单击【现有连接】按钮。在要创建数据透视表的工作簿中，❶选中放置数据透视表的目标单元格，❷在【数据】选项卡的【获取外部数据】组中单击【现有连接】按钮，如图2-23所示。

Step02：打开【现有连接】对话框。在打开的【现有连接】对话框中单击【浏览更多】按钮，如图2-24所示。

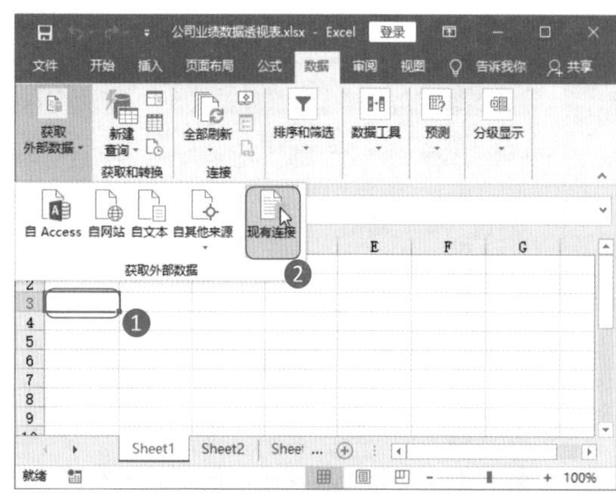

图2-23　单击【现有连接】按钮

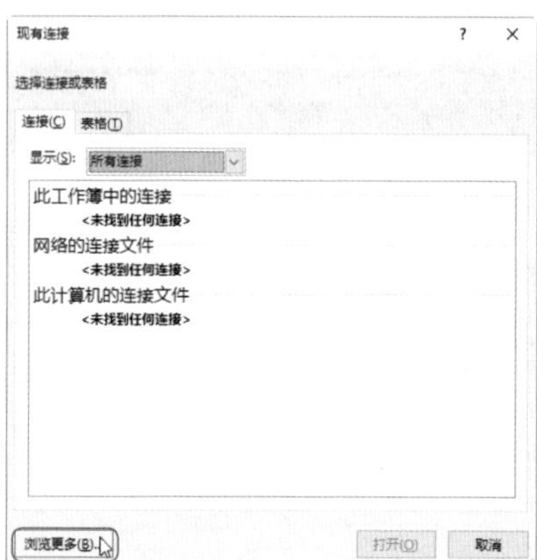

图2-24　【现有连接】对话框

Step03：选取数据源。❶打开【选取数据源】对话框，找到并选中含有数据源的工作簿，❷单击【打开】按钮，如图2-25所示。

Step04：选择工作表。打开【选择表格】对话框，❶选中数据源所在工作表，❷单击【确定】按钮，如图2-26所示。

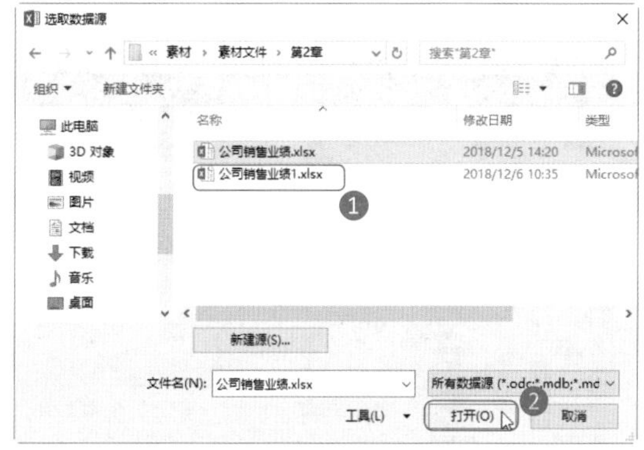

图2-25 选取数据源

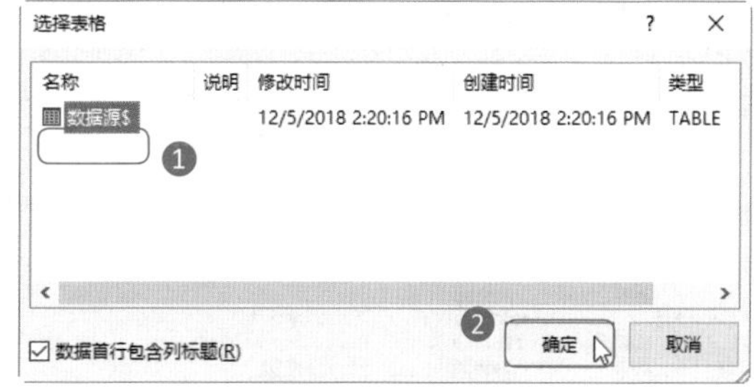

图2-26 选择工作表

温馨提示

【选择表格】对话框中的【数据首行包含列标题】复选框默认为选中状态，如果数据源的首行没有包含标签，需要取消勾选该复选框。

Step05：设置导入参数。打开【导入数据】对话框，❶在【请选择该数据在工作簿中的显示方式】栏下选择【数据透视表】单选按钮，❷在【数据的放置位置】栏下选择【现有工作表】单选按钮，下方的文本框中默认输入Step01中选择的单元格，❸单击【确定】按钮，如图2-27所示。

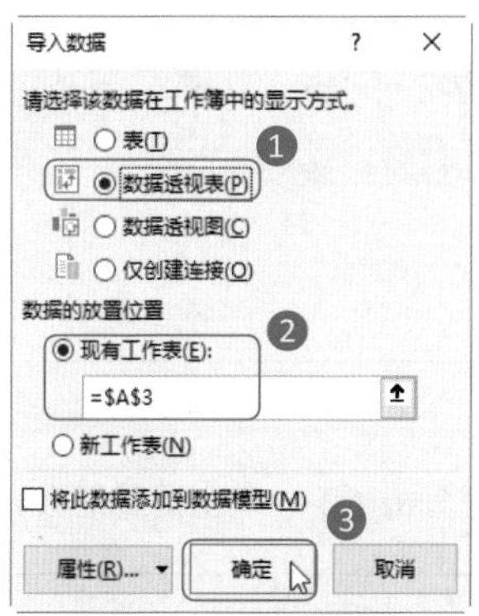

图2-27 设置导入参数

Step06：创建数据透视表。返回工作表中，可查看到已经创建了数据透视表。在【数据透视表字段】窗格的字段列表框中勾选需要的字段，如图2-28所示。

Step07：刷新数据源。在数据源工作表中增加数据，如3月的销售情况，然后在【数据透视表工具-分析】选项卡的【数据】组中单击【刷新】按钮，即可查看到新添加的数据已经更新到数据透视表，如图2-29所示。

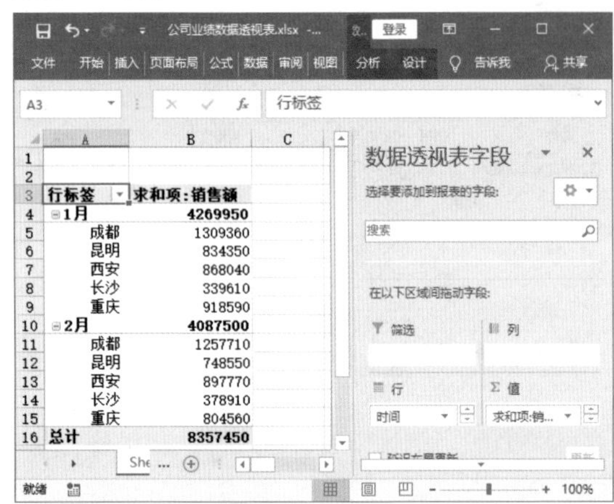

图2-28 创建的1-2月数据透视表

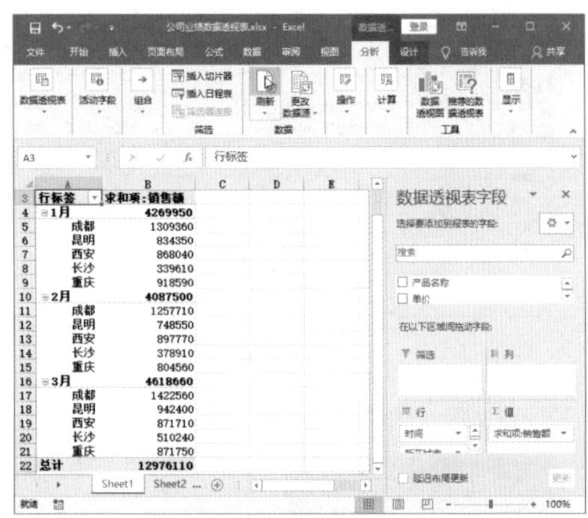

图2-29 刷新数据源得到3月的销售情况

温馨提示

当前数据透视表打开时，被引用的数据源工作表不能被打开修改。

2.3 使用多样数据源创建透视表

张经理

小李，这里有几个文件，你把数据分析一下，马上给我汇报。

小李

张经理，这几个表格的数据分析可能要明天才能做好。

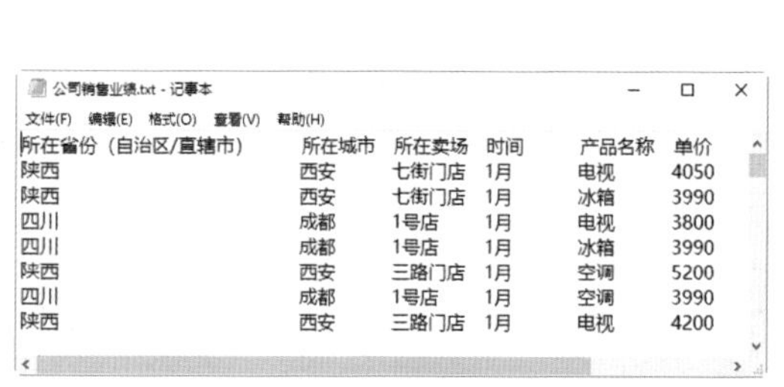

公司销售业绩.txt - 记事本

所在省份（自治区/直辖市）	所在城市	所在卖场	时间	产品名称	单价
陕西	西安	七街门店	1月	电视	4050
陕西	西安	七街门店	1月	冰箱	3990
四川	成都	1号店	1月	电视	3800
四川	成都	1号店	1月	冰箱	3990
陕西	西安	三路门店	1月	空调	5200
四川	成都	1号店	1月	空调	3990
陕西	西安	三路门店	1月	电视	4200

2019/5

ID	销售ID	产品名称	单价	数量	销售日期	销售额
1	4	蒙牛酸奶	8	3	2019/5/1	24
2	3	营养快线	4.5	10	2019/5/1	45
3	1	橡橙汁	5.8	15	2019/5/1	87
4	2	雪碧	6.5	20	2019/5/1	130
5	6	胡椒粉	3.8	9	2019/5/2	34.2
6	5	光明酸奶	7.5	5	2019/5/2	37.5
7	7	面粉	12.8	8	2019/5/2	102.4
8	9	小米	15.8	14	2019/5/2	221.2
9	8	花生油	28.8	12	2019/5/2	345.6
10	10	海鲜粉	21.5	20	2019/5/2	430

张经理

小李，你这个工作效率是不行的。难道你还在一个一个地输入数据？现在是信息互通时代了，你还在用这么老套的办公方法吗？**输入数据不仅效率低，而且在输入的过程中还可能会出现错漏**。

半个小时内，我一定要这几个表格的分析数据。

怎么办？张经理要我半个小时内完成，可是我没有三头六臂呀！

利用文本文件创建数据透视表

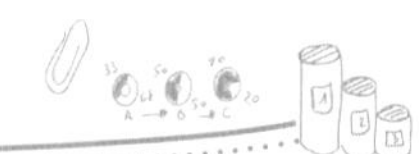

小李

王Sir，张经理给了我一个文本文件，要让我整理其中的数据，还要求半个小时内整理好，有没有快捷的方法？

王Sir

小李，别急别急！在这个信息互通的时代，办公软件都考虑到了各种软件间的交互使用。就像你的这个文本文件，使用**导入方式来创建数据透视表**，半分钟就可以搞定。

其具体操作方法如下。

Step01：选择【来自Microsoft Query】命令。在要创建数据透视表的工作簿中，❶在【数据】选项卡的【获取外部数据】组中单击【自其他来源】下拉按钮，❷在弹出的下拉菜单中选择【来自Microsoft Query】命令，如图2-30所示。

Step02：选择【<新数据源>】选项。打开【选择数据源】对话框，❶选择【<新数据源>】选项，❷单击【确定】按钮，如图2-31所示。

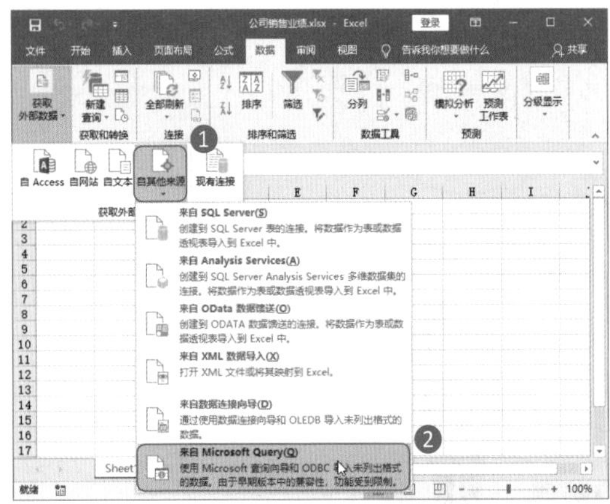

图2-30 选择【来自Microsoft Query】命令

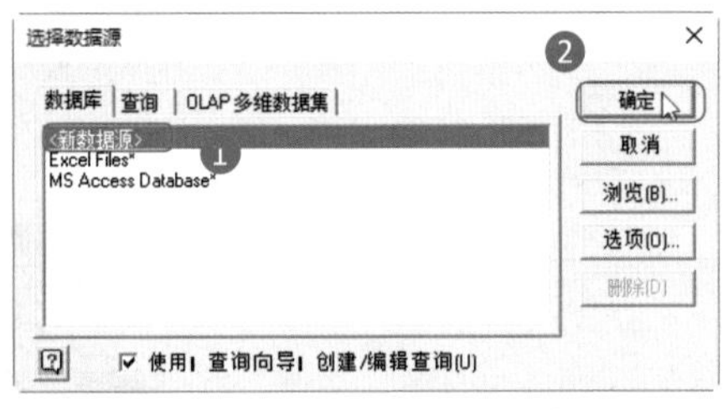

图2-31 选择【<新数据源>】选项

Step03：设置数据源。打开【创建新数据源】对话框，❶输入一个方便辨识的数据源名称，❷在【为您要访问的数据库类型选定一个驱动程序】下拉列表中选择【Driver da Microsoft para arquivos texto（*.txt;*.csv）】，❸单击【连接】按钮，如图2-32所示。

Step04：单击【选择目录】按钮。打开【ODBC Text安装】对话框，❶【使用当前目录】复选框默认为选中状态，如果文本文件与当前工作簿不在同一个目录中，可以取消勾选，本例需要取消勾选，❷单击【选择目录】按钮，如图2-33所示。

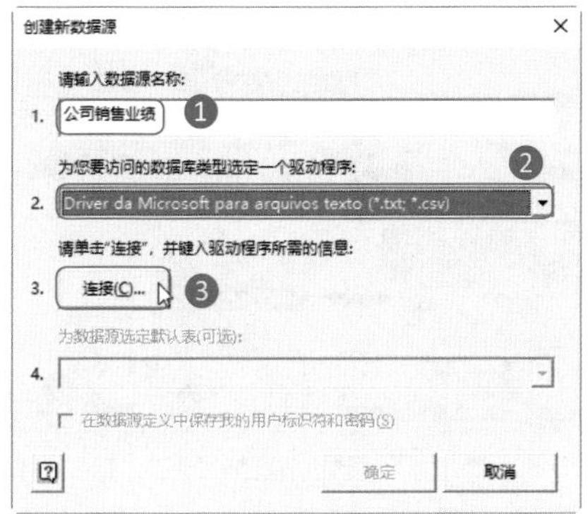

图2-32 设置数据源

图2-33 单击【选择目录】按钮

Step05：选择文件夹。打开【选择目录】对话框，❶根据文件存放位置，找到并选中文本文件所在的文件夹，此时左侧列表框中会显示出文本文件，❷单击【确定】按钮，如图2-34所示。

Step06：设置扩展名。返回【ODBC Text安装】对话框，❶单击【选项】按钮展开更多设置选项，❷取消勾选【默认（*.*）】复选框，❸在【扩展名列表】栏中选择【*.txt】作为扩展名，❹单击【定义格式】按钮，如图2-35所示。

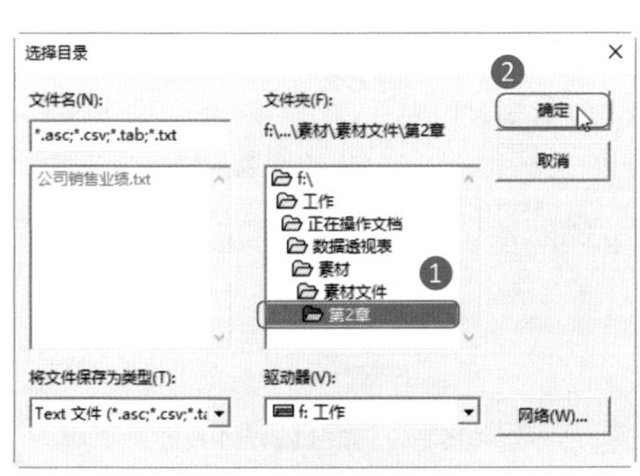

图2-34 选择文件夹

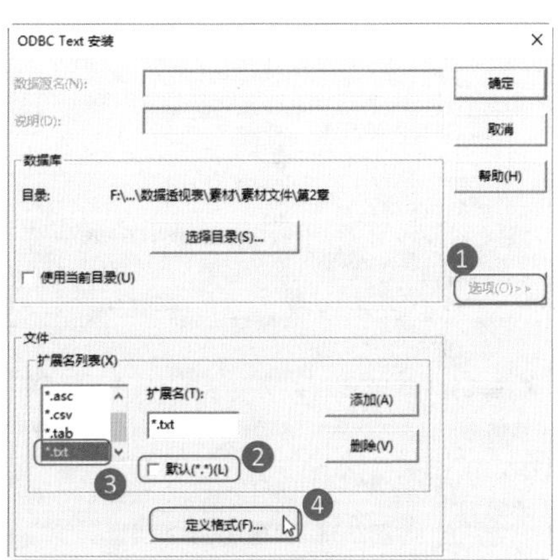

图2-35 设置扩展名

Step07：定义Text格式。打开【定义Text格式】对话框，❶在【表】列表框中选择【公司销售业绩.txt】文件，❷勾选【列名标题】复选框，❸在【格式】下拉列表中选择【Tab分隔符】选项，❹单击【猜测】按钮，如图2-36所示。

Step08：修改数据类型。❶此时【列】列表框中将显示出文本数据源的列名标题，选中【所在省份（自治区/直辖市）】列名标题，❷在【数据类型】下拉列表中选择【LongChar】选项，❸单击【修改】按钮，设置该列的数据类型，如图2-37所示。

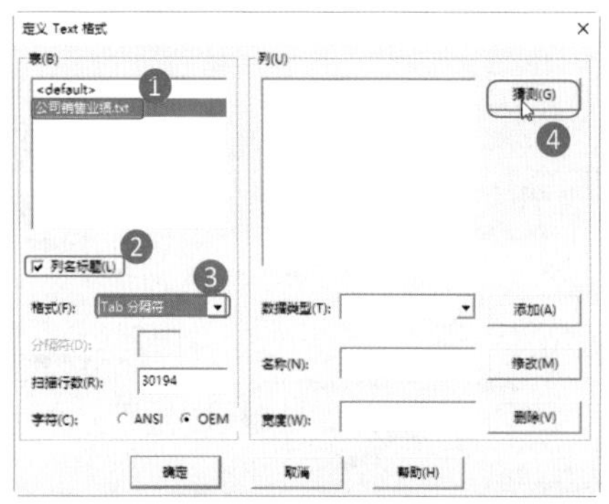

图2-36 定义Text格式

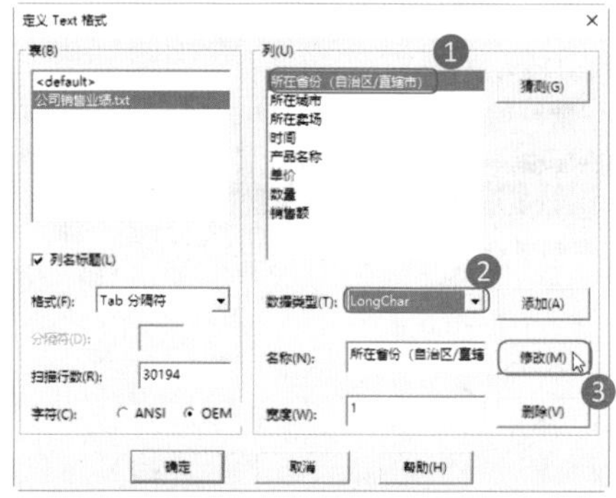

图2-37 修改数据类型

Step09：设置其他数据类型。使用相同的方法，依次设置【所在城市】【所在卖场】【时间】【产品名称】列的数据类型为【LongChar】，设置【单价】【数量】【销售额】列的数据类型为【Float】，然后单击【确定】按钮，如图2-38所示。

Step10：单击【确定】按钮。返回【ODBC Text安装】对话框，单击【确定】按钮，如图2-39所示。

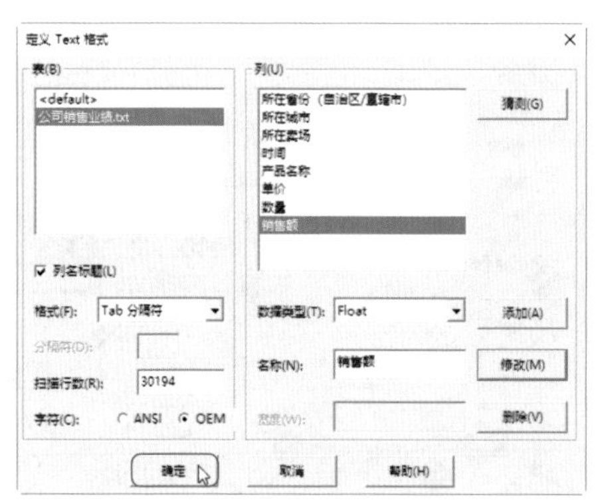

图2-38 设置其他数据类型

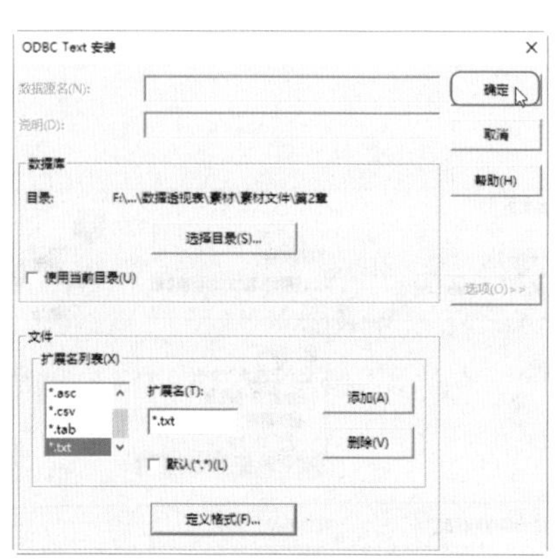

图2-39 单击【确定】按钮

Step11：选择数据源文件。返回【创建新数据源】对话框，❶在【为数据源选定默认表（可选）】下拉列表中选择【公司销售业绩.txt】文件，❷单击【确定】按钮，如图2-40所示。

Step12：选择数据源。返回【选择数据源】对话框，❶选中【公司销售业绩】选项，❷单击【确定】按钮，如图2-41所示。

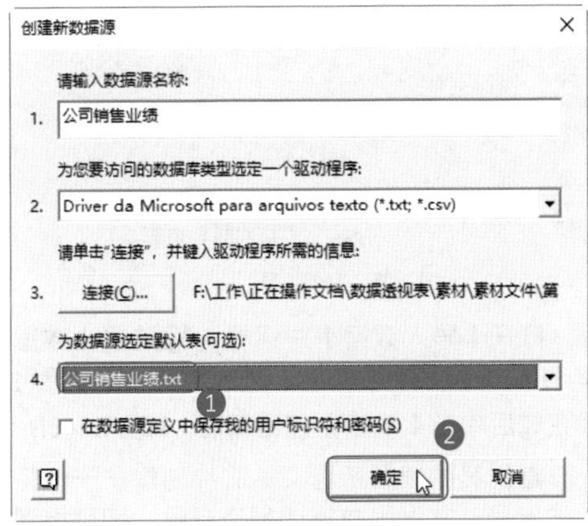

图2-40 选择数据源文件

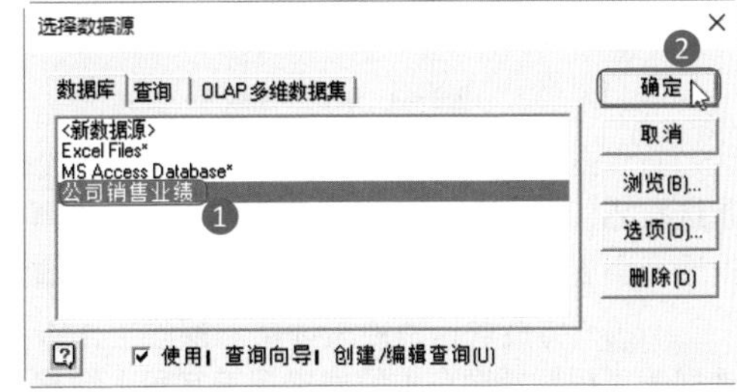

图2-41 选择数据源

Step13：选择查询结果的列。打开【查询向导-选择列】对话框，❶在【可用的表和列】列表框中选择【公司销售业绩.txt】文件，❷单击【添加】按钮 > ，此时列名标题将添加到右侧的【查询结果中的列】列表框中，❸单击【下一步】按钮，如图2-42所示。

Step14：确认筛选数据。打开【查询向导-筛选数据】对话框，保持默认设置，单击【下一步】按钮，如图2-43所示。

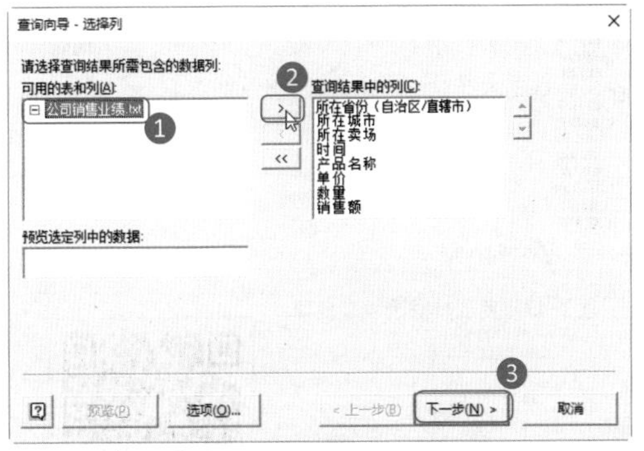

图2-42 选择查询结果中的列

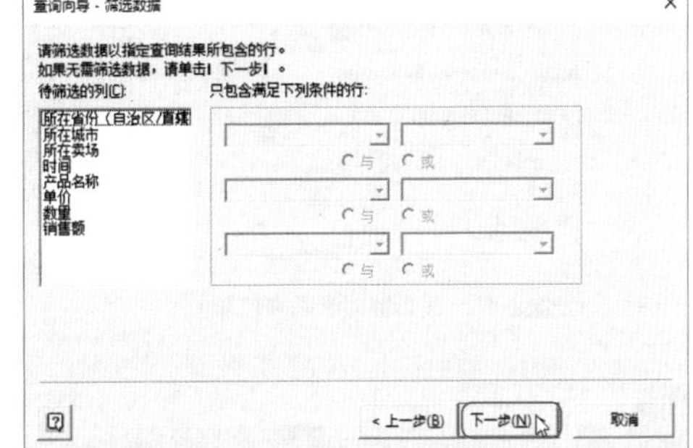

图2-43 确认筛选数据

Step15：确认排序顺序。打开【查询向导-排序顺序】对话框，保持默认设置，单击【下一步】按钮，如图2-44所示。

Step16：完成设置。打开【查询向导-完成】对话框，❶选择【将数据返回Microsoft Excel】单选按钮，❷单击【完成】按钮，如图2-45所示。

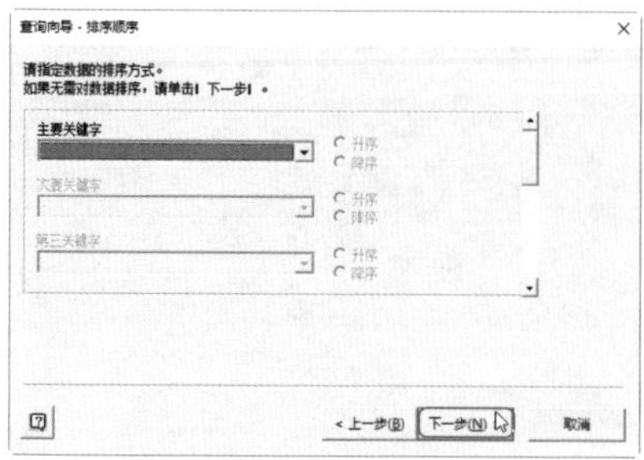

图2-44 确认排序顺序

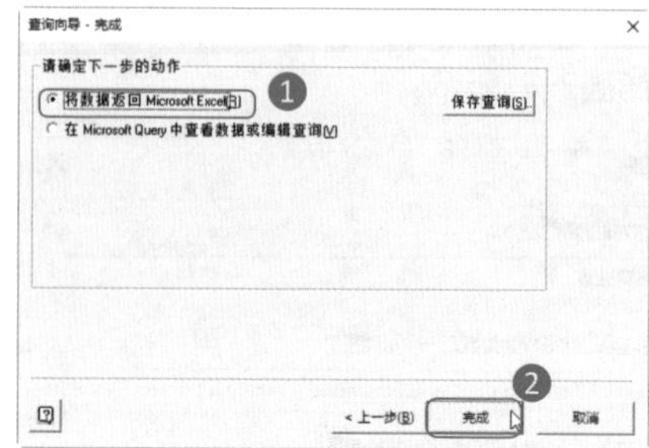

图2-45 完成设置

Step17：设置数据透视表位置。返回当前工作簿，打开【导入数据】对话框，❶选择【数据透视表】单选按钮，❷根据需要设置数据透视表的位置，本例选择【现有工作表】单选按钮，并设置将创建的数据透视表放置在当前工作表的A1单元格处，❸设置完成后单击【确定】按钮即可，如图2-46所示。

Step18：完成数据透视表创建。返回工作表，可以看到其中根据所选文本文件创建了一个空白的数据透视表。根据需要在【数据透视表字段】窗格中勾选字段，并设置数据透视表布局，即可得到相应的数据分析报表，如图2-47所示。

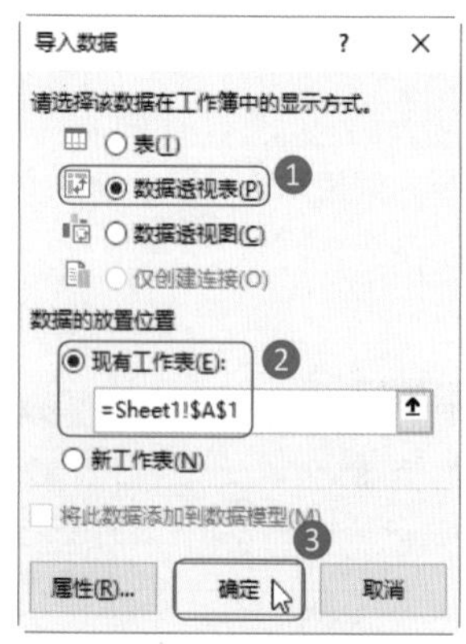

图2-46 设置数据透视表位置

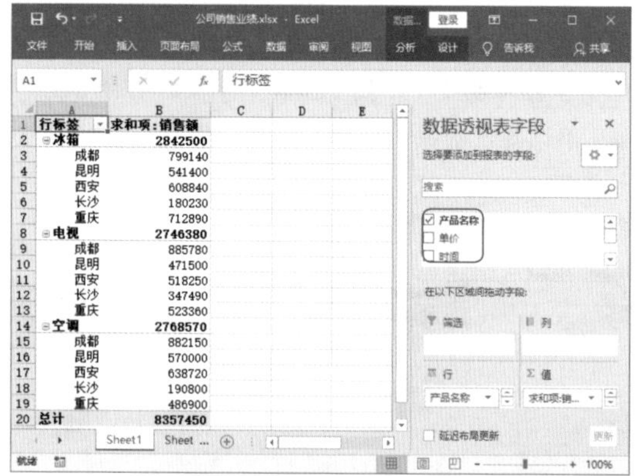

图2-47 完成数据透视表创建

2.3.2 利用Access数据库创建数据透视表

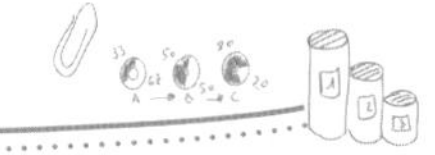

小李

王Sir，Access我还没怎么接触过，而其中的数据又特别多，有没有方法可以用Access创建数据透视表呢？

王Sir

当然有了！

Office软件的互通性很好，几种格式的数据都可以交互使用。**用Access创建数据透视表简直是标配**，而且方法比使用文本文件创建数据透视表简单多了。

其具体操作方法如下。

Step01：单击【自Access】按钮。在要创建数据透视表的工作簿中，在【数据】选项卡的【获取外部数据】组中单击【自Access】按钮，如图2-48所示。

Step02：选择Access数据库。打开【选取数据源】对话框，❶选中Access数据库，如“销售记录.accdb”，❷单击【打开】按钮，如图2-49所示。

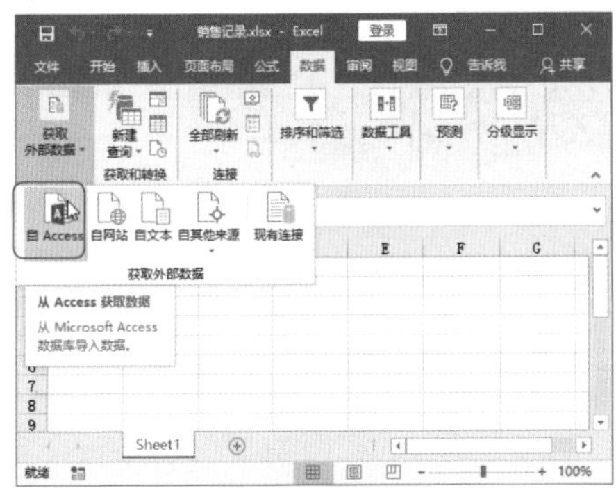

图2-48 单击【自Access】按钮

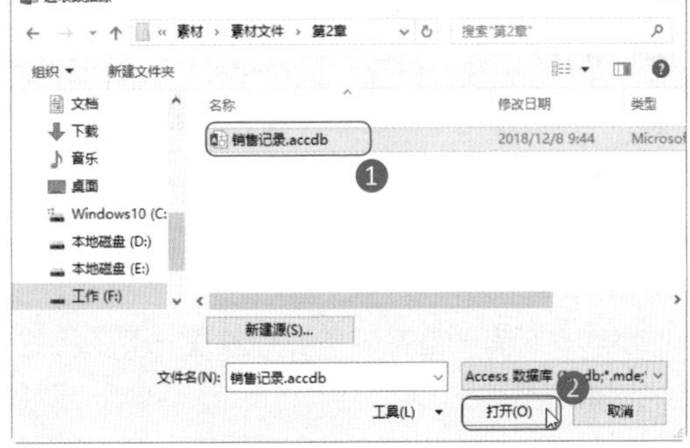

图2-49 选择Access数据库

Step03：选择表格。如果Access数据库中有多个表格，将打开【选择表格】对话框，❶根据需要选择用来创建数据透视表的表格，❷单击【确定】按钮，如图2-50所示。

Step04：设置数据透视表参数。打开【导入数据】对话框，❶选择【数据透视表】单选按钮，❷根据需要设置数据透视表的位置，❸单击【确定】按钮，如图2-51所示。

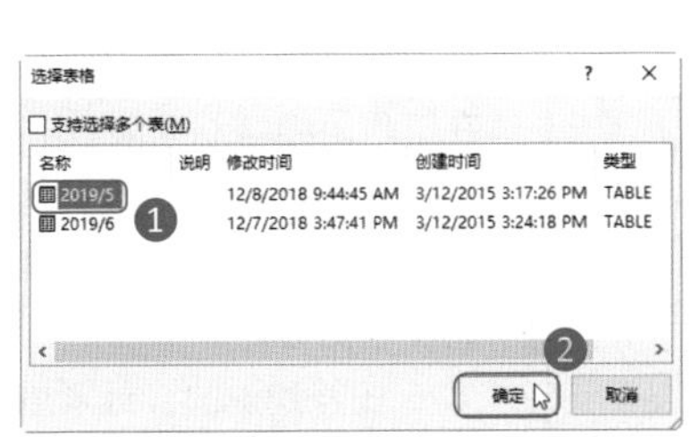

图2-50 选择表格

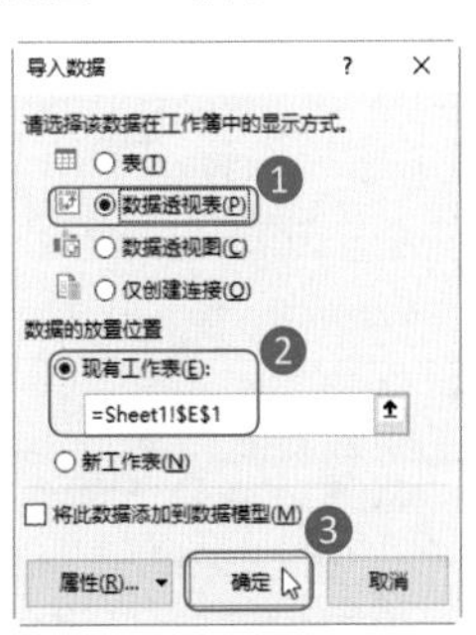

图2-51 设置数据透视表参数

Step05：完成数据透视表创建。返回工作表，可以看到其中创建了一个空白的数据透视表。根据需要在【数据透视表字段】窗格中勾选字段，并设置数据透视表布局，即可得到相应的数据分析报表,如图2-52所示。

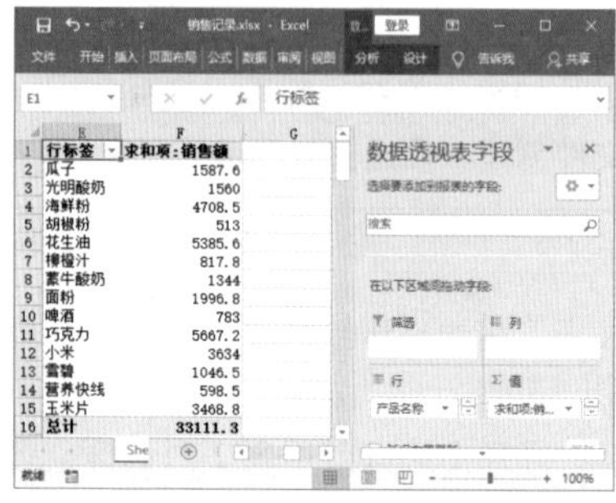

图2-52 利用Access数据库完成数据透视表创建

2.4 初步管理数据透视表

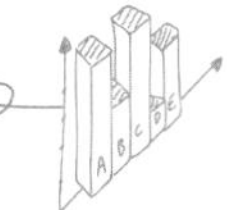

张经理

小李，现有一些数据需要你整理一下，将销售额分别按月和按地区统计出来，必须条理清楚、一目了然。

小 李

张经理，数据已经整理好了。

行标签	求和项:销售额
1月	4269950
冰箱	1408440
电视	1356150
空调	1505360
2月	4087500
冰箱	1434060
电视	1390230
空调	1263210
总计	8357450

张经理

小李，你这个数据透视表只能算是统计了数据，根本没有整理。

（1）有多个数据透视表没有**重命名**，查看起来比较困难。

（2）无用的数据透视表可以**删除**，留在工作簿中容易混淆。

（3）有几个数据透视表的内容并不多，将它们**移到同一个数据透视表中**查看岂不是更容易。

按照我说的，赶紧重新整理出来。

2.4.1 给数据透视表重新命名

小李

王Sir，张经理说我没有给数据透视表重命名，可是自动命名挺清楚的，有必要重新命名吗？

王Sir

自动命名都是以“数据透视表1、数据透视表2、数据透视表3……”的形式命名的，只有一两个数据透视表的时候，可能还比较清楚；一旦数量增加到3个以上，就连创建者都会搞不清楚了。

张经理提的只是最基本的要求。**给数据透视表命名很简单，动动手指就能让条理清楚**，为什么不做呢？

在Excel中，重命名数据透视表的方法主要有以下两种。

☆ 通过功能区重命名数据透视表：选中数据透视表中的任意单元格，出现【数据透视表工具-分析】选项卡，在【数据透视表】组的【数据透视表名称】文本框中可以查看数据透视表的默认名称,如图2-53所示；将鼠标指针定位到该文本框中,根据需要输入数据透视表的名称（如“按地区汇总”）即可，如图2-54所示。

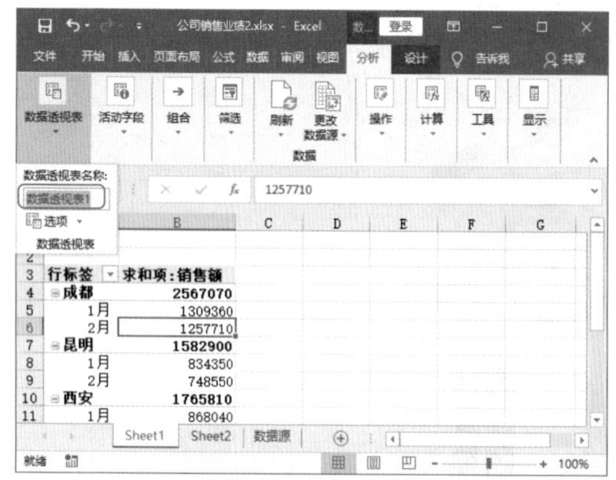

图2-53 查看数据透视表名称　　图2-54 输入新名称“按地区汇总”

☆ 通过对话框重命名数据透视表：使用鼠标右键单击数据透视表中的任意单元格，在弹出的快捷菜单中选择【数据透视表选项】命令,如图2-55所示；在打开的【数据透视表选项】对话框中，在【数据透视表名称】文本框中输入重命名的名称，如“按日期汇总”，然后单击【确定】按钮确认即可，如图2-56所示。

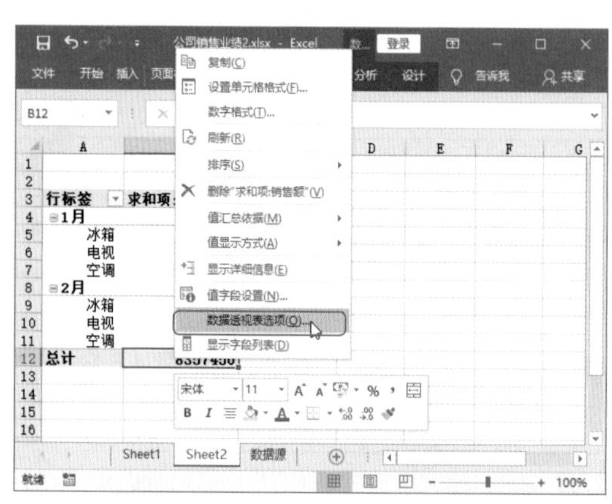

图2-55 选择【数据透视表选项】命令

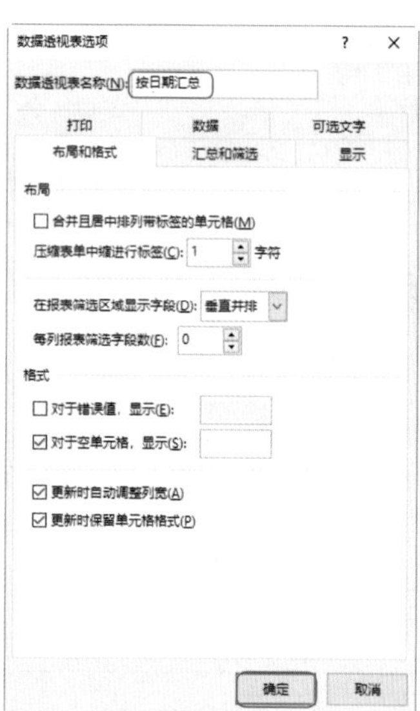

图2-56 输入新名称“按日期汇总”

2.4.2 复制和移动数据透视表

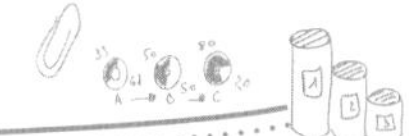

小李

王Sir，这个数据透视表要移动到其他地方可以吗？

王Sir

小李，移动和复制数据透视表都是基本操作，当然可以了。

你可以**使用Ctrl+C组合键来复制，使用Ctrl+X组合键来剪切，然后使用Ctrl+V组合键来粘贴**。此外，也可以使用功能菜单来执行复制和移动的操作。总之，方法多多，简单有效。

1 复制数据透视表

在Excel中，复制数据透视表的方法很简单。只需选中整个数据透视表，然后按Ctrl+C组合键复制，打开需要放置数据透视表的工作表，在工作表中选中要放置数据透视表的位置，如选中其左上角的单元格，按Ctrl+V组合键粘贴即可。

2 移动数据透视表

在Excel中，选中整个数据透视表，按Ctrl+X组合键剪切，然后选中需要放置数据透视表的位置，按Ctrl+V组合键粘贴，就可以移动数据透视表。除此之外，为了避免手动剪切和粘贴过程中可能出现不必要的失误，还可以通过功能区的相关功能来实现。其具体操作方法如下。

Step01：单击【移动数据透视表】按钮。❶在要移动的数据透视表中选择任意单元格，❷在【数据透视表工具-分析】选项卡的【操作】组中单击【移动数据透视表】按钮，如图2-57所示。

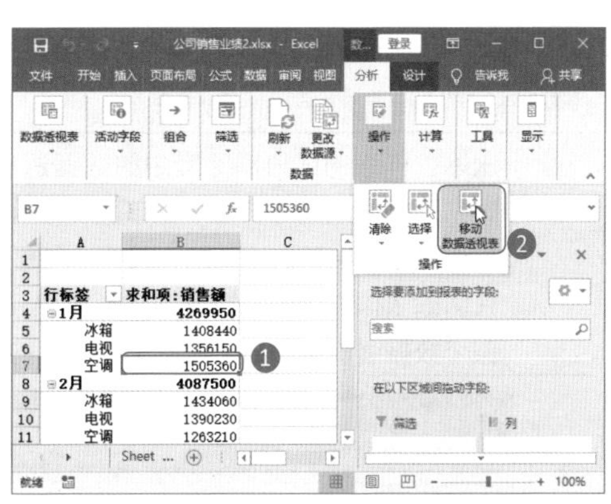

图2-57　单击【移动数据透视表】按钮

Step02：选择移动位置。打开【移动数据透视表】对话框，❶选择要将数据透视表移动到的目标位置，如【新工作表】，❷单击【确定】按钮即可，如图2-58所示。

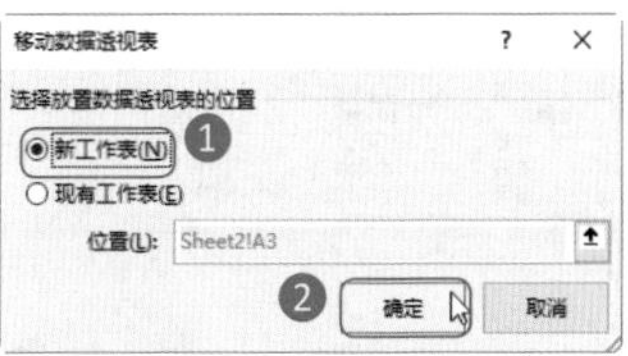

图2-58　选择移动位置

技能升级

在【移动数据透视表】对话框中选择【新工作表】单选按钮，可以在当前工作簿中新建一个工作表，并将数据透视表移到其中；选择【现有工作表】单选按钮，通过设置单元格引用地址，可以将数据透视表移到当前工作簿的现有工作表中，或移到打开的其他工作簿的工作表中。

2.4.3 一步删除数据透视表

小李

王Sir，这个数据透视表我不需要了，可以删除吗？

王Sir

肯定可以呀。而且，不需要的数据透视表要及时删除，以免造成数据混淆。删除数据透视表的方法有两种：一种是**直接删除放置了数据透视表的工作表**，还有一种是**只删除数据透视表**。

☆ 删除工作表的同时删除其中的数据透视表：如果需要删除的数据透视表单独占据一张工作表时，可以使用鼠标右键单击该工作表标签，在弹出的快捷菜单中选择【删除】命令，在打开的提示对话框中单击【删除】按钮，如图2-59所示。

☆ 只删除工作表中的数据透视表：如果只需要删除工作表中的数据透视表，可以选中需要删除的整个数据透视表，在【开始】选项卡的【单元格】组中单击【删除】按钮，如图2-60所示。

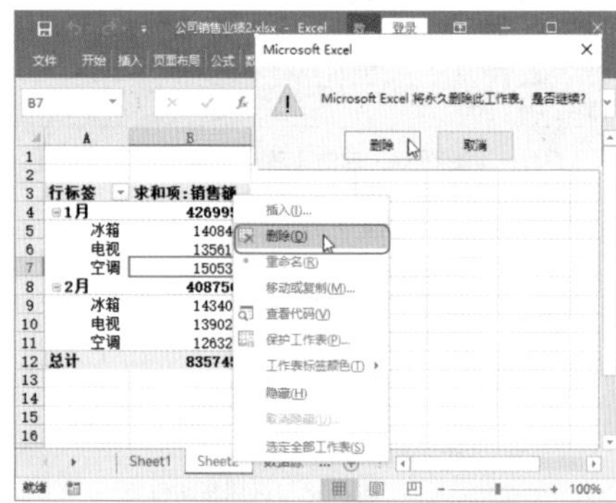

图2-59 删除工作表

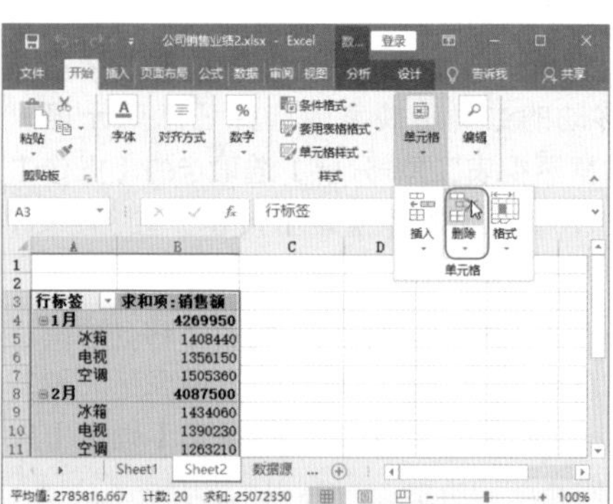

图2-60 删除数据透视表

CHAPTER 3

好布局，让数据对号入座

小 李

星期一时，有同事问我数据透视表学得怎么样了，我信心百倍地告诉他，“那当然是进步神速，一日千里呀，现在觉得独立制作数据透视表分析数据等非常简单！”可是，直到张经理的一盆“冷水”泼下来，我才知道，原来我学会的连皮毛都不算。

张经理评价我的数据透视表是：布局混乱，汇总不清晰，筛选区域模糊，字段管理等于0……

看着张经理发黑的脸，我才知道，原来我所谓的“学会”连入门级都达不到。

还好，知错就改是我的优点。在王Sir的指点下，我渐渐明白了数据透视表布局的重要性，学会了各种布局方式。王Sir说，“经过这次的案例练习，你才算是正式入门了。”

对于数据透视表，很多人觉得只是勾选几个字段就可以了。可能新入职的你也是这样认为的。

其实，数据透视表不仅要布局清晰，还需要整洁的字段排列和布局。“外行看热闹，内行看门道”，做好布局的数据透视表，可以给人耳目一新的感觉。

学习数据透视表，你是认真的。经过几个案例的学习，你就能掌握布局的方法了。希望你继续努力，这样一定可以很快“吃透”数据透视表。

王 Sir

3.1 数据排好队，查看更容易

小李

张经理，前两个月的销售数据已经统计出来了。

3	行标签	求和项:销售额
4	⊟湖北	718520
5	⊟长沙	718520
6	⊟门店	718520
7	⊟1月	339610
8	冰箱	78010
9	电视	163020
10	空调	98580
11	⊟2月	378910
12	冰箱	102220
13	电视	184470
14	空调	92220
15	⊟陕西	1436820
16	⊟西安	1436820

张经理

小李，鉴于你使用数据透视表不久，我再一次提醒你一些注意事项。

（1）**布局要清楚。**而你这个透视表明显没有好好布局，只是随意勾选了字段。

（2）**我要按照日期看数据，你却设置按地区汇总**，你让我怎么查看需要的数据？

（3）这些数据你是怎么布局的？**乱七八糟的数据透视表还不如清空了重新做。**

原来制作数据透视表还有那么多的要求，不是做出来就可以了吗？

3.1.1 打钩钩，按默认方式布局

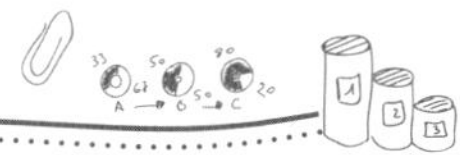

小李

王Sir，我的数据透视表插入后还是空白，在添加字段的时候有什么要求吗？

王Sir

小李，在前面的学习中我已经讲过一些数据透视表的布局了，**在【数据透视表字段】窗格中勾选字段就可以自动布局**。怎么，忘记了？

在前面的学习中我们已经知道，创建数据透视表后，只需在【数据透视表字段】窗格中勾选需要的字段，Excel就会智能化地自动将所选字段安排到数据透视表的相应区域中，制作出一张最基本的数据透视表，如图3-1所示。

在默认情况下，如果字段中包含的项是文本内容，Excel会自动将该字段放置到行区域中；如果字段中包含的项是数值，Excel会自动将该字段放置到值区域中。所以如果你使用勾选字段名复选框的方法自动布局数据透视表，只能制作简单的报表，因为Excel不会主动将字段添加到报表筛选区域和列标签区域中。

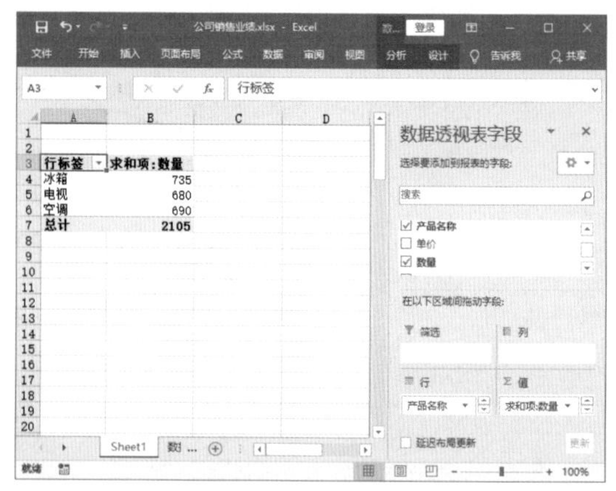

图3-1　基本数据透视表

3.1.2 动动手，让字段自定义布局

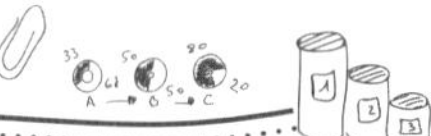

小李

王Sir，我需要在数据透视表中插入多个字段，但是勾选数据透视表字段后都是默认排序。怎么才能调整为想要的排序呢？

王Sir

小李，默认排序只能用在比较简单的数据透视表中，如果需要的字段很多，就要重新布局了。

其实重新布局也很简单，**用鼠标拖动**，想放在哪儿就放在哪儿，这种“指哪儿打哪儿”的方式简单且有效。

在创建数据透视表后，在【数据透视表字段】窗格中通过勾选字段可以将字段放置到相应的区域中。但是，此时的排序会自动按照勾选字段名时的顺序在对应区域中反映出字段的顺序，也许这并不是你想要的排序。如果需要调整字段在区域中的顺序，或者需要将字段移动到其他区域中，可以使用鼠标左键拖动字段到目标位置，再释放鼠标。

例如图3-2中的数据透视表，因为是先勾选【销售城市】，然后勾选【产品名称】，所以在行标签中【产品名称】默认排列在【销售城市】下方。

如果此时使用鼠标在【数据透视表字段】窗格的行标签区域中拖动【产品名称】字段放置到【销售城市】字段前面，就可以改变行标签区域中的字段顺序。拖动完成后，可以看到数据透视表的相应区域同时发生变化，而得到的报表数据分析角度随之改变，如图3-3所示。

图3-2 数据透视表默认排序

图3-3 拖动字段后的布局

除此之外，我们还可以将字段拖动到其他的区域。例如，将【销售城市】字段拖动到报表筛选区域，可以查看到数据透视表会增加筛选区域，在其中，可以对【销售城市】进行筛选，以完成更多的数据分析工作，如图3-4所示。

图3-4 创建筛选区域

3.1.3 听指令，通过命令自定义布局

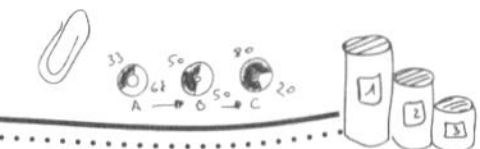

小李

王Sir，鼠标出问题后，拖动的时候总是不灵活，还有什么方法可以自定义布局吗？

王Sir

小李，当然有了。“条条大路通罗马”，通过命令也可以自定义布局。

如果不想用拖动的方法来调整布局，在【数据透视表字段】窗格中可以**通过右键菜单和下拉菜单中的命令**把字段移动到想要的位置。

通过命令菜单自定义布局主要有以下两种方法。

☆ 通过右键菜单添加：在【数据透视表字段】窗格的【选择要添加到报表的字段】列表框中，使用鼠标右键单击要设置的字段名，在弹出的快捷菜单中即可根据需要选择相应的命令，将该字段添加到对应的数据透视表区域中，如图3-5所示。

☆ 通过下拉菜单添加：在【数据透视表字段】窗格的行标签字段等区域中，单击需要设置的字段下拉按钮▾，在打开的下拉菜单中根据需要选择相应的命令，即可将该字段添加到对应的数据透视表区域中，如图3-6所示。

图3-5 通过右键菜单添加

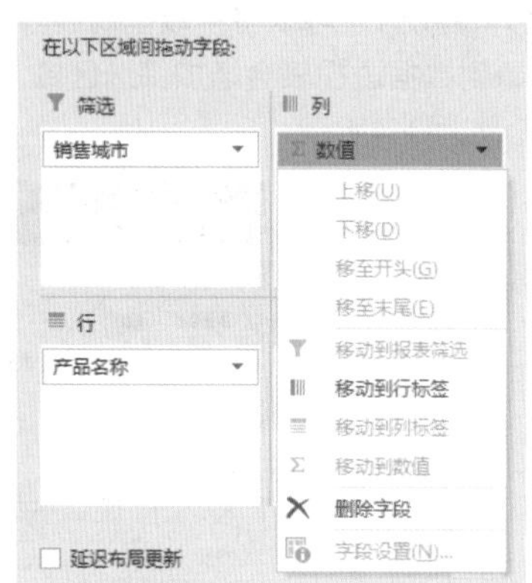

图3-6 通过下拉菜单添加

3.1.4 不满意，清除布局恢复空白

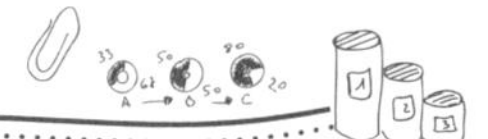

小李

王Sir，这个数据透视表已经被我调整得乱七八糟了，真想从头再来一遍。

王Sir

小李，虽然人生没有后悔药，但是数据透视表操作中可以给你再来一次的机会。

如果你对数据透视表的布局不满意，想要重新调整，最好的方法就是**清除布局，恢复空白，从头再来。**

如果在布局数据透视表时遇到有太多字段需要调整，不如清除其中的数据，将其恢复为空白的数据透视表，然后重新布局。其具体操作方法如下。

Step01：执行清除操作。❶选择数据透视表区域的任意单元格，❷在【数据透视表工具-分析】选项卡的【操作】组中单击【清除】下拉按钮，❸在弹出的下拉菜单中选择【全部清除】命令，如图3-7所示。

Step02：完成清除。操作完成后，即可查看到数据透视表已经被清除，恢复为空白的数据透视表，如图3-8所示。

图3-7 执行清除操作

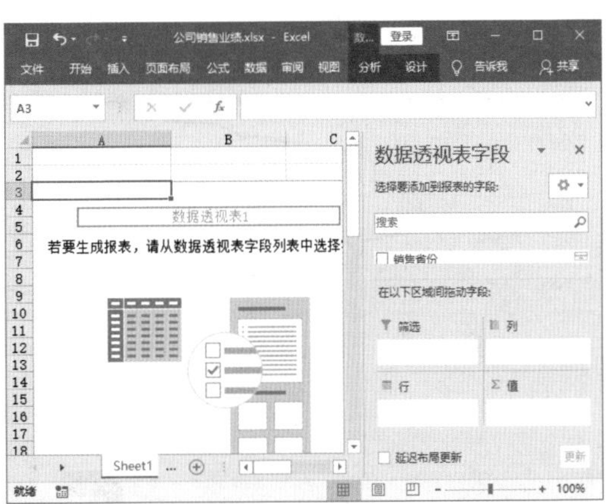

图3-8 完成清除

3.2 改造符合查看习惯的报表格式

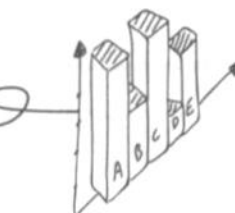

张经理

小李，下班前我要看到这个季度的销售报表，你可加把劲呀！

小李

张经理，你看这个季度的销售统计表还有什么需要修改的吗？

	A	B	C	D
1	销售卖场	(全部)		
2				
3	**行标签**	**求和项:单价**	**求和项:数量**	**求和项:销售额**
4	**⊟冰箱**	**76700**	**873**	**3359950**
5	成都	23180	273	1052410
6	昆明	15400	200	784400
7	西安	16180	159	644750
8	长沙	5380	76	204440
9	重庆	16560	165	673950
10	**⊟电视**	**80700**	**825**	**3332550**
11	成都	23560	240	939930
12	昆明	15700	169	664200
13	西安	16500	144	597300
14	长沙	8580	87	373230
15	重庆	16360	185	757890
16	**⊟空调**	**80000**	**890**	**3578840**
17	成都	24180	249	1003530
18	昆明	15000	132	492500
19	西安	18660	209	991570
20	长沙	6360	113	359340
21	重庆	15800	187	731900
22	**总计**	**237400**	**2588**	**10271340**

张经理

小李，虽然你现在做的这个数据透视表已经基本能看，但是我希望你能清楚我的查看习惯。

（1）我习惯先看明细数据，再看汇总数据，所以**不要每次都把汇总行放在顶部**。

（2）数据太多的时候，你不知道在**两类数据间插入空行吗**？

（3）**并不是什么场合都需要用到总计行**，可以把不需要总计的数据去掉。

数据透视表难道不是把数据统计出来就可以了，还有这么多规矩吗？

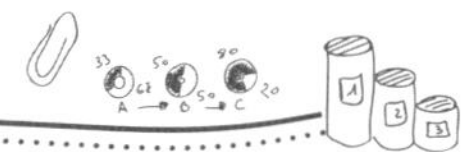

3.2.1 报表布局随心所欲

小李

王Sir，这个数据透视表应该用什么布局方式比较合适？

王Sir

小李，使用哪种布局要根据情况而定。默认的布局方式是**压缩形式**，会将所有行字段都堆积到一列中；**大纲形式**布局会将所有行字段按顺序从左往右依次排列；**表格形式**布局也会将所有行字段按顺序从左往右依次排列，但是每个父子段的汇总值都会显示在每组的底部。

在选择时，首先要清楚每一种布局的特点和优缺点，然后根据实际情况选用。

如果要更改布局，先选中数据透视表中的任意单元格，在【数据透视表工具-设计】选项卡的【布局】组中单击【报表布局】下拉按钮▾，在弹出的下拉菜单中就可以根据需要选择报表布局及其显示方式了，如图3-9所示。

图3-9　选择布局

该下拉菜单中各命令的优缺点介绍如下。

☆ 以压缩形式显示：数据透视表的所有行字段都将堆积到一列中，可以节省横向空间，如图3-10所示。缺点是：一旦将该数据透视表数值化、转换为普通的表格，因行字段标题都堆积在一列中，将难以进行数据分析。

☆ 以大纲形式显示：数据透视表的所有行字段都将按顺序从左往右依次排列，该顺序以【数据透视表字段】窗格行标签区域中的字段顺序为依据，如图3-11所示。如果需要将数据透视表中的数据复制到新的位置或进行其他处理，例如将数据透视表数值化、转换为普通表格，使用该形式较合适。缺点是：占用了更多的横向空间。

	A	B	C	D
1	销售卖场	(全部)		
2				
3	行标签	求和项:单价	求和项:数量	求和项:销售额
4	⊟冰箱	76700	873	3359950
5	成都	23180	273	1052410
6	昆明	15400	200	784400
7	西安	16180	159	644750
8	长沙	5380	76	204440
9	重庆	16560	165	673950
10	⊟电视	80700	825	3332550
11	成都	23560	240	939930
12	昆明	15700	169	664200
13	西安	16500	144	597300
14	长沙	8580	87	373230
15	重庆	16360	185	757890
16	⊟空调	80000	890	3578840
17	成都	24180	249	1003530

图3-10 以压缩形式显示

	A	B	C	D	E
1	销售卖场	(全部)			
2					
3	产品名称	销售城市	求和项:单价	求和项:数量	求和项:销售额
4	⊟冰箱		76700	873	3359950
5		成都	23180	273	1052410
6		昆明	15400	200	784400
7		西安	16180	159	644750
8		长沙	5380	76	204440
9		重庆	16560	165	673950
10	⊟电视		80700	825	3332550
11		成都	23560	240	939930
12		昆明	15700	169	664200
13		西安	16500	144	597300
14		长沙	8580	87	373230
15		重庆	16360	185	757890
16	⊟空调		80000	890	3578840
17		成都	24180	249	1003530

Sheet1 数据源

图3-11 以大纲形式显示

☆ 以表格形式显示：与大纲布局类似，数据透视表的所有行字段都将按顺序从左往右依次排列，该顺序以【数据透视表字段】窗格行标签区域中的字段顺序为依据，但是每个父字段的汇总值都会显示在每组的底部，如图3-12所示。多数情况下，使用表格布局能够使数据看上去更直观、清晰。缺点是：占用了更多的横向空间。

☆ 重复所有项目标签：在使用大纲布局和表格布局时，选择该显示方式，可以看到数据透视表中自动填充出了所有的项目标签，如图3-13所示。使用【重复所有项目标签】功能便于将数据透视表进行其他处理，例如将数据透视表数值化、转换为普通表格等。

	A	B	C	D	E
1	销售卖场	(全部)			
2					
3	产品名称	销售城市	求和项:单价	求和项:数量	求和项:销售额
4	⊟冰箱	成都	23180	273	1052410
5		昆明	15400	200	784400
6		西安	16180	159	644750
7		长沙	5380	76	204440
8		重庆	16560	165	673950
9	冰箱 汇总		76700	873	3359950
10	⊟电视	成都	23560	240	939930
11		昆明	15700	169	664200
12		西安	16500	144	597300
13		长沙	8580	87	373230
14		重庆	16360	185	757890
15	电视 汇总		80700	825	3332550
16	⊟空调	成都	24180	249	1003530
17		昆明	15000	132	492500

Sheet1 数据源

图3-12 以表格形式显示

	A	B	C	D	E
1	销售卖场	(全部)			
2					
3	产品名称	销售城市	求和项:单价	求和项:数量	求和项:销售额
4	⊟冰箱	成都	23180	273	1052410
5	冰箱	昆明	15400	200	784400
6	冰箱	西安	16180	159	644750
7	冰箱	长沙	5380	76	204440
8	冰箱	重庆	16560	165	673950
9	冰箱 汇总		76700	873	3359950
10	⊟电视	成都	23560	240	939930
11	电视	昆明	15700	169	664200
12	电视	西安	16500	144	597300
13	电视	长沙	8580	87	373230
14	电视	重庆	16360	185	757890
15	电视 汇总		80700	825	3332550
16	⊟空调	成都	24180	249	1003530
17	空调	昆明	15000	132	492500

Sheet1 数据源

图3-13 重复所有项目标签

☆ 不重复项目标签：默认情况下，数据透视表报表布局的显示方式是【不重复项目标签】，便于在进行数据分析相关操作时能够更直观、清晰地查看数据。如果设置了【重复所有项目标签】，选择该命令即可撤销所有重复项目的标签。

温馨提示

如果在【数据透视表选项】对话框的【布局和格式】选项卡中勾选了【合并且居中排列带标签的单元格】复选框，将无法使用【重复所有项目标签】功能。

3.2.2 选择分类汇总的显示方式

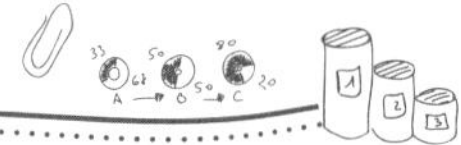

小李

王Sir，分类汇总到底有没有必要出现在数据透视表中呢？

王Sir

小李，分类汇总是为了查看项目的数据统计，一般情况下都需要显示出来。而且，在显示分类汇总时，**还可以选择显示在底部或顶部**。如果实在不需要，**也可以取消显示分类汇总**。

总之，情况不同，选择也可能会发生变化，不能一概而论。

Excel提供了3种分类汇总的显示方式，方便用户根据需要设置。调出分类汇总菜单的方法是：单击数据透视表中任意单元格，在【数据透视表工具-设计】选项卡的【布局】组中单击【分类汇总】下拉按钮▾，在弹出的下拉菜单中根据需要选择分类汇总的显示方式即可，如图3-14所示。

该下拉菜单中各命令的具体介绍如下。

☆ 在组的底部显示所有分类汇总：选择该命令，数据透视表中的分类汇总将显示在每组的底部，即默认情况下的数据透视表分类汇总显示方式。

☆ 不显示分类汇总：选择该命令，数据透视表中的分类汇总将被删除，如图3-15所示。

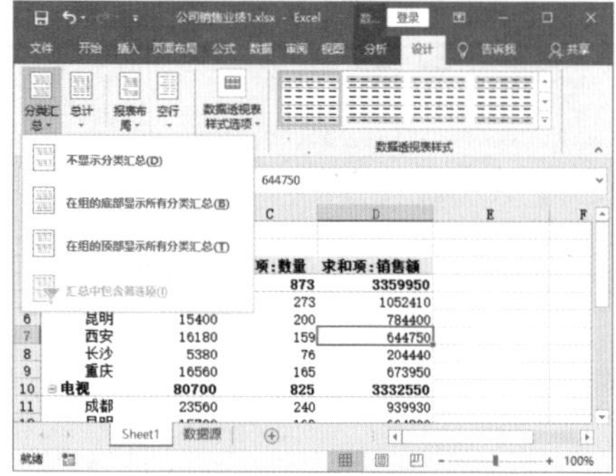

图3-14 设置分类汇总

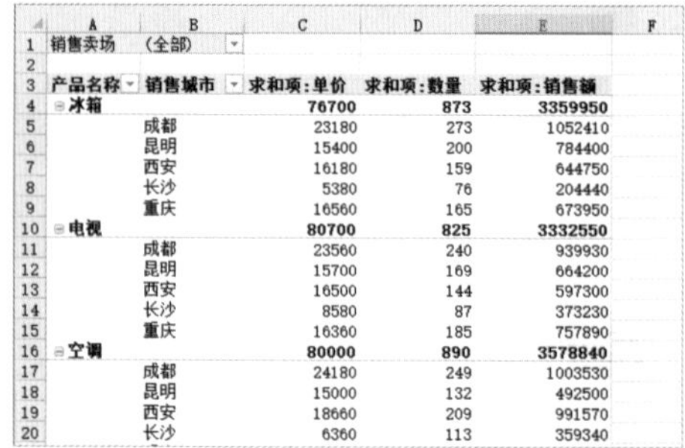

销售卖场	(全部)		
行标签	求和项:单价	求和项:数量	求和项:销售额
⊟冰箱			
成都	23180	273	1052410
昆明	15400	200	784400
西安	16180	159	644750
长沙	5380	76	204440
重庆	16560	165	673950
⊟电视			
成都	23560	240	939930
昆明	15700	169	664200
西安	16500	144	597300
长沙	8580	87	373230
重庆	16360	185	757890
⊟空调			

图3-15 不显示分类汇总

☆ 在组的顶部显示所有分类汇总：在压缩形式布局和大纲形式布局的数据透视表中，选择该命令，可以使数据透视表中的分类汇总显示在每组的顶部，如图3-16和图3-17所示。

销售卖场	(全部)		
行标签	求和项:单价	求和项:数量	求和项:销售额
⊟冰箱	76700	873	3359950
成都	23180	273	1052410
昆明	15400	200	784400
西安	16180	159	644750
长沙	5380	76	204440
重庆	16560	165	673950
⊟电视	80700	825	3332550
成都	23560	240	939930
昆明	15700	169	664200
西安	16500	144	597300
长沙	8580	87	373230
重庆	16360	185	757890
⊟空调	80000	890	3578840

图3-16 在压缩形式布局中的分类汇总

销售卖场	(全部)			
产品名称	销售城市	求和项:单价	求和项:数量	求和项:销售额
⊟冰箱		76700	873	3359950
	成都	23180	273	1052410
	昆明	15400	200	784400
	西安	16180	159	644750
	长沙	5380	76	204440
	重庆	16560	165	673950
⊟电视		80700	825	3332550
	成都	23560	240	939930
	昆明	15700	169	664200
	西安	16500	144	597300
	长沙	8580	87	373230
	重庆	16360	185	757890
⊟空调		80000	890	3578840
	成都	24180	249	1003530
	昆明	15000	132	492500
	西安	18660	209	991570
	长沙	6360	113	359340

图3-17 在大纲形式布局中的分类汇总

3.2.3 插入空行，让每一项清晰分明

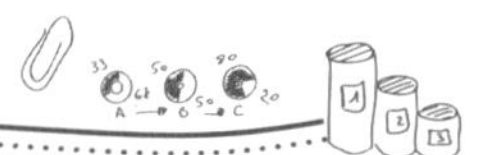

小李

王Sir，数据透视表中的数据太多了，总感觉密密麻麻地看不清楚。我要不要将其分到几个数据透视表中？

王Sir

小李，你的想法是好的，但是方法可以更简单。

直接**在每一项后面插入一行空行**，这样既简单，每一项数据也能清晰明了地显示。

在以任何报表布局形式显示的数据透视表中，都可以在项之间插入空行，使数据透视表中各组汇总数据能够更明显地区分开来，操作方法如下。

Step01：执行插入空行操作。❶选择数据透视表区域的任意单元格，❷在【数据透视表工具-设计】选项卡的【布局】组中单击【空行】下拉按钮▾，❸在弹出的下拉菜单中选择【在每个项目后插入空行】命令，如图3-18所示。

Step02：查看插入的空行。操作完成后，即可查看到数据透视表的每项之间被插入了空行，如图3-19所示。

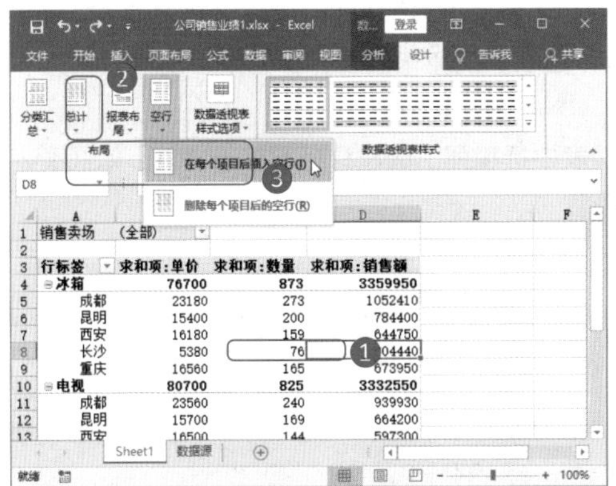

图3-18 执行插入空行操作

3	行标签	求和项:单价	求和项:数量	求和项:销售额
4	⊟冰箱	76700	873	3359950
5	成都	23180	273	1052410
6	昆明	15400	200	784400
7	西安	16180	159	644750
8	长沙	5380	76	204440
9	重庆	16560	165	673950
10				
11	⊟电视	80700	825	3332550
12	成都	23560	240	939930
13	昆明	15700	169	664200
14	西安	16500	144	597300
15	长沙	8580	87	373230
16	重庆	16360	185	757890
17				
18	⊟空调	80000	890	3578840
19	成都	24180	249	1003530
20	昆明	15000	132	492500
21	西安	18660	209	991570
22	长沙	6360	113	359340
23	重庆	15800	187	731900
24				
25	总计	237400	2588	10271340

图3-19 插入的空行

技能升级

如果要删除空行，在【数据透视表工具-设计】选项卡的【布局】组中单击【空行】下拉按钮▾，在弹出的下拉菜单中选择【删除每个项目后的空行】命令即可。

3.2.4 对不需要查看的总计行/列进行隐藏

小李

王Sir，总计行是默认添加的吗？可不可以删除呢？

王Sir

当然可以了！

如果不需要显示总计，可以选择将其隐藏。而且，你还可以**选择分别隐藏行或列中的总计。**

在Excel中，用户可以根据需要设置禁用或启用数据透视表中的总计。方法是：选中数据透视表中的任意单元格，在【数据透视表工具-设计】选项卡的【布局】组中单击【总计】下拉按钮，在打开的下拉菜单中根据需要选择禁用或启用总计的方式即可，如图3-20所示。

该下拉菜单中各命令的具体介绍如下。

☆ 对行和列禁用：选择该命令，数据透视表中行和列上的总计行都将被删除，如图3-21所示。

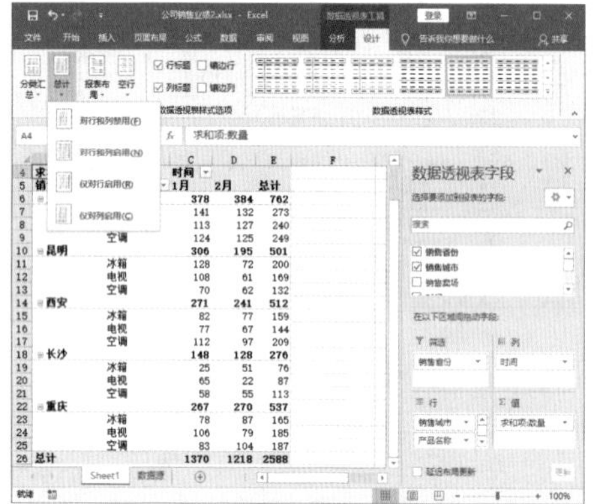

图3-20 隐藏和显示总计

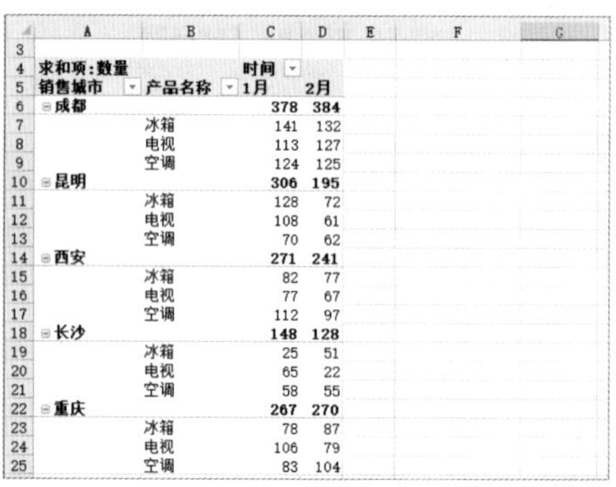

求和项:数量		时间	
销售城市	产品名称	1月	2月
成都		378	384
	冰箱	141	132
	电视	113	127
	空调	124	125
昆明		306	195
	冰箱	128	72
	电视	108	61
	空调	70	62
西安		271	241
	冰箱	82	77
	电视	77	67
	空调	112	97
长沙		148	128
	冰箱	25	51
	电视	65	22
	空调	58	55
重庆		267	270
	冰箱	78	87
	电视	106	79
	空调	83	104

图3-21 对行和列禁用

☆ 对行和列启用：选择该命令，数据透视表中行和列上的总计行都将被启用，即默认情况下的数据透视表总计显示方式。

☆ 仅对行启用：选择该命令，将只对数据透视表中的行字段进行总计，如图3-22所示。

☆ 仅对列启用：选择该命令，将只对数据透视表中的列字段进行总计，如图3-23所示。

求和项:数量		时间		
销售城市	产品名称	1月	2月	总计
成都		378	384	762
	冰箱	141	132	273
	电视	113	127	240
	空调	124	125	249
昆明		306	195	501
	冰箱	128	72	200
	电视	108	61	169
	空调	70	62	132
西安		271	241	512
	冰箱	82	77	159
	电视	77	67	144
	空调	112	97	209
长沙		148	128	276
	冰箱	25	51	76
	电视	65	22	87
	空调	58	55	113
重庆		267	270	537
	冰箱	78	87	165
	电视	106	79	185
	空调	83	104	187

图3-22 仅对行启用

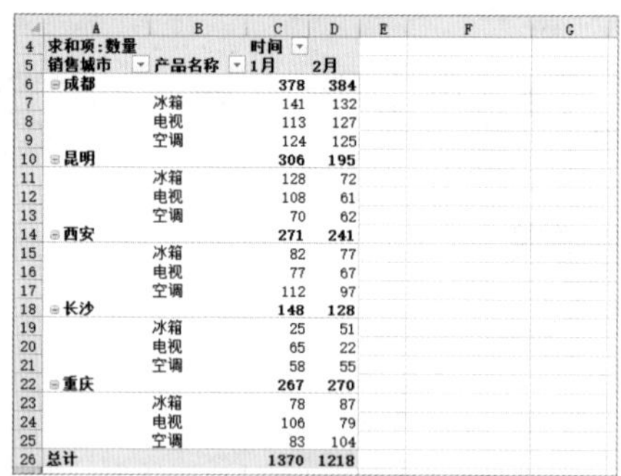

求和项:数量		时间	
销售城市	产品名称	1月	2月
成都		378	384
	冰箱	141	132
	电视	113	127
	空调	124	125
昆明		306	195
	冰箱	128	72
	电视	108	61
	空调	70	62
西安		271	241
	冰箱	82	77
	电视	77	67
	空调	112	97
长沙		148	128
	冰箱	25	51
	电视	65	22
	空调	58	55
重庆		267	270
	冰箱	78	87
	电视	106	79
	空调	83	104
总计		1370	1218

图3-23 仅对列启用

3.2.5 让带标签的单元格合并且居中排列

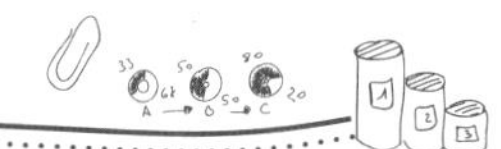

小李

王Sir，我觉得带标签的单元格居中显示比较好看，应该怎样才能做到呢？

王Sir

小李，你终于开始考虑布局的美观度了。

把带标签的单元格合并且居中确实美观，而且更容易查看。要**让带标签的单元格合并且居中，在【数据透视表选项】对话框中设置**就可以了。

其具体操作方法如下。

Step01：选择【数据透视表选项】命令。❶在数据透视表区域内使用鼠标右键单击任意单元格，❷在弹出的快捷菜单中选择【数据透视表选项】命令，如图3-24所示。

Step02：设置居中排列。在打开的【数据透视表选项】对话框中，❶在【布局和格式】选项卡中勾选【合并且居中排列带标签的单元格】复选框，❷单击【确定】按钮即可，如图3-25所示。

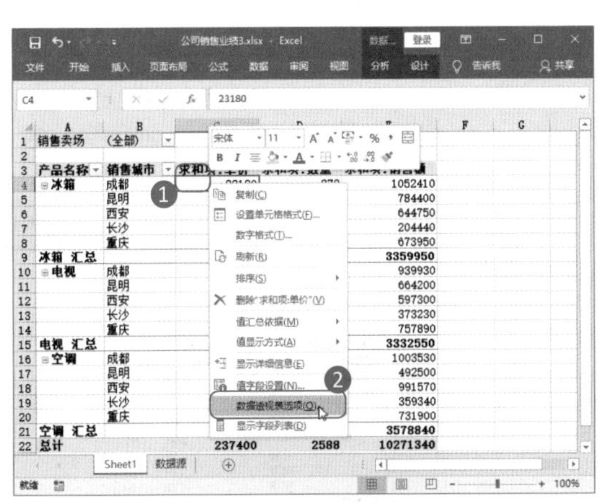

图3-24 选择【数据透视表选项】命令

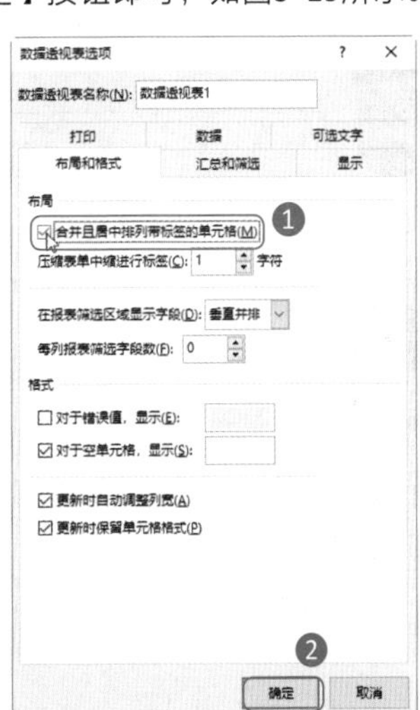

图3-25 设置居中排列

Step03：完成居中设置。操作完成后，即可查看到数据透视表带标签的单元格已经居中显示，如图3-26所示。

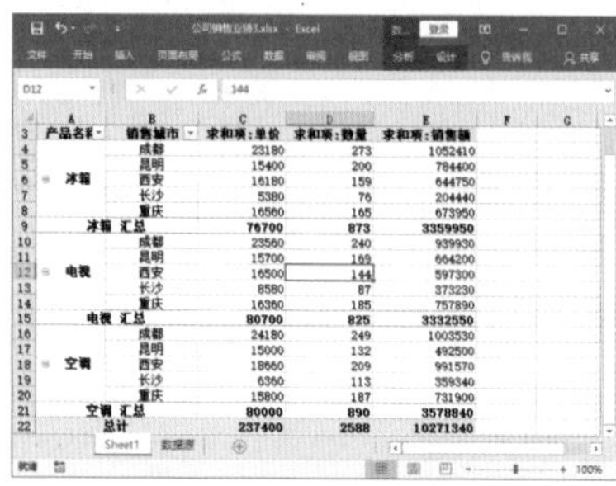

产品名称	销售城市	求和项：单价	求和项：数量	求和项：销售额
冰箱	成都	23180	273	1052410
	昆明	15400	200	784400
	西安	16180	159	644750
	长沙	5380	76	204440
	重庆	16560	165	673950
冰箱 汇总		76700	873	3359950
电视	成都	23560	240	939930
	昆明	15700	169	664200
	西安	16500	144	597300
	长沙	8580	87	373230
	重庆	16360	185	757890
电视 汇总		80700	825	3332550
空调	成都	24180	249	1003530
	昆明	15000	132	492500
	西安	18660	209	991570
	长沙	6360	113	359340
	重庆	15800	187	731900
空调 汇总		80000	890	3578840
总计		237400	2588	10271340

图3-26　完成居中设置

温馨提示

将带标签的单元格合并且居中排列只适用于【以表格形式显示】报表布局的数据透视表。对于压缩形式布局和大纲形式布局的数据透视表，该设置的效果并不明显。

3.3　巧妙设置报表筛选区域

张经理

小李，这次开会要根据省份和产品筛选数据，你的汇总表准备好了吗？

小李

张经理，你放心，1月和2月的销售情况已经统计出来了。

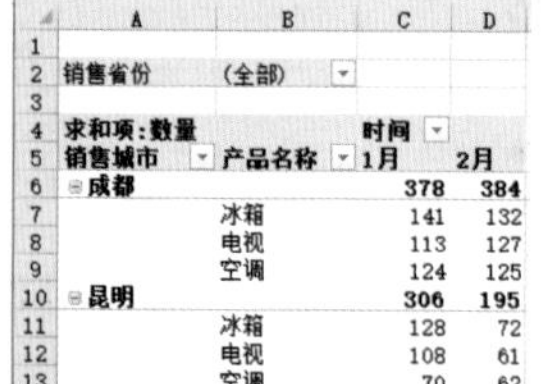

销售省份	(全部)		
求和项：数量		时间	
销售城市	产品名称	1月	2月
成都		378	384
	冰箱	141	132
	电视	113	127
	空调	124	125
昆明		306	195
	冰箱	128	72
	电视	108	61
	空调	70	62
西安		271	241

张经理

小李，这么多的数据，只是统计出来，难道你要我一条一条挨着看吗？

（1）你难道只会一条一条地筛选数据，我想**要筛选出两条以上的数据。**

（2）数据量大的时候，一个筛选区域怎么够，必须**要有多个筛选区域。**

（3）所有的筛选数据放在一起，看起来很混乱，你不知道吗？**把筛选出的数据分为一个字段对应一个工作表。**

一个筛选区域居然还有这么多的弯弯绕绕，张经理是不是要求太高了呀！

3.3.1 显示报表筛选字段的多个数据项

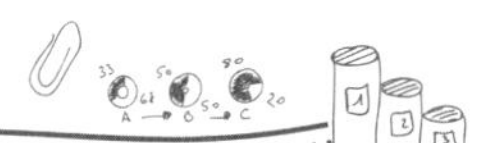

小李

王Sir，在数据透视表的筛选区域中筛选数据是不是只能筛选一个字段呢？

王Sir

小李，**数据透视表可是Excel的“数据分析之王”**，怎么可能只能筛选一个字段。

你是不是在筛选下拉列表中看到只能选择一个字段呀？放心，用我教的方法，你想要筛选几个字段都可以。

在数据透视表的报表筛选区域中添加字段后，可以通过单击报表筛选字段的下拉菜单查看其包含的项。根据需要在下拉菜单中选择报表筛选字段的项，即可完成对整个数据透视表的筛选操作，如图3-27所示。

在默认情况下，在报表筛选字段的下拉菜单中只能选择一个数据项。如果需要选择多个数据项，设置方法是：单击报表筛选字段下拉按钮，在打开的下拉菜单中勾选【选择多项】复选框，可以看到各项前出现了复选框，此时取消勾选【（全部）】复选框，再勾选需要的选项，然后单击【确定】按钮即可，如图3-28所示。

图3-27 查看包含的项

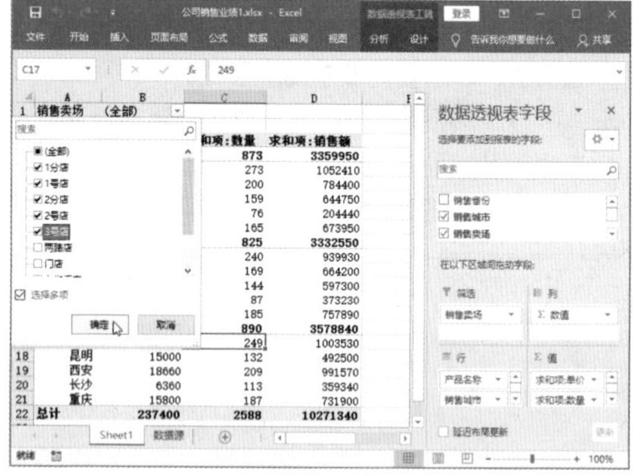

图3-28 筛选多个数据项

3.3.2 水平并排显示报表筛选字段

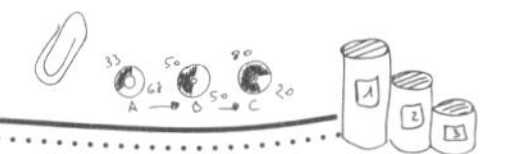

小李

王Sir，我这儿有几个字段要筛选，除了垂直并排显示外，还可以怎么显示筛选字段呢？

王Sir

小李，**除了默认的垂直显示筛选字段外，还可以水平并排显示筛选字段**。而且，在设置水平并排显示筛选字段时，可以选择每排显示的筛选字段数量。

当数据透视表的报表筛选区域中有多个筛选字段时，默认会以垂直并排方式显示。如果有需要也可以将报表筛选区域中的多个筛选字段设置为水平并排显示，操作方法如下。

Step01：选择【数据透视表选项】命令。❶使用鼠标右键单击数据透视表中的任意单元格，❷在弹出的快捷菜单中选择【数据透视表选项】命令，如图3-29所示。

Step02：设置水平并排。打开【数据透视表选项】对话框，❶在【布局和格式】选项卡中设置【在报表筛选区域显示字段】为【水平并排】，【每行报表筛选字段数】为【2】，❷单击【确定】按钮，如图3-30所示。

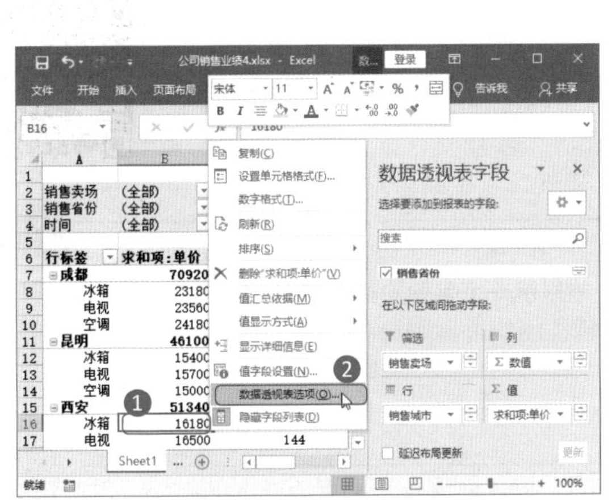

图3-29 选择【数据透视表选项】命令

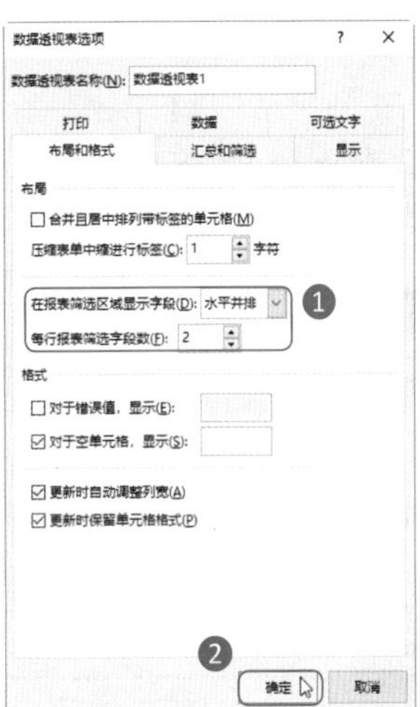

图3-30 设置水平并排

Step03：完成水平并排设置。返回数据透视表，即可看到报表筛选区域中的多个筛选字段按照设置以水平并排方式显示，如图3-31所示。

图3-31 完成水平并排设置

技能升级

如果要恢复默认的垂直并排显示，可以在【数据透视表选项】对话框的【布局和格式】选项卡中设置【在报表筛选区域显示字段】为【垂直并排】，并设置【每行报表筛选字段数】为【0】，然后单击【确定】按钮。

3.3.3 分开查看报表筛选页

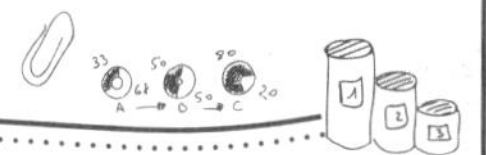

小李

王Sir，我每次筛选数据的时候都只能显示一个字段的筛选结果，可是我想**同时查看几个筛选字段的筛选结果**，怎么办，复制下来吗？

王Sir

小李，这时候就应该使用**【显示报表筛选页】功能。**

使用这个功能，你可以按照某一筛选字段的数据项生成一系列数据透视表，并且**每一张数据透视表都将放置在自动生成的以相应数据项命名的工作表中**。也就是说，每一张工作表中显示出报表筛选字段的一项，这样查看起来就容易多了。

分开查看报表筛选页的具体操作方法如下。

Step01：选择【显示报表筛选页】命令。❶选中数据透视表中的任意单元格，❷在【数据透视表工具-分析】选项卡的【数据透视表】组中单击【选项】下拉按钮▾，❸在弹出的下拉菜单中选择【显示报表筛选页】命令，如图3-32所示。

Step02：选择字段。打开【显示报表筛选页】对话框，❶在【选定要显示的报表筛选页字段】列表框中选择需要的字段，❷单击【确定】按钮，如图3-33所示。

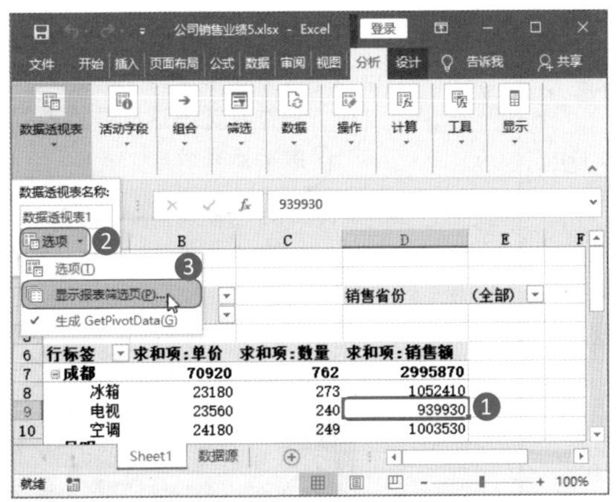

图3-32 选择【显示报表筛选页】命令

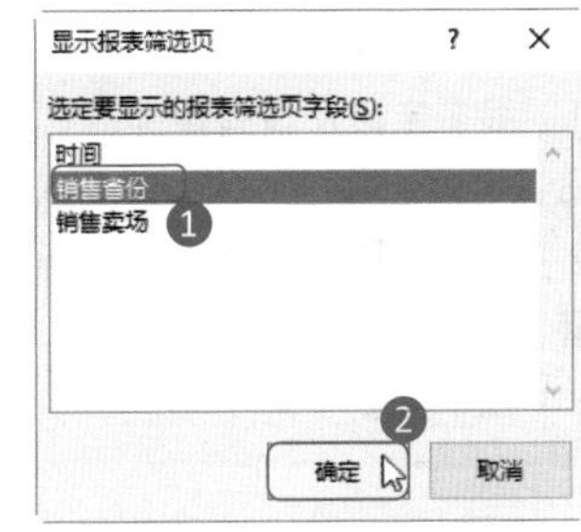

图3-33 选择需要的字段

Step03：查看筛选结果。返回数据透视表，可以看到工作簿中按照所选筛选字段中的数据项生成了多张工作表，每张工作表中显示出了相应的报表筛选页，如图3-34所示。

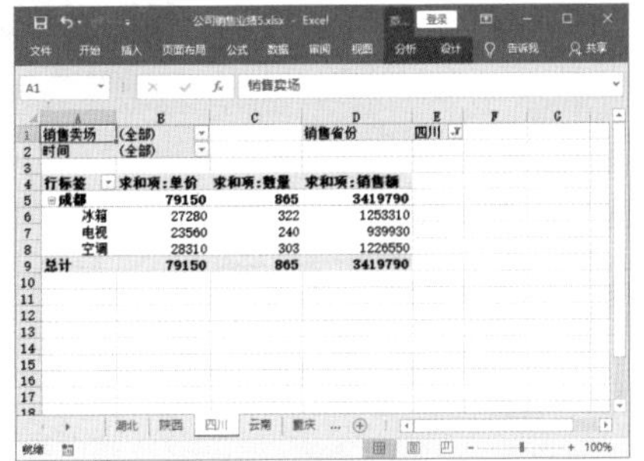

图3-34 查看筛选结果

3.4 管理数据透视表字段

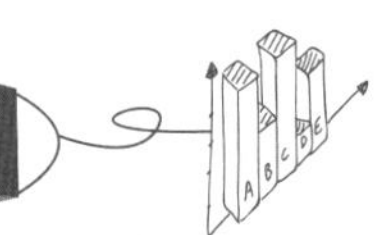

小李

张经理，这是你一会儿要用的销售统计数据。

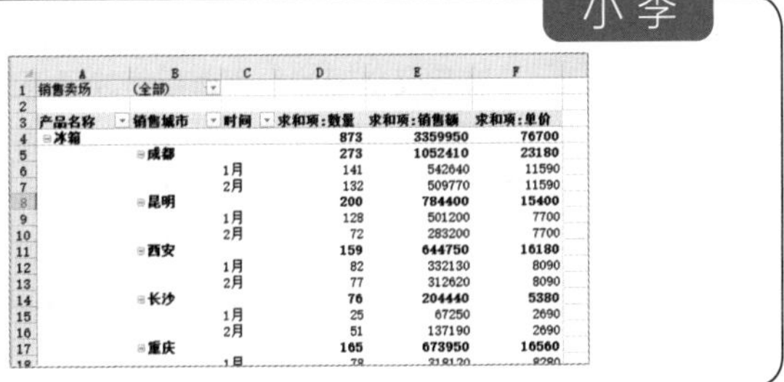

张经理

小李，今天的数据透视表阅读起来比较困难，我想你需要重新做了。

（1）很多字段都没有**重新命名**，一个简单的命名可以让数据透视表改头换面。

（2）**复合字段影响阅读和分析数据**，我不希望看到。

（3）我不需要了解【单价】字段，马上删除。

（4）一次展开一组数据就可以了，把**不需要查看的数据都折叠起来。**

阅读起来真的困难吗？我觉得这个数据透视表很清晰呀！

3.4.1 为字段重新命名

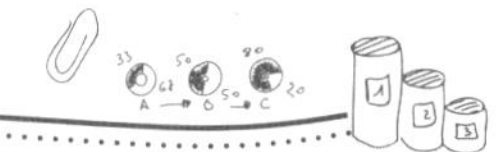

小李

王Sir，数据透视表中的字段用默认名称不行吗？还非得重新命名吗？

王Sir

小李，**一个实用又美观的数据透视表才是好的数据透视表。**

默认情况下，在数据透视表的数值区域中添加字段后，这些字段都会被自动重命名。例如，【销售额】会自动命名为【求和项：销售额】。可是，这样一来也会加大值字段所在列的列宽，影响表格的美观，所以重命名这些值字段是有必要的。

如果要更改数据透视表默认的值字段名称，可以用以下两种方法。

1 直接修改字段名称

如果需要重命名的字段较少，可以直接在数据透视表中选中需要重命名的值字段名所在的单元格，如B3单元格（见图3-35），在编辑栏中删除默认的名称，然后输入新的名称，按Enter键确认输入，如图3-36所示。

B3　求和项:单价

	A	B	C	D
1	销售卖场	(全部)		
2				
3	行标签	求和项:单价	求和项:数量	求和项:销售额
4	⊟冰箱	76700	873	3359950
5	成都	23180	273	1052410
6	昆明	15400	200	784400
7	西安	16180	159	644750
8	长沙	5380	76	204440
9	重庆	16560	165	673950
10	⊟电视	80700	825	3332550
11	成都	23560	240	939930
12	昆明	15700	169	664200

图3-35　选中值字段名所在的单元格

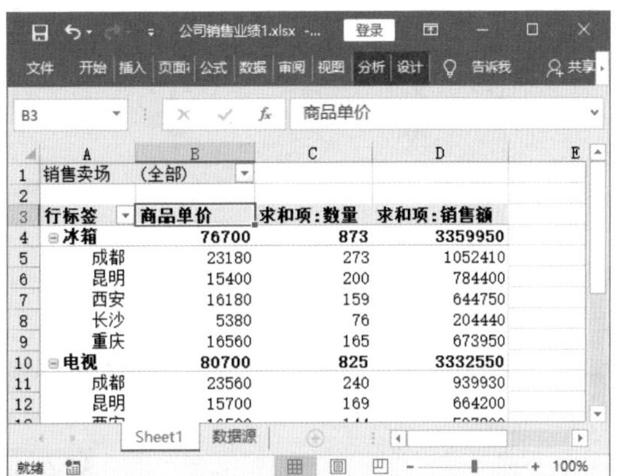

B3　商品单价

	A	B	C	D
1	销售卖场	(全部)		
2				
3	行标签	商品单价	求和项:数量	求和项:销售额
4	⊟冰箱	76700	873	3359950
5	成都	23180	273	1052410
6	昆明	15400	200	784400
7	西安	16180	159	644750
8	长沙	5380	76	204440
9	重庆	16560	165	673950
10	⊟电视	80700	825	3332550
11	成都	23560	240	939930
12	昆明	15700	169	664200

图3-36　重命名字段

温馨提示

数据透视表中每个字段的名称必须是唯一的，修改的字段名称不能与已有的数据透视表字段重复，否则修改将无效。

2 替换字段名称

如果需要重命名的字段较多，可以使用【替换】功能快速更改数据透视表默认的值字段名称，操作方法如下。

Step01：选择【替换】命令。❶在【开始】选项卡的【编辑】组中单击【查找和选择】下拉按钮，❷在弹出的下拉菜单中选择【替换】命令，如图3-37所示。

Step02：设置替换数据。打开【查找和替换】对话框，❶在【查找内容】文本框中输入“求和项：”，在【替换为】文本框中输入“ ”（空格），❷单击【全部替换】按钮，如图3-38所示。

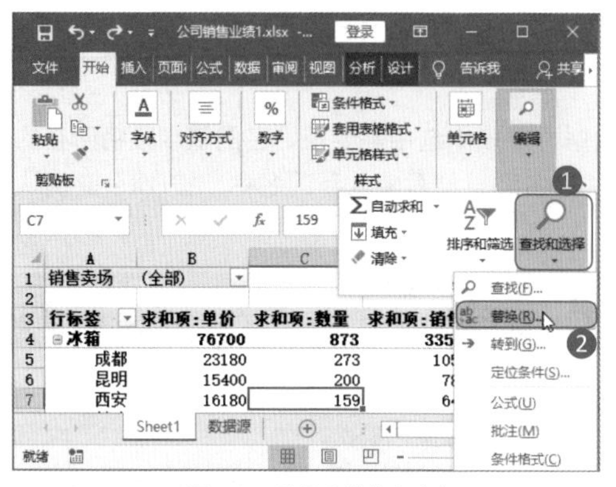
图3-37 选择【替换】命令

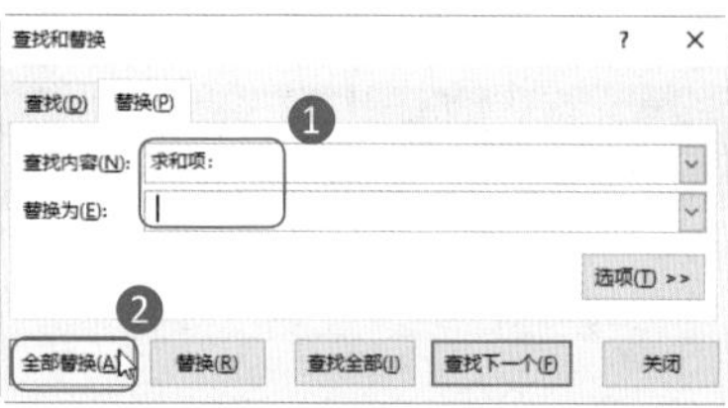
图3-38 设置替换数据

Step03：确认替换。在打开的提示对话框中，会提示替换了几处数据，单击【确定】按钮，如图3-39所示。

Step04：查看替换效果。返回【查找和替换】对话框，单击【关闭】按钮将其关闭。返回数据透视表中，可以看到替换字段名称后的效果，如图3-40所示。

图3-39 确认替换

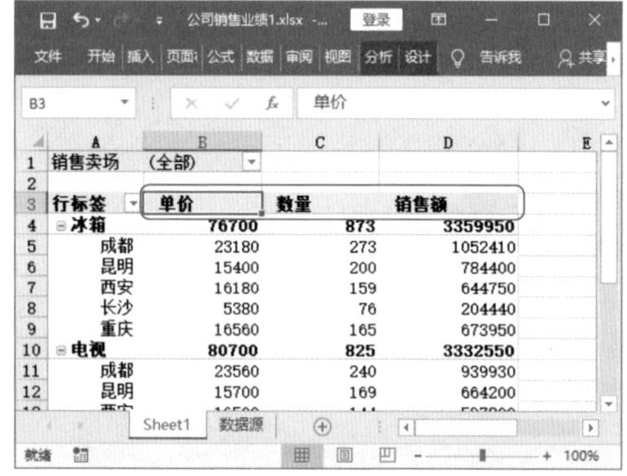
图3-40 查看替换效果

3.4.2 处理复合字段

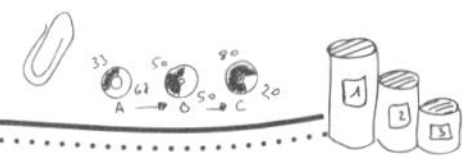

张经理

小李，这个数据透视表严重不合格，我完全看不懂里面的数据，马上修改。

小李

王Sir，张经理看不懂这个数据透视表，你帮我看一下问题出在哪里吧！

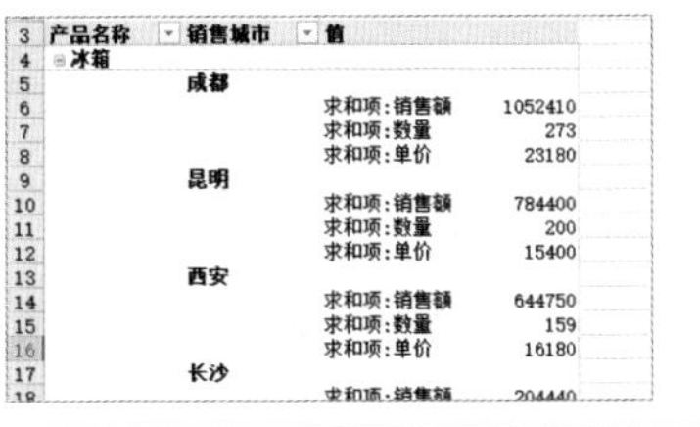

	A	B	C	D
3	产品名称	销售城市	值	
4	⊟冰箱			
5		成都		
6			求和项:销售额	1052410
7			求和项:数量	273
8			求和项:单价	23180
9		昆明		
10			求和项:销售额	784400
11			求和项:数量	200
12			求和项:单价	15400
13		西安		
14			求和项:销售额	644750
15			求和项:数量	159
16			求和项:单价	16180
17		长沙		
18			求和项:销售额	204440

王Sir

小李，你这个数据透视表确实有问题。

问题就出在，**数值区域中垂直显示了多个字段，这就形成了复合字段**，严重影响阅读和分析数据。不过没关系，调整一下相应的字段就可以了。

为了方便阅读和分析数据，在数据透视表中最好不要出现复合字段。对于已经创建的数据透视表来说，如果出现了复合字段，可以通过以下的两种方法来调整。

☆ 通过快捷菜单调整：在数据透视表中，使用鼠标右键单击【值】字段标题单元格，在弹出的快捷菜单中选择【将值移动到】命令，在弹出的扩展菜单中选择【移动值列】命令即可，如图3-41所示。

☆ 通过【数据透视表字段】窗格调整：在【数据透视表字段】窗格中，单击行标签区域中的【Σ数值】字段，在打开的下拉菜单中选择【移动到列标签】命令即可，如图3-42所示。

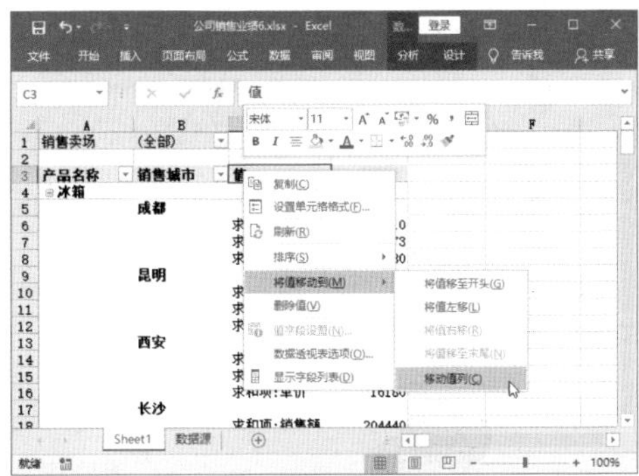

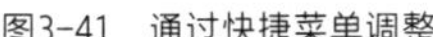

图3-41 通过快捷菜单调整

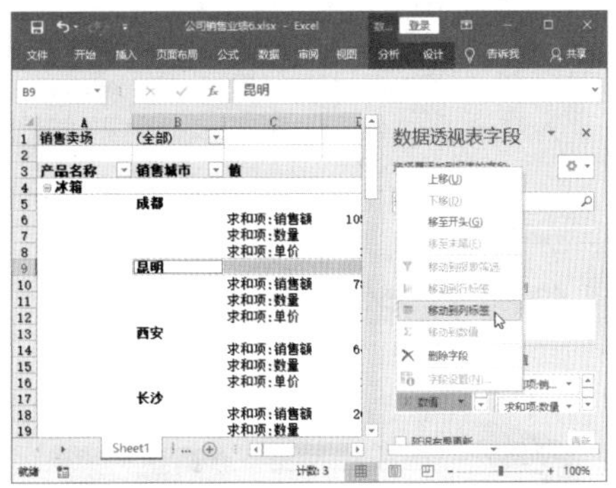

图3-42 通过【数据透视表字段】窗格调整

3.4.3 删除不需要的字段

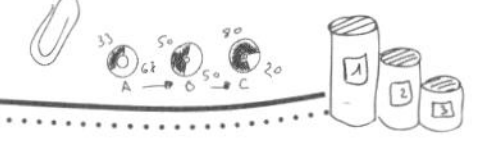

小李

王Sir，这里有几个不需要的字段，需要删除吗？

王Sir

小李，**不需要的字段当然要删除了。**

如果不再需要的字段一直保留在数据透视表中，不仅会给他人阅读带来不便，而且时间一长，可能连自己都不知道这个字段到底是不是有用的字段，所以必须删除。

删除不需要的字段可以用以下两种方法。

☆ 通过取消字段勾选状态删除：在【数据透视表字段】窗格的【选择要添加到报表的字段】列表框中，直接取消勾选要删除字段的字段名复选框即可，如图3-43所示。

☆ 通过命令删除：在【数据透视表字段】窗格的行标签区域等区域中，单击要删除的字段，在弹出的下拉菜单中选择【删除字段】命令即可，如图3-44所示。

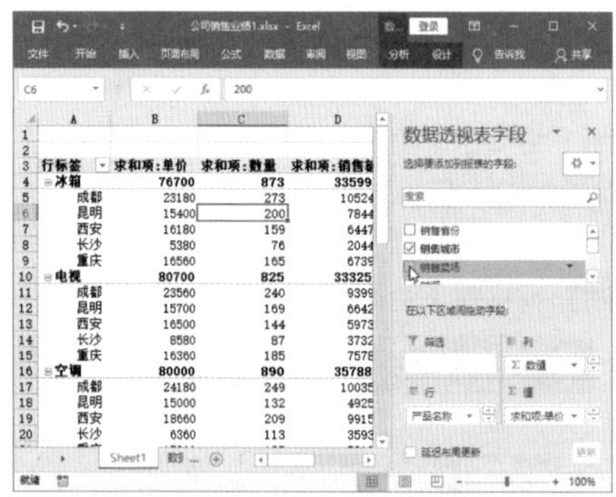

图3-43 取消勾选字段名复选框

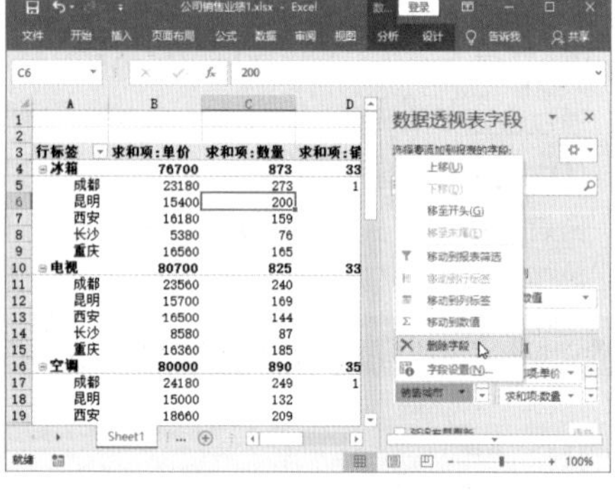

图3-44 选择【删除字段】命令

3.4.4 隐藏字段的标题

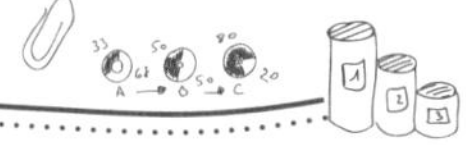

小李

王Sir，字段标题在这里看起来有点乱，我再看数据都有点眼花了，可以隐藏吗？

王Sir

小李，**如果是暂时不需要的字段标题，可以隐藏起来。**

暂时隐藏不需要的字段，可以让数据透视表看起来更简单、整洁，查看数据也更加清楚。隐藏字段标题的方法十分简单，只需要用鼠标单击功能按钮就可以了。

默认情况下，在创建的数据透视表中会显示出行字段和列字段的标题。如果用户不希望显示行或列字段的标题，可以将其隐藏起来。操作方法是：选中数据透视表中的任意单元格，在出现的【数据透视表工具-分析】选项卡中的【显示】组中单击【字段标题】按钮，如图3-45所示。操作完成后，即可查看到字段标签已经被隐藏，如图3-46所示。

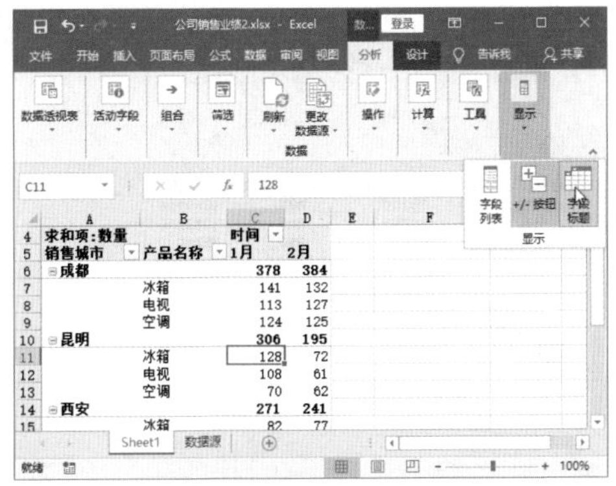

图3-45 单击【字段标题】按钮

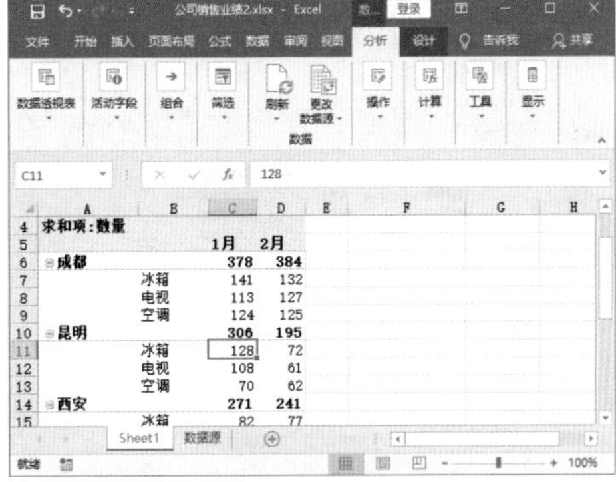

图3-46 查看效果

技能升级

如果要重新显示被隐藏的字段标题，再次在【数据透视表工具-分析】选项卡的【显示】组中单击【字段标题】按钮即可。

3.4.5 折叠和展开活动字段

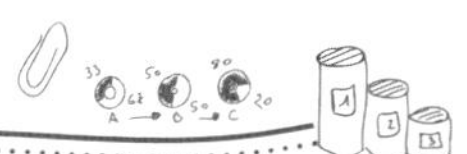

小李

王Sir，数据透视表中的数据太多了，查看当前字段的时候，经常会误看到其他的字段，应该怎么办呢？

王Sir

小李，如果有的字段暂时不需要查看，**折叠就可以了**。当需要查看时，**再展开字段**，效果清晰明了。

通过折叠与展开功能，可以显示或隐藏数据信息，方便阅读与分析数据，操作方法主要有以下两种。

☆ 通过数据信息右侧的【+】/【-】按钮实现：在数据透视表中，单击需要折叠的行字段下某项数据信息处的【-】按钮，即可隐藏该项相关的数据信息，如图3-47所示；数据被隐藏后，按钮变为“+”形状；单击【+】按钮，则可以重新显示被隐藏的数据信息，如图3-48所示。

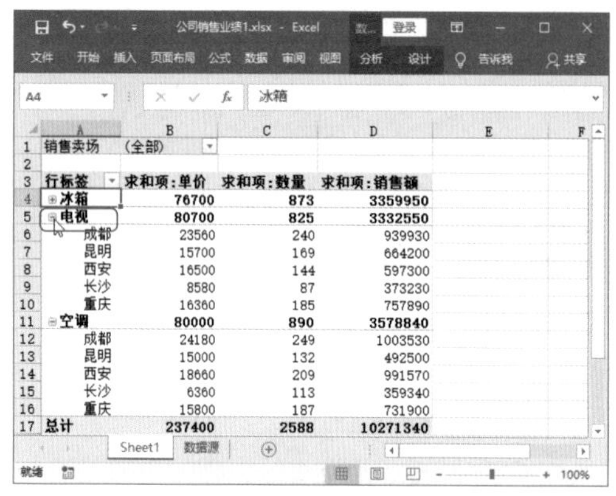

图3-47 折叠字段（一）

图3-48 展开字段（一）

☆ 通过【数据透视表工具-分析】选项卡实现：在数据透视表中，选中需要隐藏字段的标题或字段下任意项所在的单元格，然后在【数据透视表工具-分析】选项卡的【活动字段】组中单击【折叠字段】按钮，即可快速隐藏该字段所包含的数据信息，如图3-49所示；选中隐藏了数据信息的字段标题或字段下任意项所在的单元格，然后在【数据透视表工具-分析】选项卡的【活动字段】组中单击【展开字段】按钮，则可以重新显示被隐藏的数据，如图3-50所示。

图3-49 折叠字段（二）

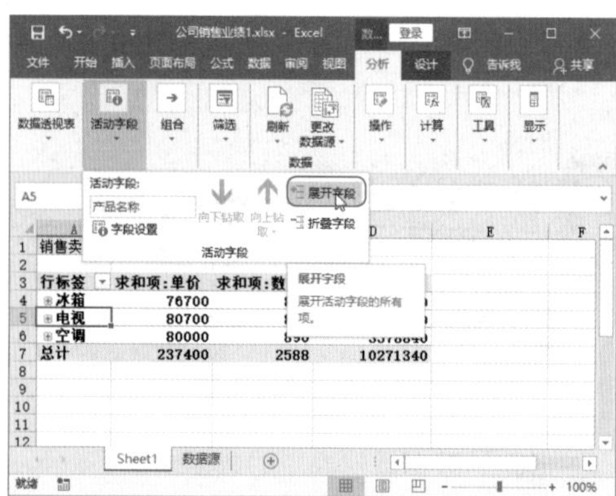

图3-50 展开字段（二）

CHAPTER 4

美化透视表，赏心悦目人人爱

王Sir说我的数据透视表总算是入门啦。可是，当我信心满满地把制作好的数据透视表交给张经理时，他却面色不佳。经过王Sir的指点，我终于明白了问题所在——数据透视表虽然最重要的是数据，可是默认的数据透视表样式过于普通，怎么能吸引他人的眼球呢？

王Sir是个Excel高手。经过他的指点，我也能制作出令人赏心悦目的数据透视表了。还别说，这样的数据透视表不仅数据清楚，还颇具观赏性。

小 李

小李，你觉得数据透视表只要数据清楚就可以了吗？当然不是。

在繁忙的工作中，很多人都想简化工作流程，不愿意多看一眼，不愿意多走一步……我想说，“这样的工作态度着实让人不敢恭维。工作时间是缩短了，可是效果呢？”

不要以为美化数据透视表是一件可有可无的事情，如果漂亮的数据透视表可以让客户在你的数据上多停留一秒，那收获的可不只是一点点。

况且，要做出漂亮的数据透视表本身就是一件很简单的事情。动动鼠标，你的数据透视表将和别人的大不一样。

王 Sir

4.1 表格样式，让数据透视表更美观

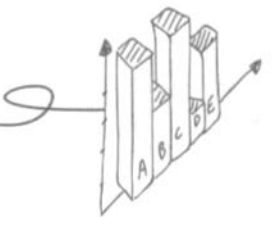

张经理

小李，先把今年的销售情况统计出来，我要带到展会上去。

小李

张经理，今年各地区的销售情况统计出来了，请查收。

	A	B	C	D	E
1					
2					
3	**行标签**	**一季度**	**二季度**	**三季度**	**四季度**
4	东北	4453	6327	3714	5225
5	西北	5954	6301	7033	7173
6	西南	8685	5134	8256	6072
7	总部	6040	9896	7191	9781
8	**总计**	**25132**	**27658**	**26194**	**28251**

张经理

小李，虽然你的数据透视表数据看起来没有问题，可是你就这样把**寡淡的数据透视表**交出来吗？

（1）**淡蓝色和白色的搭配太普通**，易视觉疲劳。

（2）简洁的数据透视表，**并不是每一个场合都能“Hold住”**。

（3）**配色太随意**会给客户一种没有得到重视的感觉，必须提升第一眼的好感度。

数据透视表看中的不是数据的准确性与布局的合理性吗？什么时候配色也成为数据透视表的标准了？张经理是个“颜控”吧！

4.1.1 使用内置的数据透视表样式

小李

王Sir，张经理说我的数据透视表过于寡淡，怎么才能让数据透视表变漂亮呢？

王Sir

小李，你要记住，**虽然数据透视表最看中的是数据，但是第一眼的印象分也很重要**。美观的数据透视表可以给人耳目一新的感觉，也能让人更愿意仔细查看数据透视表中的数据。

虽然你不是美术专业出身，但是你可以**使用内置的样式**，轻松让数据透视表变个样。

其具体操作方法如下。

Step01：单击【其他】下拉按钮。❶选中数据透视表中的任意单元格，❷在【数据透视表工具-设计】选项卡的【数据透视表样式】组中单击【其他】下拉按钮，如图4-1所示。

Step02：选择样式。打开数据透视表样式下拉列表，在其中选择需要应用的样式，如图4-2所示。

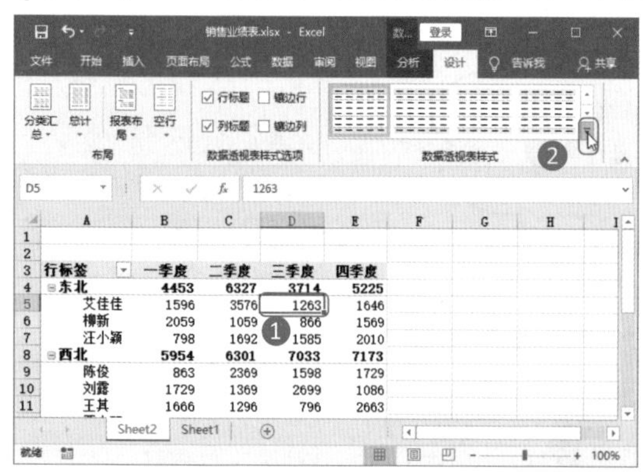

图4-1 单击【其他】下拉按钮

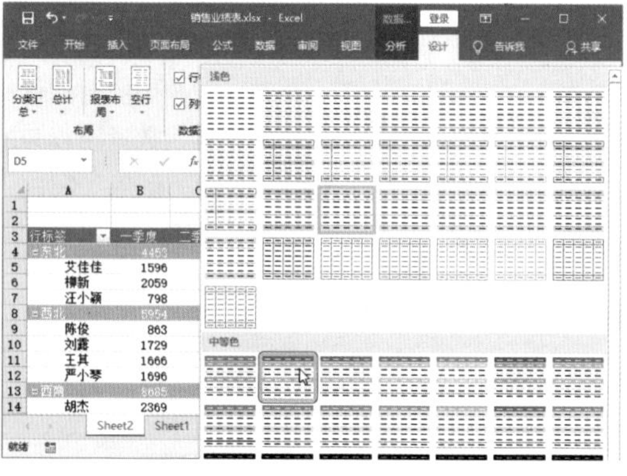

图4-2 选择样式

Step03：设置边框效果。如果有需要，还可以设置行列的边框和填充效果。例如，在【数据透视表工具-设计】选项卡的【数据透视表样式选项】组中勾选【镶边行】复选框，如图4-3所示。

Step04：完成设置。操作完成后，即可查看到设置内置样式后的效果，如图4-4所示。

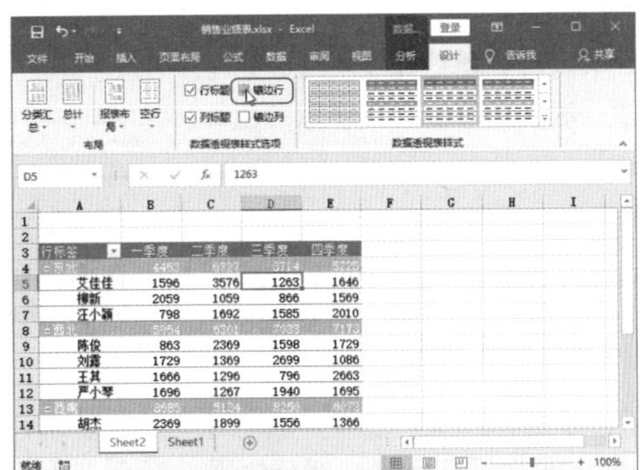

图4-3 设置边框效果

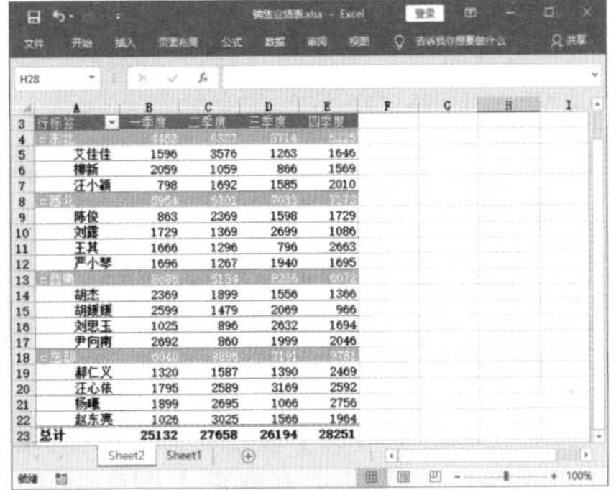

图4-4 完成设置

温馨提示

在【数据透视表样式】下拉列表中，Excel提供的内置样式被分为【浅色】【中等深浅】和【深色】3组，同时列表中越往下的样式越复杂。而且，选择不同的内置样式，勾选【镶边行】复选框和【镶边列】复选框后，显示效果也不一样，大家可以一一尝试。

4.1.2 为数据透视表自定义样式

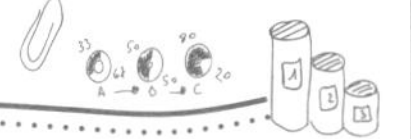

小李

王Sir，内置样式用来用去就只有那几个，可不可以换几个样式来用用啊？

王Sir

小李，内置样式虽然不多，可是配色却没有问题。

如果你想要更多的样式，可以自定义样式。但是，在自定义样式前，我必须先提醒你，配色是自定义样式最大的关卡。

在配色前，你需要知道以下几个配色的原则。

★ **同一色原则：使用相近色**，例如红色和橙色。

★ **同族原则：使用同一色族的颜色**，例如红、淡红、粉红和淡粉红。

★ **对比原则：以反差较大的色彩为主**，例如，底色用黑色、文字用白色。

其具体操作方法如下。

Step01：选择【新建数据透视表样式】命令。选中数据透视表中的任意单元格，在【数据透视表工具-设计】选项卡的【数据透视表样式】组中单击【其他】下拉按钮，在弹出的下拉列表中选择【新建数据透视表样式】命令，如图4-5所示。

Step02：单击【格式】按钮。打开【新建数据透视表样式】对话框，❶在【名称】文本框中输入自定义样式的名称，❷在【表元素】列表框中选中要设置格式的元素，如整个表，❸单击【格式】按钮，如图4-6所示。

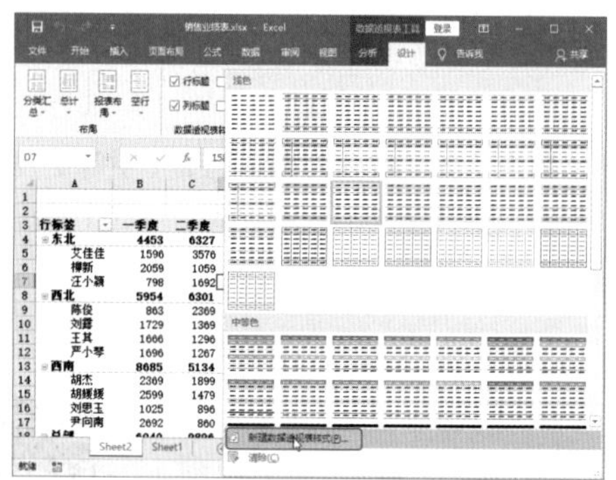

图4-5 选择【新建数据透视表样式】命令

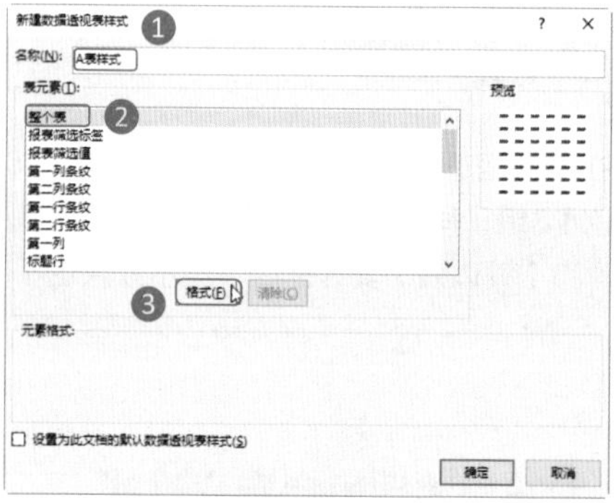

图4-6 单击【格式】按钮

Step03：设置元素格式。打开【设置单元格格式】对话框，❶根据需要设置选中元素的格式，❷单击【确定】按钮，如图4-7所示。

Step04：设置其他元素格式。返回【新建数据透视表样式】对话框，❶在【表元素】列表框中选中另一个需要设置格式的元素，❷单击【格式】按钮，使用相同的方法设置元素格式，如图4-8所示。

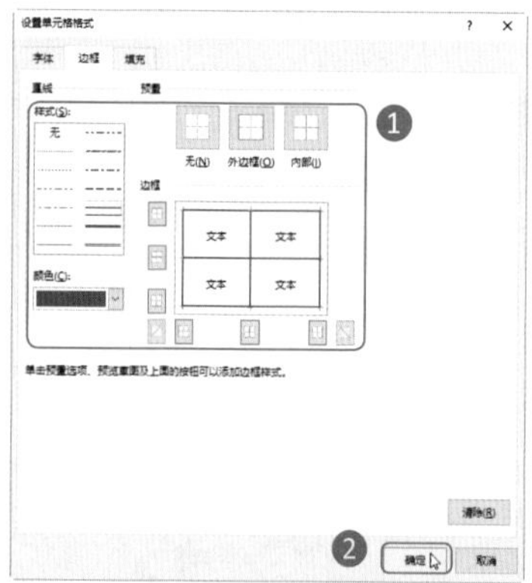

图4-7 设置元素格式

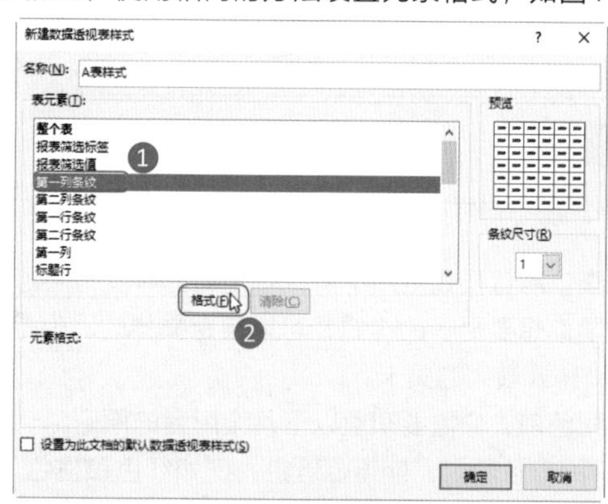

图4-8 设置其他元素格式

Step05：完成设置。全部设置完成后，返回【新建数据透视表样式】对话框，确认预览效果，确定设置完成后单击【确定】按钮，如图4-9所示。

Step06：应用自定义样式。自定义样式后，在【数据透视表工具-设计】选项卡的【数据透视表样式】组中打开样式下拉列表，选择【自定义】栏中新建的样式，如图4-10所示。

图4-9 完成自定义样式设置

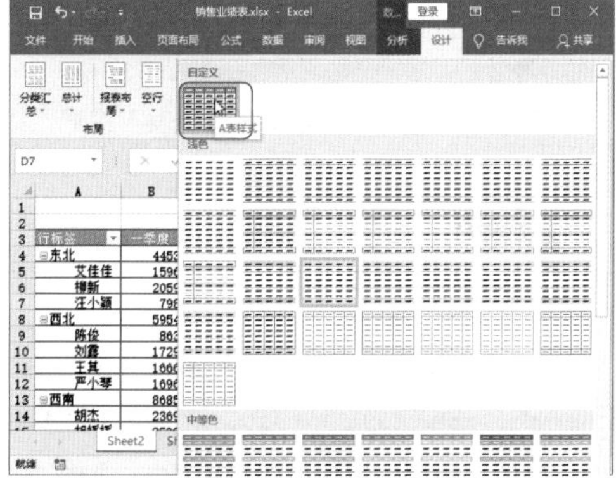

图4-10 应用自定义样式

Step07：查看自定义样式效果。选择完成后，即可查看到应用了自定义样式的数据透视表，如图4-11所示。

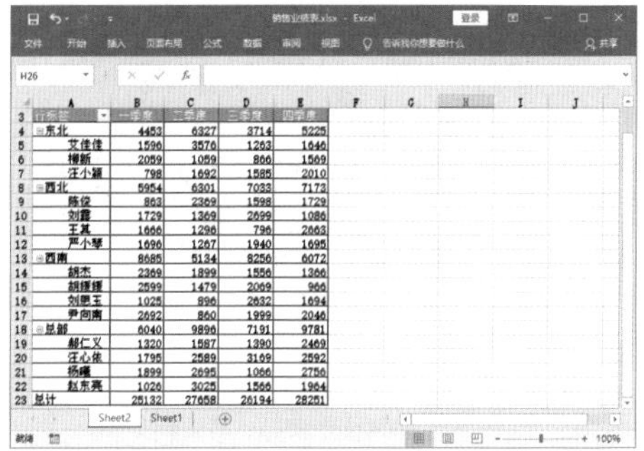

图4-11 查看自定义样式效果

技能升级

如果觉得自定义样式的效果不满意，可以在【数据透视表样式】组的样式下拉列表中使用鼠标右键单击要修改的样式，在弹出的快捷菜单中选择【修改】命令，进入【修改数据透视表样式】对话框中进行修改。

4.1.3 为数据透视表设置默认的样式

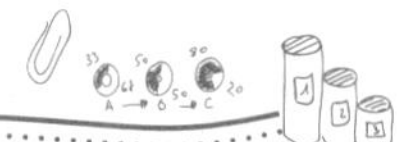

小李

王Sir，我设计的这个数据透视表不错吧，以后每次我都要用这个样式。

王Sir

小李，如果制作的数据透视表都要用这个样式，那么，我可以教你一种简单的方法。你只要**把喜欢的样式设置为默认样式**，这样每次创建的数据透视表就都是你想要的样式了。

如果要设置某种样式为默认格式，操作方法是：❶选中数据透视表中的任意单元格，在【数据透视表工具-设计】选项卡的【数据透视表样式】组中使用鼠标右键单击需要的样式，❷在弹出的快捷菜单中选择【设为默认值】命令即可，如图4-12所示。

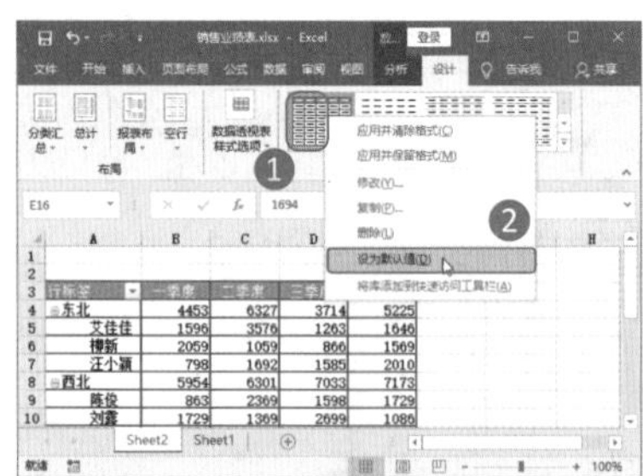

图4-12 选择【设为默认值】命令

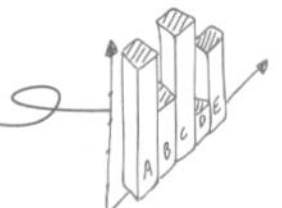

4.2 数据格式，让数据有据可依

小李

张经理，销售部的总销售额已经统计出来了。

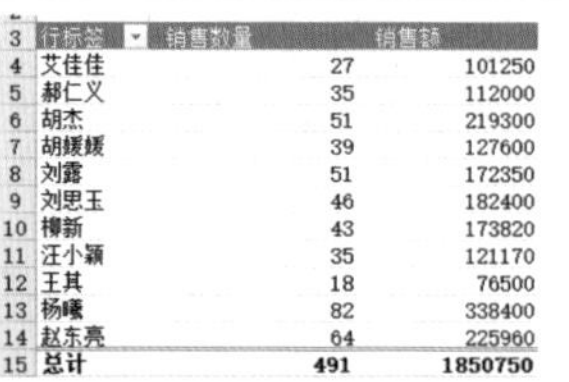

	行标签	销售数量	销售额
3	行标签	销售数量	销售额
4	艾佳佳	27	101250
5	郝仁义	35	112000
6	胡杰	51	219300
7	胡媛媛	39	127600
8	刘露	51	172350
9	刘思玉	46	182400
10	柳新	43	173820
11	汪小颖	35	121170
12	王其	18	76500
13	杨曦	82	338400
14	赵东亮	64	225960
15	总计	491	1850750

张经理

小李，就算你以前对数据透视表不熟悉，那你对Excel也不熟悉吗？在接下来的工作中，希望你可以做到以下几点。

（1）不同的项目数据，**希望你用不同的数据格式来展现**。

（2）在Excel表格中都会**使用的货币符号**，在数据透视表中就能忘记？

（3）我**不希望在数据透视表中看到错误值**。

（4）我还不希望在数据透视表中看到**空白的数据项**。

你明白了吗？

字面上的意思我当然都明白，可是到底应该怎么做，我还是不懂呀！

4.2.1 为同类项目设置相同样式

小李

王Sir，我希望给数据透视表中的某一个项目设置样式除了一个一个地选中设置外，还有其他方法吗？

王Sir

小李，要满足你的要求，**使用【启用选定内容】功能**就可以了。只不过，这个功能默认为未开启的状态，如果你要使用，需要先开启。

要开启该功能并为同类项目设置同类样式，具体操作方法如下。

Step01：选择【启用选定内容】命令。❶在【数据透视表工具-分析】选项卡的【操作】组中单击

【选择】下拉按钮▾，❷在弹出的下拉菜单中选择【启用选定内容】命令，如图4-13所示。

Step02：选中需要设置的项目。在开启【启用选定内容】功能后，将鼠标指针指向数据透视表行字段中的某项，当鼠标指针呈向下黑色箭头形状⬇时，单击即可选中该项；当鼠标指针呈向右黑色箭头形状➡时，单击即可选中该项及其相应记录内容，选中需要设置的某类项目，如图4-14所示。

图4-13　选择【启用选定内容】命令

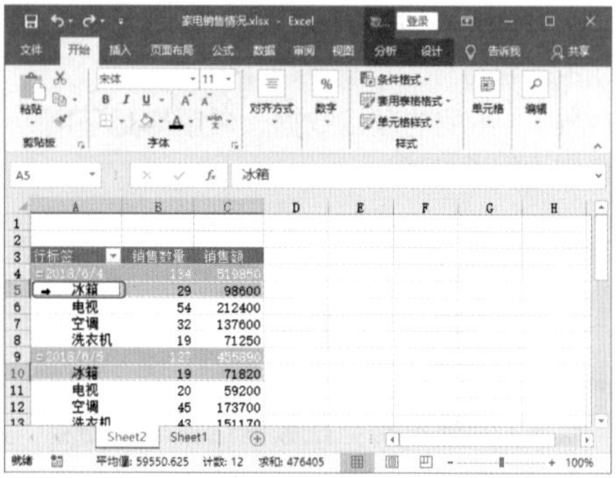

图4-14　选中需要设置的项目

技能升级

开启【启用选定内容】功能后，在【选择】下拉菜单中可以看到【启用选定内容】命令前的按钮变为了按钮。如果要关闭【启用选定内容】功能，可以在【数据透视表工具-分析】选项卡的【操作】组中再次单击【选择】下拉按钮▾，在打开的下拉菜单中选择【启用选定内容】命令。

Step03：设置样式。在【开始】选项卡中根据需要设置字体、字号、文字颜色、单元格背景色等，如图4-15所示。

Step04：完成设置。设置完成后，即可查看到为同类项目设置相同样式后的效果，如图4-16所示。

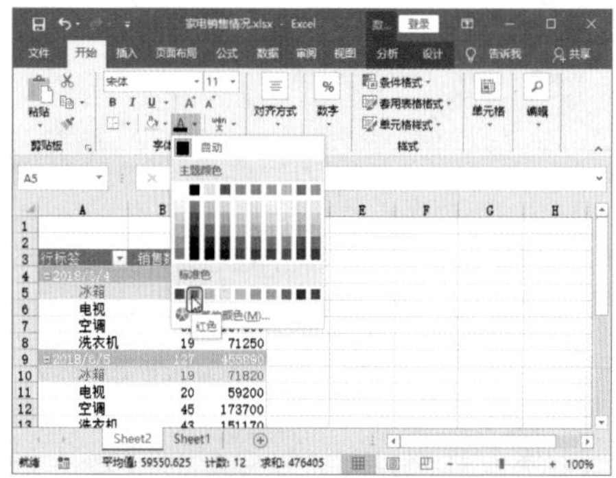

图4-15　设置样式

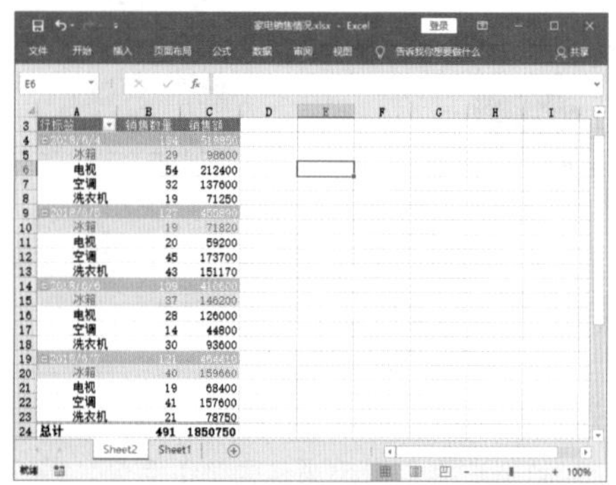

图4-16　完成为同类项目设置相同样式的效果

4.2.2 让数据格式对号入座

小李

王Sir，张经理说我的货币数据格式不对，是因为我没有设置货币格式吗？

王Sir

当然了！

在数据透视表中，数值区域中的数据在默认情况下是以【常规】单元格格式显示的。可是，**不同类型的数据有不同的格式**，如日期型数据对应【日期】格式、货币型数据对应【货币】格式等。

对数据正确地进行格式定义，可以让人一眼看清数据的类型，方便计算和统计。

在代表金额的数值前添加货币符号，以体现金额的货币种类，操作方法如下。

Step01：选择【数字格式】命令。❶在数据透视表的数值区域中，使用右键单击需要设置的数值型数据所在列的任意单元格，❷在弹出的快捷菜单中选择【数字格式】命令，如图4-17所示。

Step02：选择数据格式。打开【设置单元格格式】对话框，❶在【分类】列表框中根据需要选择数字格式的类型，❷在对应界面中选择需要的数字格式，❸完成后单击【确定】按钮，如图4-18所示。

图4-17 选择【数字格式】命令

图4-18 选择数据格式

Step03：查看效果。返回数据透视表，即可看到修改格式后的效果，如图4-19所示。

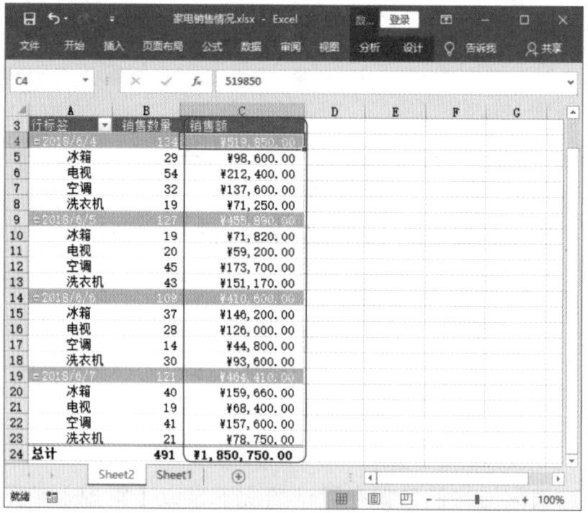

	A	B	C
3	行标签	销售数量	销售额
4	⊟2018/6/4	134	¥519,850.00
5	冰箱	29	¥98,600.00
6	电视	54	¥212,400.00
7	空调	32	¥137,600.00
8	洗衣机	19	¥71,250.00
9	⊟2018/6/5	127	¥455,890.00
10	冰箱	19	¥71,820.00
11	电视	20	¥59,200.00
12	空调	45	¥173,700.00
13	洗衣机	43	¥151,170.00
14	⊟2018/6/6	108	¥410,600.00
15	冰箱	37	¥146,200.00
16	电视	28	¥126,000.00
17	空调	14	¥44,800.00
18	洗衣机	30	¥93,600.00
19	⊟2018/6/7	121	¥464,410.00
20	冰箱	40	¥159,660.00
21	电视	19	¥68,400.00
22	空调	41	¥157,600.00
23	洗衣机	21	¥78,750.00
24	总计	491	¥1,850,750.00

图4-19 查看效果

技能升级

选中要设置数据格式的单元格，在【开始】选项卡的【数字】组中也可以设置数字格式。只是使用这种方法容易出现漏选的情况，我们可以在数据量小的时候使用。

4.2.3 灵活设定自定义数字格式

小李

王Sir，我看到你上次做的数据透视表中用文字来表达销量的多少，我这里有一份考核成绩表，能不能也用这种方法？

王Sir

当然可以！

使用自定义数字格式代码可以让数据显示为想要的效果。例如，你想要考核成绩表中在60分以上的直接显示“合格”，而60分以下的则显示“不合格”，这样查看起来更方便、直观。

要灵活设定自定义数字格式，具体操作方法如下。

Step01：选择【数字格式】命令。❶在数据透视表的数值区域中，使用右键单击需要设置的数值型数据所在列的任意单元格，❷在弹出的快捷菜单中选择【数字格式】命令，如图4-20所示。

Step02：选择数据格式。打开【设置单元格格式】对话框，❶在【分类】列表框中选择【自定义】选项，❷在右侧的【类型】文本框中输入“[>=60]"合""格";[<60]"不""合""格""，❸单击【确定】按钮，如图4-21所示。

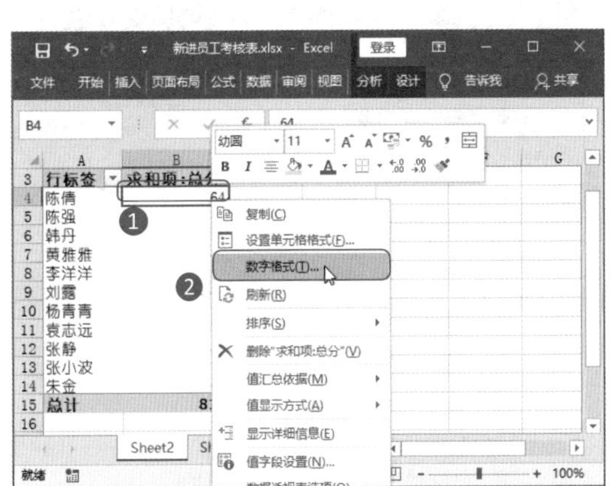

图4-20　选择【数字格式】命令

图4-21　选择数据格式

温馨提示

在输入自定义数字格式的代码时，可以直接输入形如“[>=60]合格;[<60]不合格”的代码（不输入双引号），在单击【确定】按钮确认设置后，再次打开自定义数字格式的【设置单元格格式】对话框，可以看到系统将自动规范输入的代码，并在代码中加入双引号（""），使其变为“[>=60]"合""格";[<60]"不""合""格""。

Step03：查看效果。返回数据透视表，即可查看到自定义数字格式后的效果，如图4-22所示。

在自定义数字格式时，编写代码需要注意以下的基本规则。

☆ 在代码中，需要用“[]”符号将数据的判断条件标示出来，例如，[=1]表示当单元格中的值等于1时；[>=60]表示当单元格中的值大于等于60时；[<=60]表示当单元格中的值小于等于60时。

☆ 在代码中，判断条件后紧跟着的就是在该条件下的显示结果，例如输入代码“[<60]不合格”，表示当单元格中的值小于60时，单元格中显示“不合格”字样。

☆ 在代码中，“[]”符号还可以用来标示颜色，以便进一步设置判断条件对应的显示结果，例如输入代码“[<60][红色]不合格”，表示当单元格中的值小于60时，单元格中显示红色的“不合格”字样，如图4-23所示。

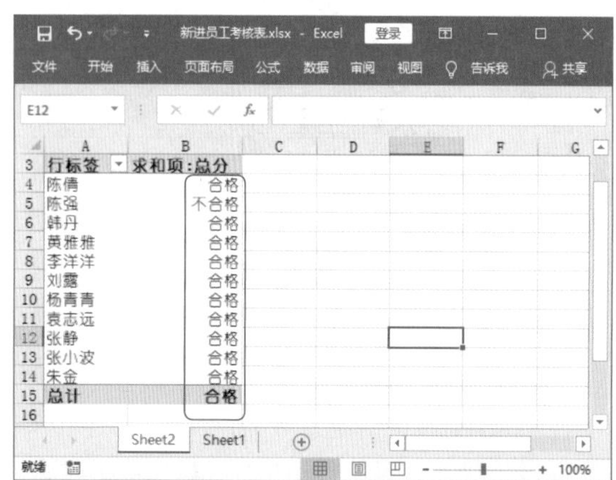

图4-22　查看效果

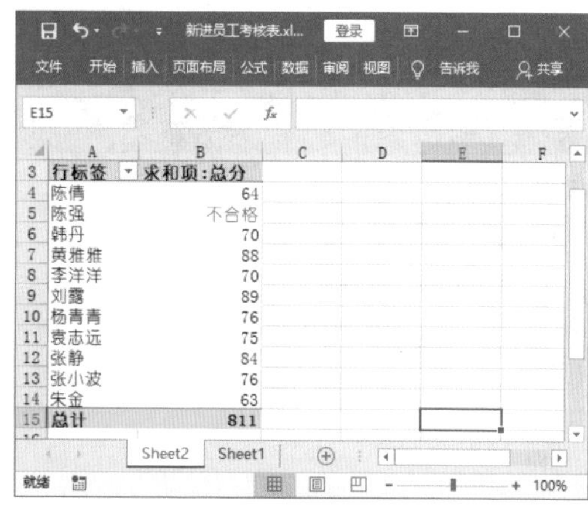

图4-23　查看红色字体效果

☆ 在代码中，一组判断条件和其对应的显示结果就形成了一个条件判断区间，各个条件判断区间需要以“;”分隔开。

☆ 对于数字格式来说，条件判断区间最多不能超过3个。

这里的错误值不要显示

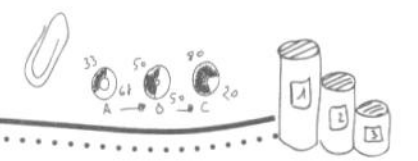

小李

王Sir，我有一个数据透视表，其中不可避免地出现了一些错误值。就这样交上去，张经理肯定不满意。有什么处理办法吗？

王Sir

有错误值显示当然不好看。**如果这些错误值不可避免，那么用其他符号代替就好了**。例如，把错误值用【-】【*】等符号代替，看起来是不是好看多了？

在数据透视表中执行计算的时候，有时会因为添加计算项或者计算字段而出现一些错误值，影响数据的显示效果，如图4-24所示。

	F	G	H	I
1	行标签	求和项:加工数量	求和项:加工费	求和项:加工单价
2	ANJ008	3378	264675	78.35
3	MUINU8225	2248	140428	62.47
4	NMI6222	0	167111	#DIV/0!
5	OKLDM5632	2487	197868	79.56
6	QIN9552	2463	207932	84.42
7	YEN56	1374	176711	128.61
8	YNM07168	3319	181903	54.81
9	总计	15269	1336628	#DIV/0!

图4-24　出现错误值

为了使数据透视表更美观、明晰，数据透视表中的数据更容易阅读，我们可以设置错误值的显示方式，操作方法如下。

Step01：选择【数据透视表选项】命令。❶在数据透视表中使用鼠标右键单击任意单元格，❷在弹出的快捷菜单中选择【数据透视表选项】命令，如图4-25所示。

Step02：设置错误值显示方式。打开【数据透视表选项】对话框，❶在【布局和格式】选项卡中勾选【对于错误值，显示】复选框，在对应的文本框中根据需要设置错误值的显示方式，本例输入“无效”，❷单击【确定】按钮即可，如图4-26所示。

图4-25　选择【数据透视表选项】命令

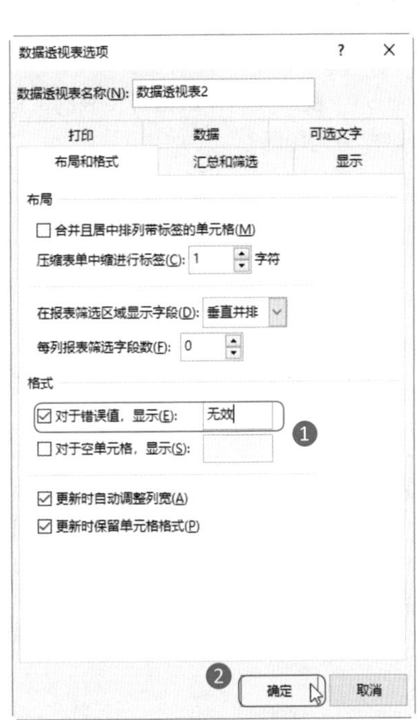

图4-26　设置错误值显示方式

Step03：查看效果。返回数据透视表，即可查看到错误值已经替换为设置的文字，如图4-27所示。

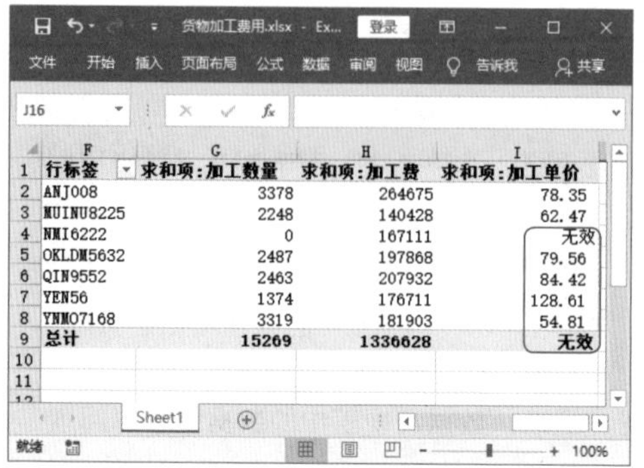

行标签	求和项:加工数量	求和项:加工费	求和项:加工单价
ANJ008	3378	264675	78.35
MUINU8225	2248	140428	62.47
NMI6222	0	167111	无效
OKLDM5632	2487	197868	79.56
QIN9552	2463	207932	84.42
YEN56	1374	176711	128.61
YNM07168	3319	181903	54.81
总计	15269	1336628	无效

图4-27 查看效果

4.2.5 如果数据为空时，数据项可不能空

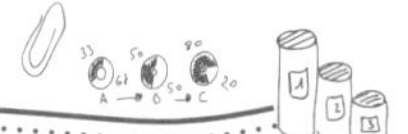

小李

王Sir，我昨天制作数据透视表的数据源中有几个数据是空的，所以数据透视表中也有几个空的，这样有问题吗？

王Sir

小李，这个问题应该慎重对待。

出现这类问题，虽然使用上没有影响，但是**数据透视表显得杂乱无章**，会影响我们阅读，所以应该尽量避免这种情况的发生。

如果数据源中有空白数据，那么创建数据透视表后，在行字段中的空白数据项将显示为【（空白）】，而数值区域中的空白数据项将显示为空值（空单元格），如图4-28所示。

行标签	求和项:成本	求和项:合同金额
大师漆F550	94185.35	260000
大师漆F551	234231.1	385000
大师漆F552	82515.81	100000
大师漆F553	142150.25	120000
净味漆S220	249601.0317	88000
净味漆S221	359705.89	490000
净味漆S222	234674.75	385000
净味漆S223	32427.6	
森林之舞墙纸F320	178907.76	470000
森林之舞墙纸F322	398325.44	815000
森林之舞墙纸F326	341544.88	330000
森林之舞墙纸F327	136554.87	225000
森林之舞墙纸F329	253904.48	190000
童年幻想墙纸S221	232079.14	260000
童年幻想墙纸S225	689848.26	573000
(空白)	136655.05	4000
总计	3797311.662	4695000

图4-28 出现空白值

针对行字段中的空白数据项和数值区域中的空白数据项，可以使用不同的处理方法来解决。

1 处理行字段中的空白数据项

在数据透视表中，如果需要改变行字段中空白数据项的显示方式，可以利用Excel的替换功能来实现，操作方法如下。

Step01：输入替换内容。❶在数据透视表所在的工作表中按Ctrl+F组合键，打开【查找和替换】对话框，在【替换】选项卡的【查找内容】文本框中输入“（空白）”，在【替换为】文本框中输入“货号未录入”，❷单击【全部替换】按钮，如图4-29所示。

Step02：确认替换。弹出提示对话框，单击【确定】按钮，Excel将按照设置替换行字段中空白数据项的显示方式，如图4-30所示。

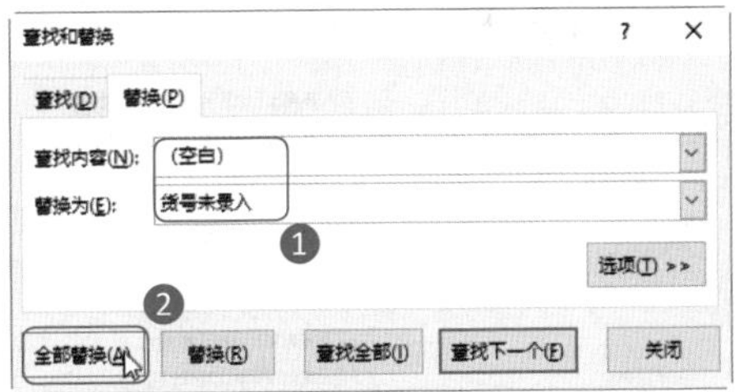

图4-29 输入替换内容

图4-30 确认替换

Step03：查看效果。完成设置后，单击【关闭】按钮关闭【查找和替换】对话框。返回数据透视表，即可看到利用替换功能改变行字段中空白数据项显示方式后的效果，如图4-31所示。

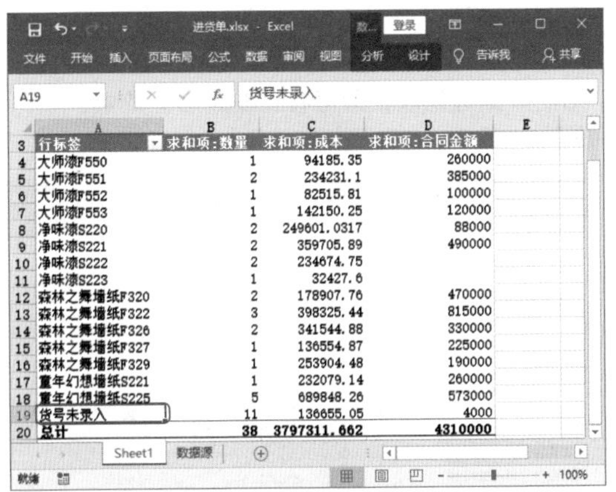

	A	B	C	D
3	行标签	求和项：数量	求和项：成本	求和项：合同金额
4	大师漆F550	1	94185.35	260000
5	大师漆F551	2	234231.1	385000
6	大师漆F552	1	82515.81	100000
7	大师漆F553	1	142150.25	120000
8	净味漆S220	2	249601.0317	88000
9	净味漆S221	2	359705.89	490000
10	净味漆S222	2	234674.75	
11	净味漆S223	1	32427.6	
12	森林之舞墙纸F320	2	178907.76	470000
13	森林之舞墙纸F322	3	398325.44	815000
14	森林之舞墙纸F326	2	341544.88	330000
15	森林之舞墙纸F327	1	136554.87	225000
16	森林之舞墙纸F329	1	253904.48	190000
17	童年幻想墙纸S221	1	232079.14	260000
18	童年幻想墙纸S225	5	689848.26	573000
19	货号未录入	11	136655.05	4000
20	总计	38	3797311.662	4310000

图4-31 查看行字段中空白数据项的处理效果

2 处理数值区域中的空白数据项

在数据透视表中，可以通过【数据透视表选项】对话框轻松处理数值区域中的空白数据项。根据需要设置空白数据项的填充内容，操作方法如下。

Step01：选择【数据透视表选项】命令。在数据透视表中，使用鼠标右键单击任意单元格，在弹出的快捷菜单中选择【数据透视表选项】命令，如图4-32所示。

Step02：设置空单元格显示方式。打开【数据透视表选项】对话框，❶在【布局和格式】选项卡中勾选【对于空单元格，显示】复选框，在对应的文本框中设置空单元格的显示方式，本例输入“未统计”，❷单击【确定】按钮即可，如图4-33所示。

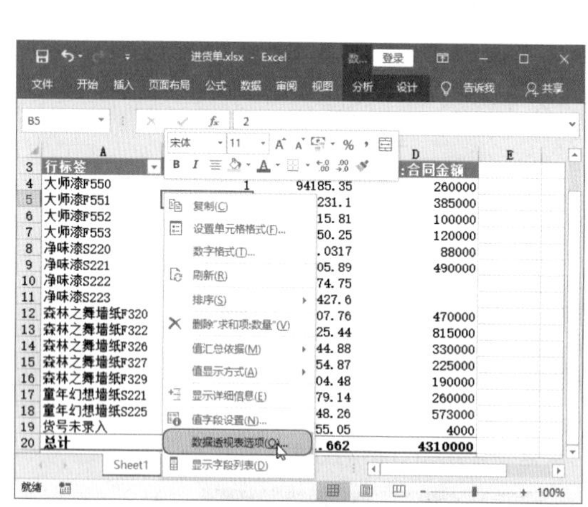

图4-32 选择【数据透视表选项】命令

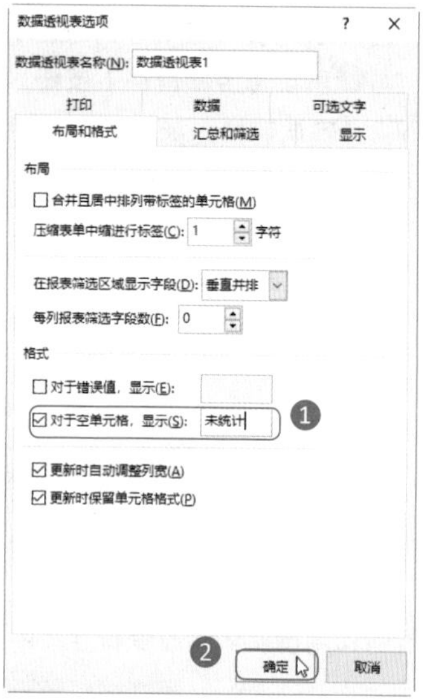

图4-33 设置空单元格显示方式

Step03：查看效果。返回数据透视表，即可看到设置后的效果。本例中经过设置后空白数据项显示为“未统计”，如图4-34所示。

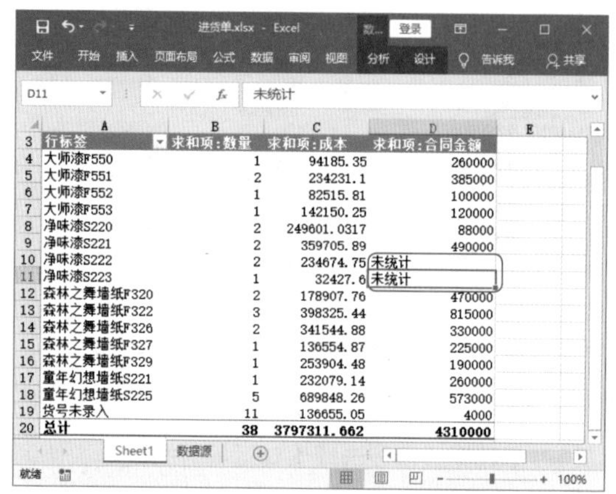

图4-34 查看数值区域中空白数据项的处理效果

4.3 条件格式，让领导一眼看清条件数据

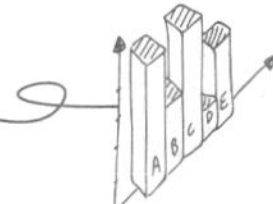

小李

张经理，这次的考核成绩已经统计出来了！

	A	B
3	行标签	求和项:总分
4	陈倩	64
5	陈强	56
6	韩丹	70
7	黄雅雅	88
8	李洋洋	70
9	刘露	89
10	杨青青	76
11	袁志远	75
12	张静	84
13	张小波	76
14	朱金	63
15	**总计**	**811**

张经理

小李，首先我对你这段时间的学习做出肯定，这个数据透视表还是合格的。可是，我**想要看的数据却不太明确**。为了省时省力，我觉得你可以再对数据透视表进行一些改进。

（1）**对于想要查看的数据，我希望可以一目了然地看到**，而不用费心去寻找。

（2）你难道不觉得**有图形的数据**更直观吗？

（3）**用颜色来代表数据**，不仅能让数据更活泼，整体看起来也令人赏心悦目。

可以做到吗？

必须做到呀！可是，数据透视表只有数据还不够吗？还要图形？还要颜色？

4.3.1 突出显示，让重点数据一目了然

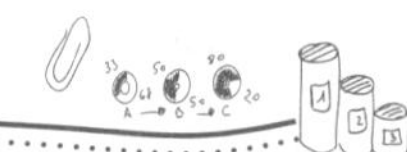

小李

王Sir，我希望表格中的某些符合条件的数据可以用不一样的格式显示，应该怎么做?

王Sir

小李，用**条件格式**就对了。

使用Excel的条件格式功能，我们可以突出显示某些特定的数据。你不仅可以用内置的条件格式来突出显示数据，还可以自定义规则来突出显示数据。

1 利用预设规则突出显示数据

在Excel的【开始】选项卡的【样式】组中，在【条件格式】下拉菜单中提供了预设的【突出显示单元格规则】和【最前/最后规则】子菜单，如图4-35和图4-36所示。如果需要突出显示某些特定的数据，就可以利用这些预设的条件格式规则快速实现。

图4-35 【突出显示单元格规则】子菜单

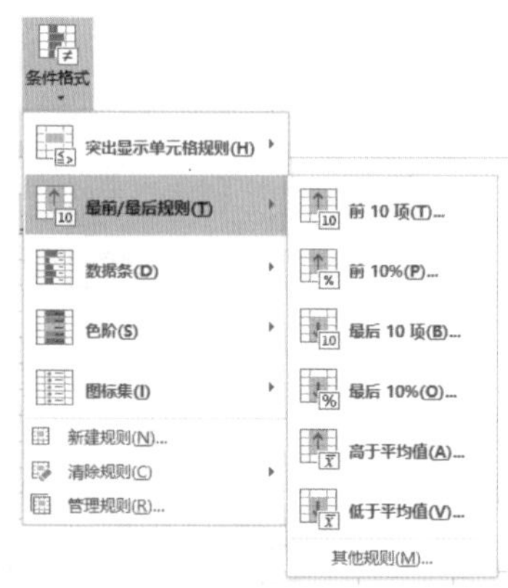

图4-36 【最前/最后规则】子菜单

例如，要突出显示数据透视表分数为60分以下的成绩，操作方法如下。

Step01：选择【小于】命令。❶选中数据透视表中要设置条件格式的单元格区域，❷在【开始】选项卡的【样式】组中单击【条件格式】按钮，❸在弹出的下拉菜单中选择【突出显示单元格规则】选项，❹在弹出的子菜单中选择【小于】命令，如图4-37所示。

Step02：设置突出显示规则。打开【小于】对话框，❶在【为小于以下值的单元格设置格式】文本框中输入“60”，❷在【设置为】下拉列表中选择【浅红填充色深红色文本】，❸单击【确定】按钮，如图4-38所示。

图4-37 选择【小于】命令

图4-38 设置突出显示规则

Step03：查看效果。返回数据透视表，即可查看到数据透视表中60分以下成绩所在的单元格被突出显示为浅红填充色深红文本的样式，如图4-39所示。

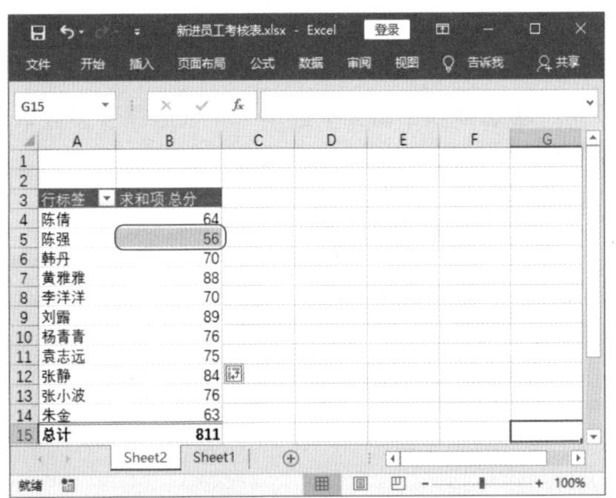

图4-39 查看60分以下的成绩显示效果

2 利用自定义规则突出显示数据

在数据透视表中，用户还可以自定义规则来突出显示某些特定的数据。例如，要在数据透视表中突出显示考核成绩高于80分的员工姓名，操作方法如下。

Step01：选择【新建规则】命令。❶选中数据透视表中要设置条件格式的单元格区域，❷在【开始】选项卡的【样式】组中单击【条件格式】按钮，❸在弹出的下拉菜单中选择【新建规则】命令，如图4-40所示。

Step02：输入公式。打开【新建格式规则】对话框，❶在【选择规则类型】列表框中选择【使用公式确定要设置格式的单元格】，❷在【为符合此公式的值设置格式】文本框中输入公式“=B4>80”，❸单击【格式】按钮，如图4-41所示。

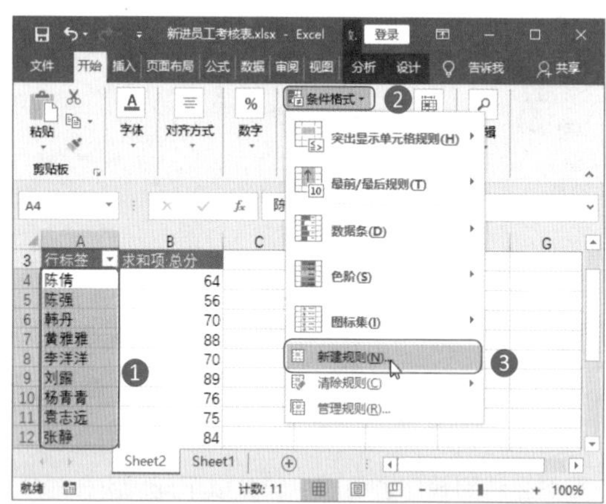

图4-40 选择【新建规则】命令

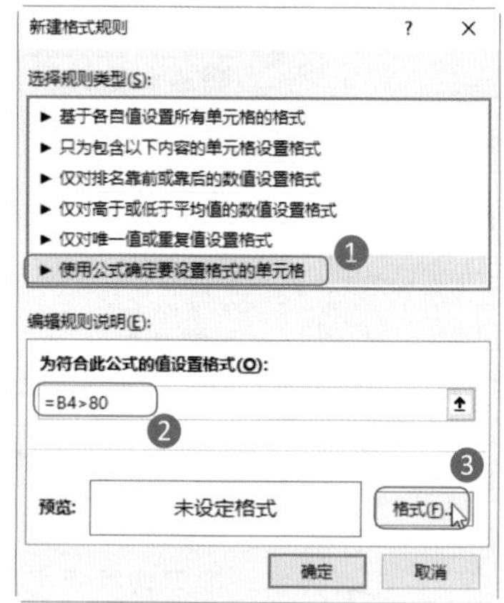

图4-41 输入公式

Step03：设置字体颜色。打开【设置单元格格式】对话框，在【字体】选项卡中根据需要对字体样式进行设置，如图4-42所示。

Step04：设置填充颜色。❶切换到【填充】选项卡，根据需要设置单元格填充颜色，❷设置完成后单击【确定】按钮，如图4-43所示。

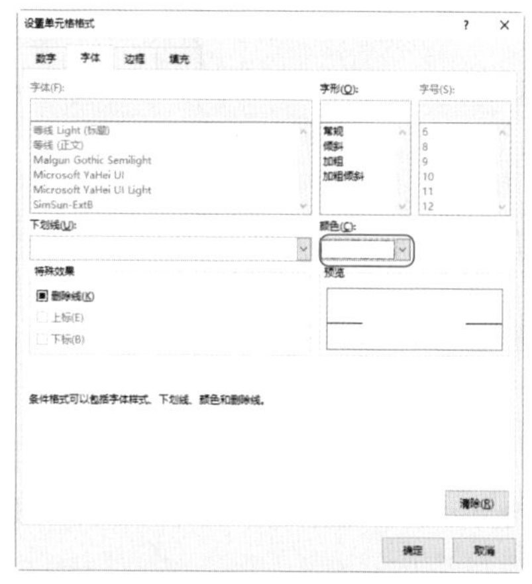

图4-42 设置字体颜色

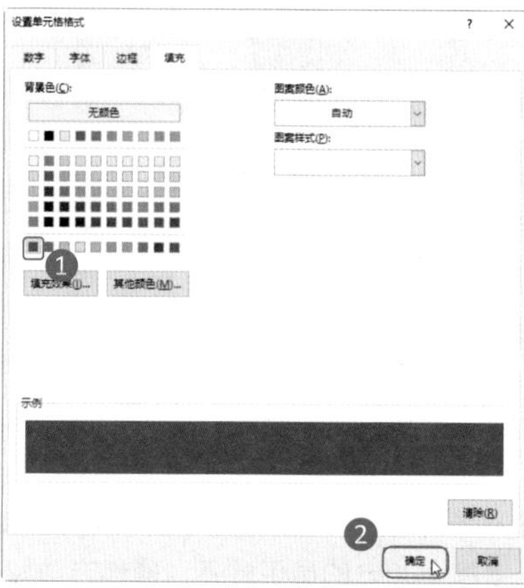

图4-43 设置填充颜色

Step05：预览单元格格式。返回【新建格式规则】对话框，在【预览】窗口中可以看到设置的单元格格式，确认不需要修改后单击【确定】按钮，如图4-44所示。

Step06：查看效果。返回数据透视表，即可查看到80分以上员工姓名已经按照设置的字体颜色和填充颜色显示，如图4-45所示。

图4-44 预览单元格格式

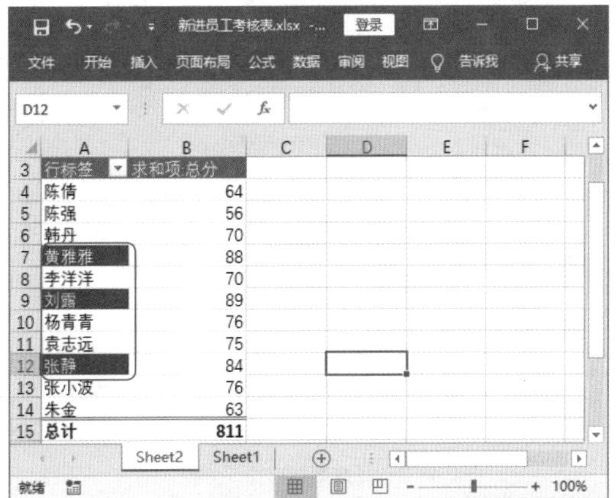

图4-45 查看80分以上员工姓名显示效果

4.3.2 数据条，让数据更直观

小李

王Sir，我想用图形的长短来表示数据的大小，可以用什么方法来实现呢？

王Sir

小李，有**数据条**就可以。

使用条件格式中的【数据条】样式可以用来显示某些项目之间的对比情况。数据条的长度将代表单元格中数值的大小，数值越大数据条越长；数值越小数据条越短。

对考核成绩总分使用条件格式能使阅读者更直观地查看数据，其具体操作方法如下。

Step01：选择数据条样式。❶选中数据透视表中要设置条件格式的单元格区域，❷在【开始】选

项卡的【样式】组中单击【条件格式】按钮，❸在弹出的下拉菜单中选择【数据条】命令，❹在弹出的子菜单中选择需要的数据条样式，如图4-46所示。

Step02：查看效果。操作完成后，即可查看到设置数据条后的效果，如图4-47所示。

图4-46 选择数据条样式

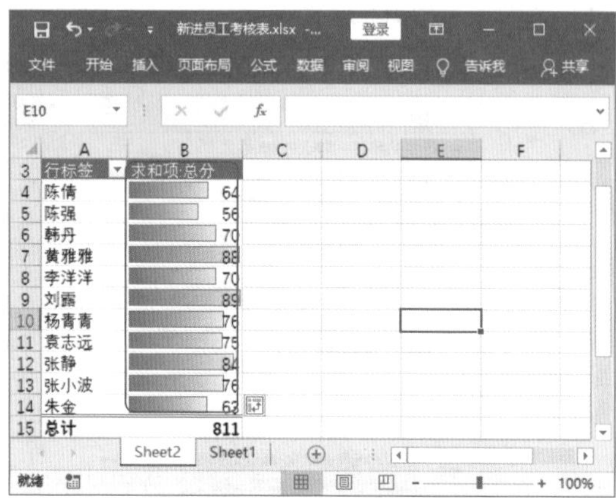

图4-47 查看添加数据条后的效果

4.3.3 色阶，让数据深浅有别

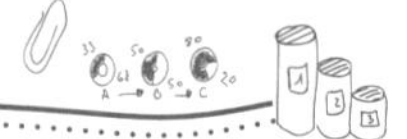

小李

王Sir，这次的考核成绩我想用颜色来区分，让不同数值区域显示不同的颜色，应该怎么做呢？

王Sir

小李，**使用色阶可以让颜色指明每个单元格值在该区域内的位置。**Excel内置了多种色阶，你可以根据自己的需要选择色阶的类型。

对考核成绩总分使用色阶能使阅读者更直观地了解考核成绩，具体操作方法如下。

Step01：选择色阶样式。❶选中数据透视表中要设置条件格式的单元格区域，❷在【开始】选项卡的【样式】组中单击【条件格式】按钮，❸在弹出的下拉菜单中选择【色阶】命令，❹在弹出的子菜单单中选择需要的色阶样式，如图4-48所示。

Step02：查看效果。操作完成后，即可查看到设置色阶后的效果，如图4-49所示。

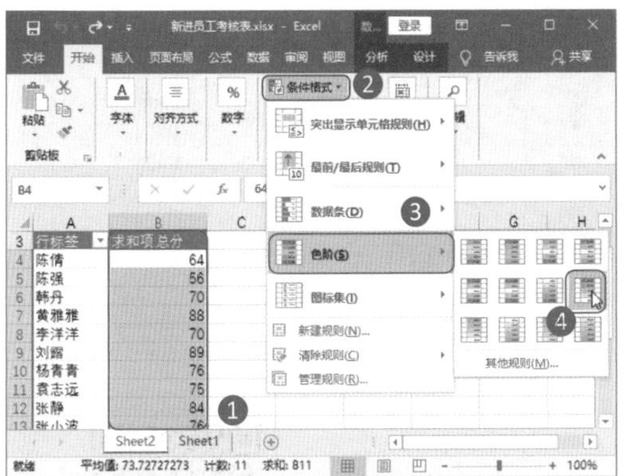

图4-48 选择色阶样式

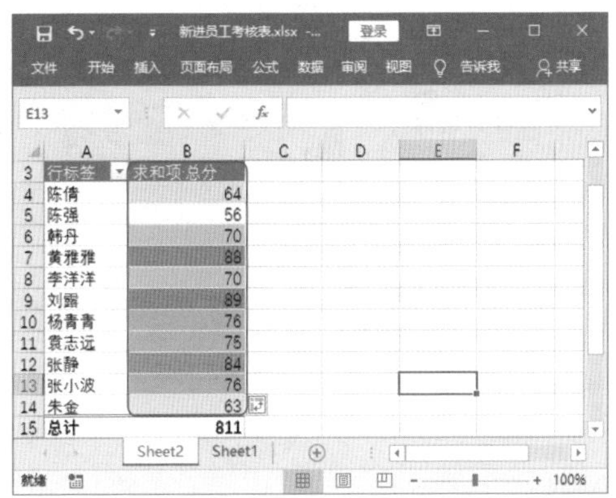

图4-49 查看添加色阶后的效果

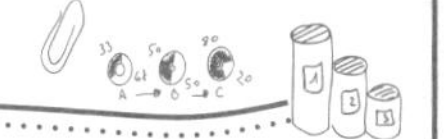

4.3.4 图标，让数据活泼有趣

小李

王Sir，数据透视表中的数据可不可以用图标来表示呢？我觉得那样看起来更加活泼有趣。

王Sir

小李，**使用图标集可以让不同的值区域显示不同的图标。**

内置的图标集有很多，你可以根据需要选择方向、形状、标记、等级等类型的图标。

对考核的各项成绩使用图标集能使阅读者通过图标来了解考核成绩，其具体操作方法如下。

Step01：选择图标集样式。❶选中数据透视表中要设置条件格式的单元格区域，❷在【开始】选项卡的【样式】组中单击【条件格式】按钮，❸在弹出的下拉菜单中选择【图标集】命令，❹在弹出的子菜单中选择需要的图标集样式，如图4-50所示。

Step02：查看效果。操作完成后，即可查看到设置图标集后的效果，如图4-51所示。

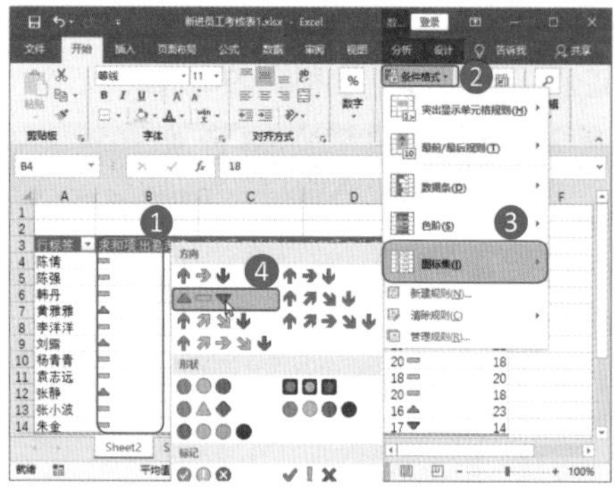

图4-50 选择图标集样式

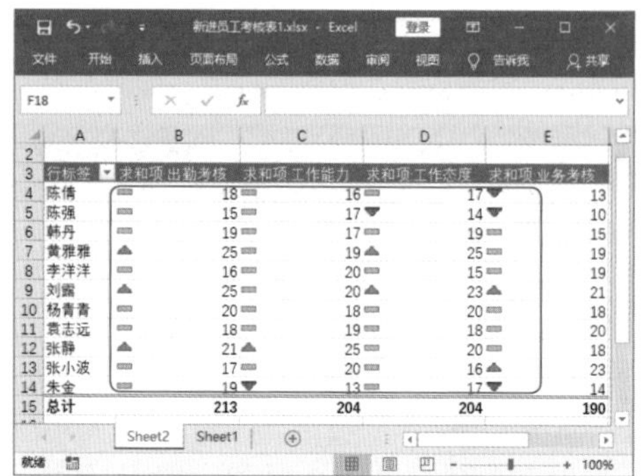

图4-51 查看添加图标后的效果

4.3.5 对条件格式不满意可重新编辑

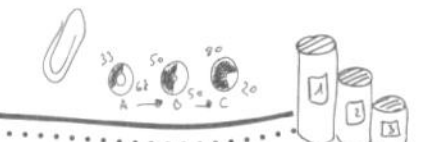

小李

王Sir，在使用图标集的时候，我想把25分以上的设置为一个样式，25分以下20分以上的设置为一个样式，20分以下的用另外一个样式，可以吗？

王Sir

当然可以了。

使用图标集或其他条件格式时，会根据单元格值默认添加条件格式的样式。但是，默认的样式很多时候并不能符合使用者的需求，这个时候就**需要编辑条件格式**了。而且，在查看数据后，**如果不再需要条件格式，那么最好删除条件格式。**

1 修改数据透视表中应用的条件格式

为数据应用条件格式后，如果不满意默认的设置，也可以修改条件格式。例如，需要将考核成绩25分以上的设置为一个样式，25分以下20分以上的设置为一个样式，20分以下的用另外一个样式，操作方法如下。

 Step01：选择【管理规则】命令。❶在应用了条件格式的数据透视表中选中任意单元格，❷在

【开始】选项卡的【样式】组中单击【条件格式】按钮，❸在弹出的下拉菜单中选择【管理规则】命令，如图4-52所示。

Step02：单击【编辑规则】按钮。打开【条件格式规则管理器】对话框，选中需要编辑的条件格式规则，单击【编辑规则】按钮，如图4-53所示。

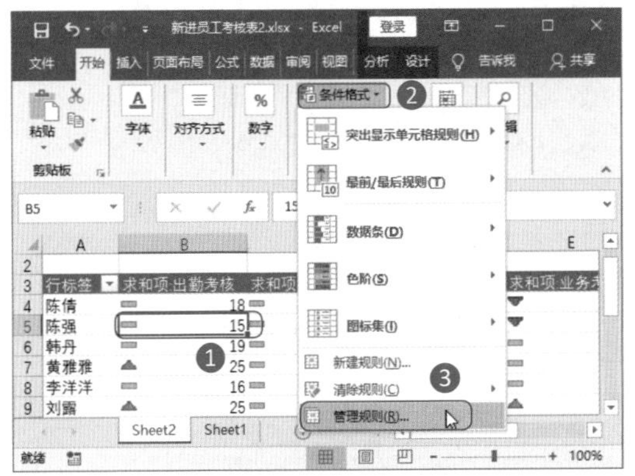

图4-52 选择【管理规则】命令

图4-53 单击【编辑规则】按钮

Step03：更改图标值区域。打开【编辑格式规则】对话框，❶选择【类型】为【数字】，❷在前方的文本框中输入“25”，❸使用相同的方法设置第二个数据，❹完成后单击【确定】按钮，如图4-54所示。

Step04：单击【确定】按钮。返回【条件格式规则管理器】对话框，单击【确定】按钮，如图4-55所示。

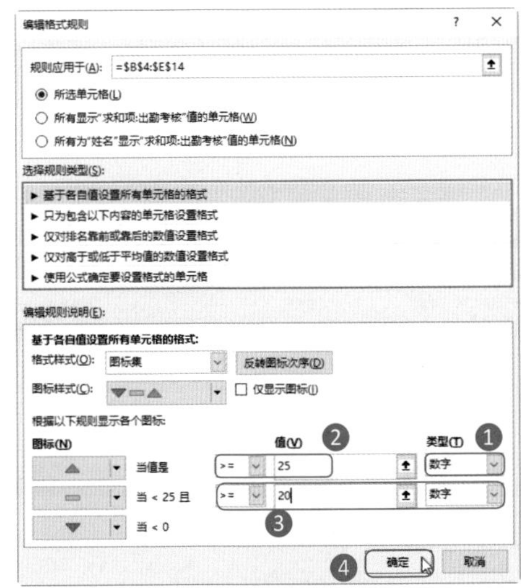

图4-54 更改图标值区域

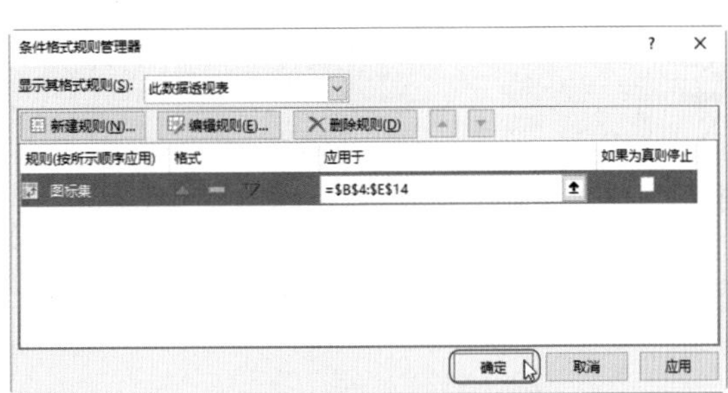

图4-55 单击【确定】按钮

Step05：查看效果。返回数据透视表，可以看到修改条件格式规则后的效果，如图4-56所示。

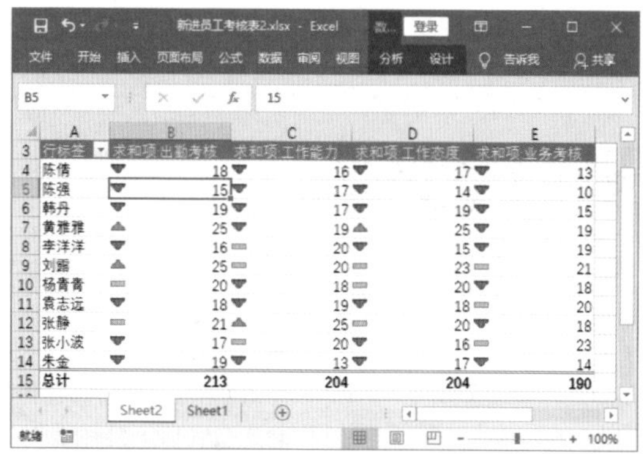

图4-56 查看修改条件格式规则后的效果

2 删除数据透视表中应用的条件格式

如果不再需要在数据透视表中使用条件格式，可以通过以下的两种方法来删除。

☆ 通过菜单命令删除：在应用了条件格式的数据透视表中选中任意单元格，在【开始】选项卡的【样式】组中单击【条件格式】按钮，在弹出的下拉菜单中展开【清除规则】子菜单，在其中根据需要选择命令删除相应的规则，如图4-57所示。

☆ 通过对话框删除：在应用了条件格式的数据透视表中选中任意单元格，在【开始】选项卡的【样式】组中单击【条件格式】按钮，在弹出的下拉菜单中选择【管理规则】命令，打开【条件格式规则管理器】对话框，选中需要删除的条件格式规则，单击【删除规则】按钮，如图4-58所示，然后单击【确定】按钮。

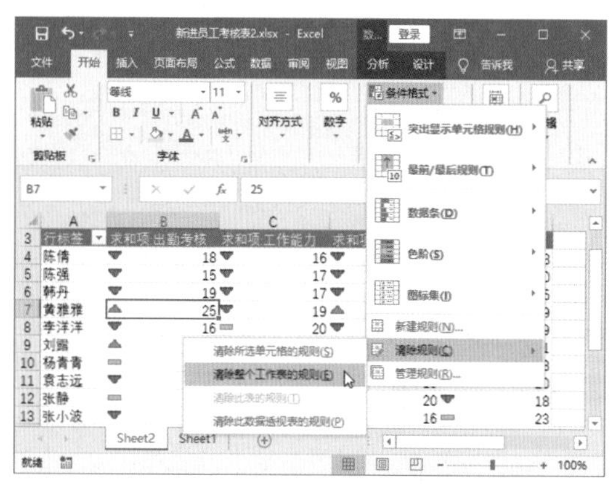

图4-57 通过菜单命令删除

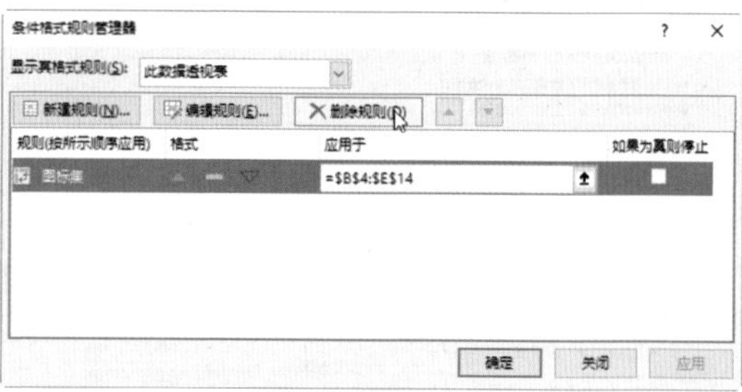

图4-58 通过对话框删除

CHAPTER 5

数据分析，重点数据轻松查看

一直以来，我对自己的学习能力颇有自信，所以学习数据透视表后，就觉得自己分析数据的能力直线上升。

当我洋洋自得地把数据分析表交到张经理手中时，他严肃地说："这就是你的数据分析？没有排序，没有筛选，也没有切片器来辅助分析，这样的数据分析与数据源表有什么区别？"

此时我才明白，数据分析不仅仅是用数据透视表把需要的数据统计、汇总，还需要对这些数据进行进一步的分析才能得到有用的数据。

还好，有王Sir的指点，再加上张经理给布置的各种任务，让我快速地学会了真正的数据分析，走偏的路终于折回来了。

小 李

很多初学数据透视表的职场新人会认为，数据透视表只是把需要的字段添加到其中，然后做好布局就可以了。他们啊，都小看数据透视表了。

小李，你如今的数据透视表虽然看起来已经做得比较规范了，但数据透视表的灵魂是分析数据。再漂亮的数据透视表若没有一目了然的数据来支撑，也是徒有其表。所以要根据需要为数据透视表排序，必须筛选出有用的数据，必要时配合切片器可以更好地筛选数据。

小李，你确实是个学习的好"苗子"。经过我的点拨，你很快就领悟了数据透视表的精髓，交出了让我满意的"答卷"。

王 Sir

5.1 排序，让数据排队"站好"

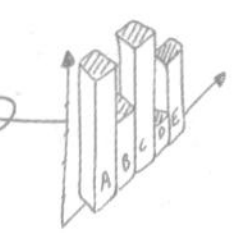

张经理

小李，我想看这几个月公司产品的销售情况，你统计一下。

小李

张经理，前两个月的销量已经统计出来了，您过目。

3	行标签	求和项：销售数量	求和项：销售额
4	冰箱	48	170420
5	电视	74	271600
6	空调	91	356100
7	洗衣机	62	222420
8	**总计**	**275**	**1020540**

张经理

小李，我要统计数据的目的是要看清楚哪个的销量高，可是从你给我的这个表中能看出来吗？现提出以下几点要求，希望你能尽快领会。

（1）对于**重点产品，需要排在第一位**。

（2）如果我要重点查看的是销量，而不是产品优先，则**希望销量高的产品排在前**。

（3）公司的一类、二类、三类产品你都清楚吗？必要的时候，按这个顺序来排。

清楚了吗？

排序我倒是知道，却不知道还有这么多种排序方法，这可怎么排？

5.1.1 用鼠标拖，为数据手动排序

张经理

小李，这是你交给我的销量数据表？你不知道我们当前的主打产品是空调吗？把它排在第一位。

	行标签	求和项:销售数量	求和项:销售额
3	行标签	求和项:销售数量	求和项:销售额
4	冰箱	48	170420
5	电视	74	271600
6	空调	91	356100
7	洗衣机	62	222420
8	**总计**	**275**	**1020540**

小李

王Sir，张经理让我把空调排到第一位，我该怎么排？

王Sir

小李，你难道不知道夏季里空调是主打产品吗？张经理让你将其排到第一位也是为了方便查看。

如果需要调整某一项**或某几项数据的排序，用手动的方法就可以了。用鼠标拖动或用快捷菜单调整**，都可以很快达到目的。

1 通过鼠标拖动方式对字段进行手动排序

例如，我们要将空调的顺序移动到所有数据前，可以使用鼠标拖动方式来完成，操作方法如下。

Step01：选中单元格。在数据透视表中，单击任意一个“空调”所在的单元格，将鼠标指针移动到单元格右下角，此时鼠标指针呈✥形状，如图5-1所示。

Step02：移动字段。按住鼠标左键不放拖动“空调”，此时可以看到一根较粗的线条表示字段被拖动到的位置，如图5-2所示。

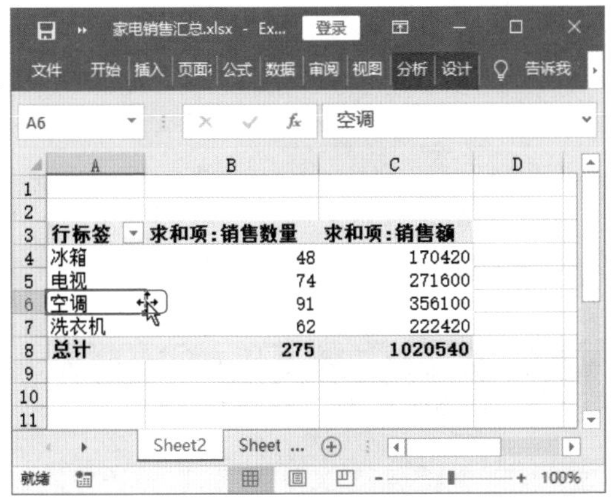

图5-1 选中单元格

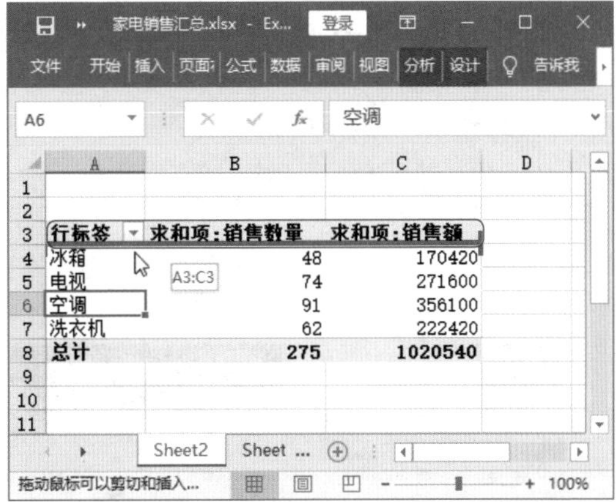

图5-2 移动字段

Step03：完成移动字段。释放鼠标左键，即可看到在数据透视表中空调已经被调整到顶端，如图5-3所示。

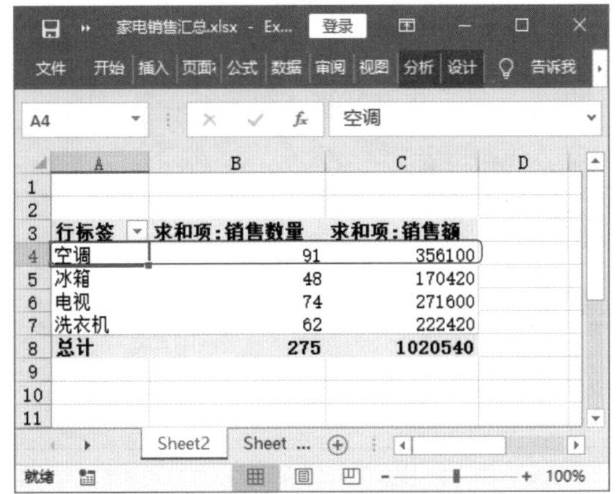

图5-3 完成移动字段操作

温馨提示

通过鼠标拖动方式对字段进行手动排序，调整的是整个数据透视表中该字段的顺序，而不仅仅是被拖动的单独某部分数据。

2 通过移动命令对字段进行手动排序

除了可拖动字段排序外，还可以通过快捷菜单中的移动命令对字段进行手动排序。例如，要将冰箱字段移动到末尾处，操作方法如下。

Step01：选择【将“冰箱”移至末尾】命令。❶选中冰箱所在单元格并使用鼠标右键单击，在弹出的快捷菜单中选择【移动】命令，❷在弹出的子菜单中选择【将“冰箱”移至末尾】命令，如图5-4所示。

Step02：查看结果。操作完成后，即可看到冰箱字段及其所含数据被移动到数据透视表的末尾处，如图5-5所示。

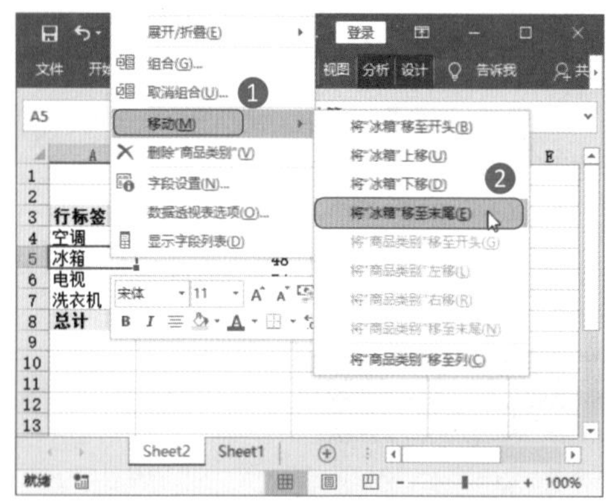

图5-4 选择【将“冰箱”移至末尾】命令

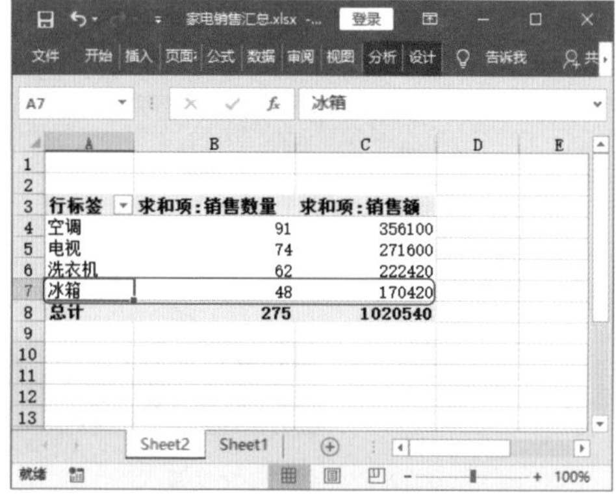

图5-5 查看冰箱字段移动结果

5.1.2 用鼠标点，让数据自动排序

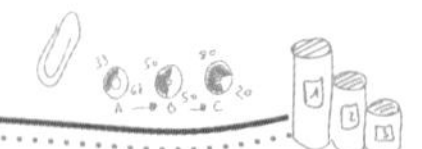

小李

王Sir，如果我要让数据按某种规律排序，应该怎么办呢？

王Sir

小李，用**自动排序**就可以了。

在Excel中，针对不同类型的数据，排序规则也有所不同。以下是一些升序规律。

★ **数字类数据**：按照从小到大排序。

王Sir

★ **日期类数据**：按照从最早的日期到最晚的日期排序。

★ **文本类数据**：当文本格式单元格中含有数字、字母和各种符号时，文本类数据的排列顺序为空格 0~9 ! " # $ % & ( ) * , . / : ; ? @ [\ ] ^ _ ` { | } ~ + < = > A~Z。

★ **逻辑值数据**：逻辑值FALSE在前，逻辑值TRUE在后。

★ **错误值数据**：所有错误值的优先级相同。

★ **空单元格**：空单元格无论是在升序排列中还是在降序排列中总是位于最后。

如果是降序，则与上面的所有规律相反。

如果要进行自动排序，主要方法有通过字段下拉列表自动排序、通过功能区按钮自动排序和通过【数据透视表字段】窗格自动排序3种。

1 通过字段下拉列表自动排序

在Excel中，我们可以利用数据透视表行标签标题下拉菜单中的相应命令进行自动排序。例如，要将【产品名称】升序排列，操作方法如下。

Step01：执行排序操作。❶单击行标签字段右侧的下拉按钮▾，❷在弹出的下拉菜单中选择需要排序的行字段，本例选择【产品名称】字段，❸根据需要选择【升序】（或【降序】）命令，如图5-6所示。

Step02：排序完成。操作完成后，即可查看到产品名称字段已经按所选的升序排列，如图5-7所示。

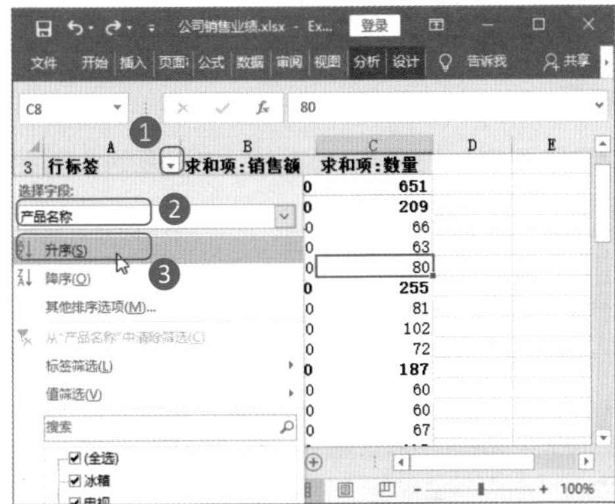

图5-6 执行排序操作（一）

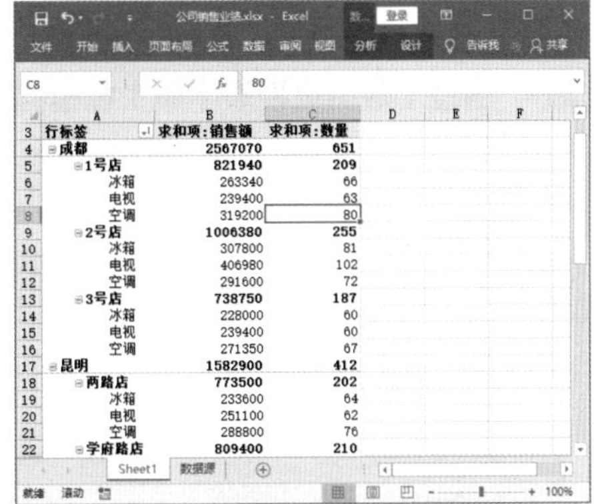

图5-7 完成产品名称字段升序排序

温馨提示

因为本例的数据透视表拥有多个行字段，并以压缩形式显示数据透视表，所以在排序前，需要在行标签字段下拉菜单中选择要排序的字段。如果是在一个下拉菜单对应一个行字段的情况下，则无须选择字段，打开需要设置行字段的下拉菜单设置排序方式即可。排序后，如果选择的是升序排序，行标签字段右侧的下拉按钮▾将变为▾↑形状；如果选择的是降序排序，下拉按钮▾将变为▾↓形状。

2 通过功能区按钮自动排序

在Excel中，可以通过功能区的“升序”按钮和“降序”按钮快速进行自动排序。例如，要将【销售额】升序排列，操作方法如下。

Step01：执行排序操作。❶单击【销售额】字段标题或者其任意数据项所在的单元格，❷在【数据】选项卡的【排序和筛选】组中单击【升序】按钮，如图5-8所示。

Step02：排序完成。操作完成后，即可查看到销售额字段已经按照升序排列，如图5-9所示。

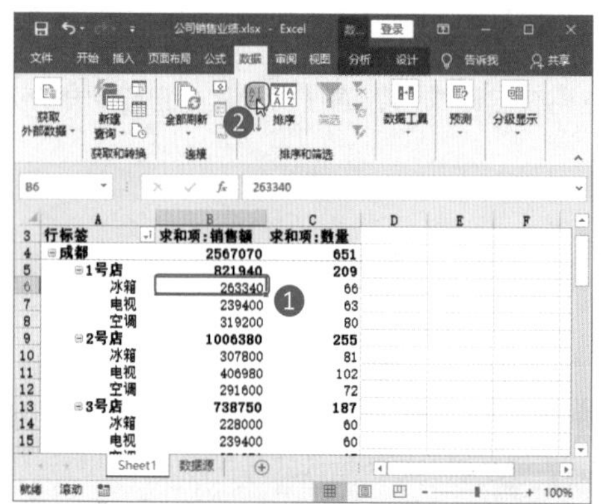

图5-8 执行排序操作（二）

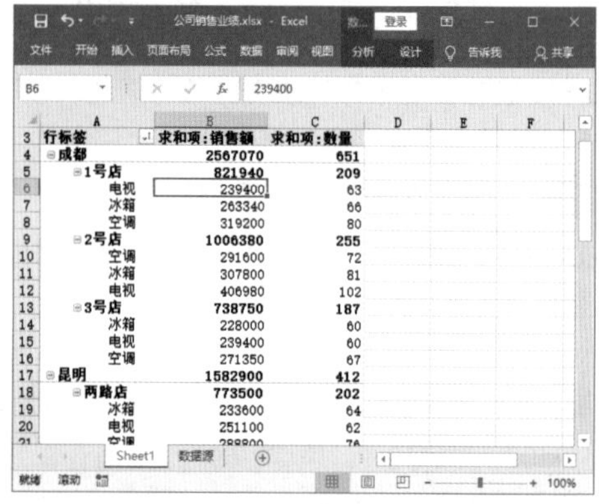

图5-9 完成销售额字段升序排序

3 通过【数据透视表字段】窗格自动排序

在Excel中，可以通过【数据透视表字段】窗格的字段列表进行自动排序。例如，要为【所在城市】字段升序排列，操作方法如下。

Step01：单击下拉按钮。打开【数据透视表字段】窗格，在【选择要添加到报表的字段】列表框中，将鼠标指针指向要排序的字段右侧，此时将出现一个下拉按钮▼，单击该按钮，如图5-10所示。

Step02：执行排序操作。随即弹出字段下拉菜单，在该菜单中选择【升序】命令即可，如图5-11所示。

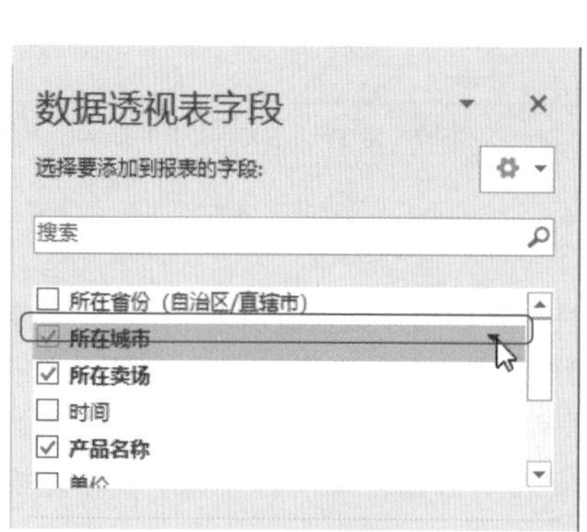

图5-10 单击下拉按钮

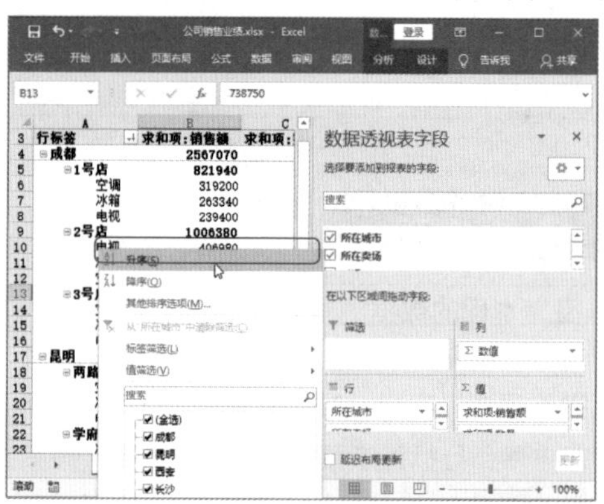

图5-11 执行排序操作（三）

5.1.3 听命令，按其他排序选项排序

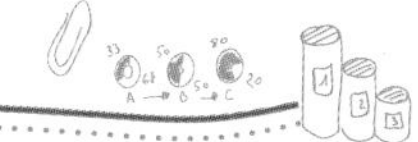

小李

王Sir，有个数据透视表手动排序估计不太好做，自动排序又达不到想要的效果，还可以用什么方法来排呢？

王Sir

小李，Excel中可以使用的排序方法挺多的。例如，**根据数值字段对行字段排序、根据数值字段所在列对行字段排序、根据笔画排序、根据自定义序列排序及按值排序**，总有一款适合你。

1 根据数值字段对行字段排序

在对数据透视表排序时，我们可以根据数值字段排序。例如，图5-12中已经默认按照【产品名称】字段升序排序。

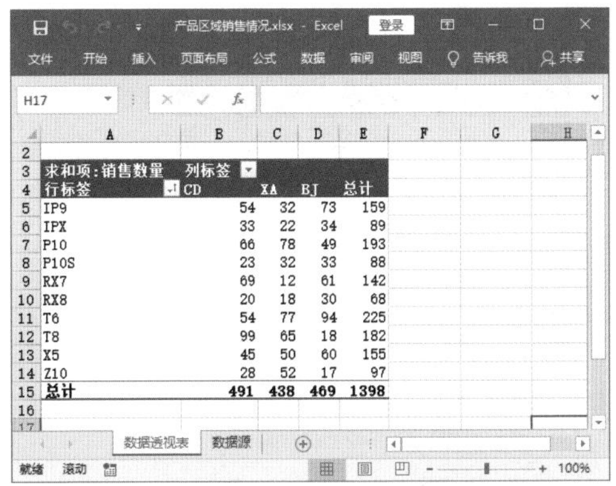

求和项:销售数量	列标签			
行标签	CD	XA	BJ	总计
IP9	54	32	73	159
IPX	33	22	34	89
P10	66	78	49	193
P10S	23	32	33	88
RX7	69	12	61	142
RX8	20	18	30	68
T6	54	77	94	225
T8	99	65	18	182
X5	45	50	60	155
Z10	28	52	17	97
总计	**491**	**438**	**469**	**1398**

图5-12 按【产品名称】默认排序的数据透视表

如果要在该数据透视表中对【产品名称】字段按照【求和项:销售数量】字段的汇总值升序排序，也就是说，按照3个区域产品销售数量的求和汇总数据对产品升序排序，操作方法如下。

Step01：选择【其他排序选项】命令。❶单击行标签字段右侧的下拉按钮，❷在弹出的下拉菜单中选择【其他排序选项】命令，如图5-13所示。

Step02：设置排序参数。打开【排序（产品名称）】对话框，❶在【排序选项】栏下选择【升序排序（A到Z）依据】单选按钮，在对应的下拉列表中选择【求和项:销售数量】选项，❷单击【确定】按钮，如图5-14所示。

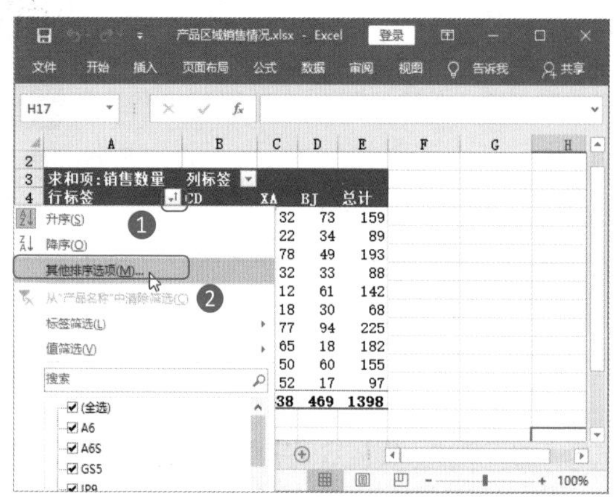

图5-13 选择【其他排序选项】命令

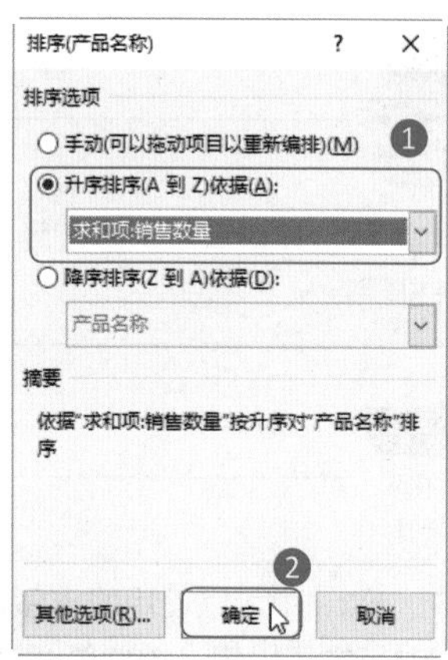

图5-14 设置排序参数

Step03：查看排序结果。返回数据透视表，即可看到对【产品名称】字段按照【求和项:销售数量】字段的汇总值升序排序后的效果，如图5-15所示。

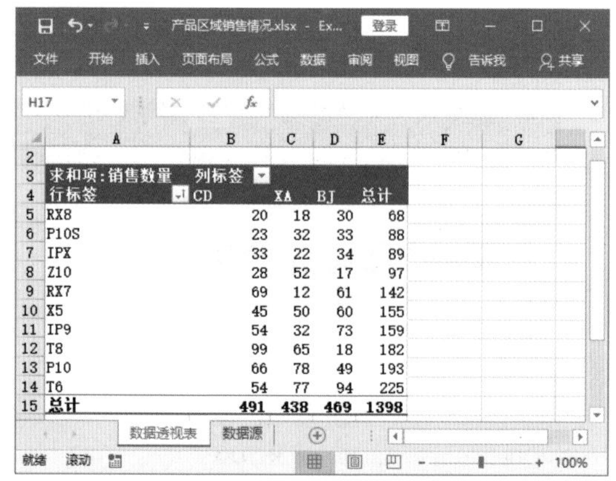

求和项:销售数量	列标签			
行标签	CD	XA	BJ	总计
RX8	20	18	30	68
P10S	23	32	33	88
IPX	33	22	34	89
Z10	28	52	17	97
RX7	69	12	61	142
X5	45	50	60	155
IP9	54	32	73	159
T8	99	65	18	182
P10	66	78	49	193
T6	54	77	94	225
总计	491	438	469	1398

图5-15 查看排序结果（一）

2 根据数值字段所在列对行字段排序

在Excel中，我们还可以根据数值字段所在列对行字段排序。仍然以前面提供的“产品区域销售情况”数据透视表为例，区域字段被设置为数据透视表的列字段，各产品的销售数量按区域分为CD、XA、BJ三列显示。如果需要对【产品名称】字段按照某区域（如CD区域）的销售数量值升序排序，而非按照3个区域的销售数量汇总值升序排序，则操作方法如下。

Step01：选择【其他排序选项】命令。❶单击行标签字段右侧的下拉按钮，❷在弹出的下拉菜单中选择【其他排序选项】命令，如图5-16所示。

Step02：单击【其他选项】按钮。打开【排序（产品名称）】对话框，❶选择【升序排序（A到Z）依据】单选按钮，在对应的下拉列表中选择【求和项:销售数量】选项，❷单击【其他选项】按钮，如图5-17所示。

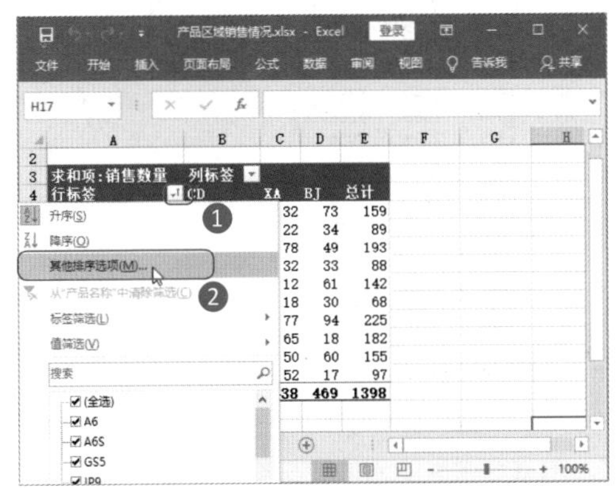

图5-16 选择【其他排序选项】命令

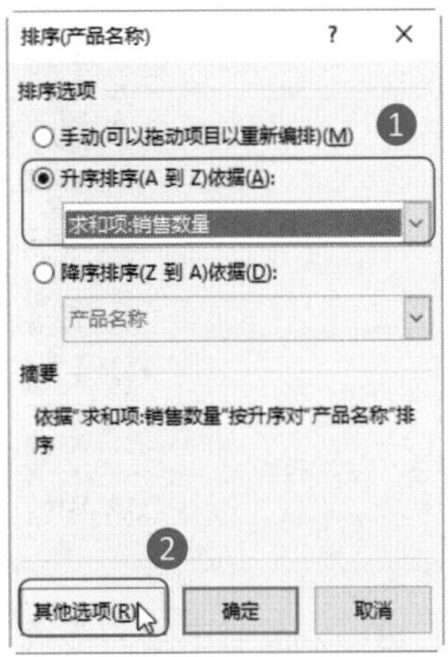

图5-17 单击【其他选项】按钮

Step03：设置排序依据。打开【其他排序选项（产品名称）】对话框，❶选择【所选列中的值】单选按钮，在对应的文本框中输入“$B$5”单元格引用地址，❷单击【确定】按钮，如图5-18所示。

Step04：查看排序结果。返回【排序（产品名称）】对话框，单击【确定】按钮。返回数据透视表，即可看到对【产品名称】字段按照数值字段所在列（本例为CD区域销售数量所在列）升序排序后的效果，如图5-19所示。

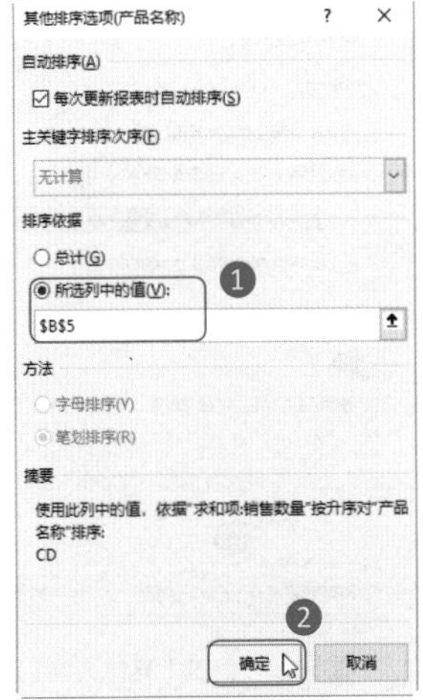

图5-18 设置排序依据

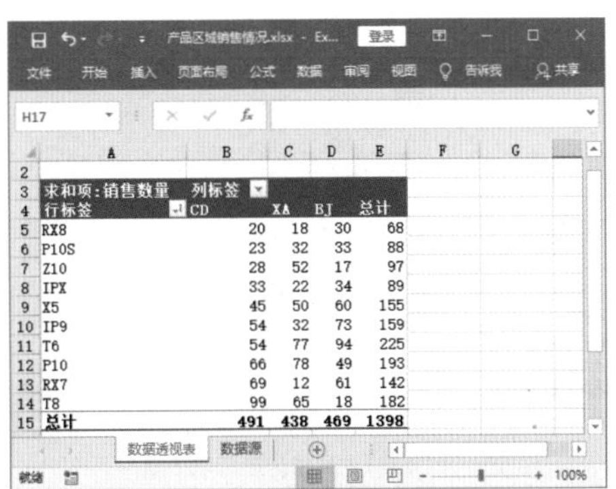

图5-19 查看排序结果（二）

3 根据笔画排序

默认情况下，Excel中的汉字是按照拼音字母顺序进行排序的。例如，升序排序员工姓名时，会按照姓名第一个字的拼音首字母由A到Z排序，如果出现同姓，再依次比较姓名中的第二个字和第三个字，如图5-20所示。

	A	B	C	D	E	F
3	行标签	一季度	二季度	三季度	四季度	
4	艾佳佳	1596	3576	1263	1646	
5	陈俊	863	2369	1598	1729	
6	郝仁义	1320	1587	1390	2469	
7	胡杰	2369	1899	1556	1366	
8	胡媛媛	2599	1479	2069	966	
9	刘露	1729	1369	2699	1086	
10	刘思玉	1025	896	2632	1694	
11	柳新	2059	1059	866	1569	
12	汪小颖	798	1692	1585	2010	
13	汪心依	1795	2589	3169	2592	
14	王其	1666	1296	796	2663	
15	严小琴	1696	1267	1940	1695	
16	杨曦	1899	2695	1066	2756	
17	尹向南	2692	860	1999	2046	
18	赵东亮	1026	3025	1566	1964	
19	总计	25132	27658	26194	28251	

图5-20 按拼音字母升序排序结果

但是，有时也可以按照中国的传统习惯，根据笔画顺序来排序姓名等数据，操作方法如下。

Step01：选择【其他排序选项】命令。❶单击行标签字段右侧的下拉按钮，❷在弹出的下拉菜单中选择【其他排序选项】命令，如图5-21所示。

Step02：单击【其他选项】按钮。打开【排序（员工姓名）】对话框，❶选择【升序排序（A到Z）依据】单选按钮，在对应的下拉列表中选择【员工姓名】选项，❷单击【其他选项】按钮，如图5-22所示。

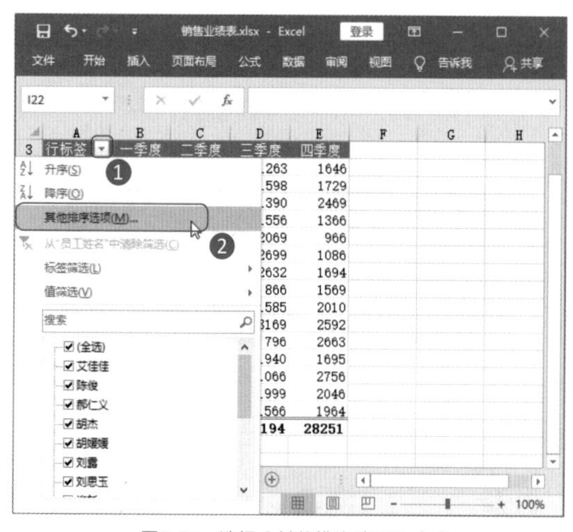

图5-21 选择【其他排序选项】命令

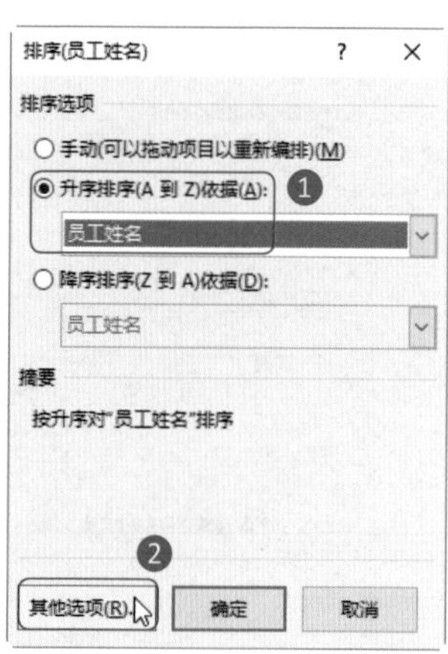

图5-22 单击【其他选项】按钮

Step03：设置排序依据。打开【其他排序选项（员工姓名）】对话框，❶取消勾选【每次更新报表时自动排序】复选框，在【方法】栏中默认选择【笔画排序】单选按钮，❷单击【确定】按钮，如图5-23所示。

Step04：查看排序结果。返回【排序（员工姓名）】对话框，单击【确定】按钮。返回数据透视表，即可看到对【员工姓名】字段按照汉字笔画升序排序后的效果，如图5-24所示。

图5-23 设置排序依据

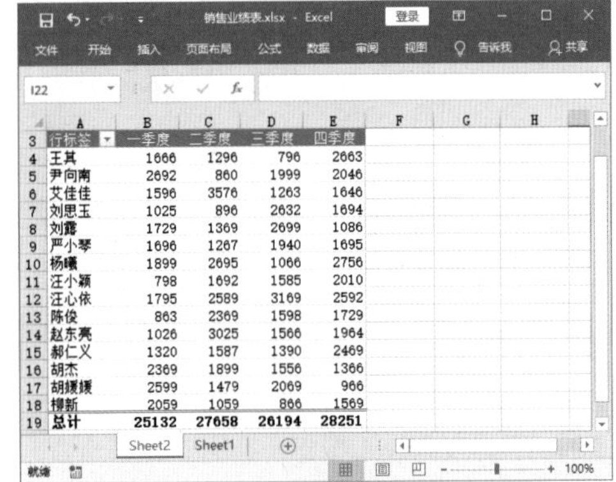

	A	B	C	D	E
3	行标签	一季度	二季度	三季度	四季度
4	王其	1666	1296	796	2663
5	尹向南	2692	860	1999	2046
6	艾佳佳	1596	3576	1263	1646
7	刘思玉	1025	896	2632	1694
8	刘露	1729	1369	2699	1086
9	严小琴	1696	1267	1940	1695
10	杨曦	1899	2695	1066	2756
11	汪小颖	798	1692	1585	2010
12	汪心依	1795	2589	3169	2592
13	陈俊	863	2369	1598	1729
14	赵东亮	1026	3025	1566	1964
15	郝仁义	1320	1587	1390	2469
16	胡杰	2369	1899	1556	1366
17	胡媛媛	2599	1479	2069	966
18	柳新	2059	1059	866	1569
19	总计	25132	27658	26194	28251

图5-24 查看按汉字笔画升序排序结果

温馨提示

Excel中的“笔画”排序规则并不完全符合中国人的传统习惯（先按汉字笔画数由少到多排序，同笔画数的汉字则按照起笔顺序横、竖、撇、捺、折排序；笔画数和笔形都相同的汉字，按字形结构排序，先左右、再上下，最后是整体字）。对于相同笔画数的汉字，Excel将是按照其内码顺序进行排序，而不是按照笔画顺序排列。

4 根据自定义序列排序

在实际工作中，有时需要让数据透视表按照一些特定的规则来排序，而这些规则又超出了Excel提供的默认排序功能。例如，在“销售业绩表”中要让公司各销售区域按照特定的顺序排序。这时，利用Excel默认排序功能得到的结果如图5-25所示。

图5-25 默认排序结果

如果我们要按照特定的顺序排序，如“总部、东北、西南、西北”的顺序，需要通过【自定义序列】的方法在Excel中创建一个符合自己需要的特殊顺序，进而让Excel根据这个顺序排序，操作方法如下。

Step01：选择【选项】命令。在需要自定义序列排序的数据透视表所在工作簿中选择【文件】选项卡中的【选项】命令，如图5-26所示。

Step02：单击【编辑自定义列表】按钮。打开【Excel选项】对话框，在【高级】选项卡的【常规】栏中单击【编辑自定义列表】按钮，如图5-27所示。

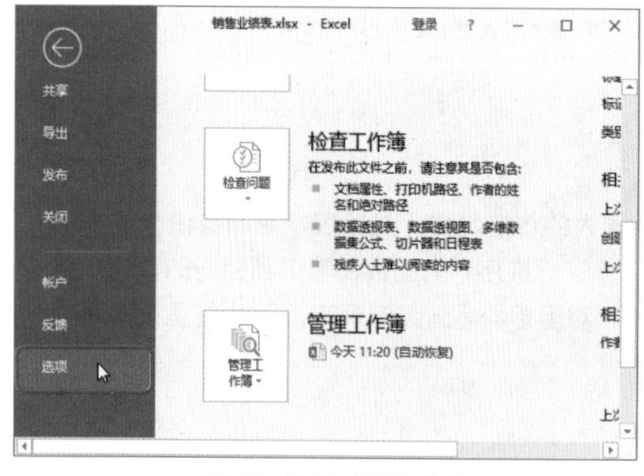

图5-26 选择【选项】命令

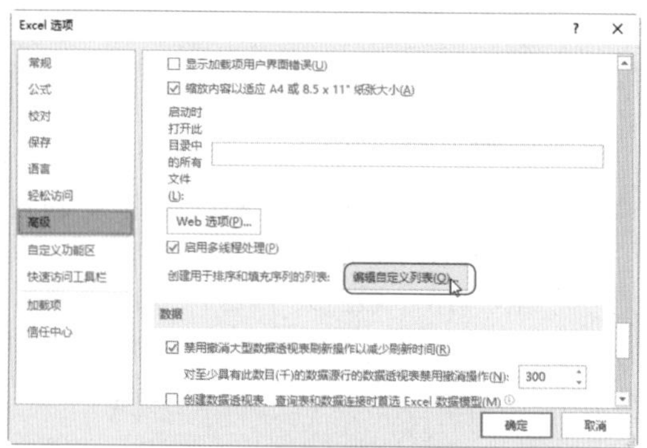

图5-27 单击【编辑自定义列表】按钮

Step03：添加自定义序列。打开【自定义序列】对话框，❶在【输入序列】列表框中根据需要输入自定义序列，❷单击【添加】按钮，如图5-28所示。

Step04：确认自定义序列。此时可以看到输入的序列被添加到了左侧的【自定义序列】列表框中，单击【确定】按钮，如图5-29所示。返回【Excel选项】对话框，单击【确定】按钮，即可将输入的自定义序列保存到Excel中。

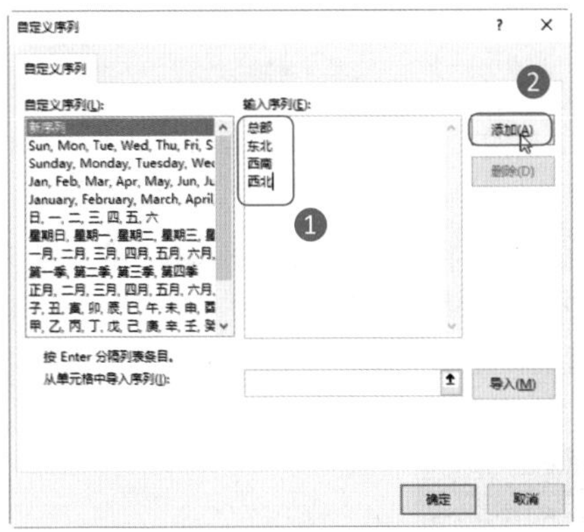

图5-28 添加自定义序列

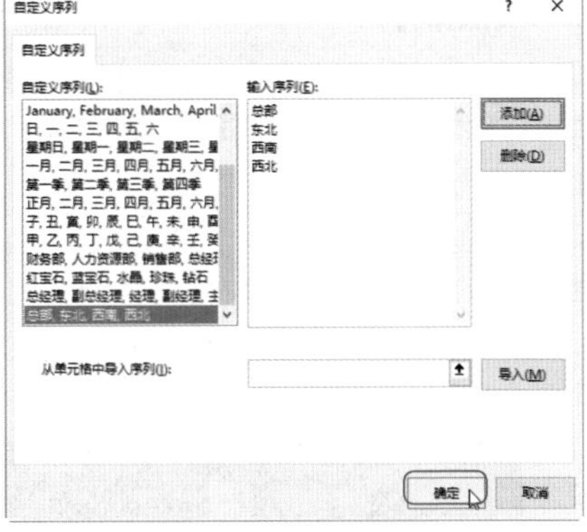

图5-29 确认自定义序列

技能升级

在Excel中添加自定义序列后还可以将其删除。方法是：打开【自定义序列】对话框，在【自定义序列】列表框中选择要删除的序列，单击【删除】按钮；在打开的提示对话框中单击【确定】按钮确认删除该序列，然后连续单击【确定】按钮保存设置即可。

Step05：选择【升序】命令。❶单击行标签右侧的下拉按钮，❷在弹出的下拉菜单中默认选择了【销售地区】字段，直接选择【升序】命令，如图5-30所示。

Step06：查看排序结果。返回数据透视表，即可看到【销售地区】字段按照添加的自定义序列排序后的效果，如图5-31所示。

图5-30 选择【升序】命令

图5-31 查看自定义序列排序结果

5 按值排序

在Excel中，以“销售业绩表”为例，如果只想对【西北】区域中的【员工姓名】按照【二季度】字段的汇总值进行排序，而不影响到其他部门员工的排序情况，就可以通过【按值排序】对话框来实现，操作方法如下。

Step01：单击【排序】按钮。❶选中【西北】区域中对应的【二季度】字段所在数值区域的任意单元格，❷在【数据】选项卡的【排序和筛选】组中单击【排序】按钮，如图5-32所示。

Step02：设置排序依据。打开【按值排序】对话框，❶根据需要选择【排序选项】和【排序方向】，❷单击【确定】按钮即可，如图5-33所示。

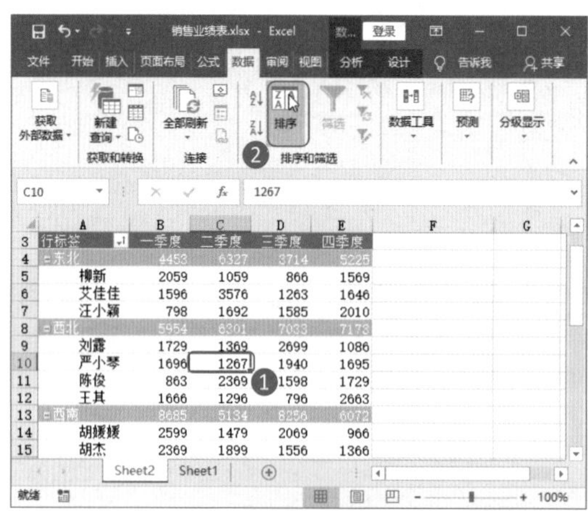

图5-32 单击【排序】按钮

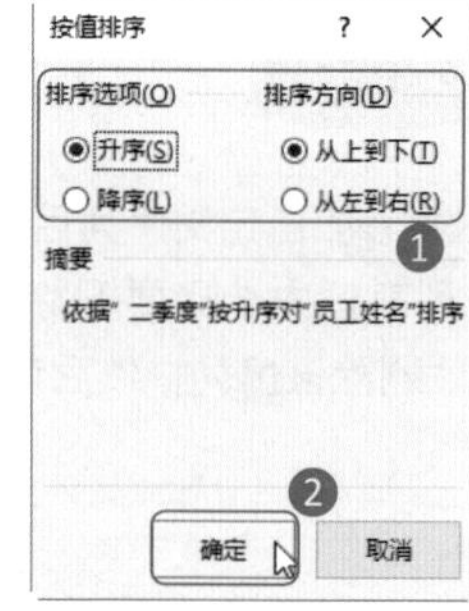

图5-33 设置排序依据

Step03：查看排序结果。返回数据透视表，即可看到西北区域的二季度已经按数值排序，如图5-34所示。

行标签	一季度	二季度	三季度	四季度
东北	4453	6327	3714	5225
柳新	2059	1059	866	1569
汪小颖	798	1692	1585	2010
艾佳佳	1596	3576	1263	1646
西北	5954	6301	7033	7173
严小琴	1696	1267	1940	1695
王其	1666	1296	796	2663
刘露	1729	1369	2699	1086
陈俊	863	2369	1598	1729
西南	8685	5134	8256	6072
尹向南	2692	860	1999	2046
刘思玉	1025	896	2632	1694
胡媛媛	2599	1479	2069	966
胡杰	2369	1899	1556	1366
总部	6040	9896	7191	9781
郝仁义	1320	1587	1390	2469
汪心依	1795	2589	3169	2592
杨曦	1899	2695	1066	2756
赵东亮	1026	3025	1566	1964
总计	25132	27658	26194	28251

图5-34 查看西北区域二季度升序排序结果

5.1.4 按要求，对报表筛选字段排序

小李

王Sir，我这个数据透视表的筛选字段挺多的，可是默认排序比较乱，找起来不方便，该怎么办？

王Sir

小李，在Excel数据透视表中也可以想想办法对筛选字段进行排序。只是直接排序肯定是不行的，需要**先将报表筛选字段移动到行标签或列标签内进行排序**，排序完成后再将其移动到报表筛选区域内。

以“员工信息记录”表为例，其报表筛选字段【部门】字段的默认顺序如图5-35所示。

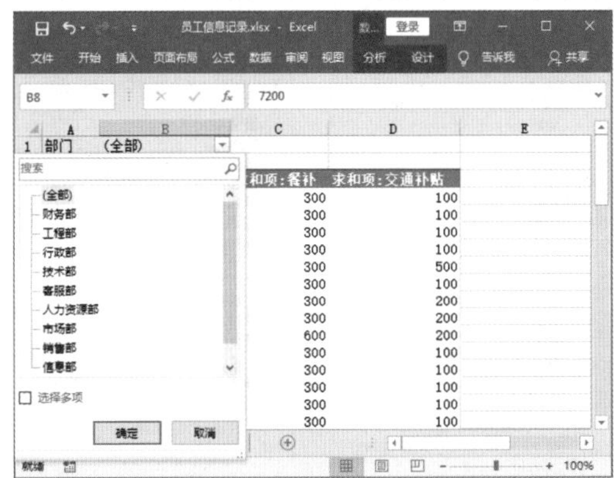

图5-35　筛选字段默认顺序

如果想要让“员工信息记录”表中的报表筛选字段（【部门】字段）按照降序排序，操作方法如下。

Step01：拖动【部门】字段（一）。打开【数据透视表字段】窗格，在报表筛选区域中使用鼠标左键按住不放，拖动【部门】字段到行标签区域【姓名】字段前，然后释放鼠标，如图5-36所示。

Step02：选择【降序】命令。此时数据透视表发生了相应的变化，❶单击【部门】行字段右侧的下拉按钮，❷在弹出的下拉菜单中选择【降序】命令，如图5-37所示。

图5-36 拖动【部门】字段到上方

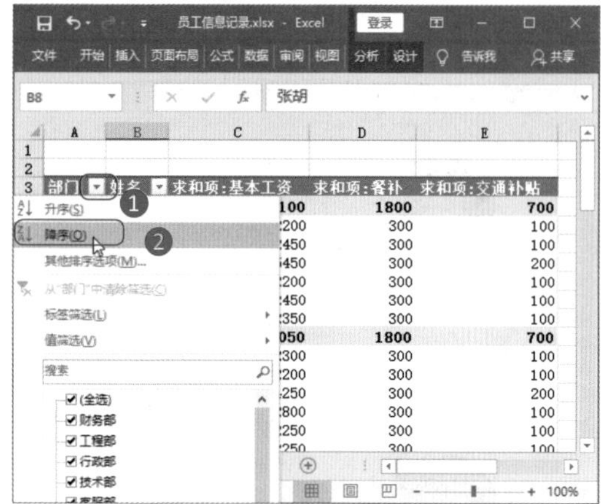

图5-37 选择【降序】命令

Step03：查看排序效果（一）。返回数据透视表，可以看到【部门】字段按照降序排序后的效果，如图5-38所示。

Step04：拖动【部门】字段（二）。在【数据透视表字段】窗格中，在行标签区域中使用鼠标左键按住不放，拖动【部门】字段到报表筛选区域，然后释放鼠标，如图5-39所示。

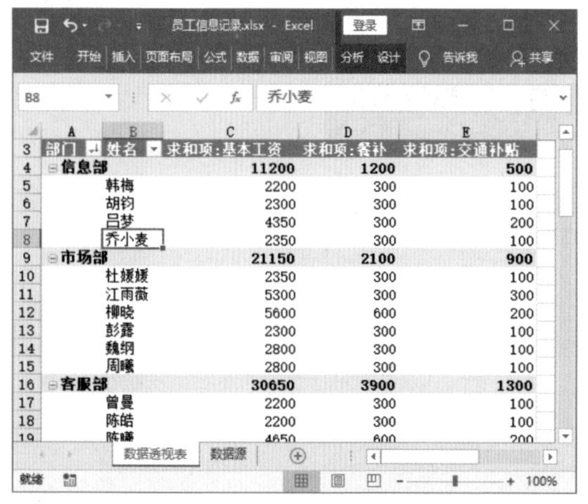

图5-38 查看【部门】字段降序排序效果

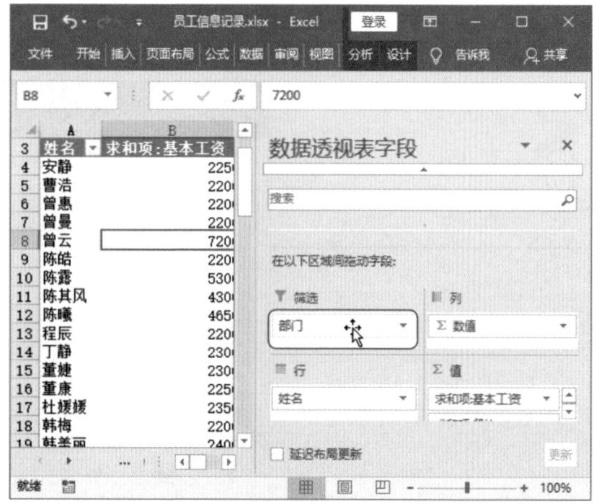

图5-39 拖动【部门】字段到筛选区域

Step05：查看排序结果（二）。此时数据透视表发生了相应的变化，在报表筛选区域中单击【（全部）】选项右侧的下拉按钮▾，即可看到【部门】字段按照降序排序后的效果，如图5-40所示。

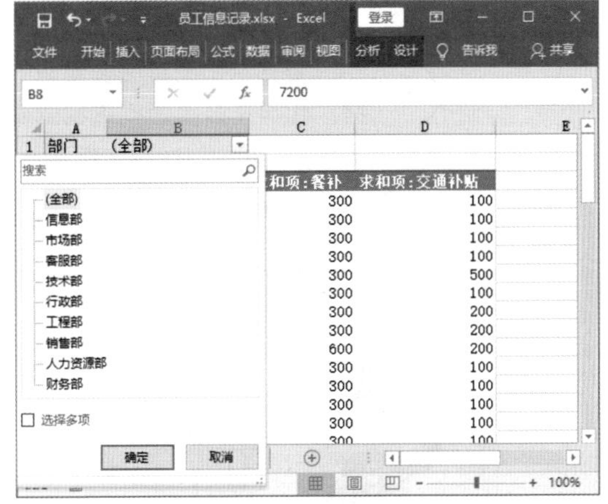

图5-40 查看【部门】筛选字段降序排序结果

5.2 筛选，找出符合要求的数据

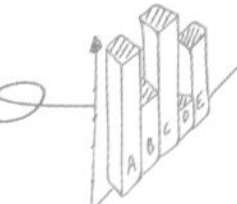

小李

张经理，今年1分店的销售业绩我已经筛选出来了，其他几个分店的我马上做。

4	销售卖场	1分店		
5				
6	行标签	求和项:单价	求和项:数量	求和项:销售额
7	⊟重庆	23840	337	1337710
8	冰箱	7980	113	450870
9	电视	8260	108	446040
10	空调	7600	116	440800
11	总计	23840	337	1337710

张经理

小李，难道你只会一种筛选方式？而且，我需要的数据不可能每次都是这一类。

（1）有时并**不是每一个时间段的数据都需要**。

（2）有时需要**筛选某个姓氏的员工**。

（3）有时需要**筛选出销售额靠前的数据**。

（4）有时需要**筛选出总额大于某个数值的数据**。

（5）有时需要**筛选出字段中包含某个字的数据**。

这些要求你只通过筛选字段可以完成吗？赶紧想想应该怎么做？

要筛选出有这么多要求的数据，我得花多少时间来完成呀！看来，又是一个加班之夜了。

5.2.1 使用字段下拉列表筛选数据

张经理

小李，马上把陈明莉和刘玲一月份的销售情况给我。

	求和项：销售额	列标签			
4	行标签	一月	二月	三月	总计
5	陈明莉	78152	23546	32315	134013
6	李丹丹	19820	36542	45660	102022
7	李兴国	45646	45623	23150	114419
8	刘建华	35472	15668	23221	74361
9	刘玲	26520	45652	12352	84524
10	刘伟	10028	31546	23310	64884
11	谭新原	12333	25454	45623	83410
12	王彤	23650	54627	31530	109807
13	王祖新	15687	12634	12354	40675
14	张光华	21547	32465	15623	69635
15	张渝	45350	23564	46546	115460
16	**总计**	**334205**	**347321**	**311684**	**993210**

小李

王Sir，张经理让我把陈明莉和刘玲这两个业务人员一月份的销售情况筛选出来，就算添加了筛选字段，我也筛选不出这样的数据呀。

王Sir

小李，筛选字段主要是对数据透视表进行整体筛选。

如果你要筛选某一样数据，**可以使用字段的下拉菜单来完成。**

使用字段下拉列表筛选数据的具体操作方法如下。

Step01：勾选要筛选项。❶单击行标签右侧的下拉按钮，❷在弹出的下拉菜单中取消勾选【（全选）】复选框，然后勾选【陈明莉】复选框和【刘玲】复选框，❸单击【确定】按钮，如图5-41所示。

Step02：查看筛选情况。返回数据透视表，即可看到行标签右侧的下拉按钮变为形状，数据透视表中筛选出了业务员【陈明莉】和【刘玲】的销售数据，如图5-42所示。

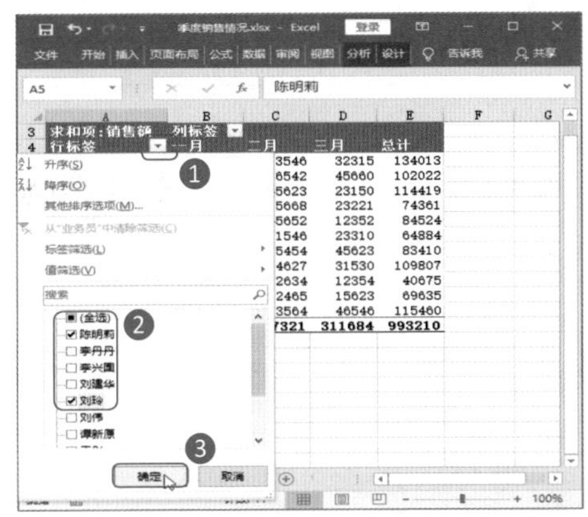

图5-41 勾选要筛选项

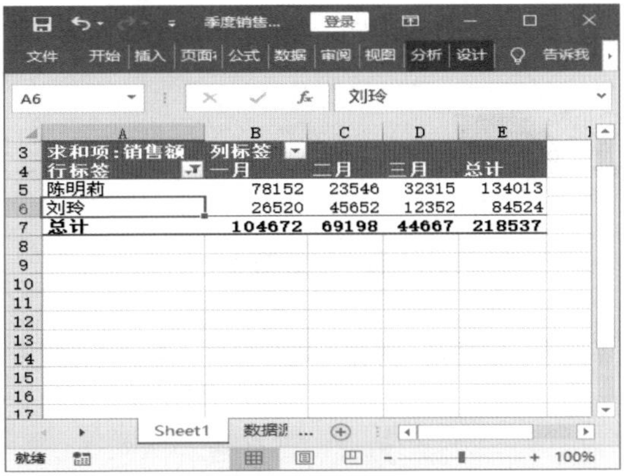

图5-42 查看筛选情况

Step03：勾选【一月】筛选项。❶单击列标签右侧的下拉按钮，❷在弹出的下拉菜单中取消勾选【（全选）】复选框，然后勾选【一月】复选框，❸单击【确定】按钮，如图5-43所示。

Step04：查看筛选结果。返回数据透视表，即可看到列标签右侧的下拉按钮变为形状，数据透视表中筛选出了业务员【陈明莉】和【刘玲】一月份的销售数据，如图5-44所示。

图5-43 勾选【一月】筛选项

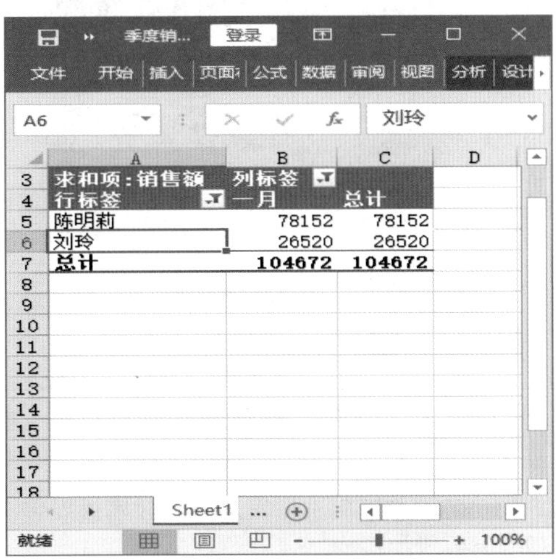

图5-44 查看两业务员一月份的筛选结果

5.2.2 使用字段【标签筛选】命令筛选数据

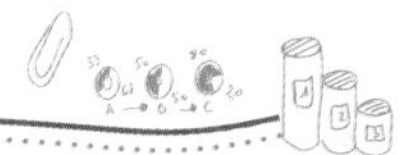

小李

王Sir，我想要把姓“李”员工的销售数据筛选出来，应该怎么做？

王Sir

小李，使用**字段【标签筛选】**就可以。

使用标签筛选，不仅可以筛选以“开头是”为条件的数据，还可以筛选以开头不是、等于、不等于、结尾是、结尾不是、包含、不包含等为条件的数据。

例如，要筛选出姓“李”业务员的销售数据，操作方法如下。

Step01：选择【开头是】命令。❶单击行标签右侧的下拉按钮▼，❷在弹出的下拉菜单中选择【标签筛选】选项，❸在弹出的子菜单中选择【开头是】命令，如图5-45所示。

Step02：设置筛选参数。打开【标签筛选（业务员）】对话框，❶设置【显示的项目的标签】为【开头是 李】，❷单击【确定】按钮，如图5-46所示。

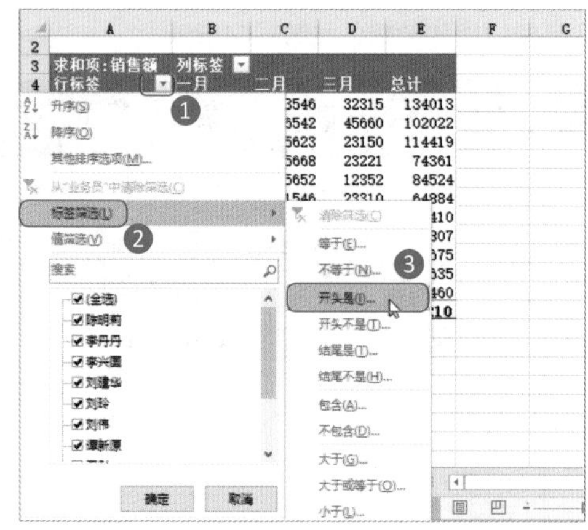

图5-45 选择【开头是】命令

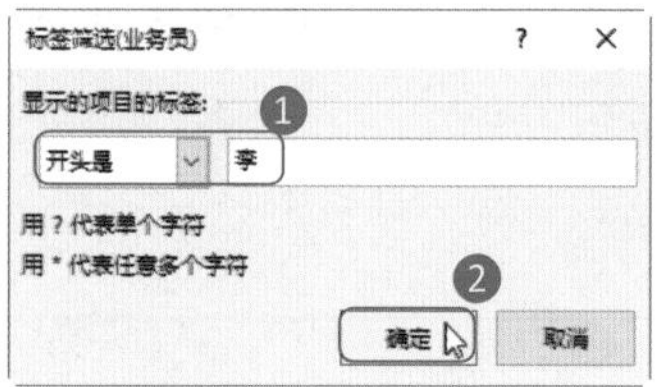

图5-46 设置筛选参数

Step03：查看筛选结果。返回数据透视表，即可查看到姓“李”业务员的销售数据已经筛选出来，如图5-47所示。

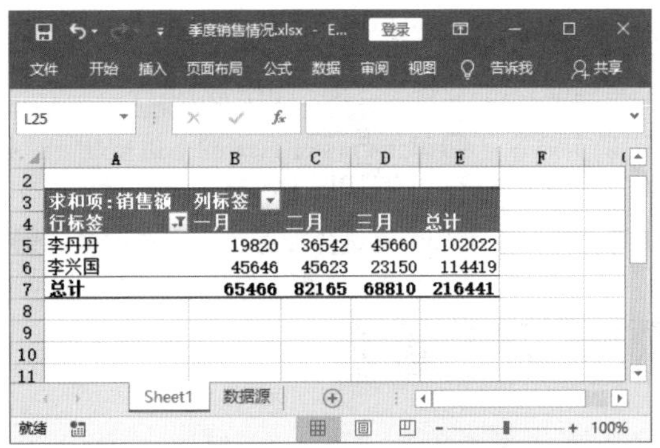

求和项:销售额	列标签			
行标签	一月	二月	三月	总计
李丹丹	19820	36542	45660	102022
李兴国	45646	45623	23150	114419
总计	**65466**	**82165**	**68810**	**216441**

图5-47 查看姓“李”业务员销售额筛选结果

5.2.3 使用【值筛选】命令筛选数据

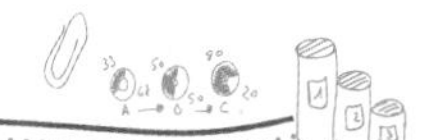

张经理

小李，现在分别把累计销售额前3名的业务员记录和第一季度销售额小于80000元的记录找出来给我。

求和项:销售额	列标签			
行标签	一月	二月	三月	总计
陈明莉	78152	23546	32315	134013
李丹丹	19820	36542	45660	102022
李兴国	45646	45623	23150	114419
刘建华	35472	15668	23221	74361
刘玲	26520	45652	12352	84524
刘伟	10028	31546	23310	64884
谭新原	12333	25454	45623	83410
王彤	23650	54627	31530	109807
王祖新	15687	12634	12354	40675
张光华	21547	32465	15623	69635
张渝	45350	23564	46546	115460
总计	**334205**	**347321**	**311684**	**993210**

小李

王Sir，张经理让我找出累计销售额前3名的业务员记录和第一季度销售额小于80000元的记录，应该怎么办？

王Sir

小李，要筛选出符合张经理要求的数据还是比较简单的。

如果要**找出最大的几项、最小的几项、等于多少、不等于多少、大于多少、小于多少等数据，都可以用【值筛选】命令来查找。**

1 筛选出累计销售额最大的3项记录

例如，要筛选出累计销售额前3名的业务员记录，操作方法如下。

Step01：选择【前10项】命令。❶单击行标签右侧的下拉按钮，❷在弹出的下拉菜单中选择【值筛选】选项，❸在弹出的子菜单中选择【前10项】命令，如图5-48所示。

Step02：设置筛选参数。打开【前10个筛选（业务员）】对话框，❶设置【显示】的数据为【最大3项】，其依据为【求和项:销售额】，❷单击【确定】按钮，如图5-49所示。

图5-48 选择【前10项】命令

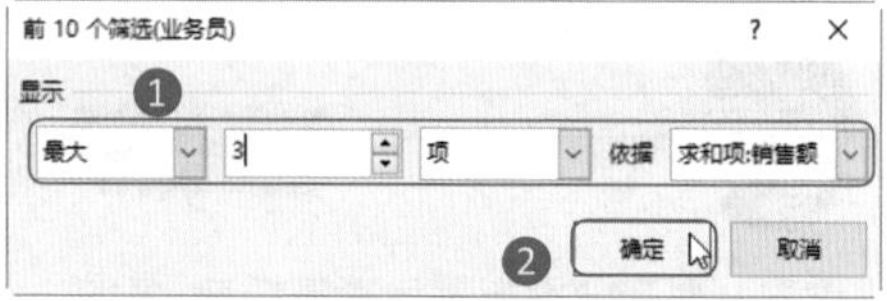

图5-49 设置筛选参数

Step03：查看筛选结果。返回数据透视表，即可查看到累计销售额前3名的业务员和记录已经筛选出来，如图5-50所示。

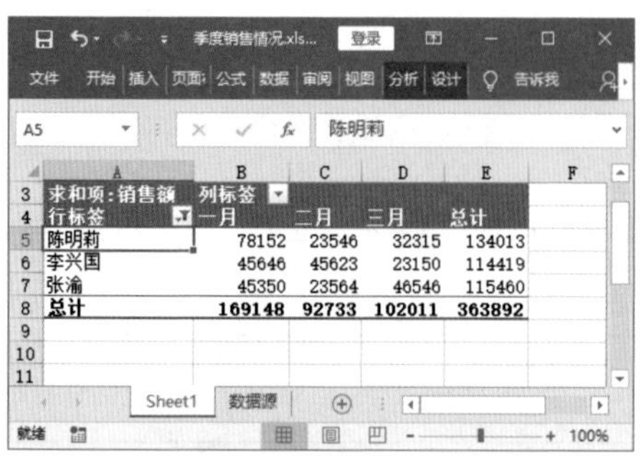

图5-50 查看累计销售额前3名的筛选结果

2 筛选出累计销售额小于80000元的记录

例如，要筛选出累计销售额小于80000元的业务员记录，操作方法如下。

Step01：选择【小于】命令。❶单击行标签右侧的下拉按钮，❷在弹出的下拉菜单中选择【值

筛选】选项，❸在弹出的子菜单中选择【小于】命令，如图5-51所示。

Step02：设置筛选参数。打开【值筛选（业务员）】对话框，❶设置【显示符合以下条件的项目】的数据为【求和项：销售额 小于 80000】，❷单击【确定】按钮，如图5-52所示。

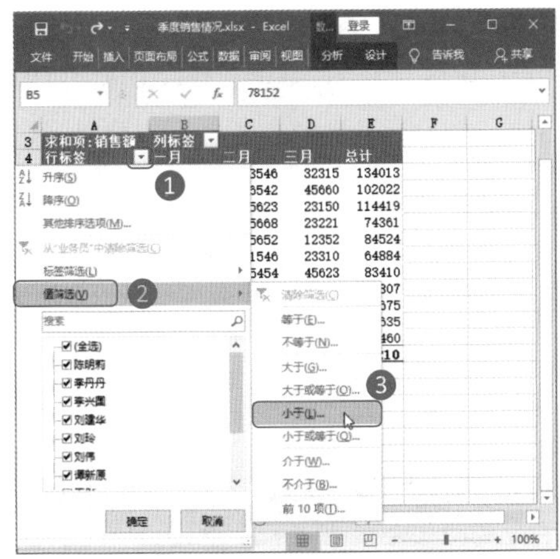
图5-51 选择【小于】命令

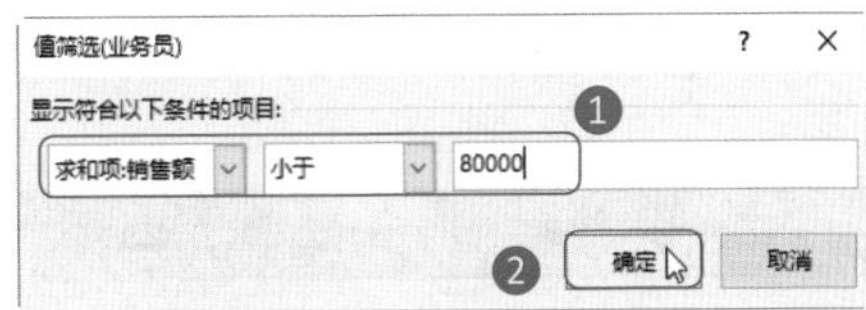

图5-52 设置筛选参数

Step03：查看筛选结果。返回数据透视表，即可查看到累计销售额小于80000的业务员和记录已经筛选出来，如图5-53所示。

求和项:销售额	列标签			
行标签	一月	二月	三月	总计
刘建华	35472	15668	23221	74361
刘伟	10028	31546	23310	64884
王祖新	15687	12634	12354	40675
张光华	21547	32465	15623	69635
总计	82734	92313	74508	249555

图5-53 查看累计销售额小于80000的筛选结果

5.2.4 使用字段搜索文本框进行筛选

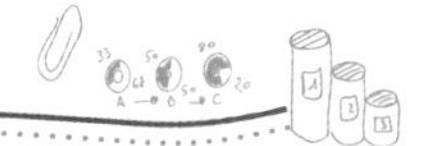

小李

王Sir，有没有什么办法可以通过搜索关键字把想要的数据筛选出来？

王Sir

小李，**在字段搜索文本框中，可以输入含有某汉字、字母、符号等的数据关键字，以此来筛选想要的数据**。例如，输入“李”字，就可以把字段中包含“李”的数据都搜索出来。如果想要更精确的数据，可以多输入几个关键字。

例如，要筛选出姓“陈”员工的基本工资、餐补及交通补贴，操作方法如下。

Step01：输入关键字。❶单击【姓名】行标签右侧的下拉按钮，❷在弹出的下拉菜单中，在字段搜索文本框中输入需要查找的数据内容，如输入“陈”，Excel将在下方的列表中显示搜索结果，❸确认后单击【确定】按钮，如图5-54所示。

Step02：查看筛选结果。返回数据透视表，即可查看到筛选出姓“陈”员工信息记录的数据，如图5-55所示。

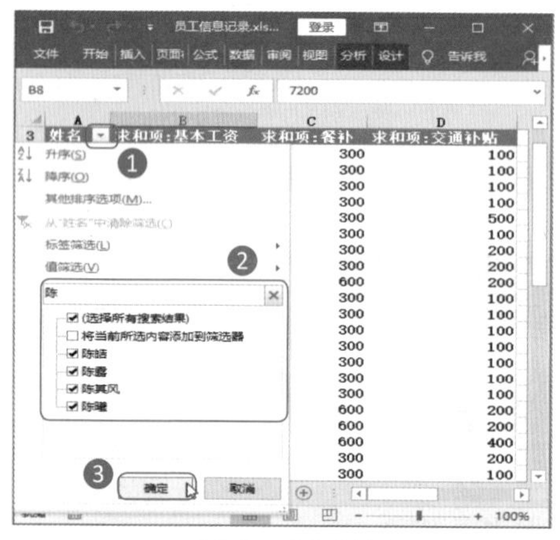

图5-54　输入关键字

	A	B	C	D
1	部门	(全部)		
2				
3	姓名	求和项:基本工资	求和项:餐补	求和项:交通补贴
4	陈皓	2200	300	100
5	陈露	5300	300	200
6	陈其风	4300	300	200
7	陈曦	4650	600	200
8	总计	16450	1500	700

图5-55　查看姓“陈”员工信息记录筛选结果

5.2.5 数据自动筛选

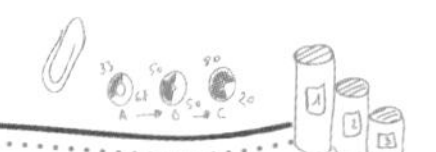

小 李

王Sir，前面筛选的都是字段信息，可是，有时整个数据透视表都有我想要筛选的数据，应该怎么办呢？

王Sir

小李，你说的这种情况也是会经常出现的。例如一个季度销售情况表，很多人认为，只要筛选总销售额就可以了。其实，很多时候，我们还需要对每月的销量进行筛选。

遇到这种情况，**可以让整个数据透视表都进入筛选状态**，然后在对应的筛选菜单中进行筛选。

例如，要筛选出二月份销售额超过30000的销售数据，操作方法如下。

Step01：单击【筛选】按钮。❶选中与数据透视表相邻的任意空白单元格，❷在【数据】选项卡的【排序和筛选】组中单击【筛选】按钮，如图5-56所示。

Step02：选择【大于】命令。此时整个数据透视表进入筛选状态，❶单击【二月】右侧出现的下拉按钮，❷在弹出的下拉菜单中选择【数字筛选】命令，❸在弹出的子菜单中选择【大于】命令，如图5-57所示。

图5-56 单击【筛选】按钮

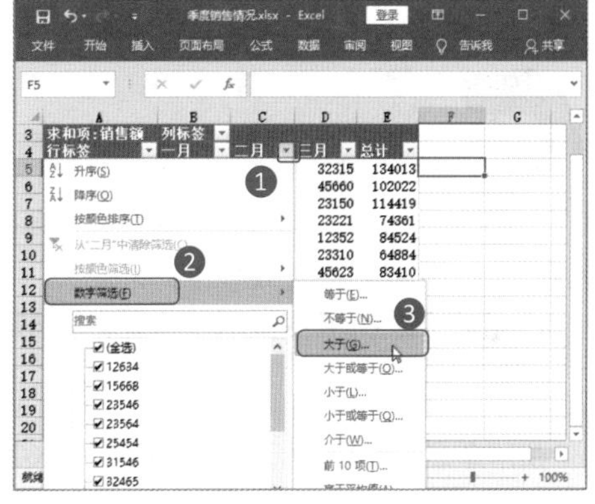

图5-57 选择【大于】命令

Step03：设置筛选参数。打开【自定义自动筛选方式】对话框，❶设置显示【二月】为【大于30000】的数据，❷设置完成后单击【确定】按钮，如图5-58所示。

Step04：查看筛选结果。返回数据透视表，即可看到【二月】右侧的下拉按钮变为形状，数据透视表中筛选出了二月份销售额超过30000的销售数据，如图5-59所示。

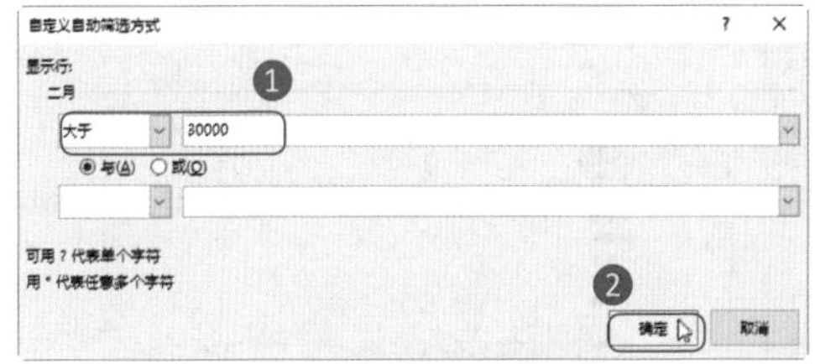

图5-58 设置筛选参数

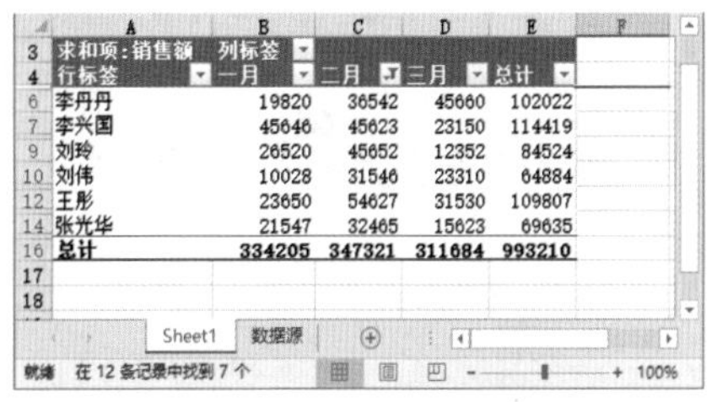

图5-59 查看二月份销售额超过30000的筛选结果

技能升级

在自动筛选数据后，在【数据】选项卡的【排序和筛选】组中再次单击【筛选】按钮，即可使数据透视表退出筛选状态。

5.2.6 取消筛选数据

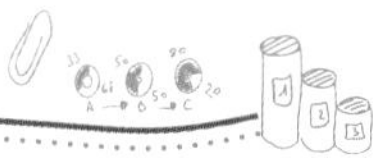

小李

王Sir，要筛选的数据我都筛选完了，原始数据怎么变回来呢？

王Sir

小李，把数据筛选出来后再恢复到筛选前的状态，这是一个好的习惯。这样可以避免其他阅读者想要查看其他数据时出现找不到的情况。

如果要将筛选后的数据透视表恢复到筛选前的状态，取消筛选就可以了，非常简单。

取消筛选的两种方法如下。

☆ 使用命令取消：❶单击字段右侧的按钮，弹出字段下拉菜单，❷选择其中的【从“（字段名）”中清除筛选】命令即可，如图5-60所示。

☆ 通过取消勾选【（全选）】复选框取消：利用字段下拉列表和字段搜索文本框进行筛选后，❶单击字段右侧按钮，弹出相应的字段下拉菜单，❷在列表中勾选【（全选）】复选框，❸单击【确定】按钮取消筛选，如图5-61所示。

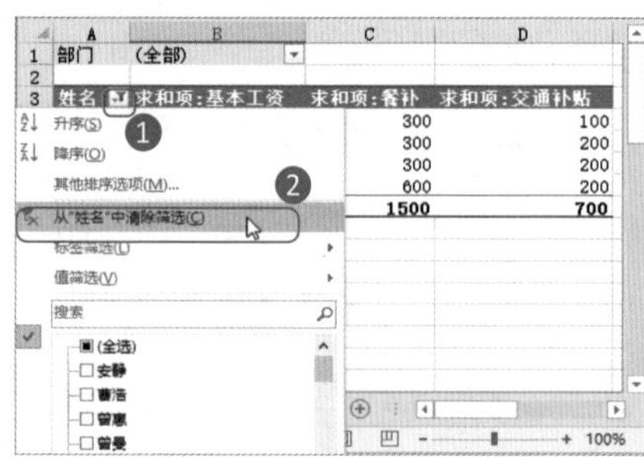

图5-60 使用命令取消

图5-61 取消勾选【（全选）】复选框

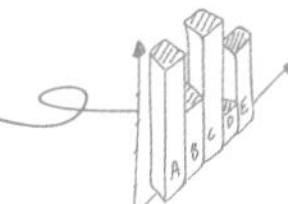

5.3 切片器，快速筛选数据窗口

小李

张经理，这次我用了切片器来筛选数据，你想要什么数据，我马上就能给筛选出来。

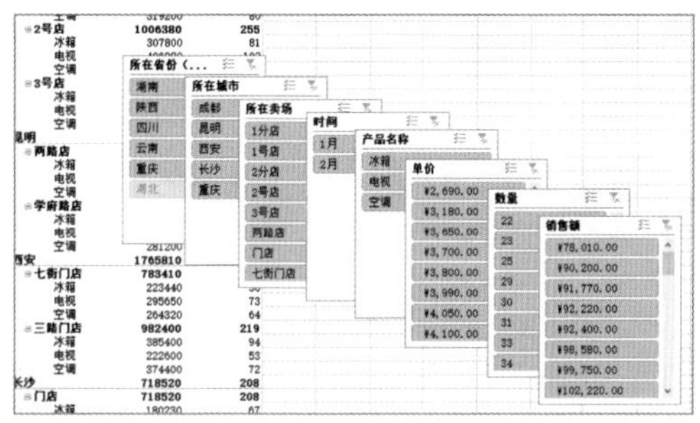

张经理

小李，你是认为这次的切片器制作得很好吗？

我给你指出以下几点问题，你自己去解决。

（1）你为什么要把所有字段**都添加到切片器**，我需要筛选那么多的数据吗？

（2）**最重要的数据应该是摆在最前面**，而不是默认随机摆放，这样才能提高效率。

（3）默认的样式看起来好看吗？为什么不**美化**一下？

（4）暂时不需要切片器的时候，你要学会**隐藏**。

本来想卖个好，结果没做好。想有个好的表现太难了，还是老老实实做事吧！

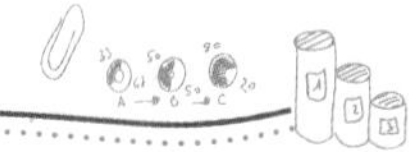

5.3.1 创建并应用切片器

小李

王Sir，前面的筛选方法虽然很好，但是筛选数据的时候一次只能筛选一个，操作比较麻烦，有没有什么灵活的筛选方法呢？

王Sir

小李，你应该还没有用过切片器筛选数据吧？

切片器是一种图形化的筛选方式，它可以**为数据透视表中的每个字段创建一个选取器**（浮动显示在数据透视表之上）。如果你要筛选某一个数据，在选取器中单击某个字段项，便可以十分直观地查看数据透视表中的信息。

在插入切片器后，你还需要了解**筛选字段、清除筛选、更改切片器名称、更改切片器的前后显示顺序、排序切片器内的字段**等内容。

1 插入切片器

要在Excel数据透视表中插入切片器，方法主要有以下两种。

☆ 通过【数据透视表工具-分析】选项卡插入：❶选中数据透视表中任意的单元格，❷在【数据透视表工具-分析】选项卡的【筛选】组中单击【插入切片器】按钮（见图5-62），❸在打开的【插入切片器】对话框中勾选需要的字段名复选框，❹单击【确定】按钮即可，如图5-63所示。

图5-62 单击【插入切片器】按钮

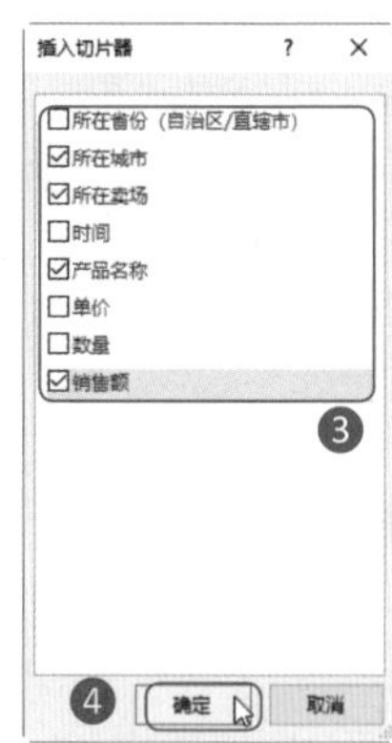

图5-63 勾选字段名

☆ 通过【插入】选项卡插入：❶选中数据透视表中任意的单元格，❷在【插入】选项卡的【筛选器】组中单击【切片器】按钮（见图5-64），在打开的【插入切片器】对话框中勾选需要的字段名复选框，单击【确定】按钮即可。

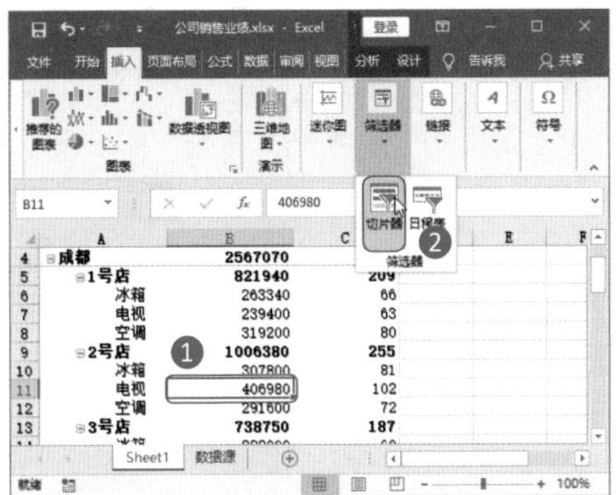

图5-64 单击【切片器】按钮

2 筛选字段项

在数据透视表中插入切片器后，要对字段进行筛选，只需在相应的切片器筛选框内选择需要查看的字段项即可。筛选后，未被选择的字段项将显示为灰色，同时该筛选框右上角的【清除筛选器】按钮呈可单击状态。

例如，要筛选重庆地区1分店1月电视的销售情况。操作方法是：依次在【所在城市】切片器筛选框中单击“重庆”，在【所在卖场】切片器筛选框中单击“1分店”（见图5-65），在【时间】切片器筛选框中单击“1月”，在【产品名称】切片器筛选框中单击“电视”。选择完成后，即可得到筛选结果，如图5-66所示。

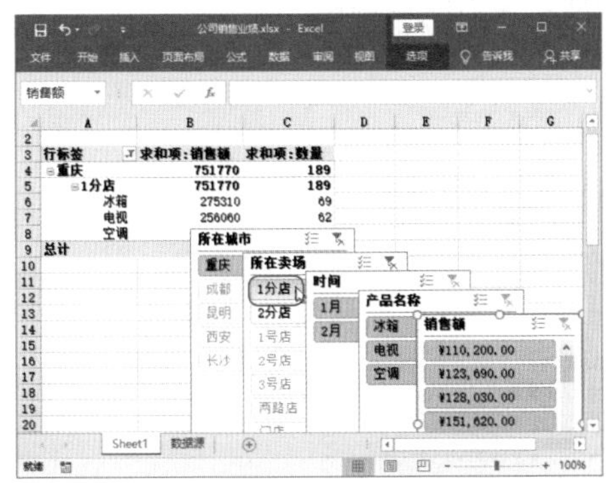

图5-65 选择字段

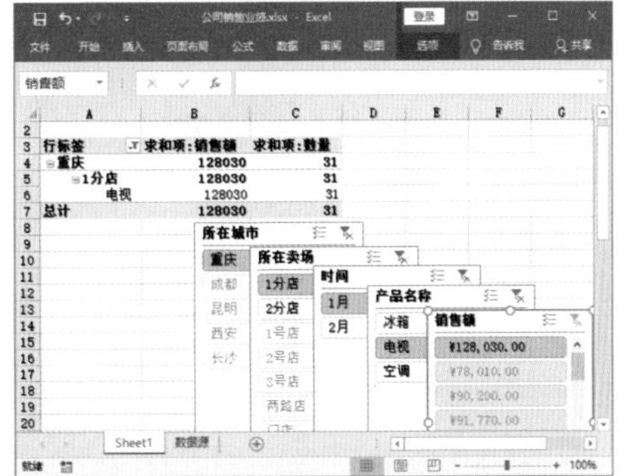

图5-66 查看重庆地区1分店1月电视的筛选结果

3 清除筛选器

在切片器中筛选数据后，如果需要清除筛选结果，方法主要有以下几种。

☆ 选中要清除筛选的切片器筛选框，按Alt+C组合键。

☆ 单击相应筛选框右上角的【清除筛选器】按钮，如图5-67所示。

☆ 使用鼠标右键单击相应的切片器，在弹出的快捷菜单中选择【从“（切片器名称）”中清除筛选器】命令即可，如图5-68所示。

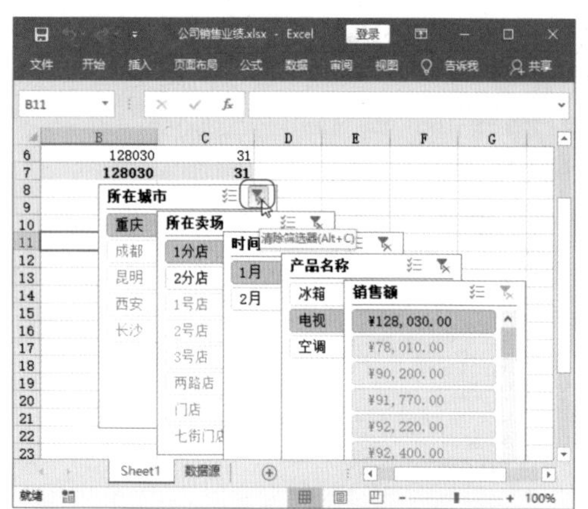

图5-67 单击【清除筛选器】按钮取消

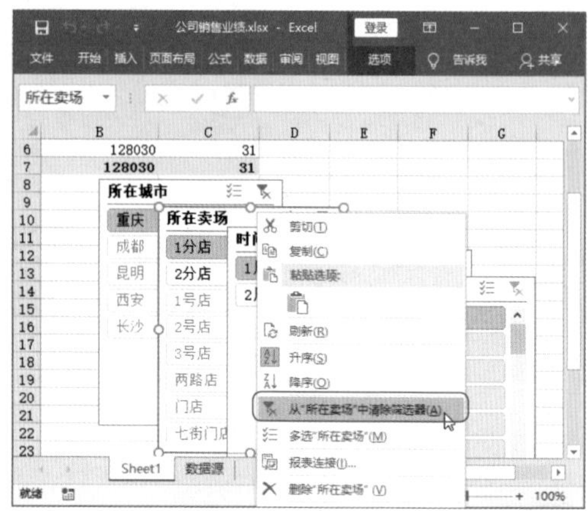

图5-68 选择命令取消

4 更改切片器名称

在Excel中创建切片器后，我们可以根据需要更改切片器的名称，方法主要有以下两种。

☆ 通过【切片器题注】文本框更改：❶选中要更改名称的切片器，❷在【切片器工具-选项】选项卡的【切片器】组的【切片器题注】文本框中直接输入要更改的切片器名称，然后按Enter键确认即可，如图5-69所示。

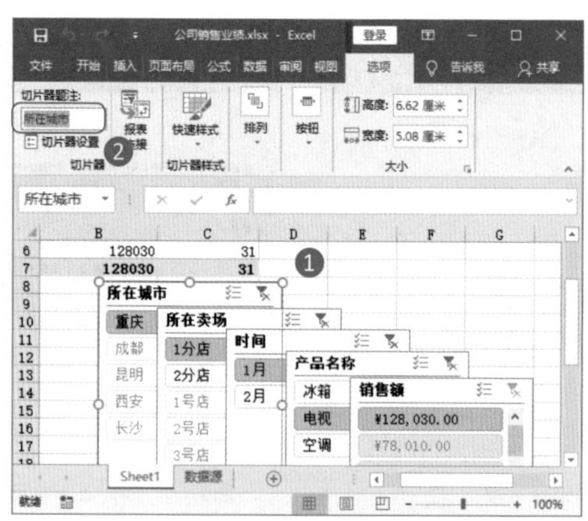

图5-69 在【切片器题注】文本框中输入新名称

☆ 通过【切片器设置】对话框更改：❶选中要更改名称的切片器，❷在【切片器工具-选项】选项卡的【切片器】组中单击【切片器设置】按钮（见图5-70），❸在打开的【切片器设置】

对话框中，在【标题】文本框中输入要更改的切片器名称，❹单击【确定】按钮即可，如图5-71所示。

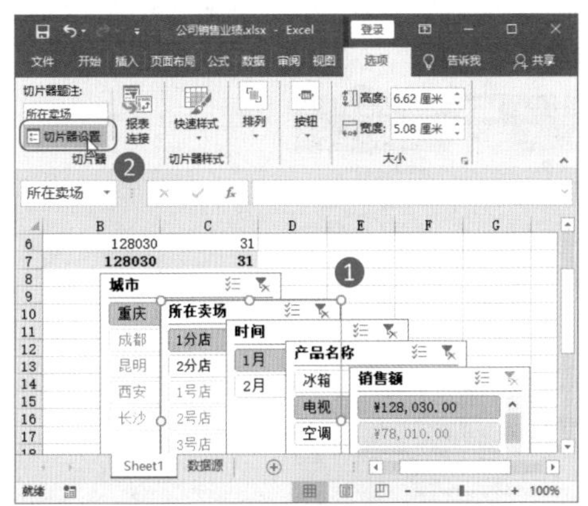

图5-70 单击【切片器设置】按钮

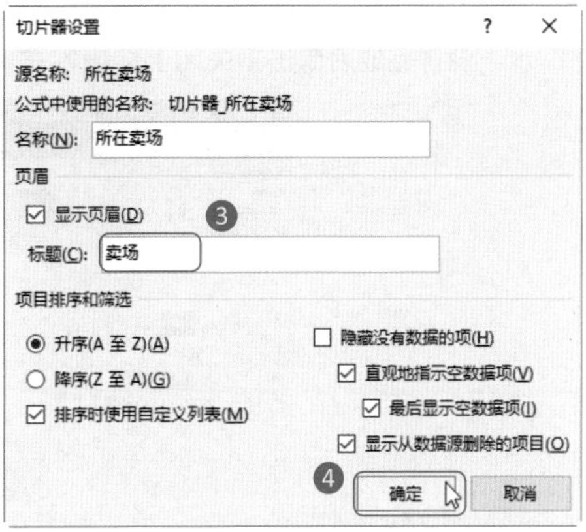

图5-71 修改名称

5 更改切片器的前后显示顺序

在Excel中插入两个或两个以上的切片器后，默认情况下这些切片器会被堆放在一起，按层次相互遮盖。如果需要更改切片器的前后显示顺序，可以通过下面几种方法来实现。

☆ 通过【切片器工具-选项】选项卡：选中要更改显示顺序的切片器，在【切片器工具-选项】选项卡的【排列】组中根据需要选择【上移一层】【置于顶层】【下移一层】或【置于底层】命令，即可调整该切片器的前后显示顺序，如图5-72所示。

☆ 通过快捷菜单：使用鼠标右键单击需要更改显示顺序的切片器，在弹出的快捷菜单中展开【置于顶层】或【置于底层】子菜单，根据需要选择【上移一层】【置于顶层】【下移一层】或【置于底层】命令，即可调整该切片器的前后显示顺序，如图5-73所示。

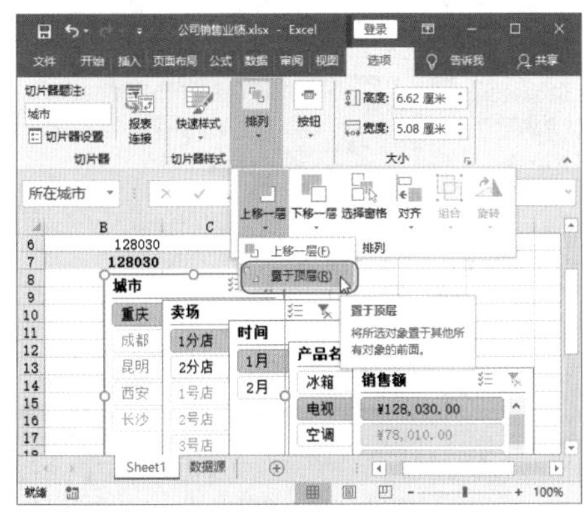

图5-72 通过【切片器工具-选项】选项卡

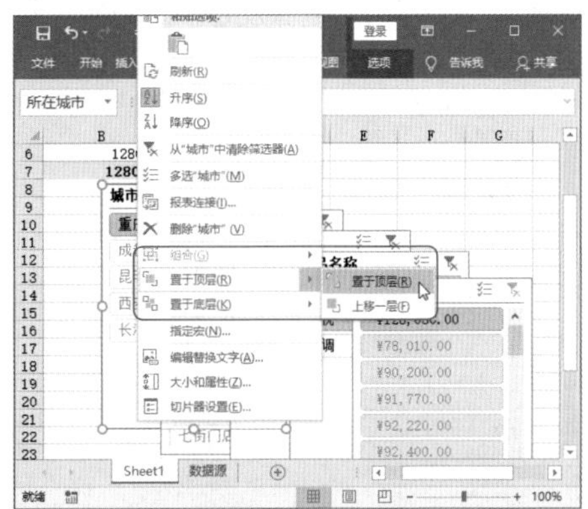

图5-73 通过快捷菜单

☆ 通过【选择】窗格：❶选中任意切片器，❷在【切片器工具-选项】选项卡的【排列】组中单击【选择窗格】按钮，❸在打开的【选择】窗格中选中要更改显示顺序的切片器，按住鼠标左键不放，拖动到适当位置后释放鼠标左键，即可调整该切片器的前后显示顺序，如图5-74所示。设置完成后单击【关闭】按钮✕关闭窗格。

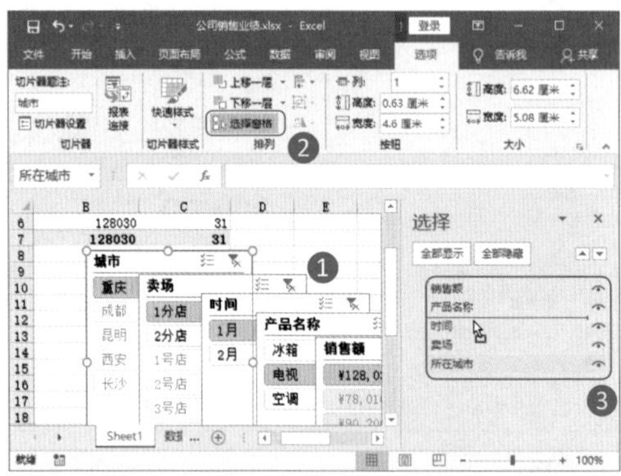

图5-74 通过【选择】窗格

6 排序切片器内的字段项

在Excel中创建切片器后，还可以根据需要对切片器中的字段项进行排序，方法主要有以下两种。

☆ 通过快捷菜单排序：使用鼠标右键单击要排序字段项的切片器，在弹出的快捷菜单中根据需要选择【升序】或【降序】命令进行排序，如图5-75所示。

☆ 通过对话框排序：❶选中要排序字段项的切片器，❷在【切片器工具-选项】选项卡的【切片器】组中单击【切片器设置】按钮，❸在打开的【切片器设置】对话框中，在【项目排序和筛选】栏中根据需要选择【升序（A至Z）】或【降序（Z至A）】排序即可，如图5-76所示。

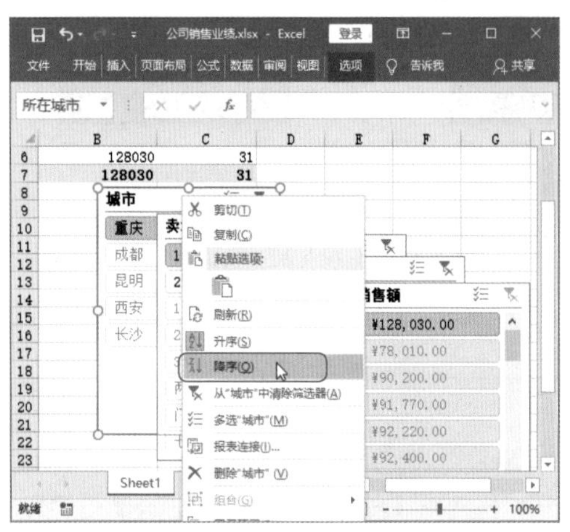

图5-75 通过快捷菜单排序

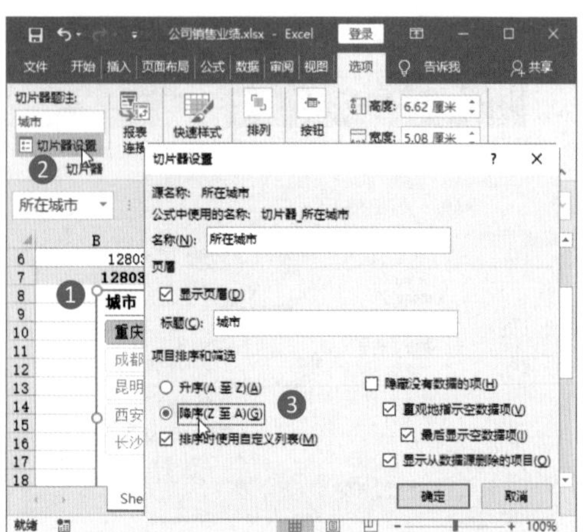

图5-76 通过对话框排序

技能升级

在Excel中添加自定义序列后，勾选【切片器设置】对话框中的【排序时使用自定义列表】复选框，可以按自定义序列排序。

5.3.2 打扮美美的切片器

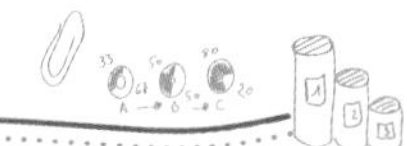

小李

王Sir，默认创建的切片器看起来不好看，可以美化吗？

王Sir

小李，你应该也知道现代人大多数是“颜控”，切片器美化当然必不可少。切片器美化包括**设置多列显示切片器字段项、更改切片器字段项的大小、套用切片器样式及自定义切片器样式**等。

美化完成后，你会发现切片器变得大不相同。

1 多列显示切片器字段项

在创建切片器后，如果切片器中的字段项过多，筛选数据时需要借助切片器内的字段项滚动条查看字段。为了更方便地进行筛选操作，我们可以设置字段项在切片器内显示为多列。方法是：❶选中要设置多列显示字段项的切片器，❷在【切片器工具-选项】选项卡的【按钮】组中，根据需要设置【列】微调框，例如“2”，即可将切片器的字段项调整为两列，如图5-77所示。

2 更改切片器字段项的大小

在创建切片器后，如果觉得默认的字段项大小不符合要求，可以根据需要更改切片器中字段项的大小。方法是：❶选中要更改字段项大小的切片器，❷在【切片器工具-选项】选项卡的【按钮】组中，根据需要设置【高度】和【宽度】微调框中的数据即可，如图5-78所示。

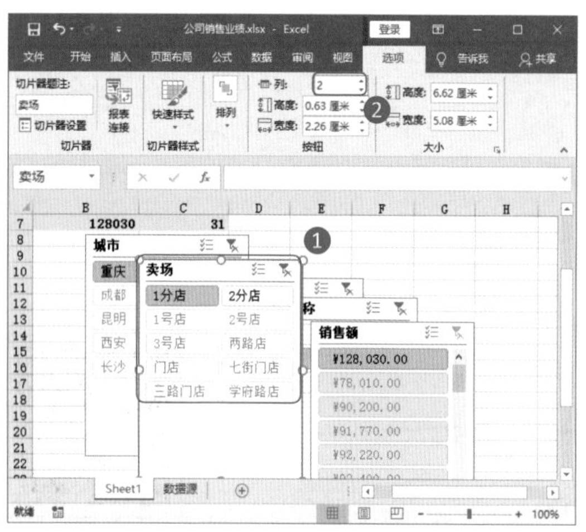

图5-77 多列显示切片器字段项

图5-78 更改切片器字段项的大小

3 套用切片器样式

Excel提供了多种内置的切片器样式，在创建切片器后可以快速套用样式美化切片器，具体操作方法如下。

Step01：选择切片器样式。❶在按住Ctrl键的同时，使用鼠标左键单击选中多个要设置的切片器，将它们同时选中，❷在【切片器工具-选项】选项卡的【切片器样式】组中单击【快速样式】下拉按钮▾，❸在弹出的下拉列表中选择一种样式，如图5-79所示。

Step02：查看效果。操作完成后，即可查看到套用了切片器样式的效果，如图5-80所示。

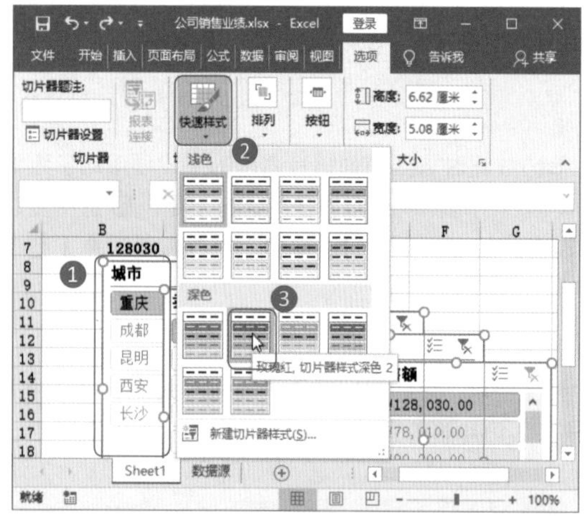

图5-79 选择切片器样式

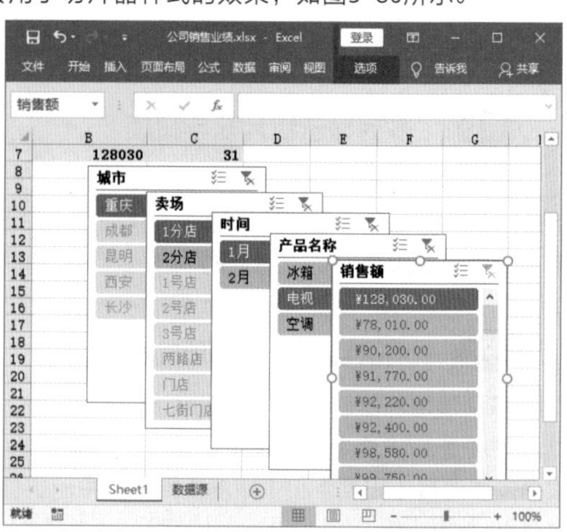

图5-80 查看套用切片器样式的效果

5.3.3 在多个数据透视表中使用同一个切片器

小李

王Sir，我有4个数据透视表要筛选数据，能不能使用同一个切片器呢？

王Sir

当然可以。

在Excel中，**可以为依据同一数据源创建的多个数据透视表共享切片器**。使用这种方法创建的切片器，在筛选切片器中的一个字段项时，多个数据透视表将同时刷新，实现多数据透视表联动，从而快速进行多角度的数据分析。

例如，根据同一数据源创建了4个数据透视表，显示出销售数据的不同分析角度，如图5-81所示。

	A	B	C	D	E	F
1						
2						
3	行标签	求和项:销售额		行标签	求和项:销售额	
4	冰箱	2842500		成都	2567070	
5	电视	2746380		昆明	1582900	
6	空调	2768570		西安	1765810	
7	总计	8357450		长沙	718520	
8				重庆	1723150	
9				总计	8357450	
10						
11	行标签	求和项:销售额		行标签	求和项:销售额	
12	1分店	751770		1月	4269950	
13	1号店	821940		2月	4087500	
14	2分店	971380		总计	8357450	
15	2号店	1006380				
16	3号店	738750				
17	两路店	773500				
18	门店	718520				
19	七街门店	783410				
20	三路门店	982400				
21	学府路店	809400				
22	总计	8357450				

图5-81 多个数据透视表

现要为这几个数据透视表创建一个共享的【所在城市】切片器，实现多数据透视表联动，以便快速进行多角度数据分析，操作方法如下。

Step01：单击【切片器】按钮。❶选中要创建共享切片器的任意数据透视表中的任意单元格，❷在【插入】选项卡的【筛选器】组中单击【切片器】按钮，如图5-82所示。

Step02：勾选字段名。打开【插入切片器】对话框，❶勾选要创建切片器的字段名复选框，本例勾选【所在城市】复选框，❷单击【确定】按钮，如图5-83所示。

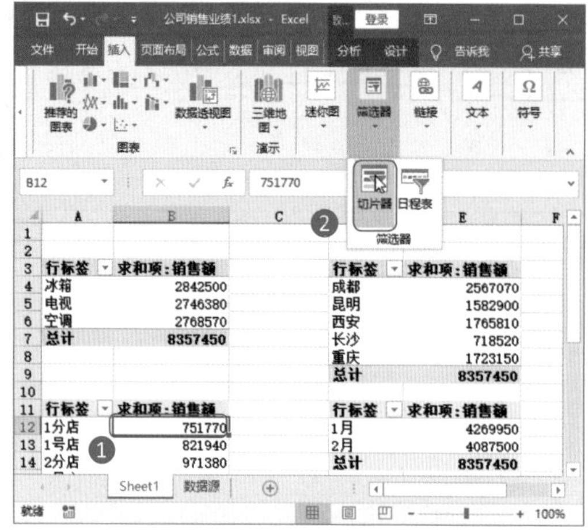

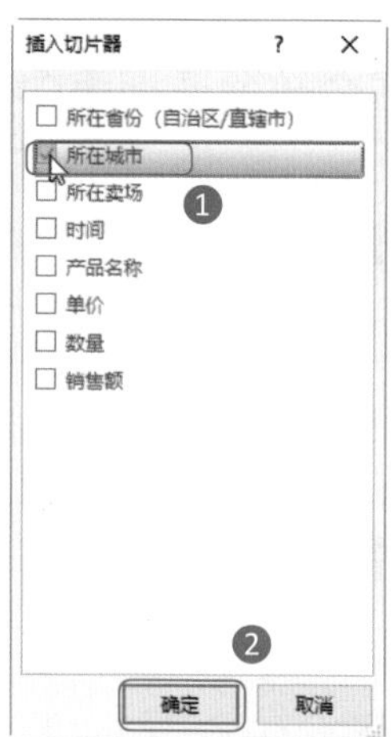

图5-82 单击【切片器】按钮　　　图5-83 勾选字段名

Step03：单击【报表连接】按钮。返回工作表，❶选中插入的切片器，❷在【切片器工具-选项】选项卡的【切片器】组中单击【报表连接】按钮，如图5-84所示。

Step04：勾选数据透视表。打开【数据透视表连接（所在城市）】对话框，❶勾选要共享切片器的多个数据透视表选项前的复选框，❷单击【确定】按钮即可，如图5-85所示。

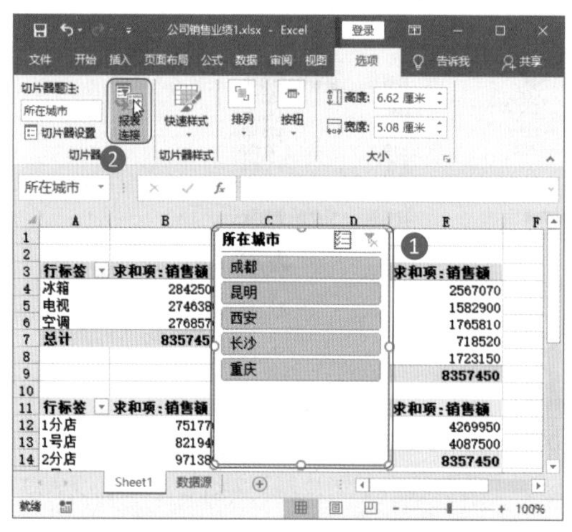

图5-84 单击【报表连接】按钮　　　图5-85 勾选数据透视表

Step05：查看筛选数据。设置共享切片器后，在共享切片器中筛选字段时，被连接起来的多个数据透视表就会同时刷新。例如，在切片器中单击【西安】字段项，该工作表中共享切片器的4个数据透视表都同步刷新了，如图5-86所示。

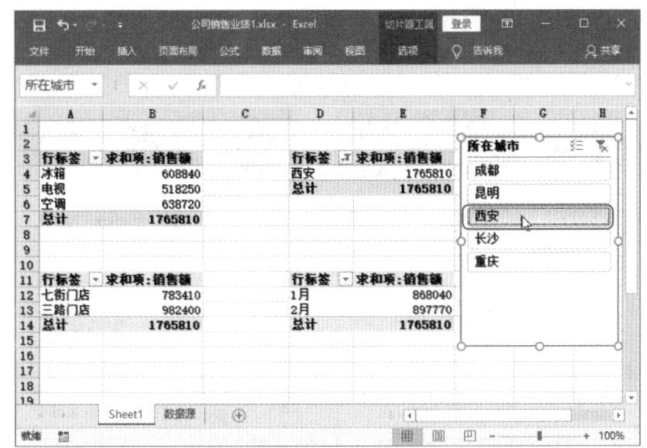

图5-86　查看同步刷新筛选数据

5.3.4 当不需要切片器时，可以隐藏和删除

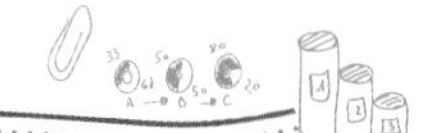

小李

王Sir，这个数据透视表中的切片器暂时用不着，可以先隐藏吗？

王Sir

当然可以。

如果一时之间用不着切片器，可以隐藏切片器。

如果不再需要切片器筛选数据，也可以删除切片器。

1 隐藏切片器

如果要隐藏切片器，操作方法如下。

Step01：打开【选择】窗格。❶选中切片器，在【切片器工具-选项】选项卡的【编辑】组中单击【查找和选择】下拉按钮▾，❷在弹出的下拉菜单中选择【选择窗格】命令，如图5-87所示。

Step02：隐藏与显示切片器。在【选择】窗格中单击【全部隐藏】按钮即可隐藏工作表中所有切片器；单击【全部显示】按钮即可显示工作表中所有切片器；单击切片器名称后的👁按钮即可隐藏该切片器，隐藏后该按钮变为—形状；单击切片器名称后的—按钮即可重新显示被隐藏的切片器，显示后该按钮变为形状，如图5-88所示。

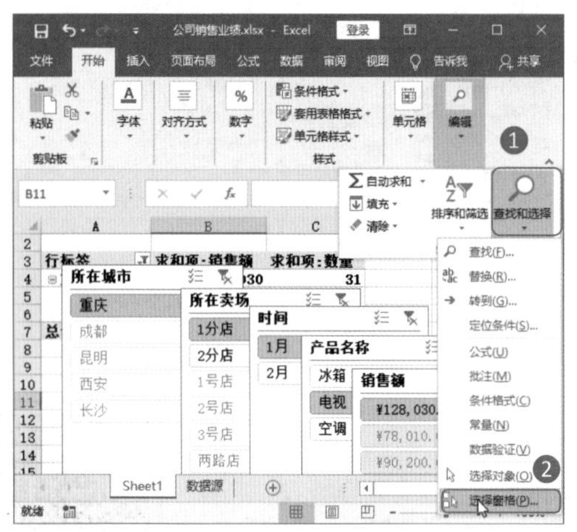

图5-87 打开【选择】窗格

图5-88 隐藏与显示切片器

2 删除切片器

如果要删除切片器，有以下两种操作方法。

☆ 通过按键删除：选中要删除的切片器，按Delete键即可。

☆ 通过快捷菜单删除：使用鼠标右键单击要删除的切片器，在弹出的快捷菜单中选择【删除“（切片器名称）”】命令即可，如图5-89所示。

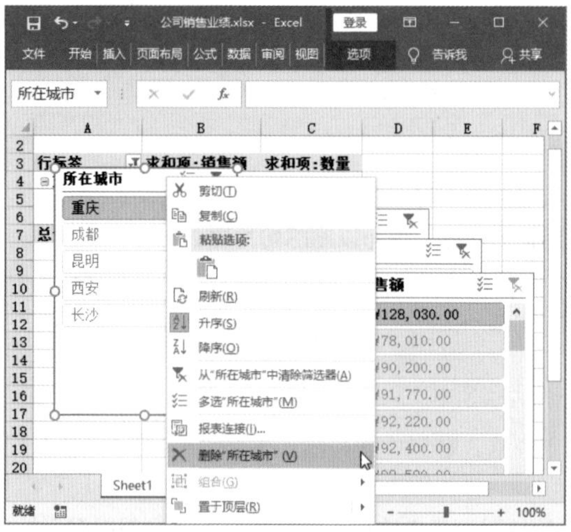

图5-89 执行删除切片器操作

CHAPTER 6

数据透视图，让图表为数据代言

一直以来，在统计数据后，厘清数据的走向是令我头疼的问题。那么多数据摆在面前，简直无从下手。各种销售数据表都需要分析数据、找出数据的走向规律，而我只有不断地加班、加班，再加班，可是，还是有熬成熊猫眼也分析不完的表格。

从使用数据透视图开始，仿佛为我打开了一扇数据分析的“大门”，从图表上可以轻松地看出数据的对比、走向，我再也不用一个数据一个数据的慢慢比对了。

使用数据透视图就是轻松，以后终于可以不加班了。

小 李

觉得数据量大，分析起来很困难吗？很多职场新人之所以加班，很大程度上是因为对自己使用的工具一知半解。当需要分析大量数据时，埋头苦干固然可以博一个勤奋的名声，可是，做工作更应该注重效率。

小李是个踏实的员工，是加班族中的佼佼者。可是，公司需要的并不是一个需要每天加班的员工，快节奏的职场从来都只以效率来说话。

数据透视图是分析数据的“利器”之一，却被很多人忽略。只要正确制作了数据透视图，就能一眼看穿所有数据的大小对比、数据走向关系。

既然如此，那为什么要加班呢？

王 Sir

6.1 创建你的数据透视图

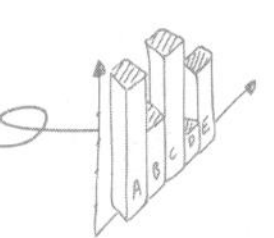

张经理

小李，这一年的销售情况你给统计一下，我得看看具体的数据走向。

小李

张经理，这一年的销售统计表已经完成了，就是数据量有点大，您慢慢看。

3	行标签	求和项:第一季度（¥）	求和项:第二季度（¥）	求和项:第三季度（¥）	求和项:第四季度（¥）
4	**⊟成都**	**978924**	**1104710**	**1103048**	**1008538.5**
5	艾张婷	225404.5	223408	227107	224140.5
6	程 丽	171953	310132	243432	216665
7	郭 英	337580.5	334370	332789	334371
8	王号弥	243986	236800	299720	233362
9	**⊟贵阳**	**1553661**	**1853001**	**2334955**	**1942168.5**
10	白 丽	330789	334107.5	335148.5	333674.5
11	陈 娟	225671	219138.5	225271.5	220049
12	陈际鑫	217470	245786	450631	348736
13	胡委航	216694	233588	351361	257722
14	李若倩	147861	253527	314463	218696
15	李市芬	248913	222769	299396	338211
16	马品刚	166263	344085	358684	225080
17	**⊟昆明**	**1875811**	**2568007.5**	**2359257.5**	**3065585**
18	蔡晓莉	195557	291230	312800	234132
19	邓 华	199109	363776	432789	367972
20	韩 笑	330789	334107.5	335148.5	333674.5
21	李 彤	114044	240927	235805	340153
22	孙得位	148339	288380	217588	483458
23	谢语宇	219207	220120	139010	335148.5
24	张 力	258760	241723	228646	459820
25	张思意	159749	239301	315141	245756
26	郑 同	250257	348443	142330	265471
27	**⊟重庆**	**1502783**	**2225582.5**	**2429141.5**	**2863861**
28	陈玲玉	123304	186870	329850	381428
29	蒋 风	304354	334745.5	334308.5	333804
30	李东梅	221147	222909	364876	375600
31	刘 倩	142778	313908	233732	344200
32	韦 妮	198035	354897	293148	322603
33	杨 丽	115980	212800	225670	333143
34	赵 方	154605	344453	269169	397716
35	周兰亭	242580	255000	378388	375367
36	**总计**	**5911179**	**7751301**	**8226402**	**8880153**

张经理

小李，你这样的数据透视表合适吗？难道你不会用数据透视图？

对于数据透视图，我有以下几点要求。

（1）我**不要明细数据**，那是你应该看的，我**只要数据走向**。

（2）年度销售统计的数据透视图和数据透视表，**要一直保持原始数据，不要更新**。

（3）**不要把数据透视表和数据透视图放在同一个工作表中**，看起来杂乱无章。

张经理果然是“老姜”啊，我就说这些数据太多了，要怎么看，原来用数据透视图就可以了。可是，数据透视图怎么做呢？

6.1.1 使用数据透视表创建数据透视图

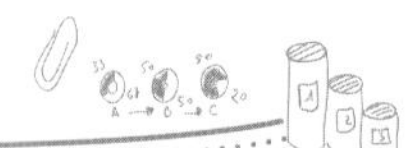

小李

王Sir，张经理要用数据透视图看数据走向，数据透视图是什么？图表吗？

王Sir

小李，数据透视图可以说是查看数据最直观的方法了。

如果要**查看数据的对比关系、分析数据的起浮规律、分析几组数据的变化等**，都可以使用数据透视图。

创建数据透视图的方法很简单，只需要动动鼠标就可以了。

如果已经创建了数据透视表，可以根据数据透视表中的数据来创建数据透视图，操作方法如下。

Step01：单击【数据透视图】按钮。❶选中数据透视表中任意单元格，❷在【数据透视表工具-分析】选项卡的【工具】组中单击【数据透视图】按钮，如图6-1所示。

Step02：选择图表类型。打开【插入图表】对话框，❶在左侧的列表中选择图表类型，如【柱形图】，❷在右侧选择柱形图的样式，如【簇状柱形图】，❸单击【确定】按钮，如图6-2所示。

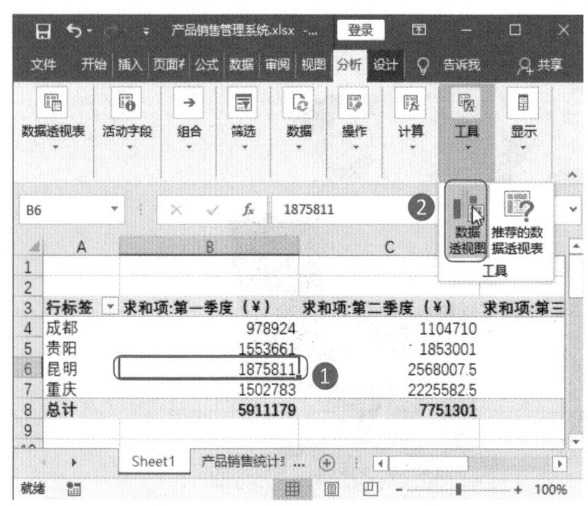

图6-1 单击【数据透视图】按钮

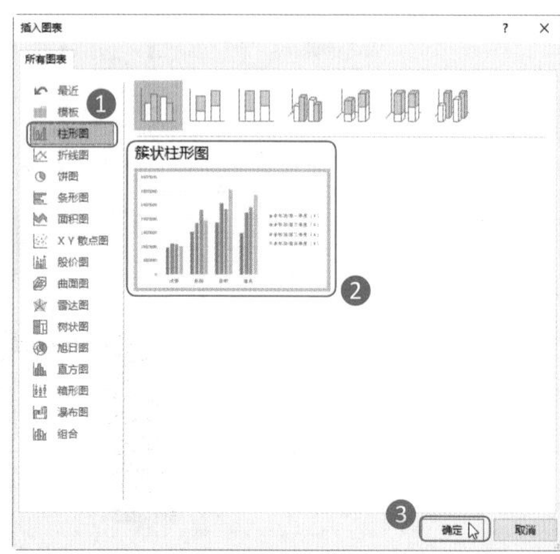

图6-2 选择图表类型

Step03：查看数据透视图。返回数据透视表，即可查看创建的数据透视图，如图6-3所示。

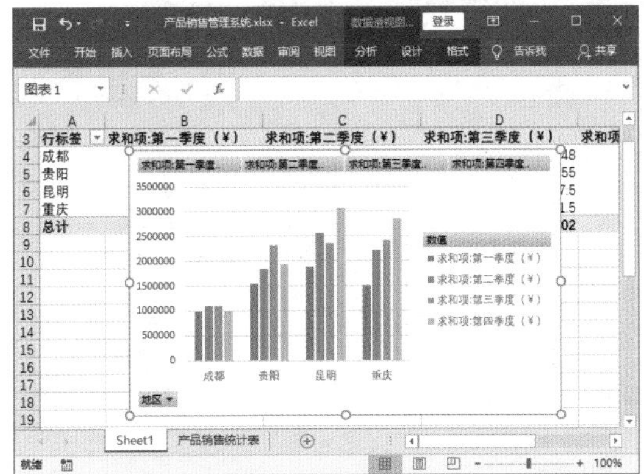

图6-3 查看数据透视图

6.1.2 同时创建数据透视表和数据透视图

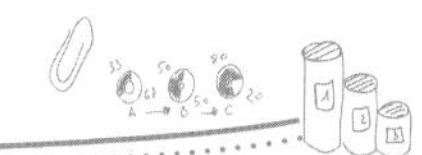

小李

王Sir，这个表格我还没有创建数据透视表，能不能创建数据透视图呢？

王Sir

当然可以。

如果没有为表格创建数据透视表，**可以使用数据源表直接创建数据透视图**。在创建数据透视图时，**系统还会同时创建数据透视表**，一举两得。

其具体操作方法如下。

Step01：单击【数据透视图】按钮。❶选中数据源表中的任意单元格，❷在【插入】选项卡的【图表】组中单击【数据透视图】按钮，如图6-4所示。

Step02：选择数据透视图的位置。打开【创建数据透视图】对话框，❶选择要放置数据透视图的位置，❷单击【确定】按钮，如图6-5所示。

图6-4 单击【数据透视图】按钮

图6-5 选择数据透视图的位置

Step03：查看空白数据透视表和数据透视图。操作完成后，返回工作表，即可查看到创建了一个空白的数据透视图及空白的数据透视表，如图6-6所示。

Step04：勾选字段。在【数据透视图字段】窗格中勾选相应字段，并调整拖动字段到相应区域，即可创建出相应的数据透视表和数据透视图，如图6-7所示。

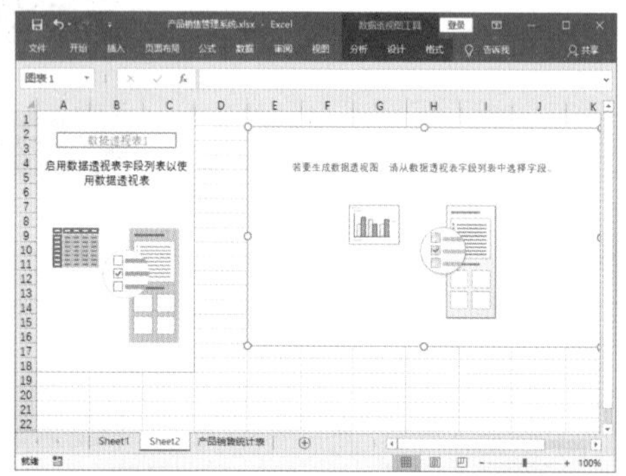

图6-6 查看空白数据透视表和数据透视图

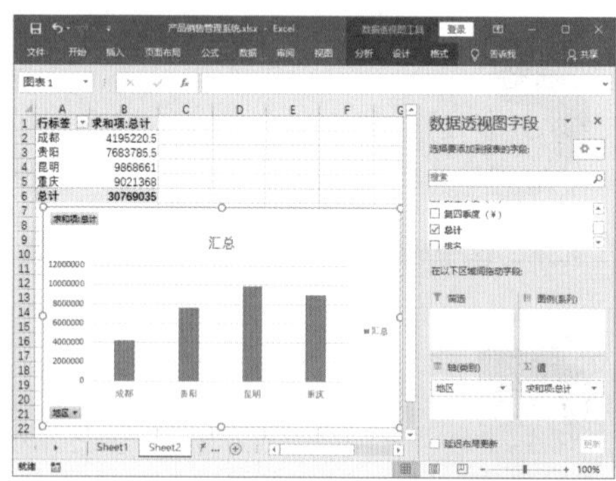

图6-7 勾选字段

6.1.3 使用数据透视表向导创建数据透视图

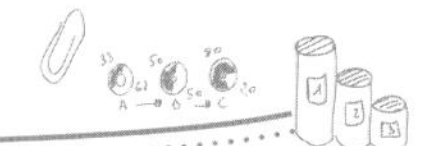

小李

王Sir，我创建了几个数据透视图，可是当我更新数据源后，每次刷新一个数据透视图，其他的数据透视图也会跟着刷新。能不能创建不要同时刷新的数据透视图？

王Sir

多个数据透视表和数据透视图会同时刷新，那是因为用常规方法创建的是共享缓存的数据透视表和数据透视图。

如果不想要多个数据透视表和数据透视图同时刷新，可以创建非共享缓存的数据透视表和数据透视图。想要实现这一功能，就需要通过数据透视表向导创建数据透视图。

其具体操作方法如下。

Step01：依次按下快捷键。选中数据源表中的任意单元格，依次按下Alt、D、P键，如图6-8所示。

Step02：选择报表类型。打开【数据透视表和数据透视图向导—步骤1（共3步）】对话框，❶选择所需创建的报表类型为【数据透视图（及数据透视表）】，❷单击【下一步】按钮，如图6-9所示。

图6-8 依次按下快捷键

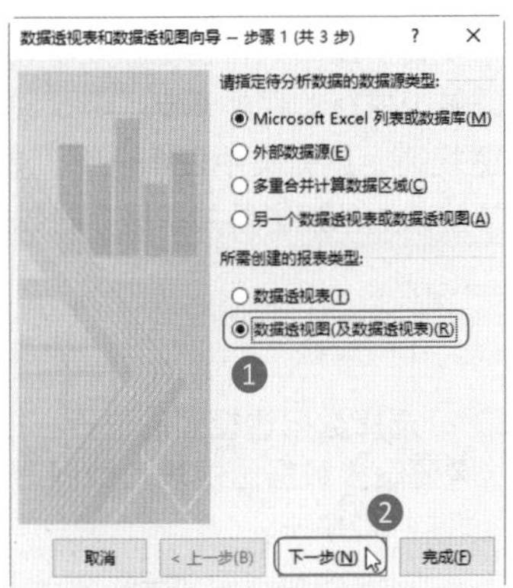

图6-9 选择报表类型

Step03：确认要创建数据透视表的数据源区域。打开【数据透视表和数据透视图向导—第2步，共3步】对话框，Excel将自动添加数据源区域，直接单击【下一步】按钮，如图6-10所示。

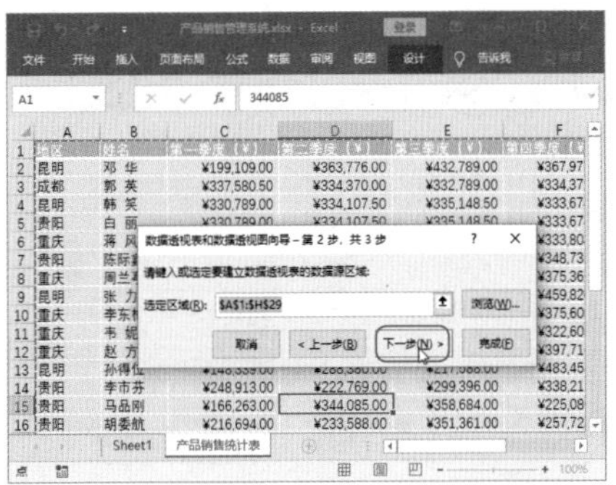

图6-10 确认要创建数据透视表的数据源区域

Step04：单击【否】按钮。打开提示对话框，根据需要选择是否创建非共享缓存的数据透视表和数据透视图，本例单击【否】按钮，如图6-11所示。

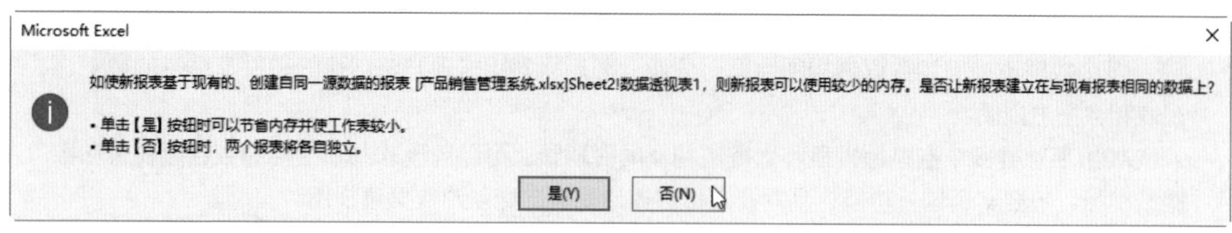

图6-11　单击【否】按钮

技能升级

在打开的提示对话框中，如果单击【是】按钮，将创建共享缓存的数据透视表和数据透视图；单击【否】按钮，将创建非共享缓存的数据透视表和数据透视图。两者各有利弊，前者优点在于可以减少内存的额外开支，但是缺点在于，基于同一数据源创建多个共享缓存的数据透视表和数据透视图，刷新其中任何一个，都会同时刷新其他的数据透视表和数据透视图。默认情况下，用常规方法创建的是共享缓存的数据透视表和数据透视图。

Step05：选择数据透视图的位置。打开【数据透视表和数据透视图向导—步骤3（共3步）】对话框，❶根据需要设置数据透视表和数据透视图的位置，本例选择【新工作表】单选按钮，❷单击【完成】按钮，如图6-12所示。

Step06：勾选字段。返回工作簿可以看到新建了一个工作表，其中创建了一个空白的数据透视表和一个空白的数据透视图。在【数据透视图字段】窗格中根据需要勾选字段即可，如图6-13所示。

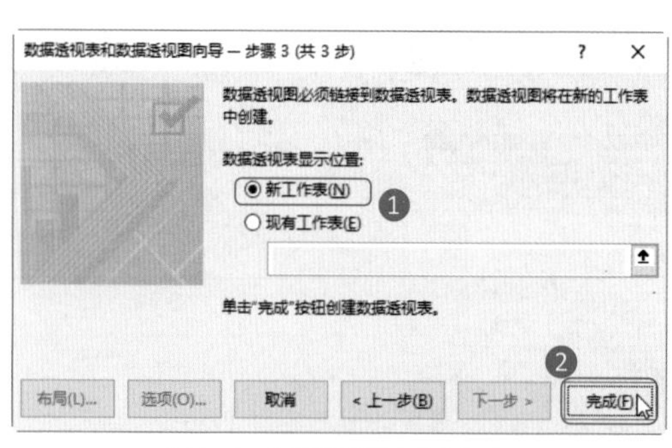

图6-12　选择数据透视图的位置

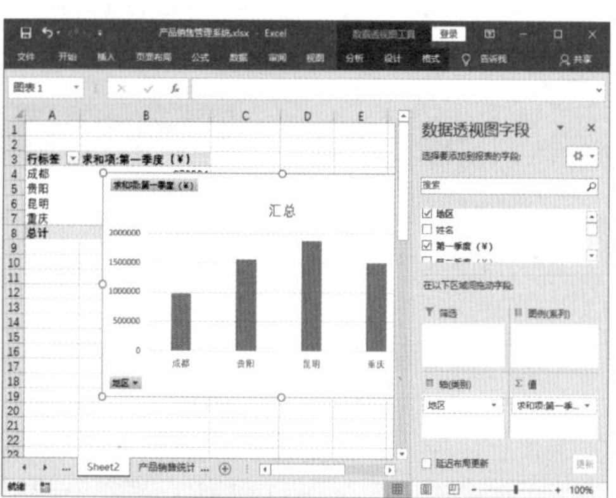

图6-13　勾选字段

6.1.4 给数据透视图一个单独的空间

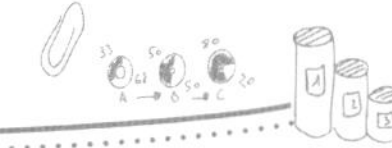

小李

王Sir，我创建的数据透视图都是和数据透视表在同一个工作表中，能不能把数据透视图专门创建在一个工作表中呢？

王Sir

小李，看来你遇到需要专门分析数据透视图的情况了。

如果你希望创建的数据透视图在一个单独的工作表中，可以通过功能键来创建。

方法是：选中数据透视表中的任意单元格，按F11功能键，Excel将新建一个图表工作表（Chart1），并根据所选数据透视表在其中创建一个数据透视图，其默认为柱形图，如图6-14所示。

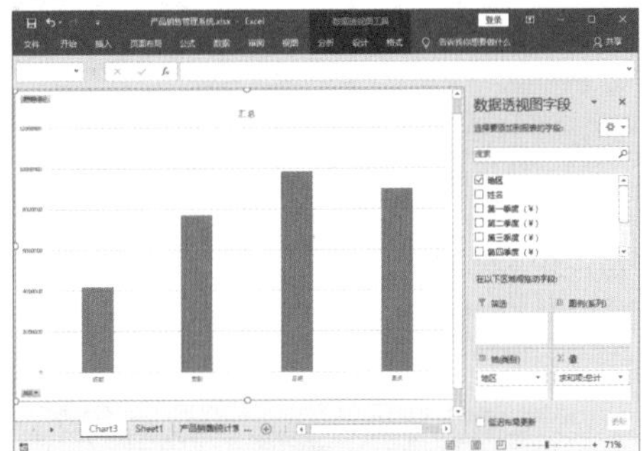

图6-14 使用功能键创建数据透视图

6.2 移动数据透视图

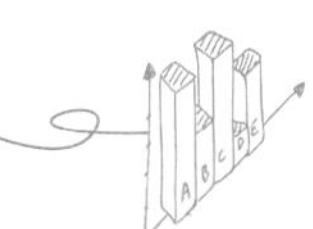

小李

张经理，销售统计表中已插入数据透视图，这回看起来清楚多了。

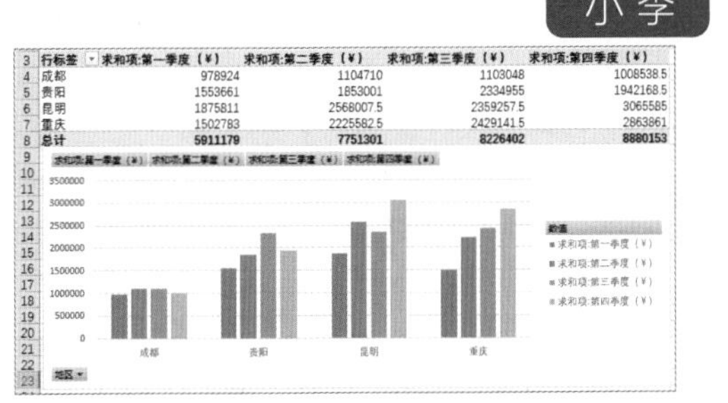

行标签	求和项:第一季度（¥）	求和项:第二季度（¥）	求和项:第三季度（¥）	求和项:第四季度（¥）
成都	978924	1104710	1103048	1008538.5
贵阳	1553661	1853001	2334955	1942168.5
昆明	1875811	2568007.5	2359257.5	3065585
重庆	1502783	2225582.5	2429141.5	2863861
总计	5911179	7751301	8226402	8880153

张经理

小李，数据透视图和数据透视表一起用，查看数据确实比较清楚。可是，有时候我并不需要把数据展现给别人看，只需要数据透视图，所以可以按以下方法移动数据透视图。

（1）**把数据透视图移动到另一个工作表**，不要把与数据透视表相关的明细数据展示出来。

（2）**把数据透视图移动到另一个工作簿**，只查看数据透视图就够了。

（3）**把数据透视图移动到一个新的工作表**，让数据透视图随窗口自动调整大小。

知道该怎么做了吧！

数据透视图要怎么移动呢？剪切、复制或者用Ctrl+C组合键和Ctrl+V组合键可以吗？

6.2.1 把数据透视图移动到另一个工作簿

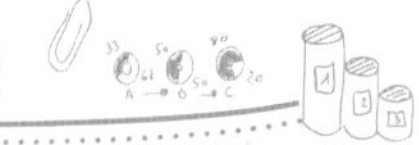

小李

王Sir，张经理只需要我提供只有数据透视图的工作表给他，可是我的数据透视图是跟数据透视表一起创建的，可以单独把数据透视图移动到其他工作簿吗？

王Sir

当然可以。

去年张经理在展会上就是只用数据透视图来展示销售额的，明细数据等可不能在展会上泄露。

其实，**移动数据透视图到另一个工作簿很简单，就与移动图片的方法是一样的。**

其具体操作方法如下。

Step01：选择【复制】命令。❶使用鼠标右键单击要移动的数据透视图，❷在弹出的快捷菜单中选择【复制】（或【剪切】）命令，复制（或剪切）数据透视图，如图6-15所示。

Step02：选择【保留原格式粘贴】选项。在打开的新工作簿中，❶选中目标位置左上角的单元格，使用鼠标右键单击，❷在弹出的快捷菜单中选择【保留原格式粘贴】选项即可，如图6-16所示。

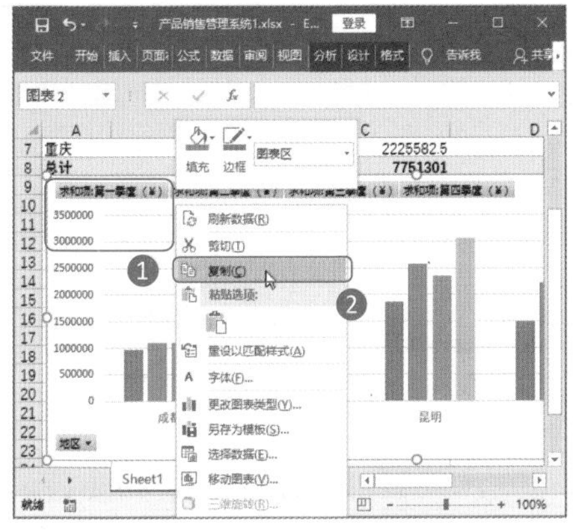

图6-15 选择【复制】命令

图6-16 选择【保留原格式粘贴】选项

除此以外，还可以使用以下的方法跨工作簿复制和移动数据透视图。

☆ 移动：选中数据透视图，按Ctrl+X组合键剪切，然后切换到目标工作簿，选中目标位置左上角的单元格，按Ctrl+V组合键粘贴即可。

☆ 复制：选中数据透视图，按Ctrl+C组合键复制，然后切换到目标工作簿，选中目标位置左上角的单元格，按Ctrl+V组合键粘贴即可。

6.2.2 把数据透视图移动到另一个工作表

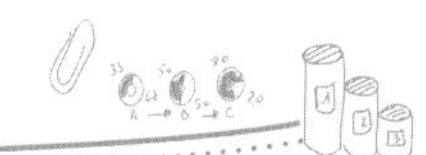

小李

王Sir，创建数据透视图后，我想把数据透视图结合数据源表来查看，可以吗？

王Sir

可以的。

如果要把数据透视图移动到数据源表中，可以使用复制和剪切的方法。除此以外，**通过【移动图表】对话框也可以完成**。

其具体操作方法如下。

Step01：单击【移动图表】按钮。❶选中数据透视图，❷在【数据透视图工具-设计】选项卡的【位置】组中单击【移动图表】按钮，如图6-17所示。

Step02：选择数据透视图的位置。在打开的【移动图表】对话框中，❶选择【对象位于】单选按钮，并在右侧下拉列表中选择需要移动到的工作表，❷单击【确定】按钮，如图6-18所示。

图6-17 单击【移动图表】按钮

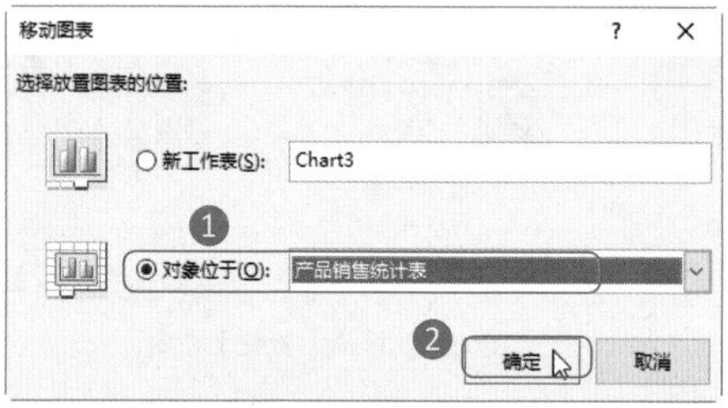

移动图表

选择放置图表的位置：

新工作表(S)： Chart3

对象位于(O)： 产品销售统计表

确定 取消

图6-18 选择工作表

技能升级

使用鼠标右键单击数据透视图，在弹出的快捷菜单中选择【移动图表】命令，或者在【数据透视图工具-分析】选项卡的【操作】组中单击【移动图表】按钮，也可以打开【移动图表】对话框。

Step03：查看数据透视图。操作完成后，即可查看到数据透视图已经移动到所选的工作表中，如图6-19所示。

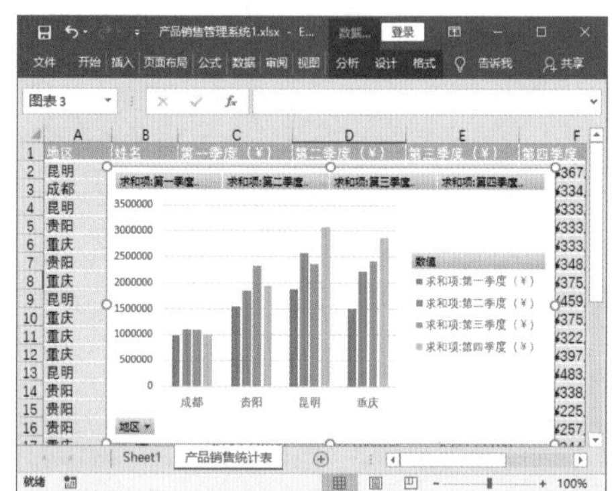

图6-19 查看移动到另一工作表的数据透视图

6.2.3 把数据透视图移动到图表工作表

小李

王Sir，我看到有些数据透视图会随着Excel窗口的大小变化，是怎么做到的？

王Sir

小李，你看到的应该是把图表放置在图表工作表中了。

其实，把数据透视图放置在单独的图表工作表中，不仅仅是可以随着窗口变化大小这一特点，而且有很多场合并不适合把数据展示出来。如果有单独的图表工作表，**不仅能方便查看和控制图表，还能保护数据的安全。**

如果要把数据透视图移动到图表工作表中，打开【移动图表】对话框，然后执行移动操作就可以了。

其具体操作方法如下。

Step01：选择图表位置。打开【移动图表】对话框，❶选择【新工作表】单选按钮，并在右侧的文本框中输入新工作表的名称（也可以不输入，默认为Chart1），❷单击【确定】按钮，如图6-20所示。

Step02：查看图表工作表。操作完成后，返回工作簿中即可查看到已经新建了一个工作表，并将数据透视图移动到了新的工作表中，如图6-21所示。

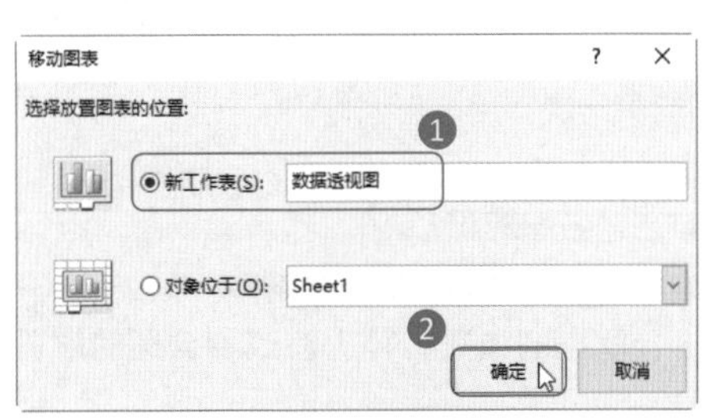

图6-20 选择数据透视图位置

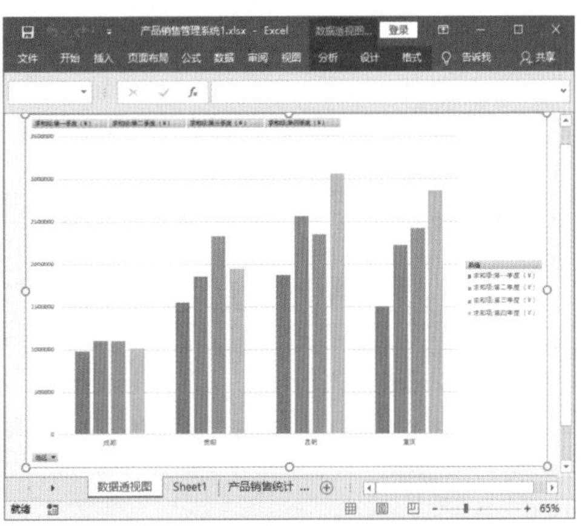

图6-21 查看移动到图表工作表的数据透视图

温馨提示

如果将图表工作表中的数据透视图再次移动到普通工作表中，移动后的图表工作表将会被自动删除。

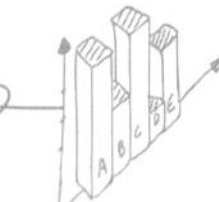

6.3 给数据透视图“美容”

张经理

小李，今年的销售情况你用数据透视图来分析吧！数据一定要清楚。

小李

张经理，今年的销售情况我已经用数据透视图分析出来了，请查看。

张经理

小李，虽然柱形图适用于很多场合，但是你也不能每一次都用柱形图吧。

（1）如果我要查看销售比例变化，**柱形图能看出来吗**？

（2）那么多的图表样式，你就不能**选一个颜色与主题匹配的吗**？

（3）上次小王制作的数据透视图样式还不错，你就**以那个为模板做一个吧**！

（4）你制作的数据透视图每次都是同样的大小、同样的位置，**马上修改到合适的位置和大小**。

要记住，合适的图表可以让人更快地看清数据，漂亮的外观可以获得更好的感观和印象。

柱形图那么好用，干嘛还要用其他的呢？真是搞不懂这些“颜控”的脑回路。

6.3.1 柱形图太普通，换一个

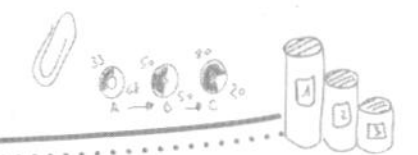

张经理

小李，你怎么又做了柱形图？难道我说得不够清楚吗？赶紧换。

小李

王Sir，柱形图简单、好用，为什么张经理会不满意呢？

王Sir

小李，每一个数据透视表都有其特点，而正确的做法是**根据数据来选择数据透视图的类型**。例如，你现在的这个数据透视表是以列的形式排列数据的，所以最好使用饼图。如果**已经创建了柱形图也没关系，改一下图表类型就可以了**。

柱形图更改为饼形图，具体操作方法如下。

Step01：单击【更改图表类型】按钮。❶选中数据透视图，❷在【数据透视图工具-设计】选项卡的【类型】组中单击【更改图表类型】按钮，如图6-22所示。

Step02：选择数据透视图类型。打开【更改图表类型】对话框，❶在左侧选择图表的类型，如【饼图】，❷在右侧选择饼图的样式，可以选择饼图、三维饼图、字母饼图、复合条饼图、圆环图等，本例选择【饼图】，❸单击【确定】按钮，如图6-23所示。

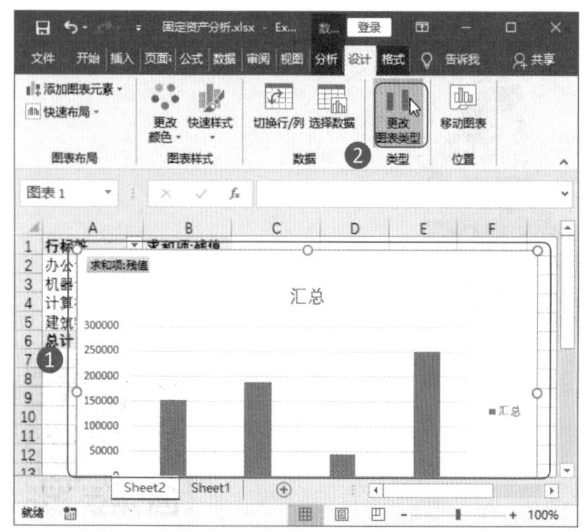

图6-22 单击【更改图表类型】按钮

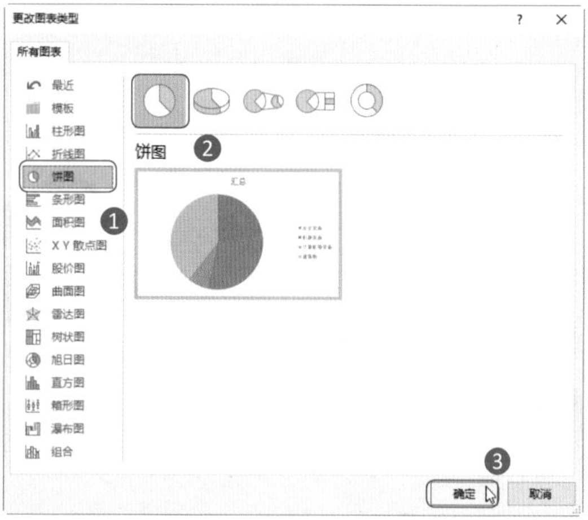

图6-23 选择数据透视图类型

Step03：查看数据透视图。返回工作表中即可查看到数据透视图的样式已经更改，如图6-24所示。

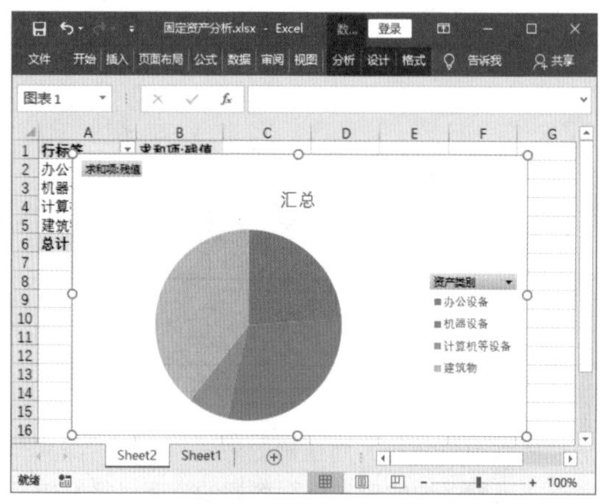

图6-24 查看更改后的数据透视图

6.3.2 大小和位置随心变

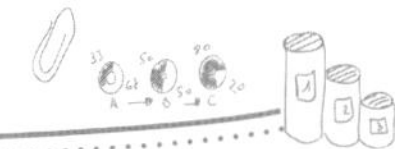

小李

王Sir，数据透视图默认会挡住数据透视表，可以移开吗？

王Sir

可以的。移动的方法很简单，**使用鼠标拖动就可以了**。另外，如果默认的大小不合适，也可以**使用鼠标拖动调整数据透视图的大小**。

☆ 移动位置：将鼠标指针指向数据透视图，当鼠标指针呈形状时，按住鼠标左键不放，拖动数据透视图到适当位置后释放鼠标，即可移动数据透视图的位置，如图6-25所示。

☆ 调整大小：选中数据透视图，将鼠标指针指向数据透视图控制框，当鼠标指针呈双向箭头形状（如、、、）时，按住鼠标左键不放，拖动到适当位置后释放鼠标，即可调整数据透视图的大小，如图6-26所示。

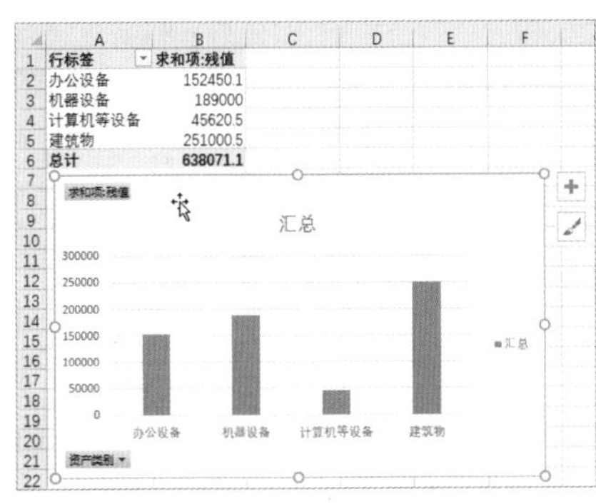

图6-25 移动位置

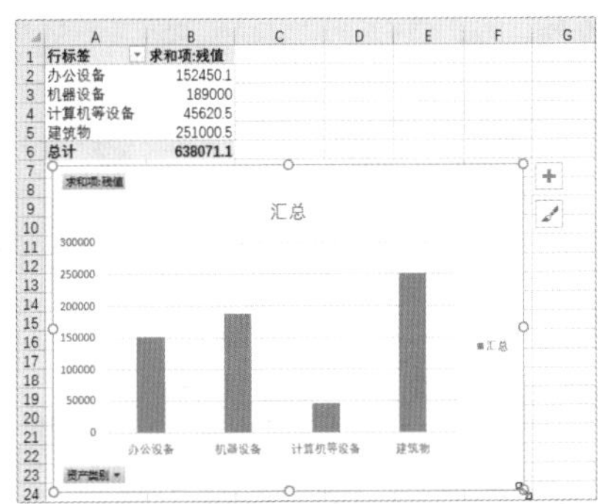

图6-26 调整大小

6.3.3 一个数据透视图，多种系列样式

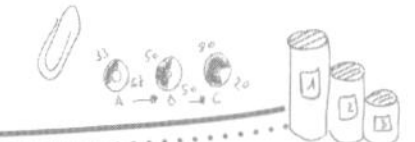

小李

王Sir，这个数据透视图有一个数据比较小，跟其他的数据系列比起来都快看不到了，怎么回事？

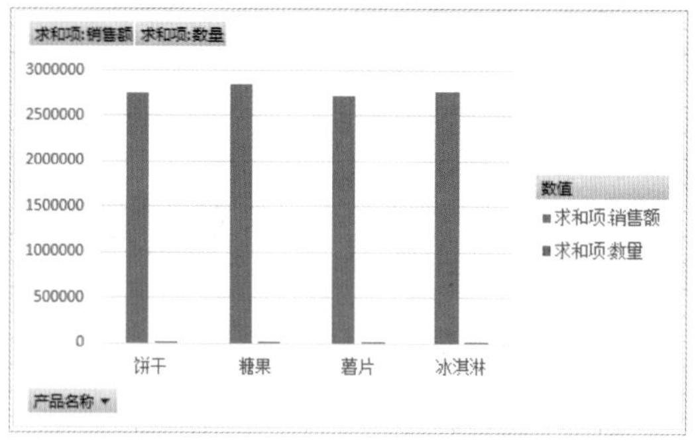

如果数据透视图中某一个系列的数值与其他数据相差太大，就会出现其中一个数据系列不可见的情况。

要把系列显示出来，可以更改数据系列的图表类型。例如，你的这个数据透视图只要把【系列“求和项：数量”】更改为其他类型的图表就可以了。

其具体操作方法如下。

Step01：选择【系列“求和项:数量”】选项。❶选中数据透视图，❷在【数据透视图工具-格式】选项卡的【当前所选内容】组的下拉列表中选择【系列“求和项:数量”】选项，如图6-27所示。

Step02：单击【设置所选内容格式】按钮。此时【求和项:数量】系列为选中状态，在【当前所选内容】组中单击【设置所选内容格式】按钮，如图6-28所示。

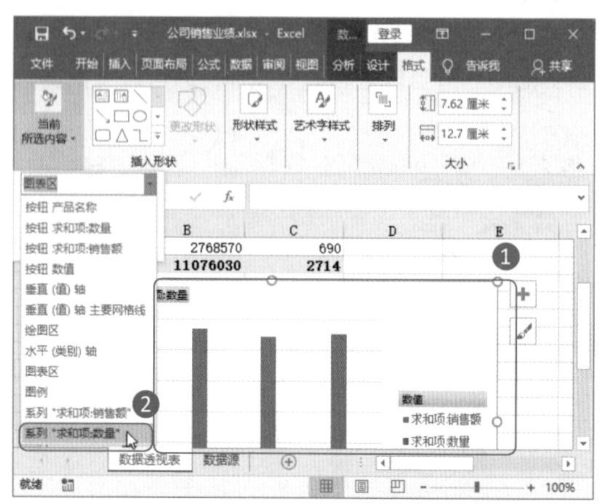

图6-27 选择【系列“求和项:数量”】选项

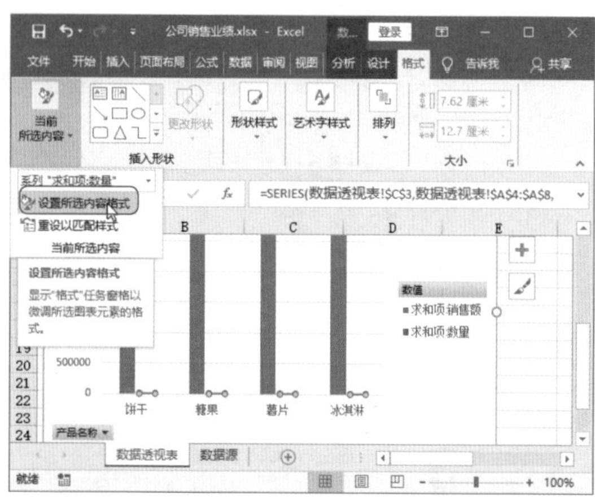

图6-28 单击【设置所选内容格式】按钮

Step03：选择【次坐标轴】单选按钮。打开【设置数据系列格式】窗格，❶保持【求和项：数量】系列为选中状态，选择【次坐标轴】单选按钮，❷完成后单击【关闭】按钮×关闭窗格，如图6-29所示。

Step04：单击【更改图表类型】按钮。保持【求和项:数量】系列为选中状态，在【数据透视图工具-设计】选项卡的【类型】组中单击【更改图表类型】按钮，如图6-30所示。

Step05：选择图表类型。打开【更改图表类型】对话框，默认选择【组合】类型，❶设置【求和项:数量】系列的图表类型为【折线图】，保持勾选【次坐标轴】复选框，❷预览效果确定无误后，单击【确定】按钮，如图6-31所示。

Step06：查看图表效果。返回工作表中，即可查看到数据透视图中【求和项:数量】数据系列已经更改为其他样式，如图6-32所示。

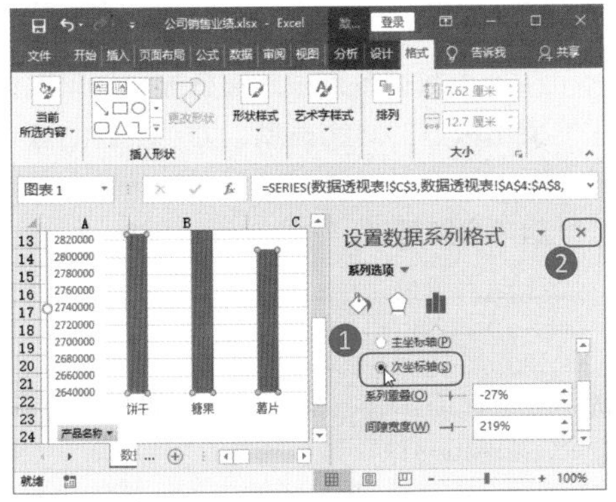

图6-29 选择【次坐标轴】单选按钮

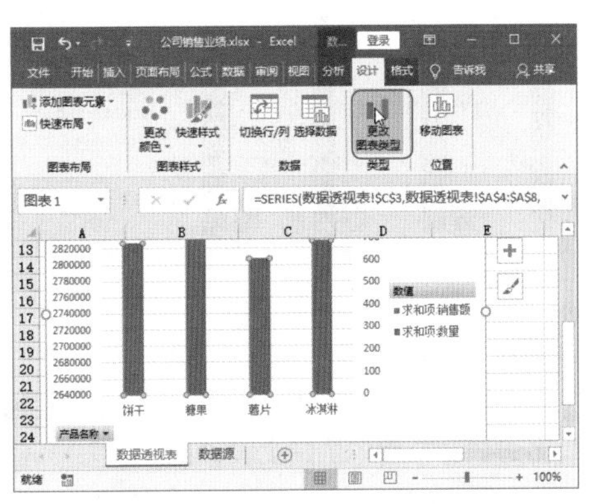

图6-30 单击【更改图表类型】按钮

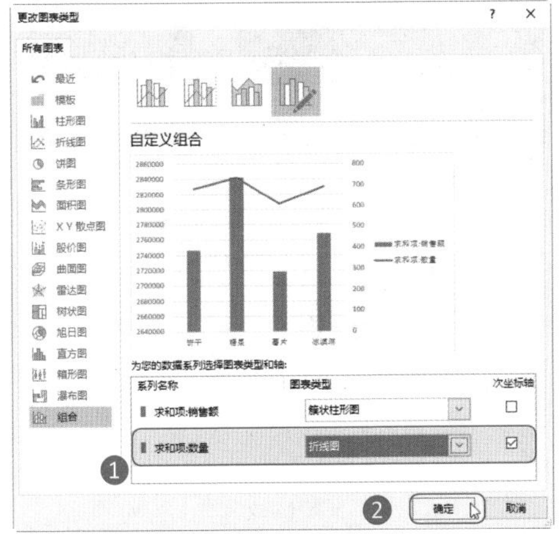

图6-31 选择图表类型

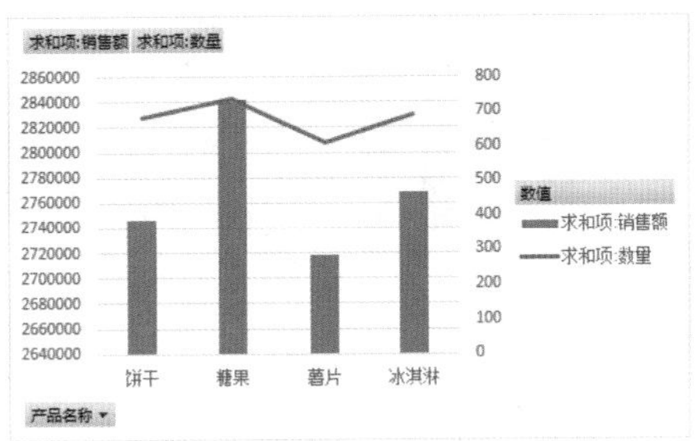

图6-32 查看图表效果

6.3.4 巧用系列重叠并更改系列顺序

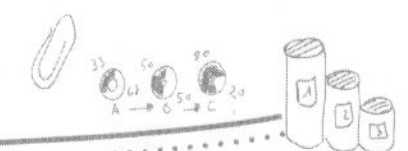

小李

王Sir，这两个相关联的数据系列，如果设置为重叠查看的效果会不会好一点？

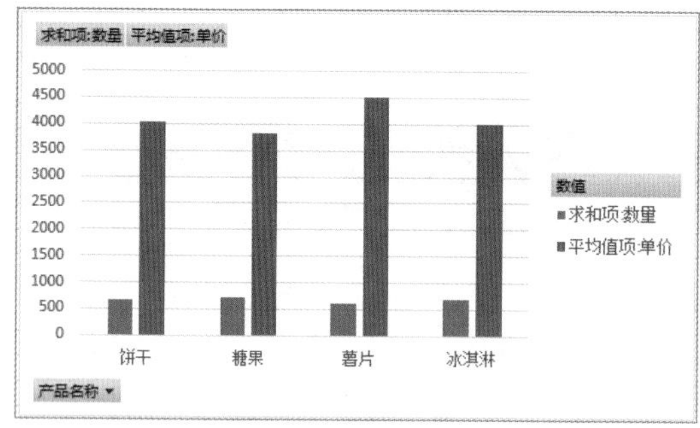

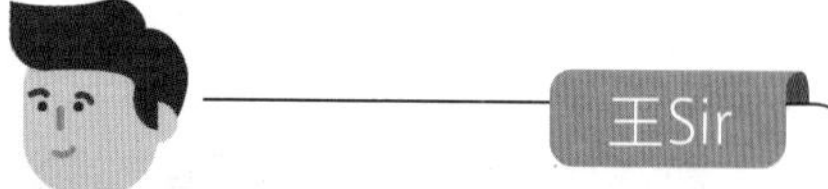

为数据系列设置重叠显示，**可以更加突出数据的对比关系**。为了更好地查看数据，还可以同时调整系列顺序，让数据看起来更加清晰。

其具体操作方法如下。

Step01：选择【设置数据系列格式】命令。❶选中【求和项:销售计划】系列，❷使用鼠标右键单击，在弹出的快捷菜单中选择【设置数据系列格式】命令，如图6-33所示。

Step02：设置【系列重叠】参数。打开【设置数据系列格式】窗格，❶在【系列选项】选项卡的【系列选项】栏中根据需要设置【系列重叠】参数为50%，❷完成后单击【关闭】按钮×关闭窗格，如图6-34所示。

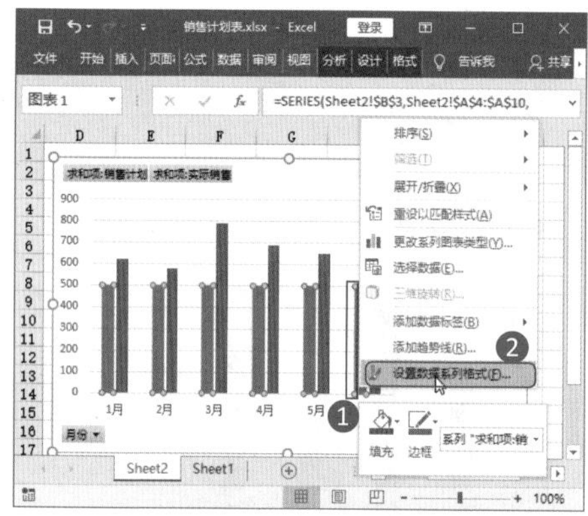

图6-33 选择【设置数据系列格式】命令

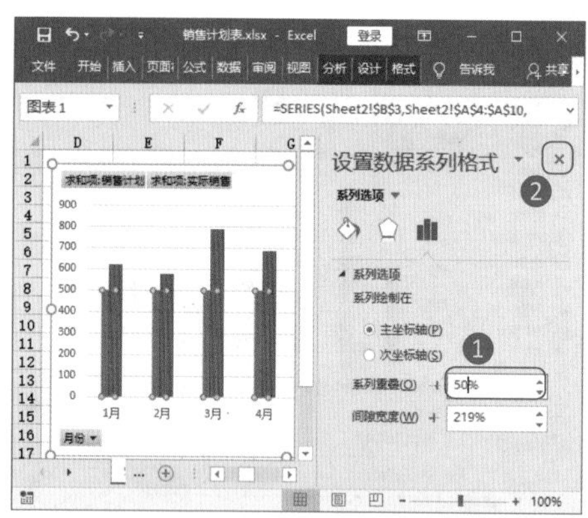

图6-34 设置【系列重叠】参数

Step03：更改系列顺序。打开【数据透视图字段】窗格，在【值】区域中调整【求和项：销售计划】字段和【求和项：实际销售】字段的位置，可以看到两个数据系列交换了前后顺序，设置【系列重叠】参数后的效果更明显，如图6-35所示。

图6-35 更改系列顺序

6.3.5 更改图表区域及绘图区域底色

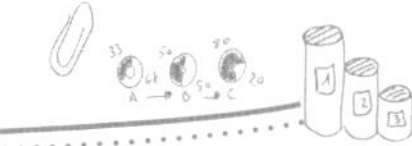

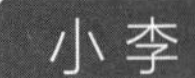

小李

王Sir，数据透视图默认的图表区域和绘图区域底色太普通了，出场不够惊艳，有没有吸引人眼球的方法？

王Sir

可以给图表区域及绘图区域换底色啊！

为了让数据透视图更好看，**可以将默认的底色白色更换为其他颜色，或者使用渐变色、图案和图片等方法来填充。**

1 设置图表区域底色

图表区域底色是为整个图表设置颜色。我们不仅可以设置单一的颜色，还可以设置多色渐变、图案和图片等填充效果。以设置图片填充为例，操作方法如下。

Step01：选择【设置图表区域格式】命令。❶右击数据透视图的图表区域，❷在弹出的快捷菜单中选择【设置图表区域格式】命令，如图6-36所示。

Step02：选择填充方式。打开【设置图表区格式】窗格，❶在【图表选项】选项卡的【填充】栏中选择一种填充方式，本例选择【图片或纹理填充】，❷单击下方的【文件】按钮，如图6-37所示。

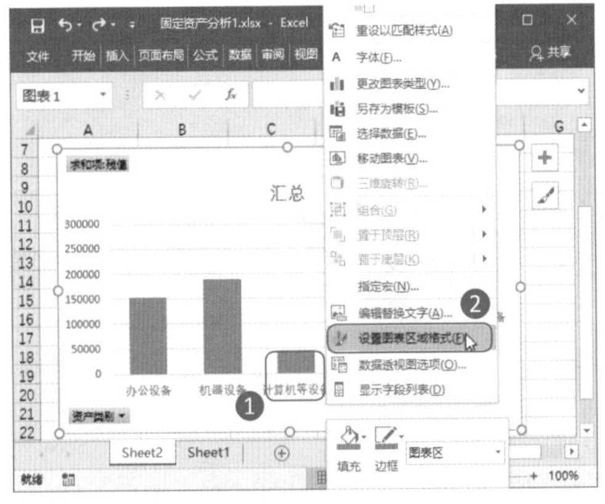

图6-36 选择【设置图表区域格式】命令

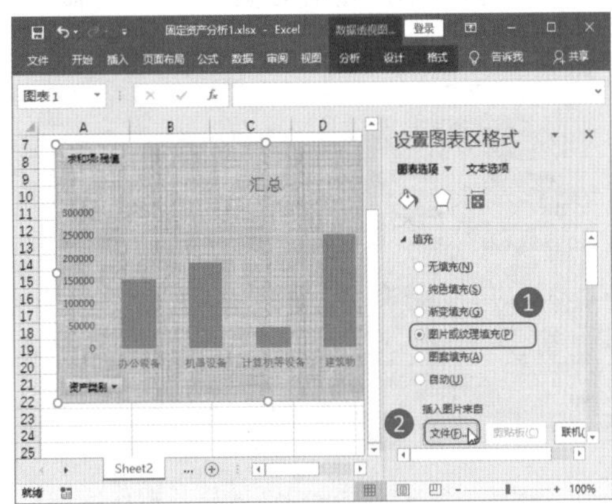

图6-37 选择填充方式

Step03：选择图片。打开【插入图片】对话框，❶选择要设置为背景的图片，❷单击【插入】按钮，如图6-38所示。

Step04：查看数据透视图效果。操作完成后，返回工作表中即可查看到为数据透视图的图表区域设置图片填充后的效果，如图6-39所示。

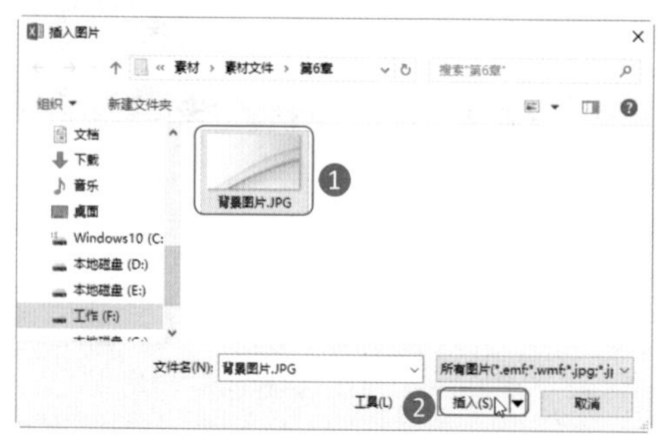

图6-38 选择图片

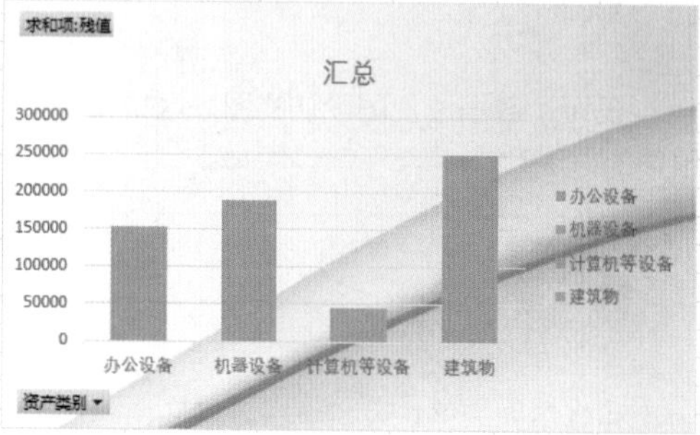

图6-39 查看图表更换背景图片后的效果

2 设置绘图区域底色

为绘图区域设置底色可以突出显示图表系列，操作方法如下。

Step01：选择【设置所选内容格式】命令。❶选择数据透视图，❷在【数据透视图工具-格式】选项卡的【当前所选内容】组中的【图表元素】下拉列表中选择【绘图区】，然后选择【设置所选内容格式】命令，如图6-40所示。

Step02：选择数据透视图位置。打开【设置绘图区格式】窗格，❶在【绘图区选项】选项卡的【填充】栏中选择一种填充方式，本例选择【纯色填充】，❷在【颜色】下拉列表中选择一种填充颜色，在【透明度】数值框中设置透明度为50%，❸完成后单击【关闭】按钮×关闭窗格，如图6-41所示。

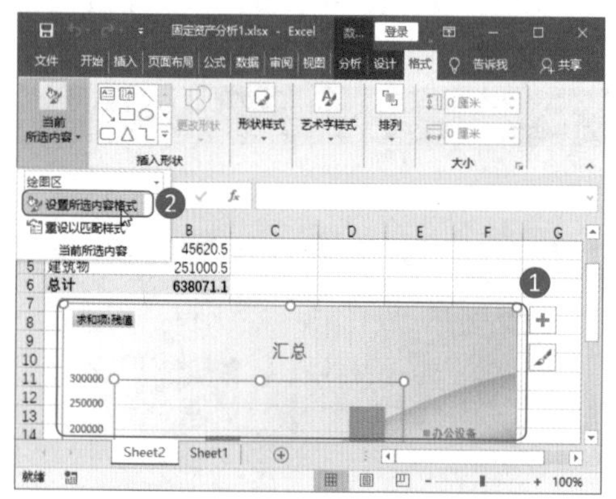

图6-40 选择【设置所选内容格式】命令

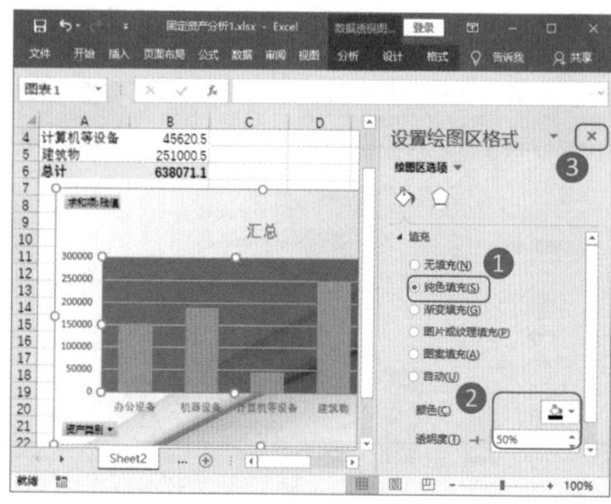

图6-41 选择填充方式及透明度

Step03：查看数据透视图效果。操作完成后，即可查看到为数据透视图的绘图区域设置纯色填充后的效果，如图6-42所示。

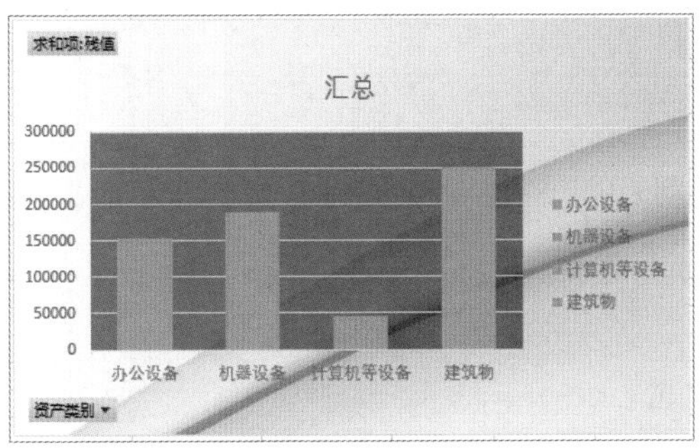

图6-42 查看更换绘图区域填充色后的效果

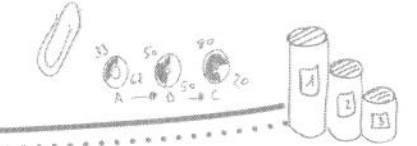

6.3.6 内置样式信手拈来

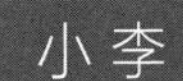

王Sir，我觉得我的艺术细胞肯定被“谋杀”了，设计出的数据透视图太一般了。

王Sir

小李，搞创作都是不容易的。在美化数据透视图时，不仅要注意颜色的搭配，还要纵观布局的搭配。对于新手来说，确实有点困难。

不过，你可以用内置的样式啊！**内置样式是经过专业设计的搭配方案，简单方便，就算不出彩，但也不会出错。**

1 更改图表的布局

Excel为我们提供了11种数据透视图的图表布局，通过应用这些快速布局，我们可以轻松地设置数据透视图的图表布局。更改图表布局的操作方法如下。

❶选中数据透视图，❷在【数据透视图工具-设计】选项卡的【图表布局】组中单击【快速布局】下拉按钮，❸在打开的下拉菜单中根据需要选择一种图表布局应用到数据透视图中即可，如图6-43所示。

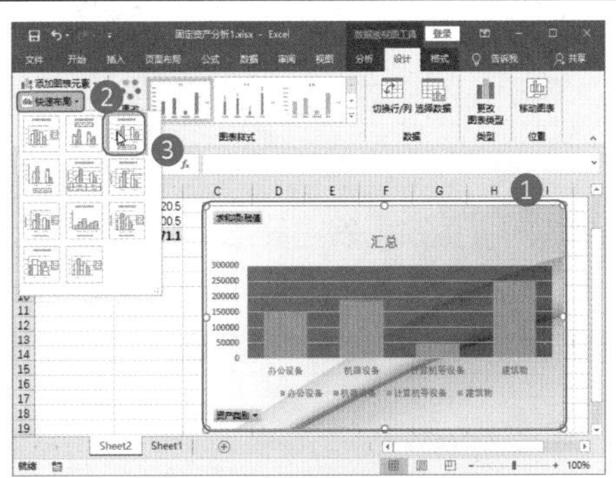

图6-43 更改图表布局

温馨提示

在【快速布局】下拉列表中，将鼠标指针指向某一图表布局时，可以预览布局效果。

2 更改图表的样式

如果要更改图表的样式，操作方法是：❶选中数据透视图，❷在【数据透视图工具-设计】选项卡的【图表样式】组中选择一种图表样式即可，如图6-44所示。

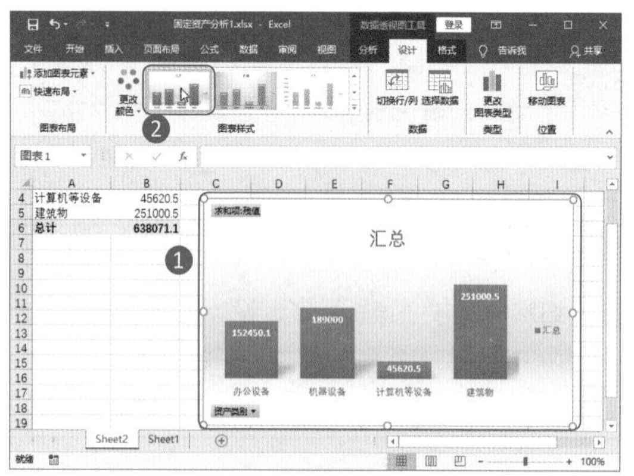

图6-44 更改图表样式

温馨提示

在【图表样式】组中，可以单击【其他】下拉按钮，打开图表样式下拉列表，查看并选择其他样式，还可以单击按钮和按钮翻页，依次查看并选择图表样式。

3 更改图表的颜色

如果要更改图表的颜色，操作方法是：❶选中数据透视图，❷在【数据透视图工具-设计】选项卡的【图表样式】组中单击【更改颜色】按钮，❸在弹出的下拉列表中选择一种配色方案即可，如图6-45所示。

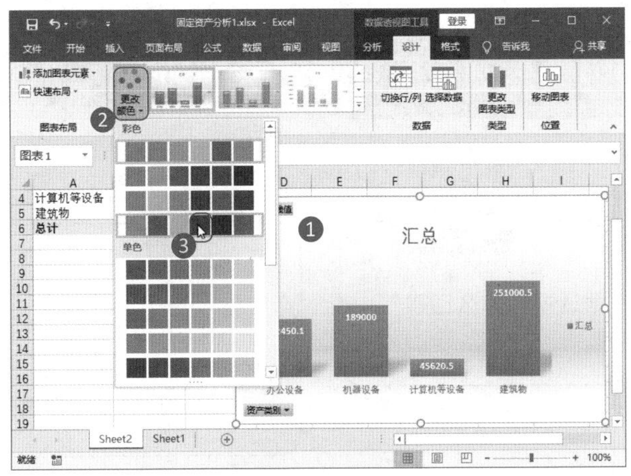

图6-45　更改图表颜色

4 使用主题快速美化

Excel提供了【主题】功能，一个【主题】就是一整套设置好的颜色、字体、效果等设计方案。使用主题快速美化数据透视图的方法是：❶在【页面布局】选项卡的【主题】组中单击【主题】按钮，❷在弹出的下拉菜单中选择一种主题，即可快速改变数据透视图的样式，如图6-46所示。

图6-46　更改图表主题

温馨提示

主题改变的不仅仅是所选数据透视图的样式，工作簿中其他表格、图表、数据透视表等对象的样式也将发生相应的改变。

6.4 拒绝数据透视图变来变去的烦恼

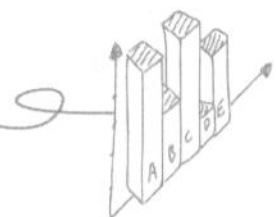

张经理

小李，你这个数据透视图怎么回事？跟我要的数据完全不同。

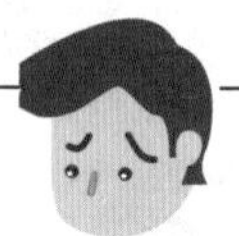

小 李

对不起，张经理，我也不知道为什么会变成这样，我明明记得完成这个数据透视图的时候数据不是这样的。

张经理

我不需要理由，只看结果。不过我倒是知道你的问题到底出在哪里。

数据透视表的数据改变了，数据透视图也跟着改变，**想办法不要让数据透视图的数据变来变去**。

要让数据透视图不再改变，方法倒是不少，你自己去研究吧！

数据透视图为什么会变来变去，保持原来的数据不好吗？我得怎样才能把它变得听话了呢？

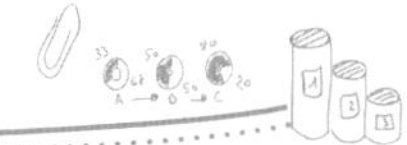

6.4.1 将数据透视图转为图片形式

小李

王Sir，我这个数据透视图怎么变得与以前不同了？我的原始数据透视图去哪里了？

王Sir

小李，在Excel中，数据透视图基于数据透视表创建，是一种动态图表。与其相关联的数据透视表发生了改变，数据透视图也将同步发生变化。

如果我们需要获得一张静态的、不受数据透视表变动影响的数据透视图，可以将数据透视图转为静态图表，断开与数据透视表的连接。**要将数据透视图转为静态图表，最直接的方法就是将其转换为图片形式保存。**

其具体操作方法如下。

Step01：单击【复制】按钮。❶选择要复制的数据透视图，❷在【开始】选项卡的【剪贴板】组中单击【复制】按钮，如图6-47所示。

Step02：选择【选择性粘贴】命令。❶切换到目标工作表，选中目标位置，❷在【开始】选项卡的【剪贴板】组中单击【粘贴】下拉按钮，❸在弹出的下拉菜单中选择【选择性粘贴】命令，如图6-48所示。

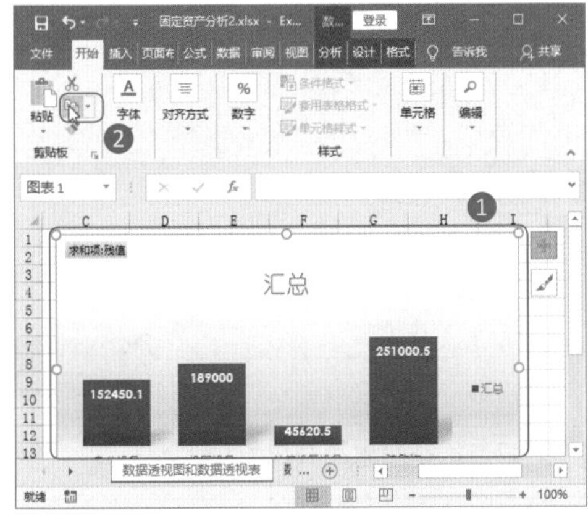

图6-47　单击【复制】按钮

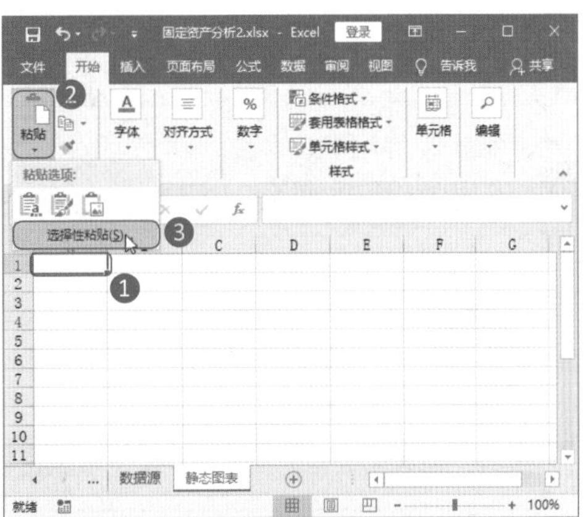

图6-48　选择【选择性粘贴】命令

Step03：选择图片格式。打开【选择性粘贴】对话框，❶在【方式】列表框中选择需要的图片格式，❷单击【确定】按钮，如图6-49所示。

Step04：查看图片。返回工作表，即可看到复制的数据透视图以图片形式保存在工作表中，源数据透视表发生任何变动都不会影响到该数据透视图图片，如图6-50所示。

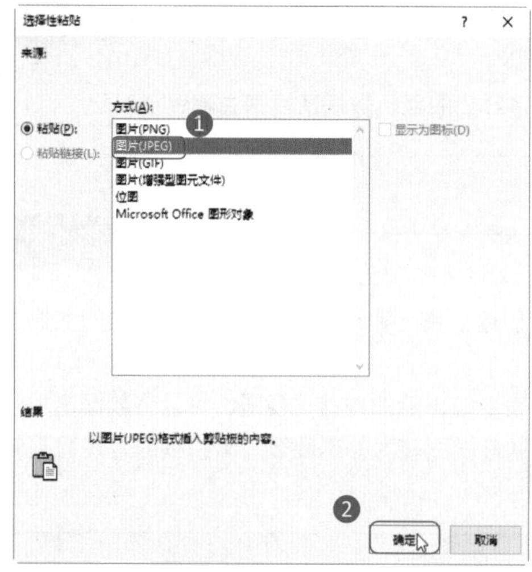

图6-49 选择图片格式

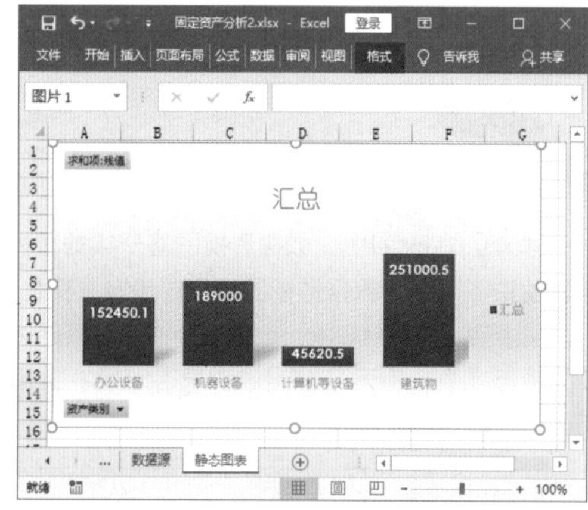

图6-50 查看图片

温馨提示

将数据透视图转换为图片形式保存后，将无法再以图表的方式修改其中的数据内容。

6.4.2 不要数据透视表，只要数据透视图

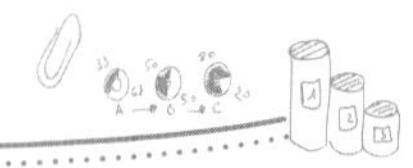

小李

王Sir，如果把数据透视表删除了，数据透视图中的数据是不是就不会再改变了？

王Sir

小李，不得不说，你这个思路是没错的。

需要提醒你的是，这种方法虽然保留了数据透视图的图表形态，但是**数据透视表的数据完整性遭到了破坏**。

要使数据透视图不受所关联数据透视表的影响，有一个很直接的办法就是：在设置好数据透视图后，选中整个数据透视表，按Delete键将数据透视表整个删除，此时数据透视图仍然存在，但是数据透视图中的系列数据将被转为常量数组的形式，从而形成静态的图表，如图6-51所示。

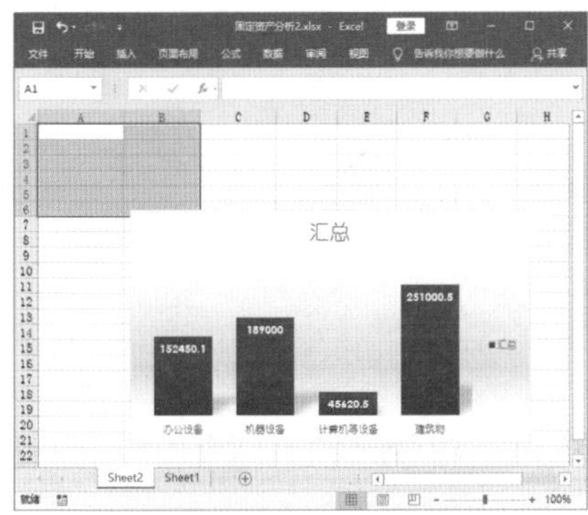

图6-51　删除数据透视表

6.4.3 让数据透视表秒变普通数据表

小李

王Sir，我既想保留数据透视表中的数据，又不想让数据透视图发生变化，可以用什么方法?

王Sir

小李，**把数据透视表变为普通数据表就可以了**。

把数据透视表转换为普通表格后，数据透视图将变为静态的图表，而数据透视表也会失去功能，变为普通表格。

要把数据透视表转换为普通表格，我们可以利用【选择性粘贴】功能来完成，操作方法如下。

Step01：单击【复制】按钮。❶选中整个数据透视表，❷在【开始】选项卡的【剪贴板】组中单击【复制】按钮，如图6-52所示。

Step02：单击【值】按钮。❶在【开始】选项卡的【剪贴板】组中单击【粘贴】下拉按钮，❷在弹出的下拉菜单中单击【值】按钮，如图6-53所示。

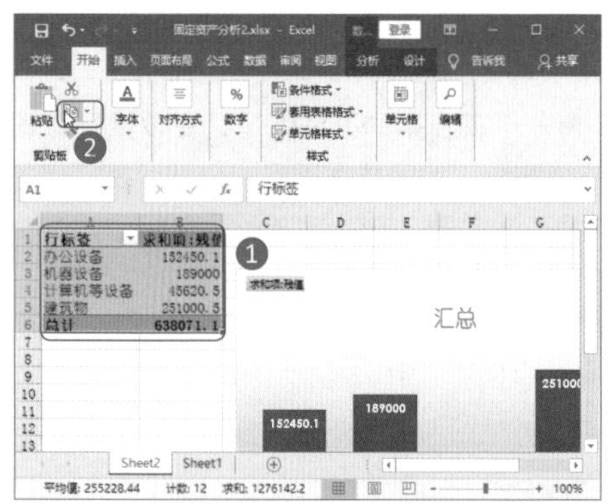

图6-52 单击【复制】按钮

图6-53 单击【值】按钮

Step03：查看图表效果。操作完成后，即可查看到工作表中的数据透视图已经变为了普通的静态图表，如图6-54所示。

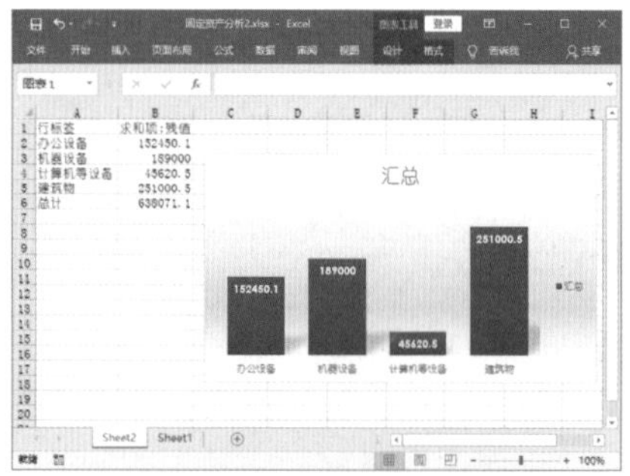

图6-54 查看图表效果

6.4.4 转换数据透视图，同时保留数据透视表

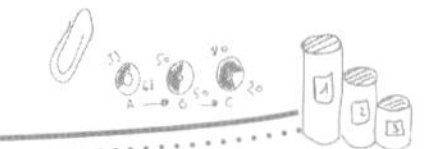

小李

王Sir，如果我既想保留数据透视表的功能，又不希望在操作数据透视表时，数据透视图发生变化，可以实现吗？

王Sir

完全可以实现。

只要把作为数据源的数据透视表复制到其他位置，再删除作为数据源的数据透视表，就可以在保留数据透视表的同时，**将其对应的数据透视图转换为静态图表，断开数据透视图与数据透视表之间的关联**。

转换数据透视图的具体操作方法如下。

Step01：复制数据透视表。❶选中整个数据透视表，按Ctrl+C组合键复制，❷选中目标单元格，按Ctrl+V组合键粘贴，得到一个新的数据透视表，如图6-55所示。

Step02：删除原数据透视表。选中与数据透视图相关联的原数据透视表，按Delete键删除该数据透视表，将数据透视图转换为静态图表，如图6-56所示。

图6-55 复制数据透视表

图6-56 删除原数据透视表

Step03：查看新数据透视表与数据透视图。选中与数据透视图无关联的新数据透视表，按Ctrl+X组合键剪切，然后选中目标单元格，按Ctrl+V组合键粘贴，将其移动到工作表中的适当位置，即可在保留数据透视表功能的情况下，将数据透视图转换为静态图表，如图6-57所示。

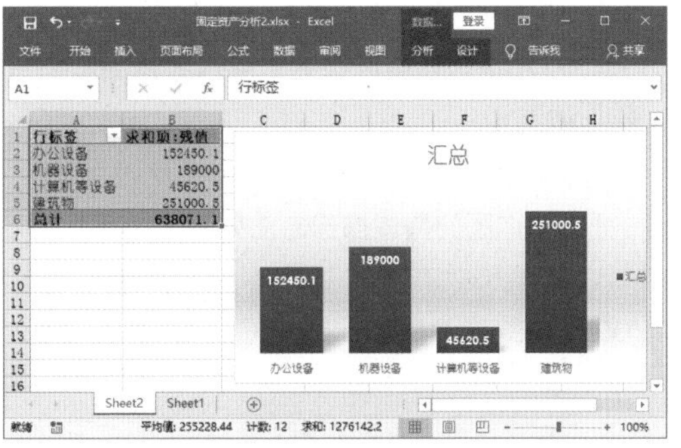

图6-57 查看新数据透视表与数据透视图

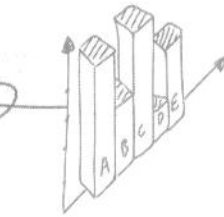

6.5 迷你图，让图表与数据共存

张经理

小李，我需要在这个数据透视表中查看每种产品1—4月的销售走势。

3	求和项:销售额	时间			
4	产品名称	1月	2月	3月	4月
5	饼干	695700	660450	708330	681900
6	糖果	665420	743020	632360	801700
7	薯片	814240	621220	545950	737170
8	冰淇淋	816280	689080	576560	686650
9	总计	2991640	2713770	2463200	2907420

小李

王Sir，要查看每种产品1—4月的销售走势，是不是只能使用迷你图？

王Sir

是的，迷你图可以展示数据序列的趋势变化或用于一组数据的对比。不过在数据透视表中插入迷你图跟在普通表格中插入迷你图有细微的差别。

另外，在数据透视表中**插入迷你图后，也可以根据情况筛选数据，而筛选后迷你图也会发生相应的变化。**

插入迷你图的具体操作方法如下。

Step01：选择【计算项】命令。❶在【数据透视表】工作表中选中B3单元格的【时间】字段名称，❷在【数据透视表工具-分析】选项卡的【计算】组中单击【字段、项目和集】下拉按钮▾，❸在弹出的下拉菜单中选择【计算项】命令，如图6-58所示。

Step02：设置字段名称。打开【在“时间”中插入计算字段】对话框，❶在【名称】文本框中输入“迷你图”，设置【公式】为空，❷单击【确定】按钮，如图6-59所示。

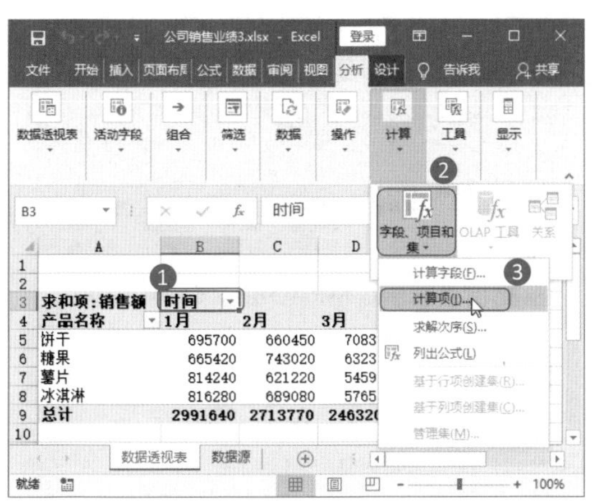

图6-58 选择【计算项】命令

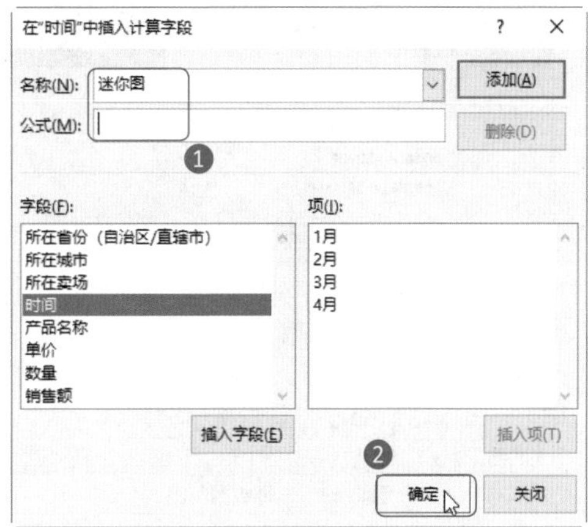

图6-59 设置字段名称

Step03：移动单元格区域。选择F4:F9单元格区域，将其拖动到B列，如图6-60所示。

Step04：单击【折线】按钮。❶选中B5:B9单元格区域，❷在【插入】选项卡的【迷你图】组中单击【折线】按钮，如图6-61所示。

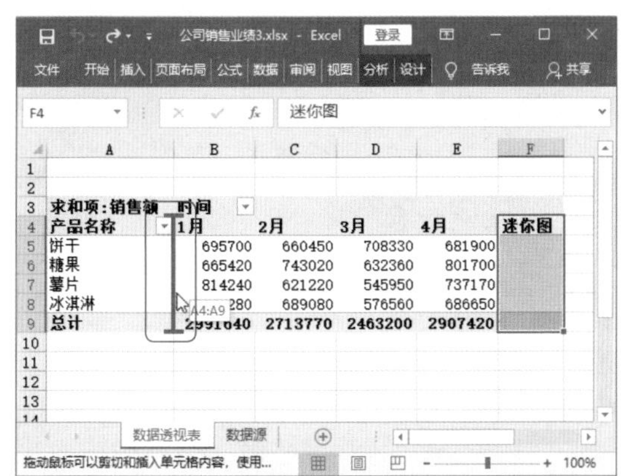

图6-60 移动单元格区域

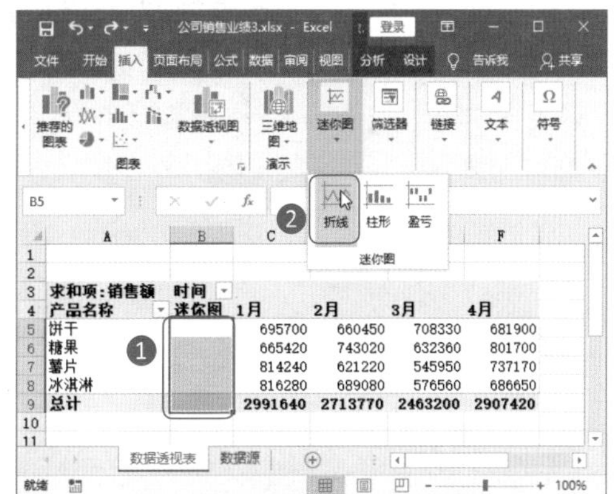

图6-61 单击【折线】按钮

Step05：选择数据范围。打开【创建迷你图】对话框，❶选择【数据范围】为“C5:F9”单元格区域，❷单击【确定】按钮，如图6-62所示。

Step06：查看迷你图。操作完成后，即可查看到已经插入了迷你图，如图6-63所示。

Step07：查看迷你图变化。如果要筛选数据透视表中的字段，迷你图也会随之发生变化，如图6-64所示。

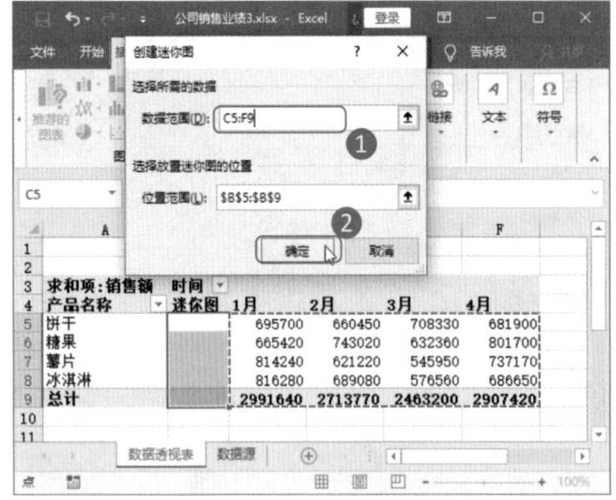

图6-62 选择数据范围

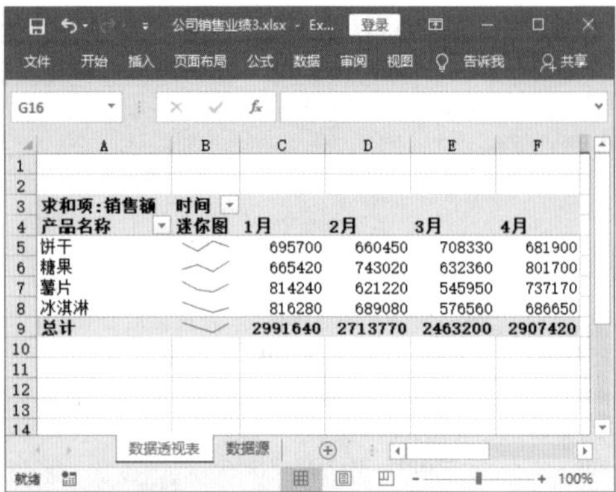

图6-63 查看迷你图

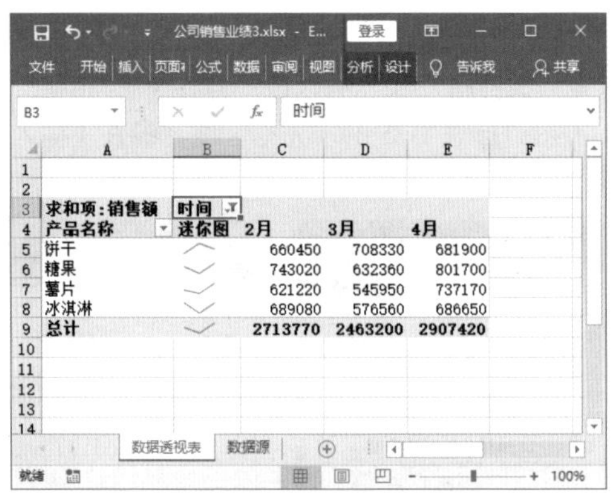

图6-64 查看迷你图变化

CHAPTER 7

数据计算，让数据透视表更强大

小 李

论数据透视表，我自认为已经精通了七八分。可是，当张经理让我在数据透视表中计算数据时，我瞬间迷茫了——在数据透视表中可以计算吗？怎么计算？可以进行哪些计算？

为了按时交出满意的“答卷”，我只有加班、加班，再加班。

张经理看到我迷茫的样子，直斥加班的弊端，告诉我：在数据透视表中也可以计算数据，而且经过数据透视表的统计，计算出结果也更加方便。

我以前并没有接触过数据透视表的数据计算，只有求助于王Sir。学习后才知道，原来数据计算能让数据透视表更强大，我终于可以跟加班说拜拜了。

王 Sir

“觉得数据透视表不能进行计算”，这是很多刚入行人的认知。数据透视表不仅仅只有统计数据的功能，计算数据也轻而易举。虽然不能使用复杂的函数和公式，但已经进入数据透视表分析数据的阶段，难道还需要更复杂的计算吗？如果需要，那么只能从你的数据源上找原因。

“提高效率，不要加班”，是我经常给新员工灌输的理念。我希望看到每位员工高效地完成工作，准时下班。

7.1 多款汇总方式，总有一款适合你

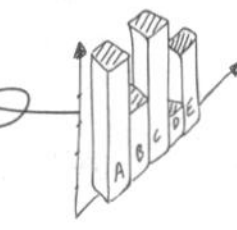

张经理

小李，超市前几个月哪个产品的销售额最高，你统计出来了吗？

小李

张经理，这是超市前几个月的销售额，按要求统计出来了，你看看吧！

	产品名称	时间	求和项:销售额	求和项:单价	求和项:数量
3	产品名称	时间	求和项:销售额	求和项:单价	求和项:数量
4	⊟饼干		**2746380**	**80700**	**680**
5		1月	695700	20030	174
6		2月	660450	20320	162
7		3月	708330	20030	177
8		4月	681900	20320	167
9	⊟糖果		**2842500**	**76700**	**735**
10		1月	665420	19680	169
11		2月	743020	18670	194
12		3月	632360	15880	159
13		4月	801700	22470	213
14	⊟薯片		**2718580**	**90480**	**609**
15		1月	814240	23380	177
16		2月	621220	22110	144
17		3月	545950	18380	121
18		4月	737170	26610	167
19	⊟冰淇淋		**2768570**	**80000**	**690**
20		1月	816280	21420	192
21		2月	689080	18580	184
22		3月	576560	17290	132
23		4月	686650	22710	182
24	总计		**11076030**	**327880**	**2714**

张经理

小李，你学了那么久的数据透视表，可我每次看到的汇总都是总计，除了总计，我还需要查看其他方式的汇总，例如**销售额平均值、销售量最大值及数量最小值**。

数据透视表不是把数据统计出来就可以了吗？居然在汇总上还有这么多弯弯绕绕。现在，只有王Sir可以帮我了。

7.1.1 为字段换一个汇总方式

小李

王Sir，为什么我的数据透视表总是用求和的方式汇总呢？如果我想要用其他方法怎么办？

王Sir

小李，求和是最常用的汇总方式，所以默认为求和。

不过，你也可以设定其他的汇总方式，如求【**平均值**】【**最大值**】【**最小值**】【**乘积**】等。而且，对于非数值字段，还可以使用计数的方式汇总，总有一款是你想要的。

如果需要更改数据透视表字段的汇总方式，方法主要有以下两种。

☆ 通过快捷菜单：在数据透视表的数值区域中，❶在要更改汇总方式的数值列中使用鼠标右键单击任意单元格，❷在弹出的快捷菜单中选择【值汇总依据】命令，❸在弹出的子菜单中选择汇总方式，如【平均值】，如图7-1所示。操作完成后，即可查看到汇总方式已经更改为平均值，如图7-2所示。

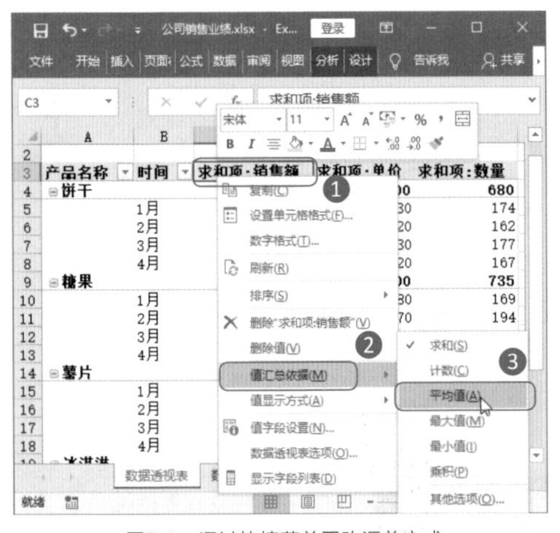

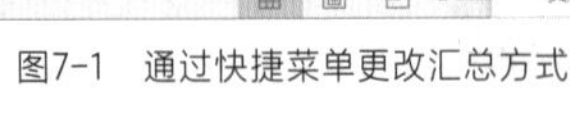
图7-1 通过快捷菜单更改汇总方式

图7-2 查看销售额平均值汇总结果

☆ 通过【值字段设置】对话框：打开【数据透视表字段】窗格，❶单击要设置的值字段右侧的下拉按钮▾，在打开的下拉菜单中选择【值字段设置】命令，❷打开【值字段设置】对话框，在

【值汇总方式】选项卡的【计算类型】列表框中选择一种汇总方式，如【最大值】，❸单击【确定】按钮即可，如图7-3所示。

图7-3 通过【值字段设置】对话框更改汇总方式

技能升级

在数据透视表的数值区域中，在要更改汇总方式的数值列中使用鼠标右键单击任意单元格，在弹出的快捷菜单中选择【值字段设置】命令，也可以打开【值字段设置】对话框。

7.1.2 同一字段，多种汇总方式

小李

王Sir，我要对销售额字段同时使用【求和】【最大值】和【平均值】的方式汇总，可以实现吗？

王Sir

可以呀！

要实现这种效果，只需要**在【数据透视表字段】窗格中将该字段多次添加进数值区域中，并为其设置不同的汇总方式**就可以了。

添加3个【销售额】字段并更改其汇总方式，具体操作方法如下。

Step01：添加3个【销售额】字段。打开【数据透视表字段】窗格，在字段列表框中选中【销售额】字段，使用鼠标左键将其拖动到【值】区域中。使用同样的方法再重复添加两个【销售额】字段到数值区域，如图7-4所示。

Step02：选择【值字段设置】命令。返回数据透视表，❶使用鼠标单击添加的【求和项:销售额3】字段任意数据项所在单元格，❷在弹出的快捷菜单中选择【值字段设置】命令，如图7-5所示。

图7-4 添加3个【销售额】字段

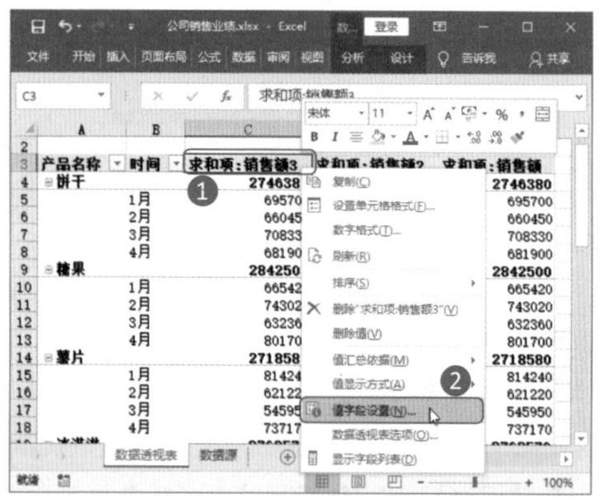

图7-5 选择【值字段设置】命令

Step03：设置汇总方式。打开【值字段设置】对话框，❶在【值汇总方式】选项卡的【计算类型】列表框中选择【最大值】选项，❷在【自定义名称】文本框中修改字段名称，❸单击【确定】按钮，如图7-6所示。

Step04：查看汇总结果。返回数据透视表，可以看到原【求和项:销售额3】字段变更为【最大值项:销售额】字段，其汇总方式变为计算【最大值】，如图7-7所示。

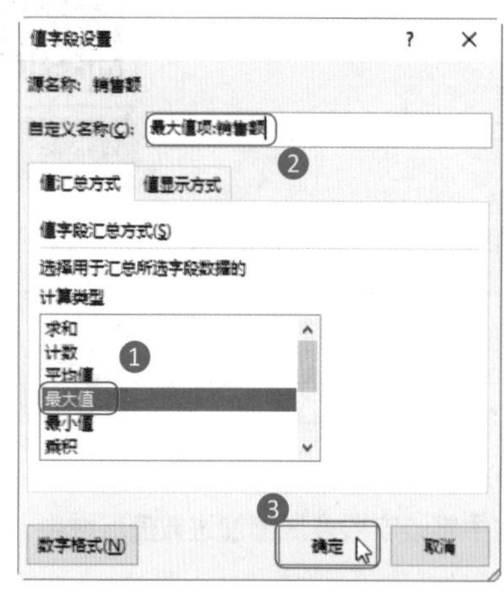

图7-6 设置汇总方式

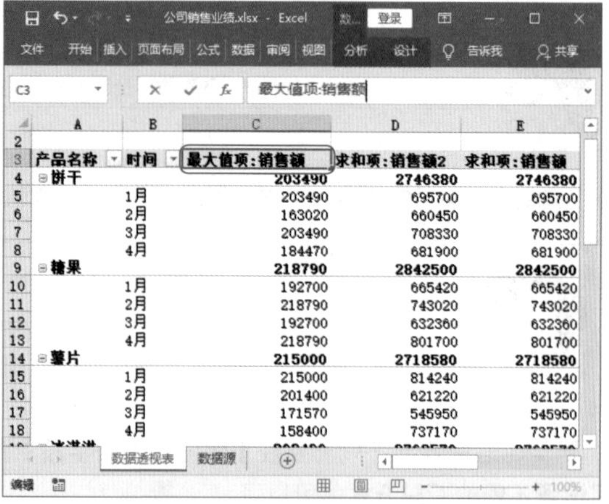

图7-7 查看销售额最大值汇总结果

Step05：更改其他字段汇总方式。用同样的方法将【求和项:销售额2】字段变更为【平均值项:销售额】字段，将其汇总方式变为计算【平均值】即可，如图7-8所示。

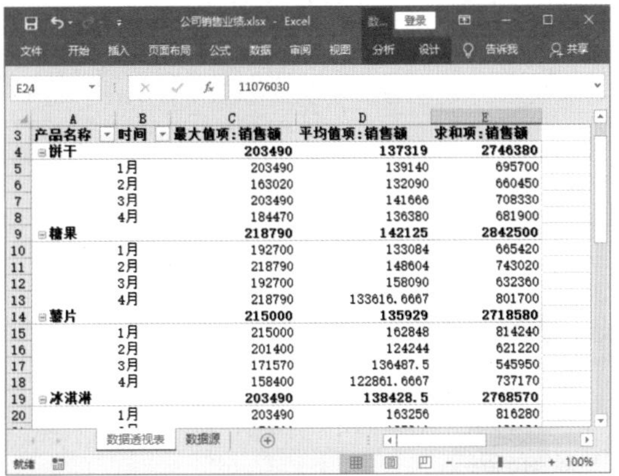

	产品名称	时间	最大值项:销售额	平均值项:销售额	求和项:销售额
4	饼干		203490	137319	2746380
5		1月	203490	139140	695700
6		2月	163020	132090	660450
7		3月	203490	141666	708330
8		4月	184470	136380	681900
9	糖果		218790	142125	2842500
10		1月	192700	133084	665420
11		2月	218790	148604	743020
12		3月	192700	158090	632360
13		4月	218790	133616.6667	801700
14	薯片		215000	135929	2718580
15		1月	215000	162848	814240
16		2月	201400	124244	621220
17		3月	171570	136487.5	545950
18		4月	158400	122861.6667	737170
19	冰淇淋		203490	138428.5	2768570
20		1月	203490	163256	816280

图7-8　更改其他字段汇总方式

7.2　百变数据透视表的值显示方式

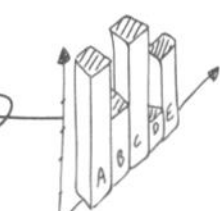

小李

张经理，超市几个分店的销售额已经统计出来了。

求和项:销售额	产品名称				
所在卖场	饼干	糖果	薯片	冰淇淋	总计
1分店	256060	275310	244490	220400	996260
1号店	239400	263340	355610	319200	1177550
2分店	267300	437580	313900	266500	1285280
2号店	406980	307800	278400	291600	1284780
3号店	239400	228000	283200	271350	1021950
两路店	251100	233600	238200	288800	1011700
门店	347490	180230	188600	190800	907120
七街门店	295650	223440	265780	264320	1049190
三路门店	222600	385400	311600	374400	1294000
学府路店	220400	307800	238800	281200	1048200
总计	2746380	2842500	2718580	2768570	11076030

张经理

小李，难道你没有发现问题吗？

你每次给我的数据透视表都只有跟源数据表中一样的数据。可是，我不希望每次看到的值汇总方式都是单一的数字统计，这样我怎么查看销量比例？

（1）相较单纯的数字显示，**百分比可以更快地让我了解数据**。

（2）对于有差异的金额，**使用【差异】值**显示更容易查看。

（3）想查看数据的重要性时，**使用【指数】值**显示方式更省心。

数据透视表有那么多的显示方式吗？现在的问题是，我到底怎样做才能把数据变成想要的显示方式。王Sir在哪儿？

7.2.1 使用【总计的百分比】值显示方式

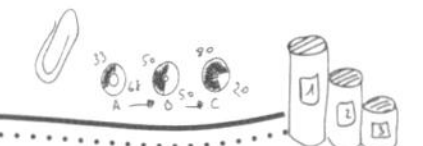

小李

王Sir，张经理要看每个分店销售额占总销量的比例情况，这个要怎么计算呢？

王Sir

小李，查看比例哪里需要计算那么麻烦。

使用【总计的百分比】值显示方式，就可以得到数据透视表内各数据项所占总比例的情况。

例如，要在公司销售业绩数据透视表中对各分店、各产品销售额占总销售额的比例进行分析，我们可以对【求和项:销售额】字段设置【总计的百分比】值显示方式，操作方法如下。

Step01：选择【值字段设置】命令。❶在数据透视表中使用鼠标右键单击【求和项:销售额】字段，❷在弹出的快捷菜单中选择【值字段设置】命令，如图7-9所示。

Step02：选择【总计的百分比】选项。打开【值字段设置】对话框，❶切换到【值显示方式】选项卡，❷在【值显示方式】下拉列表中选择【总计的百分比】选项，❸单击【确定】按钮，如图7-10所示。

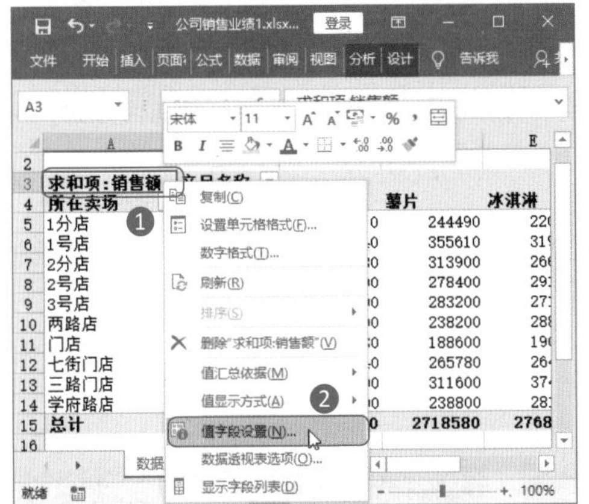

图7-9 选择【值字段设置】命令

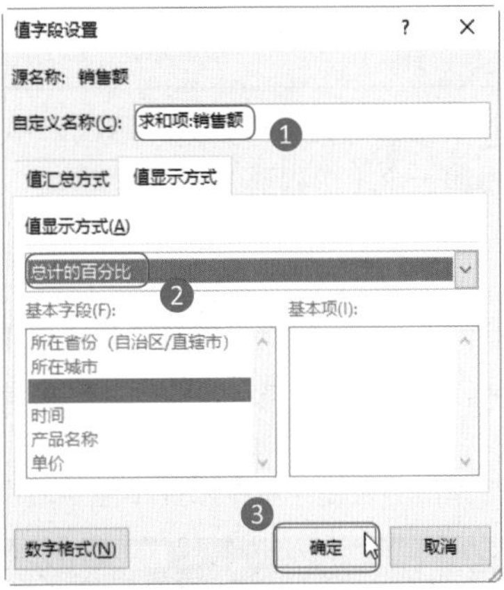

图7-10 选择【总计的百分比】选项

Step03：查看值显示方式。返回数据透视表中，即可查看到值字段占总销售额的比例，如图7-11所示。

	求和项:销售额	产品名称				
	所在卖场	饼干	糖果	薯片	冰淇淋	总计
5	1分店	2.31%	2.49%	2.21%	1.99%	8.99%
6	1号店	2.16%	2.38%	3.21%	2.88%	10.63%
7	2分店	2.41%	3.95%	2.83%	2.41%	11.60%
8	2号店	3.67%	2.78%	2.51%	2.63%	11.60%
9	3号店	2.16%	2.06%	2.56%	2.45%	9.23%
10	两路店	2.27%	2.11%	2.15%	2.61%	9.13%
11	门店	3.14%	1.63%	1.70%	1.72%	8.19%
12	七街门店	2.67%	2.02%	2.40%	2.39%	9.47%
13	三路门店	2.01%	3.48%	2.81%	3.38%	11.68%
14	学府路店	1.99%	2.78%	2.16%	2.54%	9.46%
15	总计	24.80%	25.66%	24.54%	25.00%	100.00%

图7-11 查看【总计的百分比】值显示方式

7.2.2 使用【列汇总的百分比】值显示方式

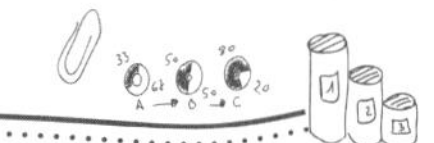

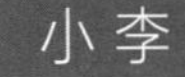

王Sir，张经理要看超市各城市的销售额占总销量额的百分比，你教教我吧!

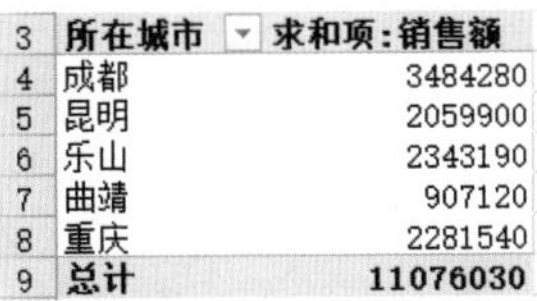

	所在城市	求和项:销售额
4	成都	3484280
5	昆明	2059900
6	乐山	2343190
7	曲靖	907120
8	重庆	2281540
9	总计	11076030

王Sir

小李，你可以**利用【列汇总的百分比】值显示方式**，可以在列汇总数据的基础上，得到该列中各个数据项占列总计比例的情况。

例如，要在公司销售业绩数据透视表中得到各城市销售金额占总销售金额的百分比，可以在数据透视表中添加一个【求和项:销售额】字段，并将其值显示方式设置为【列汇总的百分比】，操作方法如下。

Step01：添加【求和项:销售额2】字段。打开【数据透视表字段】窗格，在字段列表框中选中【销售额】字段，使用鼠标左键将其拖动到【值】区域中，在数据透视表中添加1个【求和项:销售额2】字段到数值区域，完成后关闭窗格，如图7-12所示。

Step02：选择【值字段设置】命令。返回数据透视表，❶使用鼠标右键单击【求和项：销售额2】字段，❷在弹出的快捷菜单中选择【值字段设置】命令，如图7-13所示。

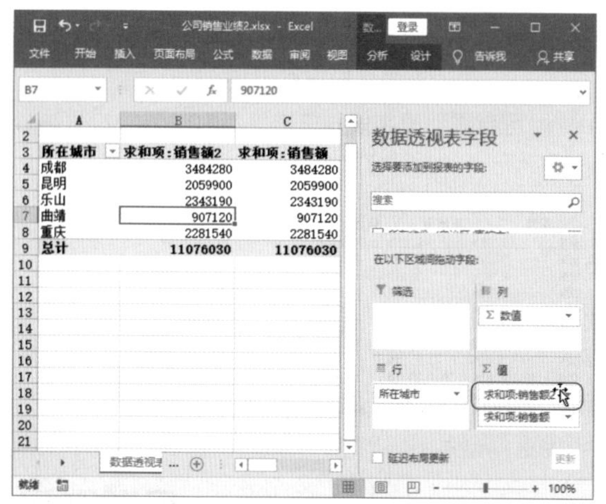

图7-12 添加【求和项：销售额2】字段

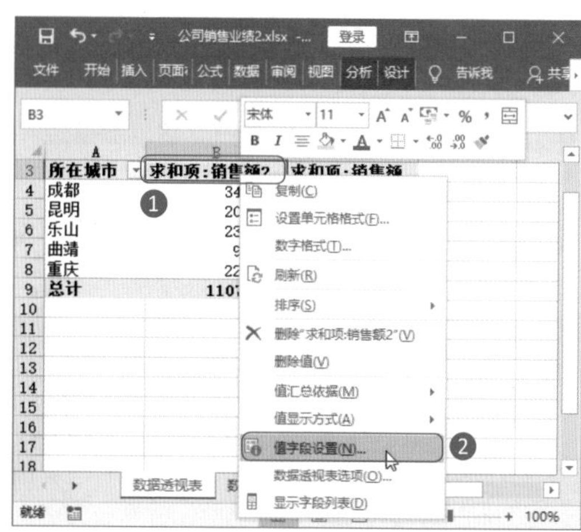

图7-13 选择【值字段设置】命令

Step03：设置值显示方式。弹出【值字段设置】对话框，❶在【值显示方式】选项卡的【值显示方式】下拉列表中选择【列汇总的百分比】选项，❷在【自定义名称】文本框中修改字段名称，❸单击【确定】按钮，如图7-14所示。

Step04：查看值显示方式。返回数据透视表中，即可查看各城市销售金额占总销售金额的百分比，如图7-15所示。

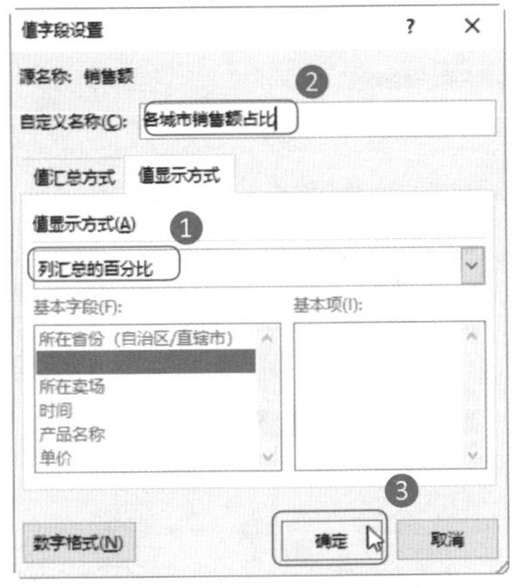

图7-14　设置值显示方式

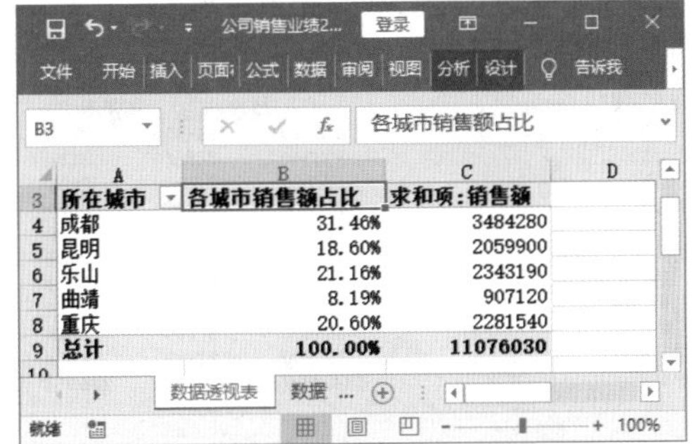

图7-15　查看【列汇总的百分比】值显示方式

7.2.3 使用【行汇总的百分比】值显示方式

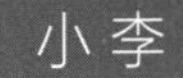

王Sir，张经理要查看各卖场完成了计划销售额的百分比，应该怎么办？

所在卖场	求和项：销售额
1分店	996260
1号店	1177550
2分店	1285280
2号店	1284780
3号店	1021950
两路店	1011700
门店	907120
七街门店	1049190
三路门店	1294000
学府路店	1048200
计划销售额	1000000
总计	12076030

王Sir

小李，使用**【行汇总的百分比】值显示方式**啊！

利用【行汇总的百分比】值显示方式，可以设置一个固定基本字段的基本项，将字段中其他项与该基本项对比，就可得到任务完成率、生产进度等的报表。

例如，要在公司销售业绩数据透视表中得到各卖场完成了计划销售额的百分比，操作方法如下。

Step01：选择【值字段设置】命令。在数据透视表中，❶使用鼠标右键单击【求和项：销售额】字段，❷在弹出的快捷菜单中选择【值字段设置】命令，如图7-16所示。

Step02：设置值显示方式。打开【值字段设置】对话框，❶在【值显示方式】选项卡的【值显示方式】下拉列表中选择【行汇总的百分比】选项，❷单击【确定】按钮，如图7-17所示。

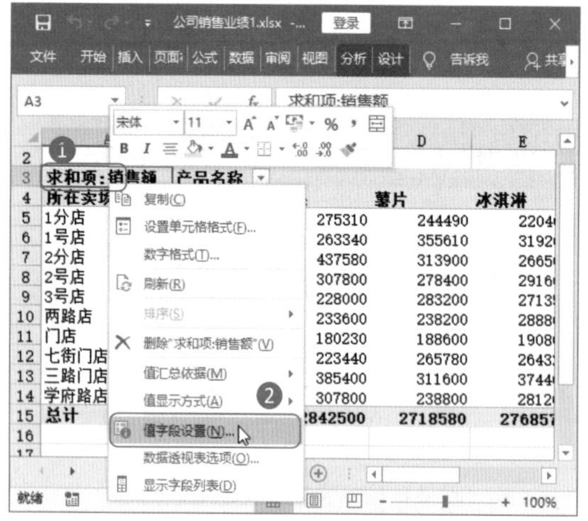

图7-16 选择【值字段设置】命令

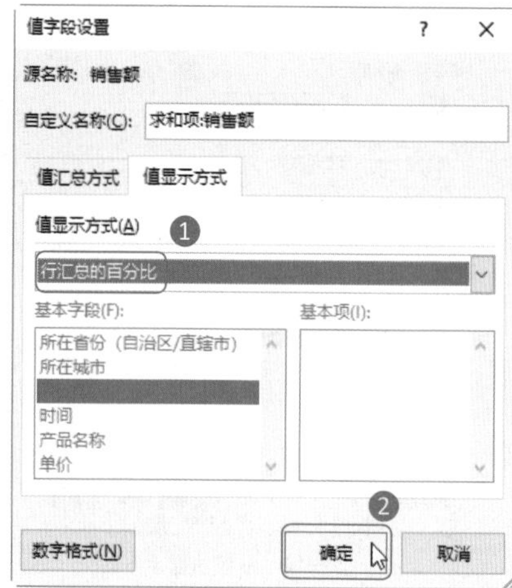

图7-17 设置值显示方式

Step03：查看值显示方式。返回数据透视表，即可看到将【求和项:销售额】字段的值显示方式设置为【行汇总的百分比】后的效果，如图7-18所示。

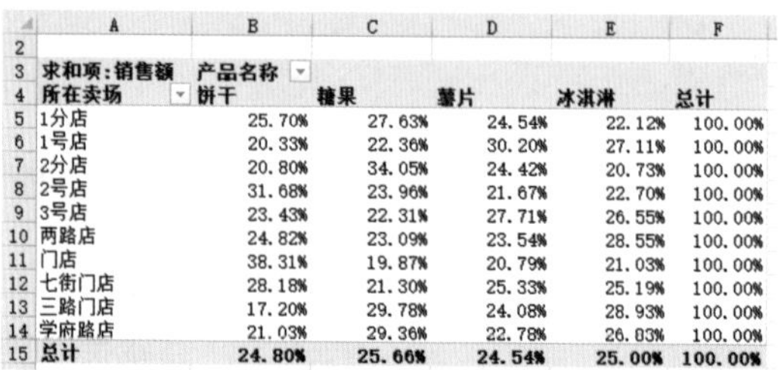

求和项:销售额	产品名称				
所在卖场	饼干	糖果	薯片	冰淇淋	总计
1分店	25.70%	27.63%	24.54%	22.12%	100.00%
1号店	20.33%	22.36%	30.20%	27.11%	100.00%
2分店	20.80%	34.05%	24.42%	20.73%	100.00%
2号店	31.68%	23.96%	21.67%	22.70%	100.00%
3号店	23.43%	22.31%	27.71%	26.55%	100.00%
两路店	24.82%	23.09%	23.54%	28.55%	100.00%
门店	38.31%	19.87%	20.79%	21.03%	100.00%
七街门店	28.18%	21.30%	25.33%	25.19%	100.00%
三路门店	17.20%	29.78%	24.08%	28.93%	100.00%
学府路店	21.03%	29.36%	22.78%	26.83%	100.00%
总计	24.80%	25.66%	24.54%	25.00%	100.00%

图7-18 查看【行汇总的百分比】值显示方式

7.2.4 使用【百分比】值显示方式

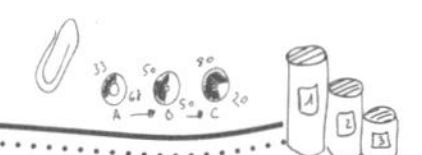

小李

王Sir，张经理要看各卖场完成销售任务的完成度，需用百分比的方式显示，应该怎么设置呢？

王Sir

小李，可以**使用【百分比】值显示方式。**

使用这个值显示方式，可以对某一固定基本字段的基本项做对比，得到完成率。平时可以用于任务完成率、生产进度等的报表。

例如，要在公司销售业绩数据透视表中得到各卖场完成销售任务的完成度，可以在数据透视表中将【求和项:销售额】字段的值显示方式设置为【百分比】，操作方法如下。

Step01：选择【值字段设置】命令。在数据透视表中，❶使用鼠标右键单击【求和项：销售额】字段，❷在弹出的快捷菜单中选择【值字段设置】命令，如图7-19所示。

Step02：设置值显示方式。打开【值字段设置】对话框，❶在【值显示方式】选项卡的【值显示方式】下拉列表中选择【百分比】选项，❷在对应的【基本字段】列表框中选择【所在卖场】字段，在【基本项】列表框中选择【计划销售额】选项，❸单击【确定】按钮，如图7-20所示。

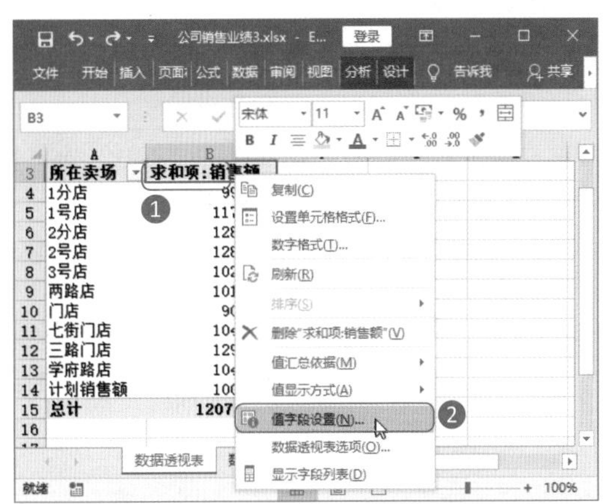

图7-19 选择【值字段设置】命令

图7-20 设置值显示方式

Step03：查看值显示方式。返回数据透视表，即可得到各卖场完成销售任务的百分比，如图7-21所示。

3	所在卖场	求和项:销售额
4	1分店	99.63%
5	1号店	117.76%
6	2分店	128.53%
7	2号店	128.48%
8	3号店	102.20%
9	两路店	101.17%
10	门店	90.71%
11	七街门店	104.92%
12	三路门店	129.40%
13	学府路店	104.82%
14	计划销售额	100.00%
15	总计	

图7-21 查看【百分比】值显示方式

7.2.5 使用【父行汇总的百分比】值显示方式

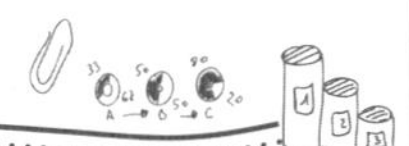

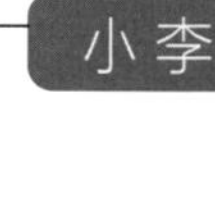

王Sir，张经理要看各产品在各城市中占销售总额的百分比，应该怎么做？

3	所在城市	产品名称	求和项:销售额
4	⊟成都		
5		饼干	885780
6		糖果	799140
7		薯片	917210
8		冰淇淋	882150
9	成都 汇总		3484280
10	⊟昆明		
11		饼干	471500
12		糖果	541400
13		薯片	477000
14		冰淇淋	570000
15	昆明 汇总		2059900

王Sir

小李，**使用【父行汇总的百分比】值显示方式**就可以了。

【父行汇总的百分比】值显示方式可以提供一个基本字段的基本项和该字段父行汇总项的对比，得到构成率的报表。

例如，要在公司销售业绩数据透视表中得到各产品在各城市中占销售总额的百分比，可以在数据透视表中设置【求和项:销售额】字段的值显示方式为【父行汇总的百分比】，操作方法如下。

Step01：设置值显示方式。在数据透视表中，使用鼠标右键单击【求和项:销售额】字段所在单元格，在弹出的快捷菜单中选择【值字段设置】命令，打开【值字段设置】对话框，❶在【值显示方式】选项卡的【值显示方式】下拉列表中选择【父行汇总的百分比】选项，❷单击【确定】按钮，如图7-22所示。

Step02：查看值显示方式。返回数据透视表，即可得到各产品在各城市中占销售总额的百分比，如图7-23所示。

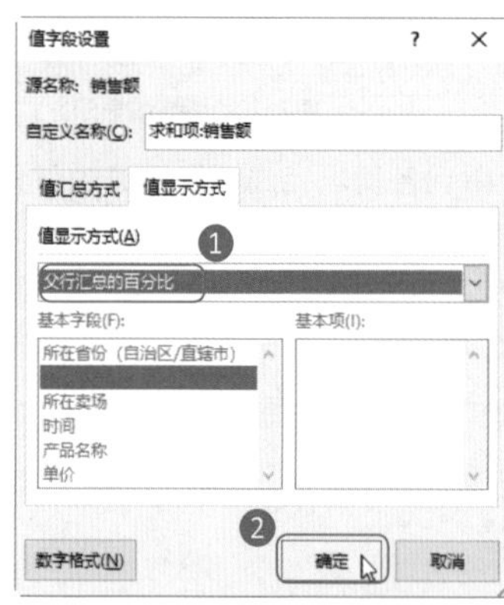

图7-22　设置值显示方式

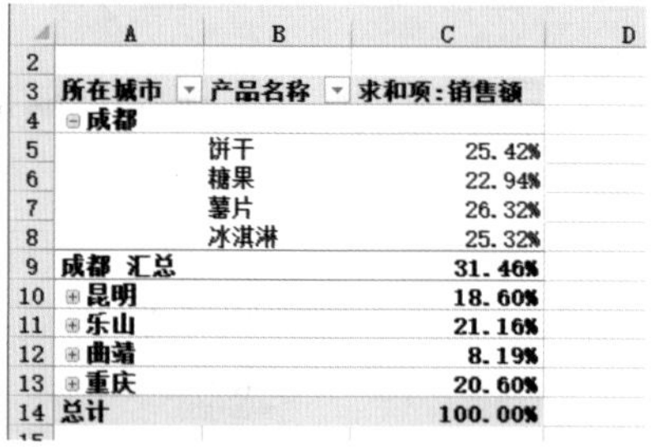

	A	B	C	D
2				
3	所在城市	产品名称	求和项:销售额	
4	⊟成都			
5		饼干	25.42%	
6		糖果	22.94%	
7		薯片	26.32%	
8		冰淇淋	25.32%	
9	成都 汇总		31.46%	
10	⊞昆明		18.60%	
11	⊞乐山		21.16%	
12	⊞曲靖		8.19%	
13	⊞重庆		20.60%	
14	总计		100.00%	

图7-23　查看【父行汇总的百分比】值显示方式

7.2.6 使用【父列汇总的百分比】值显示方式

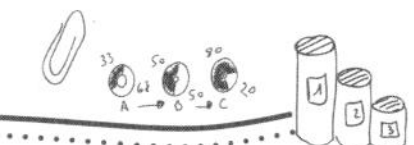

小李

王Sir，如果我要得出每一种产品在各城市中占销售总额的百分比，应该怎么做？

3	求和项:销售额		产品名称				
4	所在省份（自治区/直辖市	所在城市	饼干	糖果	薯片	冰淇淋	总计
5	⊟四川						
6		成都	885780	799140	917210	882150	3484280
7		乐山	518250	608840	577380	638720	2343190
8	四川 汇总		1404030	1407980	1494590	1520870	5827470
9	⊟云南						
10		昆明	471500	541400	477000	570000	2059900
11		曲靖	347490	180230	188600	190800	907120
12	云南 汇总		818990	721630	665600	760800	2967020
13	⊟重庆						
14		重庆	523360	712890	558390	486900	2281540
15	重庆 汇总		523360	712890	558390	486900	2281540
16	总计		2746380	2842500	2718580	2768570	11076030

王Sir

可以**使用【父列汇总的百分比】值显示方式。**

这种值显示方式，可以通过一个基本字段的基本项和该字段父列汇总项的对比，得到构成率的报表。

例如，要在公司销售业绩数据透视表中得到每一种产品在各城市中占销售总额的百分比，可以在数据透视表中设置【求和项:销售额】字段的值显示方式为【父列汇总的百分比】，操作方法如下。

Step01：选择【值字段设置】命令。在数据透视表中，❶使用鼠标右键单击【求和项:销售额】字段所在的单元格，❷在弹出的快捷菜单中选择【值字段设置】命令，如图7-24所示。

Step02：设置值显示方式。打开【值字段设置】对话框，❶在【值显示方式】选项卡的【值显示方式】下拉列表中选择【父列汇总的百分比】选项，❷单击【确定】按钮，如图7-25所示。

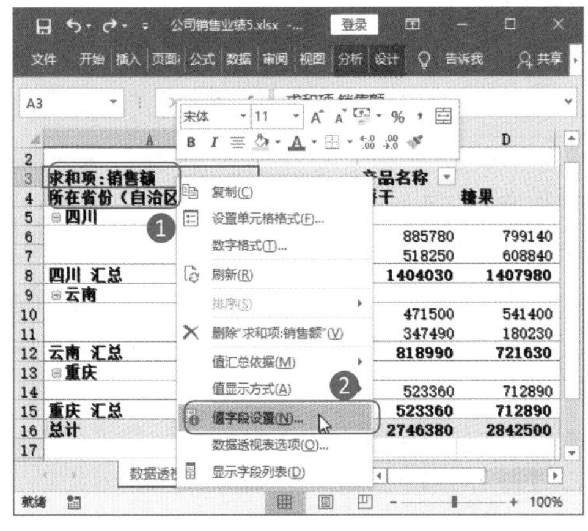

图7-24 选择【值字段设置】命令

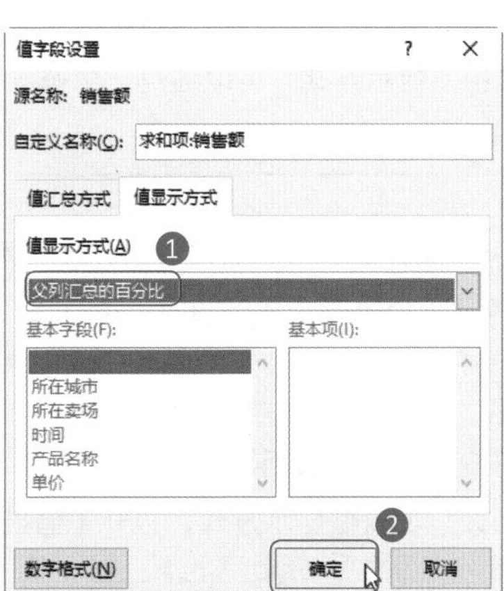

图7-25 设置值显示方式

Step03：查看值显示方式。返回数据透视表，即可看到将【求和项:销售额】字段的值显示方式设置为【父列汇总的百分比】后的效果，如图7-26所示。

	求和项:销售额		产品名称				
4	所在省份（自治区/直辖市	所在城市	饼干	糖果	薯片	冰淇淋	总计
5	⊟四川						
6		成都	25.42%	22.94%	26.32%	25.32%	100.00%
7		乐山	22.12%	25.98%	24.64%	27.26%	100.00%
8	四川 汇总		24.09%	24.16%	25.65%	26.10%	100.00%
9	⊟云南						
10		昆明	22.89%	26.28%	23.16%	27.67%	100.00%
11		曲靖	38.31%	19.87%	20.79%	21.03%	100.00%
12	云南 汇总		27.60%	24.32%	22.43%	25.64%	100.00%
13	⊟重庆						
14		重庆	22.94%	31.25%	24.47%	21.34%	100.00%
15	重庆 汇总		22.94%	31.25%	24.47%	21.34%	100.00%
16	总计		24.80%	25.66%	24.54%	25.00%	100.00%

图7-26　查看【父列汇总的百分比】值显示方式

7.2.7 使用【父级汇总的百分比】值显示方式

小李

王Sir，我有一个分析报表需要计算产品在不同省份的销量百分比数据，应该怎么计算呢？

3	求和项:销售额		产品名称				
4	所在省份（自治区/直辖市	所在城市	饼干	糖果	薯片	冰淇淋	总计
5	⊟四川						
6		成都	885780	799140	917210	882150	3484280
7		乐山	518250	608840	577380	638720	2343190
8	四川 汇总		1404030	1407980	1494590	1520870	5827470
9	⊟云南						
10		昆明	471500	541400	477000	570000	2059900
11		曲靖	347490	180230	188600	190800	907120
12	云南 汇总		818990	721630	665600	760800	2967020
13	⊟重庆						
14		重庆	523360	712890	558390	486900	2281540
15	重庆 汇总		523360	712890	558390	486900	2281540
16	总计		2746380	2842500	2718580	2768570	11076030

王Sir

小李，**使用【父级汇总的百分比】值显示方式**就可以了。

这种值显示方式，可以通过一个基本字段的基本项和该字段父级汇总项的对比，得到构成率的报表。

例如，要在公司销售业绩数据透视表中得到各产品在不同省份的销售额构成率，可以在数据透视表中设置【求和项:销售额】字段的值显示方式，操作方法如下。

Step01：选择【父级汇总的百分比】命令。在数据透视表中，❶使用鼠标右键单击数值区域中的任意单元格，❷在弹出的快捷菜单中选择【值显示方式】选项，❸在弹出的子菜单中选择【父级汇总的百分比】命令，如图7-27所示。

Step02：设置值显示方式。打开【值显示方式（求和项:销售额）】对话框，❶设置【基本字段】为【所在省份（自治区/直辖市）】，❷单击【确定】按钮，如图7-28所示。

图7-27　选择【父级汇总的百分比】命令

图7-28　设置值显示方式

Step03：查看值显示方式。返回数据透视表，即可看到将【求和项:销售额】字段的值显示方式设置为【父级汇总的百分比】后的效果，如图7-29所示。

	求和项:销售额		产品名称				
4	所在省份（自治区/直辖市）	所在城市	饼干	糖果	薯片	冰淇淋	总计
5	⊟四川						
6		成都	63.09%	56.76%	61.37%	58.00%	59.79%
7		乐山	36.91%	43.24%	38.63%	42.00%	40.21%
8	四川 汇总		100.00%	100.00%	100.00%	100.00%	100.00%
9	⊟云南						
10		昆明	57.57%	75.02%	71.66%	74.92%	69.43%
11		曲靖	42.43%	24.98%	28.34%	25.08%	30.57%
12	云南 汇总		100.00%	100.00%	100.00%	100.00%	100.00%
13	⊟重庆						
14		重庆	100.00%	100.00%	100.00%	100.00%	100.00%
15	重庆 汇总		100.00%	100.00%	100.00%	100.00%	100.00%
16	总计						

图7-29　查看【父级汇总的百分比】值显示方式

7.2.8 使用【差异】值显示方式

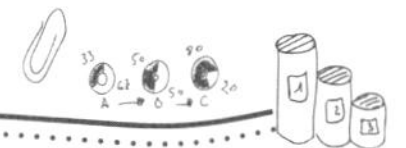

小李

王Sir，张经理要我计算出预算额和实际发生额之间的差额，这一年的数据需要使用公式一个个计算吗？

	求和项:金额		月份											
4	费用属性	科目名称	01月	02月	03月	04月	05月	06月	07月	08月	09月	10月	11月	12月	总计
5	预算额	办公用品费	750	200	4500	3450	3200		2450	4500	3200	2450	3200	3450	31350
6		办公设备					200			3200		3200	200	200	7000
7		差旅费	32000	24500	30000	40000	45000	45000	80000	45000	45000	32000	80000	75000	573500
8		公司车辆消耗	3200	3200	3200	4500	4500	4500	20000	4500	3200	3200	20000	4500	78500
9		过桥过路费	2000	450	2450	3000	4500	3200	3000	3000	2450	2000	4500	3200	33750
10		固定电话费	4500	4500	4500	2450	4500	4500	4500	2450	3550	2450	2450	2450	42800
11		手机电话费	4500	4500	4500	4500	4500	4500	4500	4500	4500	4500	4500	4500	54000
12	预算额 汇总		46950	37350	49150	57900	66400	61700	114450	67150	61900	49800	114850	93300	820900
13	实际发生额	办公用品费	258.5	28	4788.5	3884.4	2285		2452	4827.8	2825.8	2825.5	2755.48	3823.42	30754.4
14		办公设备					37			2758		2408	220.8	570.48	5994.28
15		差旅费	28782.4	23888	30085.2	40775.2	48545.8	44877.8	80282.8	57242.7	45825.4	28585.5	80583.8	79432.9	588907.6
16		公司车辆消耗	2727.88	2522	2840	4277.8	7587.27	4787.32	8322.85	5320.85	3820.7	2820	22827.6	7285.2	75139.45
17		过桥过路费	2230	348	2525	3225	5783.5	2342	2888	3288	2348	885	20045	2285	48192.5
18		固定电话费	2200	1800	2530	2387.88	2530	2387.88	1177.88	2848.88	2331.75	2827.55	2300.75	2430.88	27753.45
19		手机电话费	2800	3845	8352.08	2245	3782.82	20000.8	5452.02	7484.33	7828.08	7845.3	7325.24	7582.48	84543.17
20	实际发生额 汇总		38999	32431	51121	56795	70551	74396	100576	83771	64980	48197	136059	103410	861284.85
21	总计		85949	69781	100271	114695	136951	136096	215026	150921	126880	97997	250909	196710	1682184.9

王Sir

用公式计算还不累死你。

这种情况可以**利用【差异】值显示方式**先设置一个基本字段的基本项，然后计算出该字段其他项减去基本项后的结果。

例如，要在公司年度费用数据透视表中计算出预算额和实际发生额之间的差额，可以在数据透视表中设置【求和项:金额】字段的值显示方式为【差异】，操作方法如下。

Step01：选择【值字段设置】命令。在数据透视表中，❶使用鼠标右键单击【求和项:金额】字段所在单元格，❷在弹出的快捷菜单中选择【值字段设置】命令，如图7-30所示。

Step02：设置值显示方式。打开【值字段设置】对话框，❶在【值显示方式】选项卡中设置【值显示方式】为【差异】，【基本字段】为【费用属性】，【基本项】为【实际发生额】，❷单击【确定】按钮，如图7-31所示。

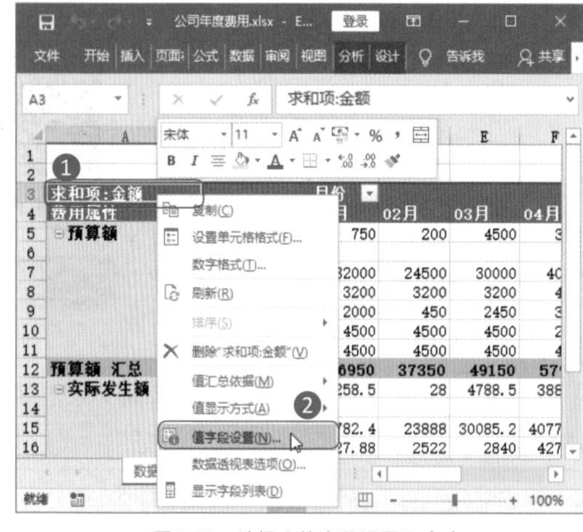

图7-30 选择【值字段设置】命令

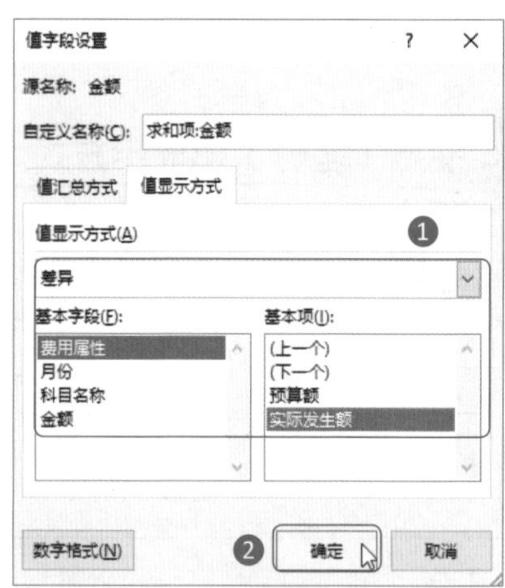

图7-31 设置值显示方式

Step03：查看与预算额的差异。因为选择了【实际发生额】作为【基本项】，所以在进行差异计算时，Excel会在【预算额】字段的数值区域中显示出【预算额】减去【实际发生额】的计算结果，如图7-32所示。

	求和项:金额		月份												
4	费用属性	科目名称	01月	02月	03月	04月	05月	06月	07月	08月	09月	10月	11月	12月	总计
5	⊟预算额	办公用品费	491.5	172	-288.5	-434.4	915	0	-2	-327.8	374.2	-375.5	444.52	-373.42	595.6
6		办公设备	0	0	0	0	163	0	0	442	0	792	-20.8	-370.48	1005.72
7		差旅费	3217.6	612	-85.2	-775.2	-3545.8	122.2	-282.82	-12242.7	-825.4	3414.5	-583.84	-4432.94	-15407.6
8		公司车辆消耗	472.12	678	360	222.2	-3087.27	-287.32	11677.15	-820.85	-620.7	380	-2827.58	-2785.2	3360.55
9		过桥过路费	-230	102	-75	-225	-1283.5	858	112	-288	102	1115	-15545	915	-14442.5
10		固定电话费	2300	2700	1970	62.12	1970	2112.12	3322.12	-398.88	1218.25	-377.55	149.25	19.12	15046.55
11		手机电话费	1700	655	-3852.08	2255	717.18	-15500.82	-952.02	-2984.33	-3328.08	-3345.3	-2825.24	-3082.48	-30543.17
12	预算额 汇总		7951.22	4919	-1970.78	1104.72	-4151.39	-12695.82	13874.43	-16620.56	-3079.73	1603.15	-21208.69	-10110.4	-40384.85
13	⊟实际发生额	办公用品费													
14		办公设备													
15		差旅费													
16		公司车辆消耗													
17		过桥过路费													
18		固定电话费													
19		手机电话费													
20	实际发生额 汇总														
21	总计														

图7-32 查看与预算额的差异

Step04：查看与实际发生额的差异。如果在设置时选择了【预算额】作为【基本项】，Excel数据透视表将在进行差异计算时，在【实际发生额】字段的数值区域中显示出【实际发生额】减去【预算额】的计算结果，如图7-33所示。

3	求和项:金额		月份												
4	费用属性	科目名称	01月	02月	03月	04月	05月	06月	07月	08月	09月	10月	11月	12月	总计
5	⊟预算额	办公用品费													
6		办公设备													
7		差旅费													
8		公司车辆消耗													
9		过桥过路费													
10		固定电话费													
11		手机电话费													
12	预算额 汇总														
13	⊟实际发生额	办公用品费	-491.5	-172	288.5	434.4	-915	0	2	327.8	-374.2	375.5	-444.52	373.42	-595.6
14		办公设备	0	0	0	0	-163	0	0	-442	0	-792	20.8	370.48	-1005.72
15		差旅费	-3217.6	-612	85.2	775.2	3545.8	-122.2	282.82	12242.7	825.4	-3414.5	583.84	4432.94	15407.6
16		公司车辆消耗	-472.12	-678	-360	-222.2	3087.27	287.32	-11677.15	820.85	620.7	-380	2827.58	2785.2	-3360.55
17		过桥过路费	230	-102	75	225	1283.5	-858	-112	288	-102	-1115	15545	-915	14442.5
18		固定电话费	-2300	-2700	-1970	-62.12	-1970	-2112.12	-3322.12	398.88	-1218.25	377.55	-149.25	-19.12	-15046.55
19		手机电话费	-1700	-655	3852.08	-2255	-717.18	15500.82	952.02	2984.33	3328.08	3345.3	2825.24	3082.48	30543.17
20	实际发生额 汇总		-7951.22	-4919	1970.78	-1104.72	4151.39	12695.82	-13874.43	16620.56	3079.73	-1603.15	21208.69	10110.4	40384.85
21	总计														

图7-33 查看与实际发生额的差异

使用【差异百分比】值显示方式

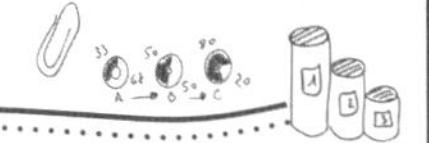

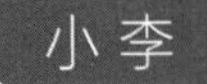

王Sir，张经理让我在交流会上以2016年为标准，计算产品销售数量变化趋势，应该怎么计算呢？

3	所在城市	产品名称	求和项:销售额
4	⊟成都		
5		饼干	885780
6		糖果	799140
7		薯片	917210
8		冰淇淋	882150
9	成都 汇总		3484280
10	⊟昆明		
11		饼干	471500
12		糖果	541400
13		薯片	477000
14		冰淇淋	570000
15	昆明 汇总		2059900

王Sir

小李，这个不用计算，直接使用**【差异百分比】值显示方式**就可以了。

使用这种值显示方式，可以先设置一个基本字段的基本项，然后计算出该字段其他项减去基本项后所得数据和基本项的比率。

例如，要在超市销售业绩数据透视表中计算出以2016年为标准的产品销售数量变化趋势，可以在数据透视表中设置【求和项:数量】字段的值显示方式为【差异百分比】，操作方法如下。

Step01：设置值显示方式。在数据透视表中，使用鼠标右键单击【求和项:数量】字段所在单元格，在弹出的快捷菜单中选择【值字段设置】命令，打开【值字段设置】对话框，❶在【值显示方式】选项卡设置【值显示方式】为【差异百分比】，【基本字段】为【年】，【基本项】为【2016年】，❷单击【确定】按钮，如图7-34所示。

Step02：查看值显示方式。返回数据透视表，即可看到将【求和项:数量】字段的值显示方式设置为【差异百分比】后的效果，如图7-35所示。

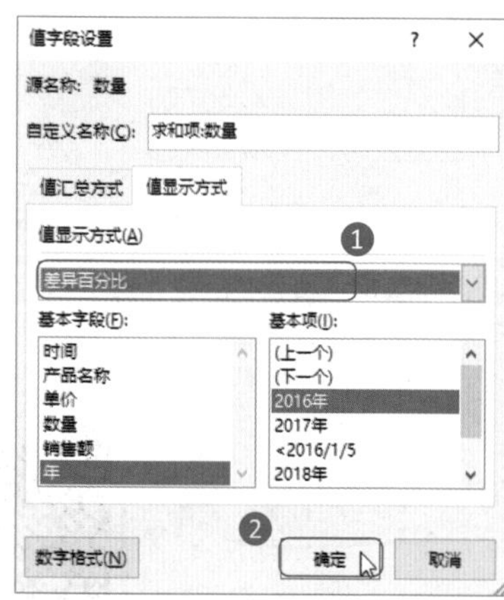

图7-34 设置值显示方式

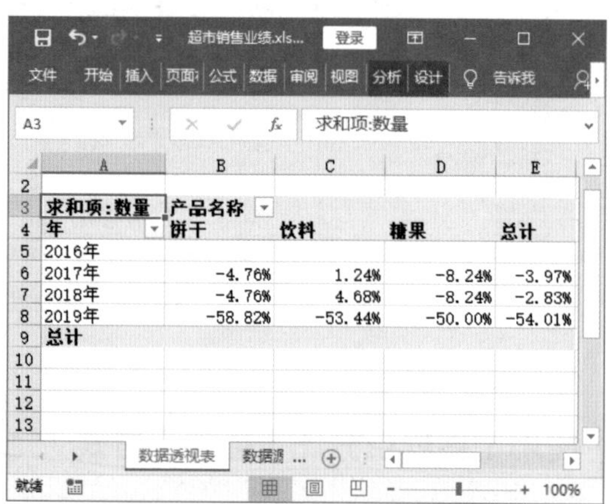

	A	B	C	D	E
3	求和项:数量	产品名称			
4	年	饼干	饮料	糖果	总计
5	2016年				
6	2017年	-4.76%	1.24%	-8.24%	-3.97%
7	2018年	-4.76%	4.68%	-8.24%	-2.83%
8	2019年	-58.82%	-53.44%	-50.00%	-54.01%
9	总计				

图7-35 查看【差异百分比】值显示方式

技能升级

以本例中2017年饼干销售数量的差异百分比数据为例，其计算公式为(2017年饼干销售数量-2016年饼干销售数量)/2016年饼干销售数量。

使用【按某一字段汇总】值显示方式

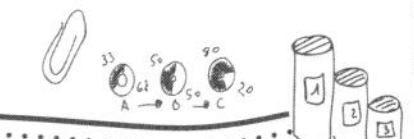

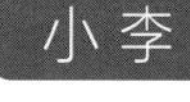

王Sir，我想按月计算出产品的累计销售额，怎么计算？

4	行标签	求和项:销售额
5	1月	2987600
6	2月	2844250
7	3月	3071350
8	4月	2696390
9	5月	2522590
10	6月	2722360
11	7月	2126870
12	8月	2458310
13	9月	1936290
14	10月	1944620
15	11月	1823790
16	12月	2390330
17	**总计**	**29524750**

王Sir

小李，**使用【按某一字段汇总】值显示方式**就可以了。

使用这种值显示方式，可以先设置一个基本字段，然后按该字段累计计算数据，如按月累计计算销售额、按日期累计计算账户余额等。

例如，要在超市销售业绩数据透视表中按月计算出产品的累计销售额，可以在数据透视表中设置【求和项:销售额】字段的值显示方式为【按某一字段汇总】，操作方法如下。

Step01：选择【按某一字段汇总】命令。在数据透视表中，❶使用鼠标右键单击【求和项:销售额】字段所在单元格，❷在弹出的快捷菜单中选择【值显示方式】命令，❸在弹出的子菜单中选择【按某一字段汇总】命令，如图7-36所示。

Step02：设置值显示方式。打开【值显示方式（求和项:销售额）】对话框，❶设置【基本字段】为【时间】，❷单击【确定】按钮，如图7-37所示。

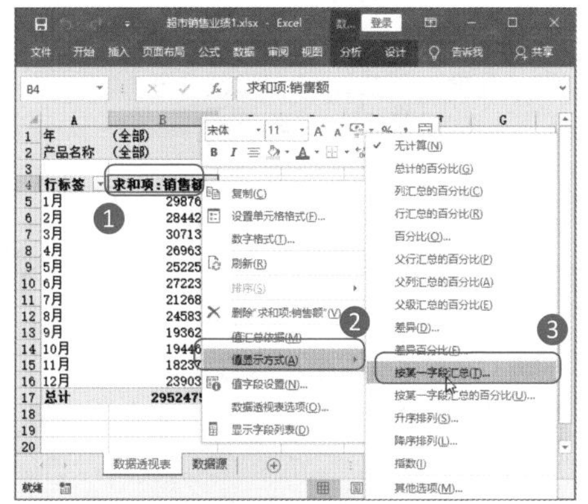

图7-36　选择【按某一字段汇总】命令

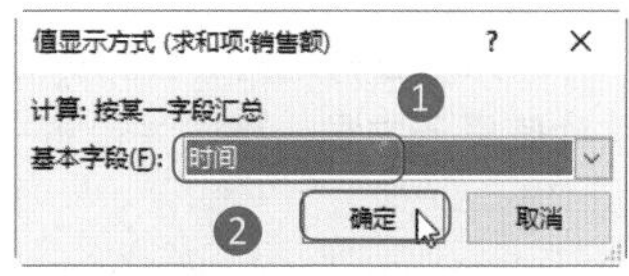

图7-37　设置值显示方式

Step03：查看值显示方式。返回数据透视表，即可看到按月计算出产品的累计销售额后的效果，如图7-38所示。

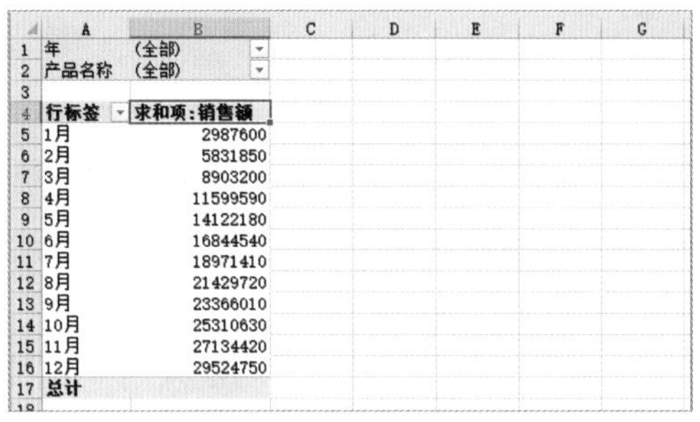

	A	B
1	年	(全部)
2	产品名称	(全部)
3		
4	行标签	求和项:销售额
5	1月	2987600
6	2月	5831850
7	3月	8903200
8	4月	11599590
9	5月	14122180
10	6月	16844540
11	7月	18971410
12	8月	21429720
13	9月	23366010
14	10月	25310630
15	11月	27134420
16	12月	29524750
17	总计	

图7-38　查看【按某一字段汇总】值显示方式

技能升级

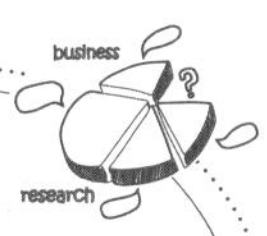

如果需要以百分比的形式显示【按某一字段汇总】的计算结果，可以使用鼠标右键单击要设置的值字段，在打开的快捷菜单中执行【值显示方式】→【按某一字段汇总的百分比】命令。

7.2.11 使用【升序排列】值显示方式

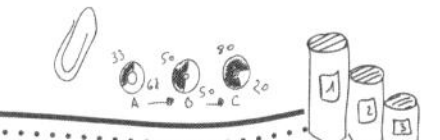

小李

王Sir，我要把销售额按从低到高的顺序排列，可是数据太大，看半天眼睛都花了还没有排好，怎么办呀？

	行标签	求和项:销售额
5	1月	2987600
6	2月	2844250
7	3月	3071350
8	4月	2696390
9	5月	2522590
10	6月	2722360
11	7月	2126870
12	8月	2458310
13	9月	1936290
14	10月	1944620
15	11月	1823790
16	12月	2390330
17	总计	29524750

王Sir

小李，你的方法没有用对。这种时候，**使用【升序排列】值显示方式**就可以了。

使用这种值显示方式，可以先设置一个基本字段，然后按照数值从小到大的顺序（升序），快速对该字段进行排名。

例如，要在超市销售业绩数据透视表中，按由低到高对时间进行排名，可以在数据透视表中设置【求和项:销售额】字段的值显示方式为【升序排列】，操作方法如下。

Step01：选择【升序排列】命令。在数据透视表中，❶使用鼠标右键单击【求和项:销售额】字段所在单元格，❷在弹出的快捷菜单中选择【值显示方式】选项，❸在弹出的子菜单中选择【升序排列】命令，如图7-39所示。

Step02：设置值显示方式。打开【值显示方式（求和项:销售额）】对话框，❶设置【基本字段】为【时间】，❷单击【确定】按钮，如图7-40所示。

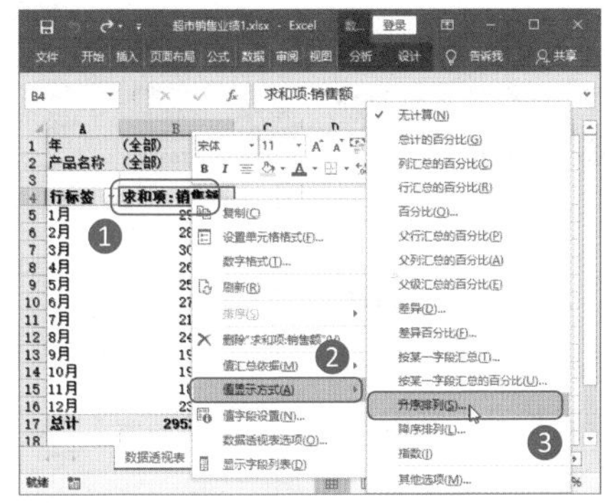

图7-39 选择【升序排列】命令

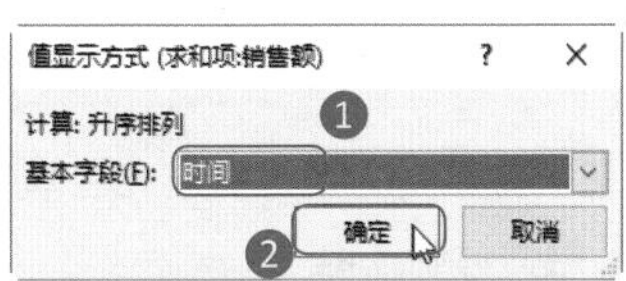

图7-40 设置值显示方式

Step03：查看值显示方式。返回数据透视表，即可看到按月对销售额进行了升序排名，如图7-41所示。

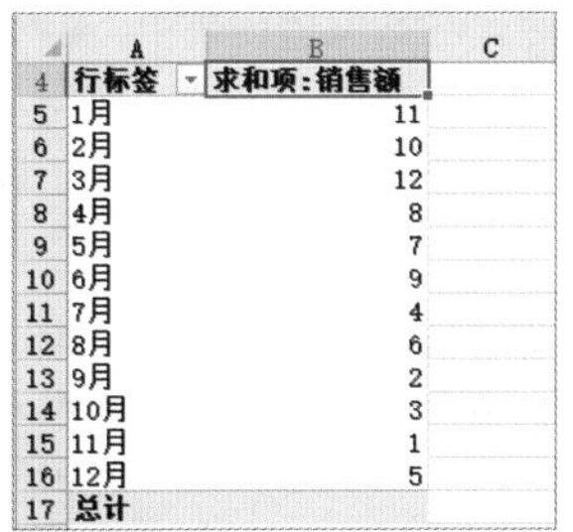

	A	B	C
4	行标签	求和项:销售额	
5	1月	11	
6	2月	10	
7	3月	12	
8	4月	8	
9	5月	7	
10	6月	9	
11	7月	4	
12	8月	6	
13	9月	2	
14	10月	3	
15	11月	1	
16	12月	5	
17	总计		

图7-41 查看【升序排列】值显示方式

技能升级

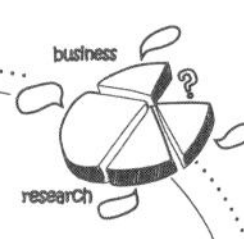

如果需要按照数值从大到小的顺序（降序）对设置的基本字段进行排名，可以使用鼠标右键单击要设置的值字段，打开快捷菜单，在其中执行【值显示方式】→【降序排列】命令。

7.2.12 使用【指数】值显示方式

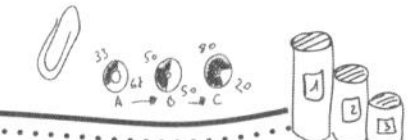

小李

王Sir，张经理要我分析公司销售业绩数据透视表，在其中进行指数分析，应该怎么办？

3	求和项:销售额	所在城市					
4	产品名称	成都	昆明	乐山	曲靖	重庆	总计
5	饼干	885780	471500	518250	347490	523360	2746380
6	糖果	799140	541400	608840	180230	712890	2842500
7	薯片	917210	477000	577380	188600	558390	2718580
8	冰淇淋	882150	570000	638720	190800	486900	2768570
9	总计	3484280	2059900	2343190	907120	2281540	11076030

王Sir

小李，指数分析是为了计算出在各城市中各种产品的重要性。使用**【指数】值显示方式**就可以对数据进行指数分析了。

例如，要在公司销售业绩数据透视表中计算出在各城市中各产品的重要性，可以在数据透视表中设置【求和项:销售额】字段的值显示方式为【指数】，操作方法如下。

Step01：选择【值字段设置】命令。在数据透视表中，❶使用鼠标右键单击【求和项:销售额】字段所在单元格，❷在弹出的快捷菜单中选择【值字段设置】命令，如图7-42所示。

Step02：设置值显示方式。打开【值字段设置】对话框，❶在【值显示方式】选项卡设置【值显示方式】为【指数】，❷单击【确定】按钮，如图7-43所示。

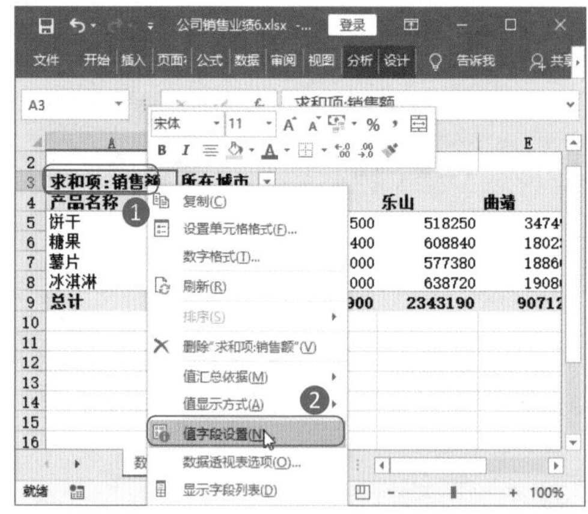

图7-42 选择【值字段设置】命令

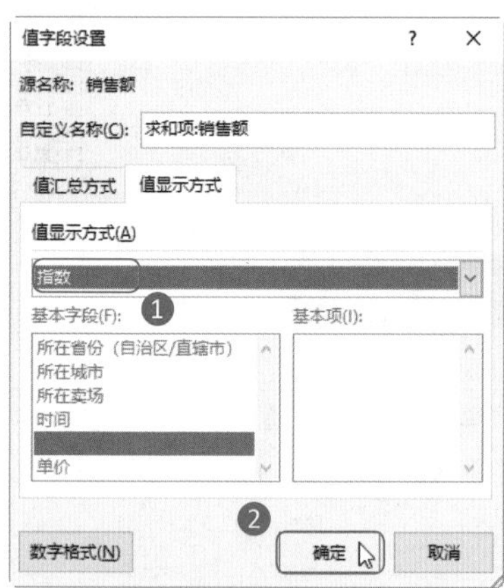

图7-43 设置值显示方式

Step03：查看值显示方式。返回数据透视表，即可看到将【求和项:销售额】字段的值显示方式设置为【指数】后的效果，如图7-44所示。

3	求和项:销售额	所在城市					
4	产品名称	成都	昆明	乐山	曲靖	重庆	总计
5	饼干	1.025265439	0.923121902	0.891980379	1.544902459	0.925115452	1
6	糖果	0.893703526	1.024131593	1.012463375	0.774187207	1.217525555	1
7	薯片	1.072501082	0.943439917	1.003913367	0.847069319	0.997129467	1
8	冰淇淋	1.012880022	1.107024756	1.090514953	0.841476986	0.853768843	1
9	总计	1	1	1	1	1	1

图7-44　查看【指数】值显示方式

温馨提示

以本例中成都饼干销售额的指数分析数据为例，其计算公式为(成都饼干销售额885780 × 总汇总和11076030)/(该行汇总2746380 × 该列汇总3484280)。计算出的指数数据越大，该产品在该地区的重要性越高。

7.2.13 修改和删除自定义值显示方式

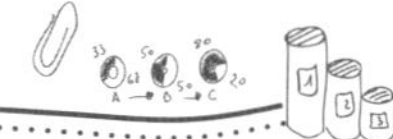

小李

王Sir，设置值显示方式后，可以修改和删除吗？

王Sir

当然可以。

如果要修改和删除自定义值显示方式，只要把该值设置为无计算状态就可以了。

在Excel数据透视表中设置值显示方式后，如果需要修改或删除值显示方式，方法主要有以下两种。

☆ 通过快捷菜单：使用鼠标右键单击要设置的值字段所在单元格，在弹出的快捷菜单中选择【值显示方式】选项，选择要修改的值显示方式，然后根据需要进行设置，即可修改自定义值显示方式；选择【无计算】命令，即可删除自定义的值显示方式，如图7-45所示。

☆ 通过【值字段设置】对话框：使用鼠标右键单击要设置的值字段所在单元格，在弹出的快捷菜

单中选择【值字段设置】命令，打开【值字段设置】对话框，切换到【值显示方式】选项卡，打开【值显示方式】下拉列表，选择要修改的值显示方式，然后根据需要进行设置，即可修改自定义值显示方式；选择【无计算】命令，然后单击【确定】按钮保存设置，即可删除自定义的值显示方式，如图7-46所示。

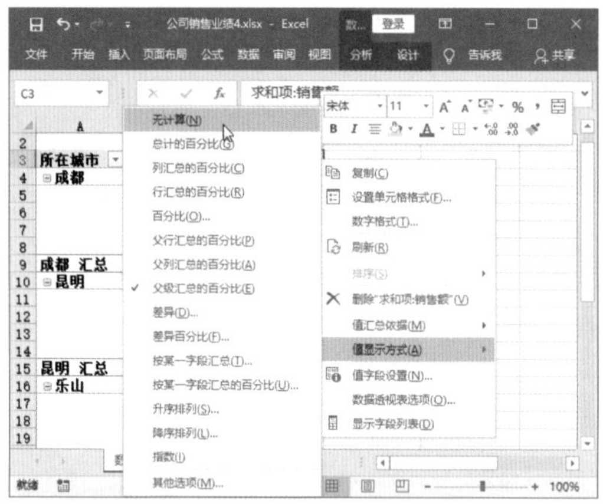

图7-45 通过快捷菜单修改或删除显示方式

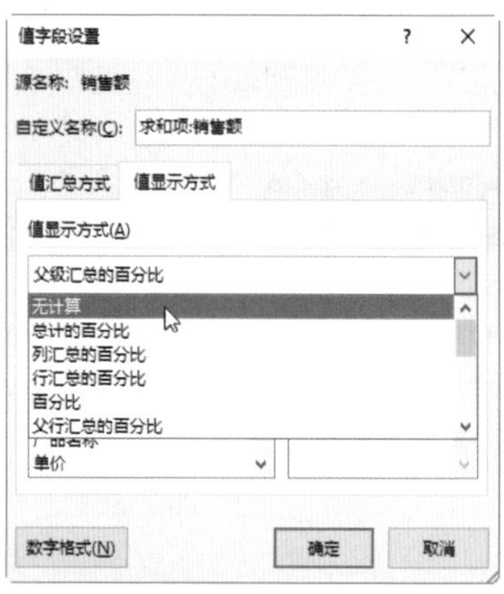

图7-46 通过【值字段设置】对话框修改或删除显示方式

7.3 在数据透视表中使用计算字段和计算项

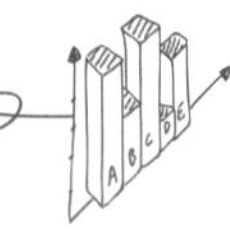

小李

张经理，产品的合同金额和进货成本我已经统计出来了，利润率等我用Excel表格算出来后再给您。

3	行标签	求和项:数量	求和项:合同金额	求和项:进货成本
4	CD-101	2	968000	306975.7917
5	CH-102	1	260000	122435.55
6	CH-103	1	245000	234674.75
7	FD-120	1	460000	191408.59
8	SK-320	1	260000	77795.21
9	AD-120	1	260000	94185.35
10	FS-320	3	650000	327921.84
11	SD-320	1	340000	108092.63
12	TF-320	1	260000	32427.6
13	TF-220	5	915000	857530.83
14	FS-120	2	315000	271271.89
15	FS-220	2	215000	260141.05
16	LF-320	2	290000	191909.86
17	KG-220	4	1125000	742459.22
18	KG-240	1	230000	237270.34
19	KG-120	1	225000	113136.37
20	**总计**	**29**	**7018000**	**4169636.872**

张经理

小李，在数据透视表中就能直接完成，为什么要转换到Excel表格中去操作呢？

虽然在数据透视表中不能添加公式，但可以使用其他的方法进行计算，例如**使用计算字段、插入计算项**都可以。

听张经理的意思，难道在数据透视表中也可以计算？可怜我每次都要把数据转换到Excel表格中计算，上半年加的班都白加了。

7.3.1 使用自定义计算字段

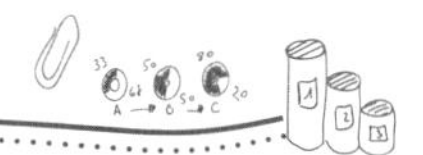

小李

王Sir，我有几个字段需要计算，可是数据透视表既不能插入单元格，也不能添加公式，应该怎么计算呢？

王Sir

小李，虽然在数据透视表中不能插入单元格，也不能添加公式，但是**可以用计算字段来自定义计算数据透视表中的数据**。

不过，可以在数据透视表中使用的函数很少，只能执行简单的计算。如果是复杂的公式和函数，还是需要在Excel表格中完成后再制作数据透视表。

❶ 添加自定义计算字段

在Excel中，我们可以通过添加自定义计算字段，对数据透视表中现有的字段进行计算，以得到新字段。例如，要在下面的产品销售出库记录数据透视表中添加一个【利润率】字段，并根据【利润率=(合同金额-进货成本)/合同金额】的公式，计算出产品销售的利润率，操作方法如下。

Step01：选择【计算字段】命令。❶选中数据透视表中的列字段项任意单元格，❷在【数据透视表工具-分析】选项卡的【计算】组中单击【字段、项目和集】下拉按钮▾，❸在弹出的下拉菜单中选择【计算字段】命令，如图7-47所示。

Step02：添加公式。打开【插入计算字段】对话框，❶在【名称】文本框中输入字段名，在【公式】文本框中输入计算公式，❷单击【添加】按钮添加计算字段，❸单击【确定】按钮，如图7-48所示。

图7-47 选择【计算字段】命令

插入计算字段

名称(N): 利润率

公式(M): =(合同金额-进货成本)/合同金额

添加(A)

删除(D)

字段(F):

属性

出入库日期

月份

规格型号

数量

合同金额

进货成本

机器号

插入字段(E)

确定

关闭

图7-48 添加公式

Step03：选择【值字段设置】命令。返回数据透视表，可以看到其中添加了【求和项:利润率】字段。因为要使数据以百分比格式显示，所以需进一步设置。❶使用鼠标右键单击【求和项:利润率】字段所在单元格，❷在弹出的快捷菜单中选择【值字段设置】命令，如图7-49所示。

Step04：单击【数字格式】按钮。打开【值字段设置】对话框，单击【数字格式】按钮，如图7-50所示。

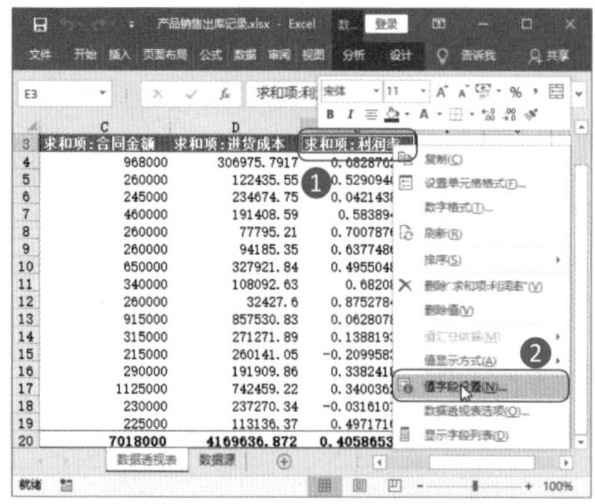

图7-49 单击【值字段设置】命令

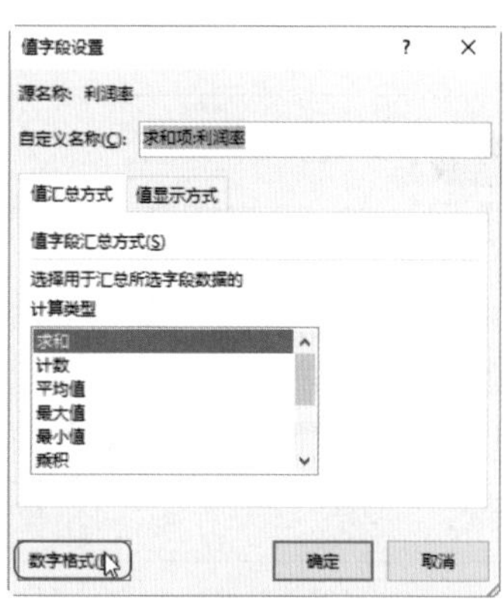

图7-50 单击【数字格式】按钮

Step05：设置数字格式。打开【设置单元格格式】对话框，❶在【数字】选项卡的【分类】列表框中选择【百分比】选项，❷在右侧的界面中设置保留小数位数为“2”，❸单击【确定】按钮，如图7-51所示。

Step06：查看利润率。返回数据透视表，即可看到添加自定义计算字段计算利润率后的最终效果。由于数据透视表使用各个数值字段分类求和的结果来应用于计算字段，所以计算字段名会显示为【求和项:利润率】，被视作【求和】，如图7-52所示。

图7-51 设置数字格式

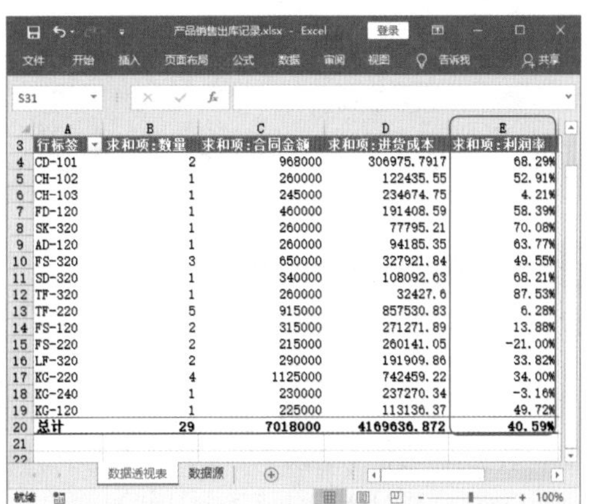

	A	B	C	D	E
3	行标签	求和项:数量	求和项:合同金额	求和项:进货成本	求和项:利润率
4	CD-101	2	968000	306975.7917	68.29%
5	CH-102	1	260000	122435.55	52.91%
6	CH-103	1	245000	234674.75	4.21%
7	FD-120	1	460000	191408.59	58.39%
8	SK-320	1	260000	77795.21	70.08%
9	AD-120	1	260000	94185.35	63.77%
10	FS-320	3	650000	327921.84	49.55%
11	SD-320	1	340000	108092.63	68.21%
12	TF-320	1	260000	32427.6	87.53%
13	TF-220	5	915000	857530.83	6.28%
14	FS-120	2	315000	271271.89	13.88%
15	FS-220	2	215000	260141.05	-21.00%
16	LF-320	2	290000	191909.86	33.82%
17	KG-220	4	1125000	742459.22	34.00%
18	KG-240	1	230000	237270.34	-3.16%
19	KG-120	1	225000	113136.37	49.72%
20	总计	29	7018000	4169636.872	40.59%

图7-52 查看利润率

温馨提示

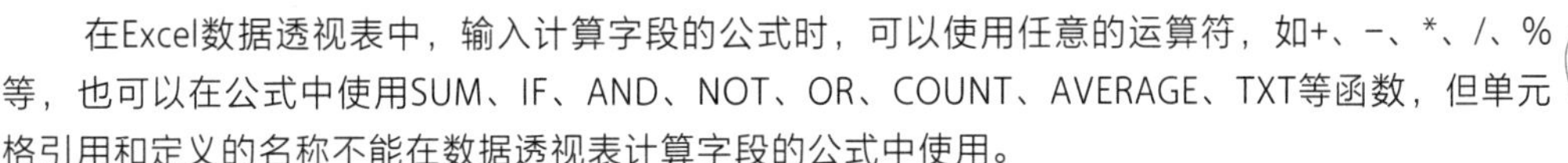

在Excel数据透视表中，输入计算字段的公式时，可以使用任意的运算符，如+、-、*、/、%等，也可以在公式中使用SUM、IF、AND、NOT、OR、COUNT、AVERAGE、TXT等函数，但单元格引用和定义的名称不能在数据透视表计算字段的公式中使用。

2 修改自定义计算字段

在Excel数据透视表中添加自定义计算字段后，我们可以根据需要对添加的计算字段进行修改，操作方法如下。

Step01：选择计算字段。选中数据透视表中的列字段项单元格，在【数据透视表工具-分析】选项卡的【计算】组中执行【字段、项目和集】→【计算字段】命令，打开【插入计算字段】对话框，❶单击【名称】框右侧的下拉按钮，❷在打开的下拉列表中选择要修改的计算字段，如图7-53所示。

Step02：修改公式。此时【添加】按钮将变为【修改】按钮，❶直接修改公式内容，❷单击【确定】按钮保存设置，如图7-54所示。

图7-53 选择计算字段

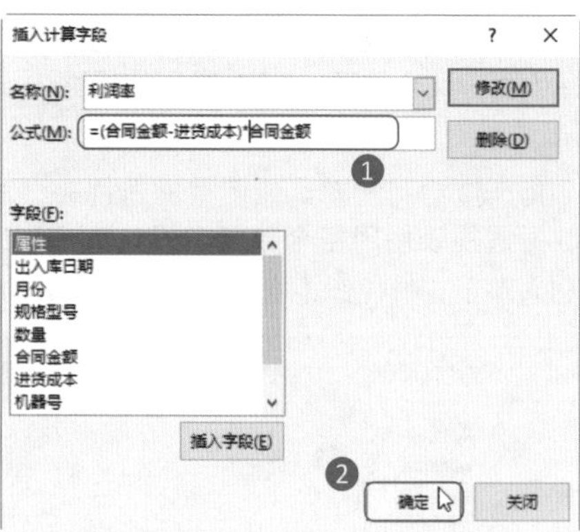

图7-54 修改公式

3 删除自定义计算字段

如果不再需要计算字段，可以使用以下的方法删除字段。

选中数据透视表中的列字段项单元格，在【数据透视表工具-分析】选项卡的【计算】组中执行【字段、项目和集】→【计算字段】命令，打开【插入计算字段】对话框，❶单击【名称】框右侧的下拉按钮⌄，在打开的下拉列表中选择要删除的计算字段，❷单击【删除】按钮删除该计算字段，❸单击【确定】按钮保存设置，如图7-55所示。

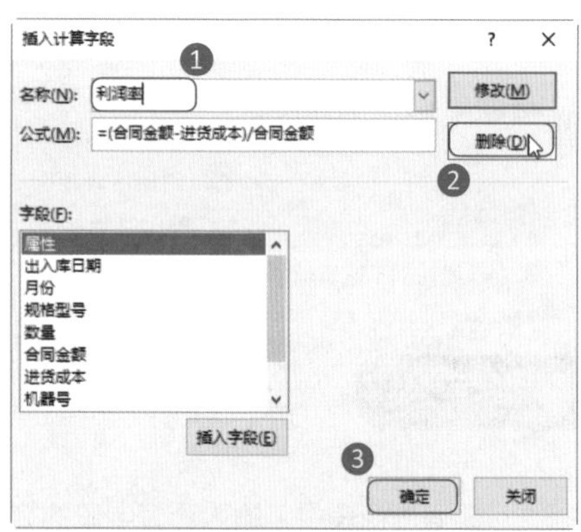

图7-55 删除自定义计算字段

7.3.2 添加自定义计算项

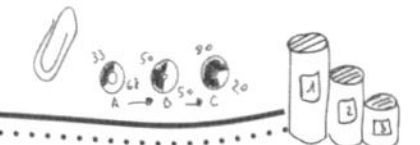

小李

王Sir，如何计算出公司销售业绩数据透视表中，3月份和4月份产品销量的差异呢？

王Sir

小李，你可以使用添加自定义计算项的方法进行计算。

在Excel中，用户可以**在数据透视表的现有字段中插入自定义计算项**，通过对该字段的其他项进行计算，得到该计算项的值。

1 添加自定义计算项

例如，要在公司销售业绩数据透视表中计算出3月份和4月份的产品销量差异，操作方法如下。

Step01：选择【计算字段】命令。❶选中要插入字段项的列字段单元格，❷在【数据透视表工具-分析】选项卡的【计算】组中执行【字段、项目和集】→【计算项】命令，如图7-56所示。

Step02：添加公式。打开【在“时间”中插入计算字段】对话框，❶在【名称】文本框中输入字段项名称，在【公式】文本框中输入计算公式，❷单击【添加】按钮添加计算字段，❸单击【确定】按钮，如图7-57所示。

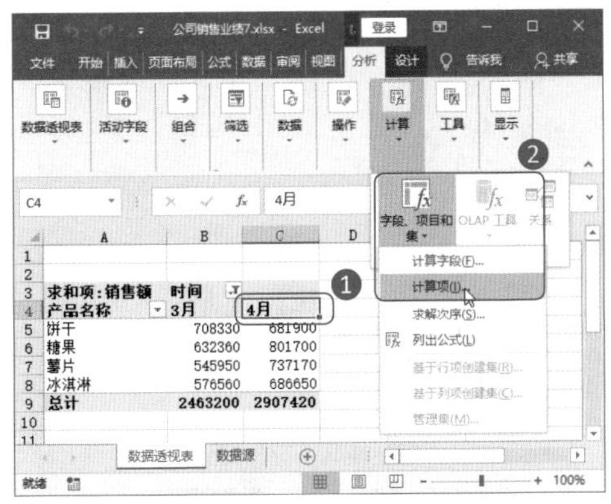

图7-56 选择【计算项】命令

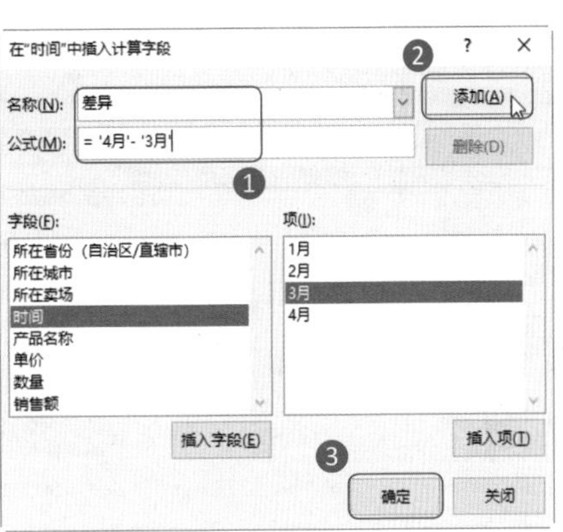

图7-57 添加公式

Step03：查看计算项。返回数据透视表，可以看到数值区域中新增了【差异】，即可得到在【时间】字段中插入【差异】计算项，计算出3月份和4月份产品销量差异的最终报表效果，如图7-58所示。

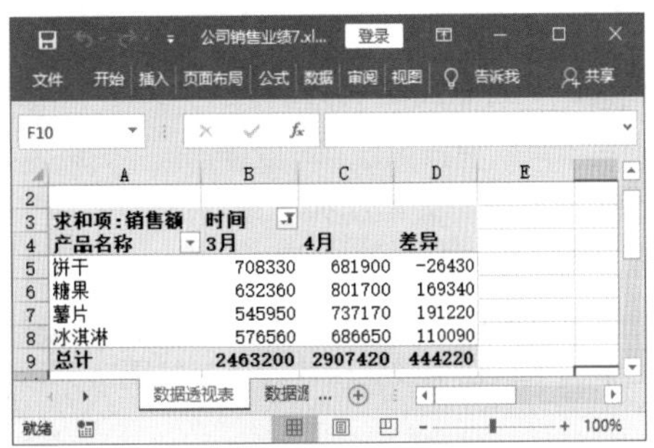

图7-58 查看计算项

温馨提示

在执行【字段、项目和集】→【计算项】命令时，打开的用于设置计算项的对话框名称不是【在“X字段”中插入计算项】，而是【在“X字段”中插入计算字段】。

2 修改自定义计算项

在Excel数据透视表中，添加自定义计算项后，用户可以根据需要对添加的计算项进行修改，操作方法如下。

Step01：选择计算字段。在数据透视表中选中插入字段项的列字段单元格，切换到【数据透视表工具-分析】选项卡，在【计算】组中执行【字段、项目和集】→【计算项】命令，打开【在“时间”中插入计算字段】对话框，❶单击【名称】框右侧的下拉按钮，❷在弹出的下拉列表中选择要修改的计算项，如图7-59所示。

Step02：修改公式。此时【添加】按钮将变为【修改】按钮，❶单击【修改】按钮进入修改状态，修改好名称、公式，❷单击【确定】按钮保存设置，如图7-60所示。

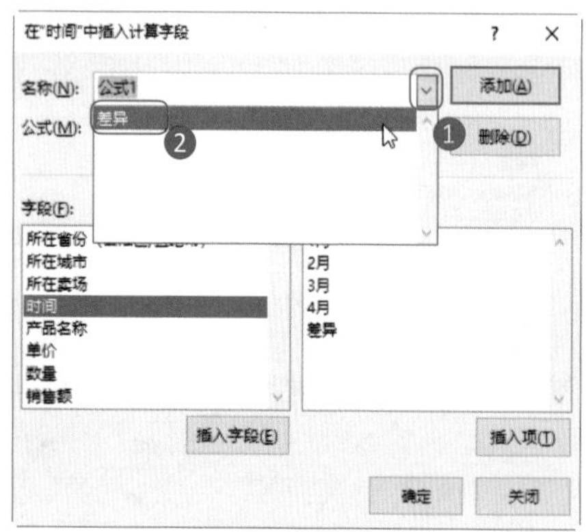

图7-59 选择计算字段

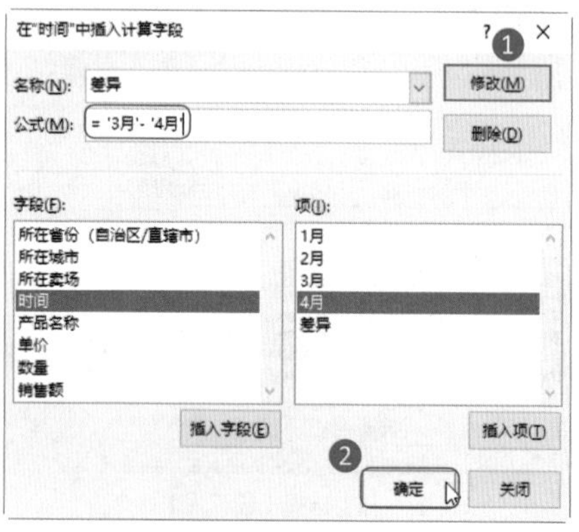

图7-60 修改公式

3 删除自定义计算项

如果不再需要计算项，可以使用以下方法删除字段。

选中数据透视表中的列字段项单元格，在【数据透视表工具-分析】选项卡的【计算】组中执行【字段、项目和集】→【计算项】命令，打开【在“时间”中插入计算字段】对话框，❶单击【名称】框右侧的下拉按钮，在弹出的下拉列表中选择要删除的计算字段，❷单击【删除】按钮删除该计算字段，❸单击【确定】按钮保存设置，如图7-61所示。

图7-61 删除自定义计算项

7.4 玩转复合范围的数据透视表

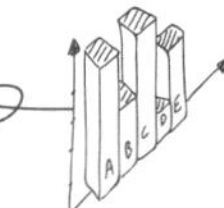

张经理

小李，有3张工作表需要统计一下数据，明天早上上班我就要看到。

小 李

张经理，这次的数据统计涵盖了3张工作表，可能统计起来有点麻烦。但是您放心，今天就算加班到12点，明天早上我也会准时交到您手上的。

张经理

小李，虽然你努力工作的态度值得肯定，但是你的工作方法我不敢苟同。难道你就没有想过数据统计也有捷径吗？

（1）用过合并计算吗？这3个工作表其实可以用一个步骤来统计。

（2）无论是3个工作表还是3个工作簿，都可以使用合并计算。

（3）还有一种情况，工作表有多个，而且数据还在不断增加，一样可以合并计算。

现在，好好学习这些技能，争取下次不用再加班了。

数据统计真的可以像张经理说得那么简单吗？有谁可以拯救我这个不想加班的灵魂！

7.4.1 在同一工作簿中进行合并计算

小李

王Sir，这个工作簿中有3张工作表，如果要统计其中的数据，难道我要创建3个数据透视表吗？

王Sir

小李，学了这么久的数据透视表，你怎么会想到用这种笨方法来完成工作。

如果用来创建数据透视表的数据源是同一工作表中的多个数据列表，或同一工作簿中存于不同工作表中的多个数据列表，那么可以通过**【多重合并计算数据区域】**的方法创建数据透视表。

例如，【员工工资表】工作簿中的【1月】【2月】和【3月】3张工作表中按月记录了公司的工资支出情况，如图7-62所示。

	A	B	C	D	E	F
1	员工编号	员工姓名	岗位工资	绩效工资	住房补贴	社会和医疗保险
2	FS9001	谢雨新	12000	2857	500	460.71
3	FS9002	张明	10000	2190	500	380.7
4	FS9003	王军	10000	1616	500	363.48
5	FS9004	郑怡然	9000	1587	500	332.61
6	FS9005	王建国	9000	2325	500	354.75
7	FS9006	江立力	8000	2856	500	340.68
8	FS9007	朱利民	7500	1360	500	280.8
9	FS9008	李小红	7500	1389	500	281.67
10	FS9009	江洋	7500	1355	500	280.65
11	FS9010	黄明明	5250	1393	500	214.29
12	FS9011	宋祖耀	5520	2006	500	240.78
13	FS9012	王伟	5824	2189	500	255.39
14	FS9013	江雨薇	5593	2548	500	259.23
15	FS9014	汪伟	6450	1852	500	264.06
16	FS9015	尹南	4148	2128	500	203.28
17	FS9016	柳晓琳	3103	373	500	119.28

图7-62 员工工资支出情况

现要根据这3张工作表中的数据列表进行合并计算，创建一个员工工资汇总数据透视表，操作方法如下。

Step01：选择【多重合并计算数据区域】。切换到【汇总1】工作表，依次按Alt、D、P键，打开【数据透视表和数据透视图向导--步骤1（共3步）】对话框，❶选择【多重合并计算数据区域】单选按钮和【数据透视表】单选按钮，❷单击【下一步】按钮，如图7-63所示。

Step02：选择【创建单页字段】单选按钮。打开【数据透视表和数据透视图向导--步骤2a（共3步）】对话框，❶选择【创建单页字段】单选按钮，❷单击【下一步】按钮，如图7-64所示。

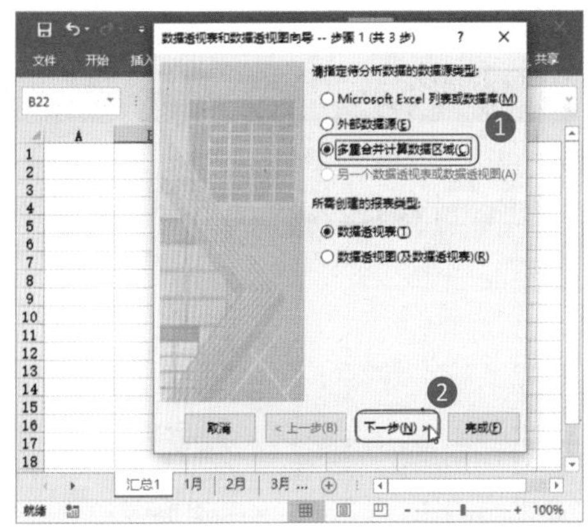

图7-63 选择【多重合并计算数据区域】单选按钮

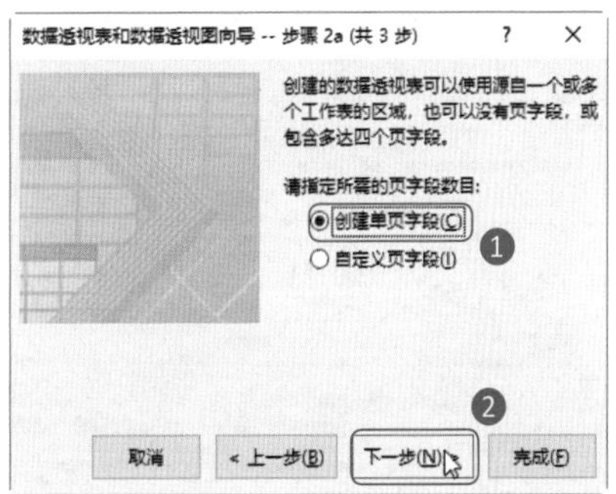

图7-64 选择【创建单页字段】单选按钮

Step03：添加数据区域。打开【数据透视表和数据透视图向导--第2b步】对话框，❶将光标定位到【选定区域】文本框中，切换到【1月】工作表，选中数据列表区域，❷返回对话框单击【添加】按钮，如图7-65所示。

Step04：添加其他数据区域。❶可以看到所选数据区域添加到了【所有区域】列表框中，使用同样的方法将【2月】和【3月】工作表中的数据列表区域添加到【所有区域】列表框中，❷单击【下一步】按钮，如图7-66所示。

图7-65 添加数据区域

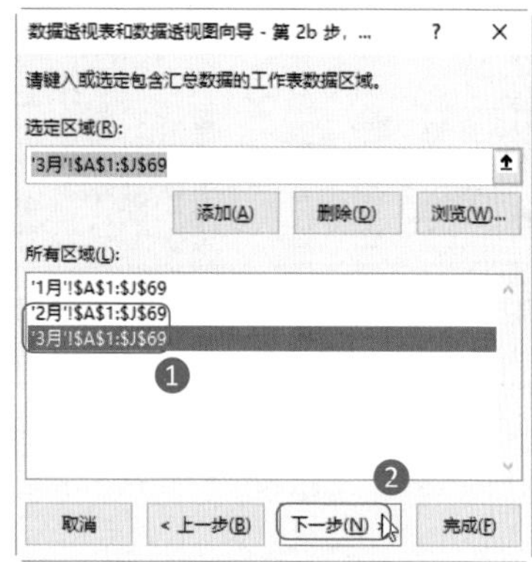

图7-66 添加其他数据区域

Step05：设置数据透视表的显示位置。打开【数据透视表和数据透视图向导--步骤3（共3步）】对话框，❶选择【现有工作表】单选按钮，设置数据透视表的显示位置为【汇总1】工作表中的A1单元格，❷单击【完成】按钮，如图7-67所示。

Step06：查看数据透视表。返回【汇总1】工作表，可以看到其中根据【1月】【2月】和【3月】工作表中的数据列表创建了数据透视表，此时值字段以计数方式汇总，如图7-68所示。

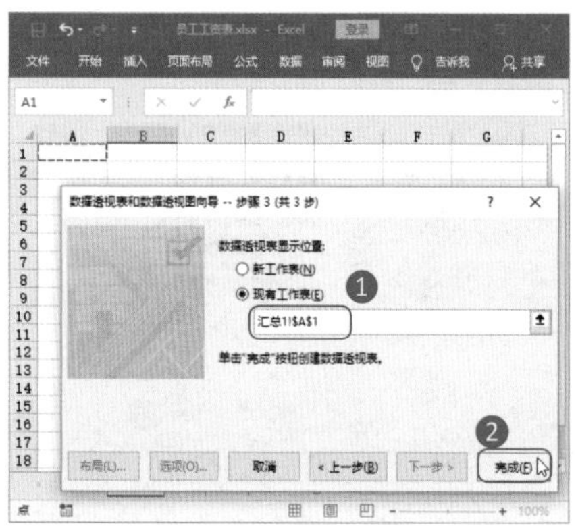

图7-67 设置数据透视表的显示位置

图7-68 查看计数方式汇总数据透视表

Step07：选择【值字段设置】命令。❶在【数据透视表字段】窗格中的【值】区域中单击【计数项：值】字段，❷在打开的下拉菜单中选择【值字段设置】命令，如图7-69所示。

Step08：设置值字段汇总方式。打开【值字段设置】对话框，❶在【值汇总方式】选项卡中设置【计算类型】为【求和】，❷单击【确定】按钮，如图7-70所示。

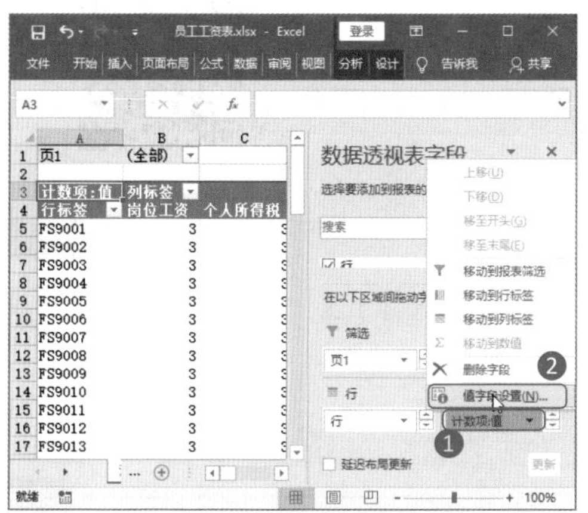

图7-69 选择【值字段设置】命令

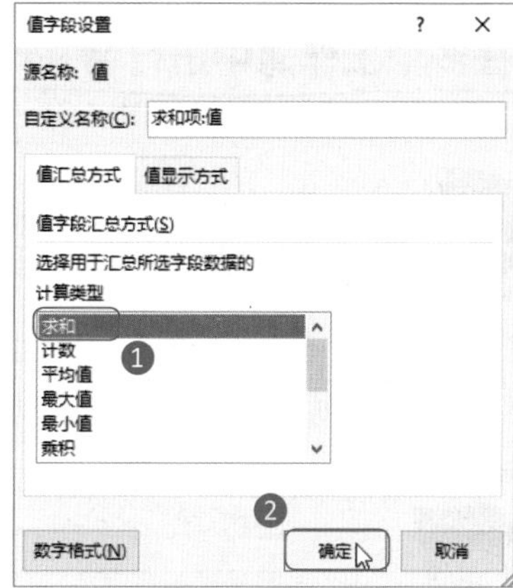

图7-70 设置值字段汇总方式

Step09：查看数据透视表。返回数据透视表，可以看到设置后的效果如图7-71所示。

Step10：筛选要查看的项。❶在数据透视表的报表筛选区域中单击筛选字段右侧的下拉按钮▼，❷在弹出的筛选下拉菜单中选择要显示的项，❸单击【确定】按钮，如图7-72所示。

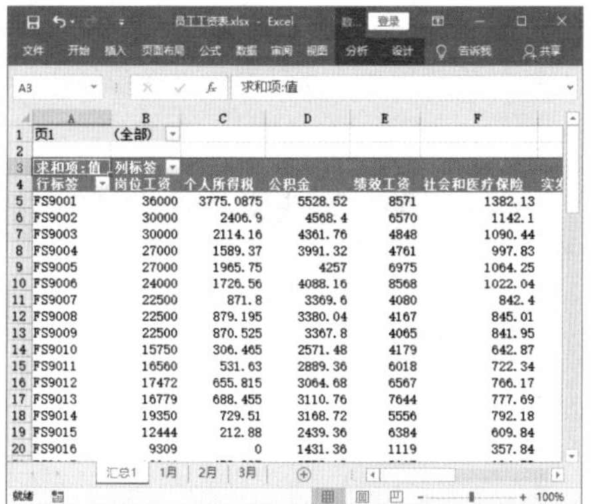

图7-71 查看求和方式汇总数据透视表

图7-72 选择要显示的项

Step11：查看筛选后的数据透视表。返回数据透视表，根据设置筛选的项，即可看到单独显示的【1月】【2月】或【3月】工作表中的工资数据，如图7-73所示。

求和项:值 / 行标签	岗位工资	个人所得税	公积金	绩效工资	社会和医疗保险	实发金额	应纳税额
FS9001	12000	1258.3625	1842.84	2857	460.71	11795.0875	9053.45
FS9002	10000	802.3	1522.8	2190	380.7	9984.2	6786.5
FS9003	10000	704.72	1453.92	1616	363.48	9593.88	6298.6
FS9004	9000	529.79	1330.44	1587	332.61	8894.16	5423.95
FS9005	9000	655.25	1419	2325	354.75	9396	6051.25
FS9006	8000	575.52	1362.72	2856	340.68	9077.08	5652.6
FS9007	7500	290.6	1123.2	1360	280.8	7665.4	3956
FS9008	7500	293.065	1126.68	1389	281.67	7687.585	3980.65
FS9009	7500	290.175	1122.6	1355	280.65	7661.575	3951.75
FS9010	5250	102.155	857.16	1393	214.29	5969.395	2071.55
FS9011	5520	177.21	963.12	2006	240.78	6644.89	2822.1
FS9012	5824	218.605	1021.56	2189	255.39	7017.445	3236.05
FS9013	5593	229.485	1036.92	2548	259.23	7115.365	3344.85
FS9014	6450	243.17	1056.24	1852	264.06	7238.53	3481.7
FS9015	4148	70.96	813.12	2128	203.28	5688.64	1759.6
FS9016	3103	0	477.12	373	119.28	3379.6	0
FS9017	4348	150.945	926.04	2869	231.51	6408.505	2559.45
FS9018	4402	102.92	858.24	2250	214.56	5976.28	2079.2
FS9019	5350	38.661	746.64	372	186.66	5250.039	1288.7

图7-73 查看筛选后的数据透视表

7.4.2 在多个工作簿中进行合并计算

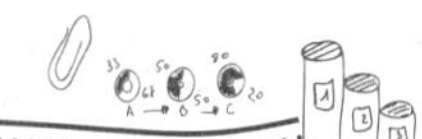

小李

王Sir，我这里有两个工作簿，里面按商品种类分类创建了工作表，分别记录了2019年3月该品牌商品的销售情况，这两个工作簿中的工作表可以合并计算吗？

王Sir

小李，就算是不同的工作簿，一样可以进行合并计算。

使用【多重合并计算数据区域】的方法，可以根据不同工作簿的多张工作表创建数据透视表，创建出一个根据【品牌】和【商品种类】进行数据筛选的数据透视表。

例如，【4月传真机销售情况】工作簿和【4月打印机销售情况】工作簿中一共包含了5张工作表，如图7-74所示。

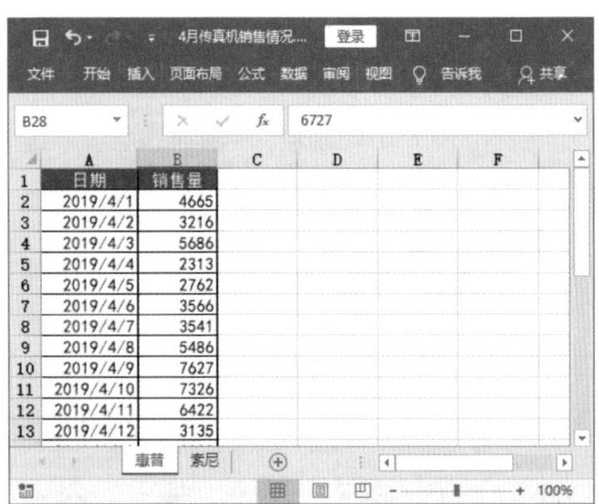

4月打印机销售情况.xlsx...
E13

日期	销售量
2019/4/1	2732
2019/4/2	7267
2019/4/3	2737
2019/4/4	4266
2019/4/5	2762
2019/4/6	3366
2019/4/7	2367
2019/4/8	7817
2019/4/9	7627
2019/4/10	7326
2019/4/11	6422
2019/4/12	3232
2019/4/13	2332

惠普 索尼 佳能

图7-74 4月销售情况

要根据这个工作簿，创建出一个根据【品牌】和【商品种类】进行数据筛选的数据透视表，操作方法如下。

Step01：选择【多重合并计算数据区域】。在【4月办公产品销售情况汇总】工作簿的【汇总1】工作表中，依次按Alt、D、P键，打开【数据透视表和数据透视图向导--步骤1（共3步）】对话框，❶选择【多重合并计算数据区域】单选按钮和【数据透视表】单选按钮，❷单击【下一步】按钮，如图7-75所示。

Step02：选择【自定义页字段】单选按钮。打开【数据透视表和数据透视图向导--步骤2a（共3步）】对话框，❶选择【自定义页字段】单选按钮，❷单击【下一步】按钮，如图7-76所示。

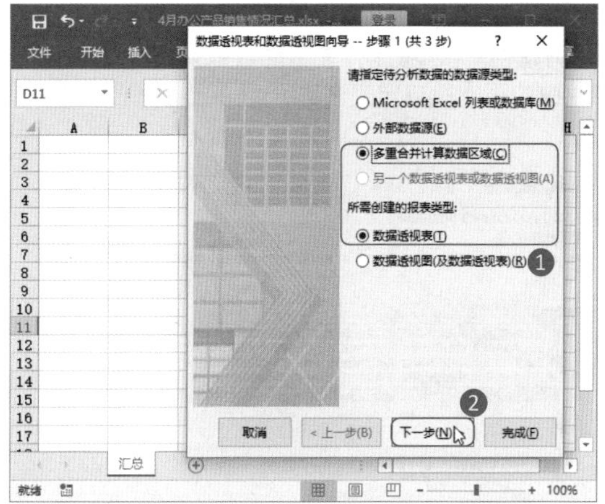

图7-75　选择【多重合并计算数据区域】单选按钮

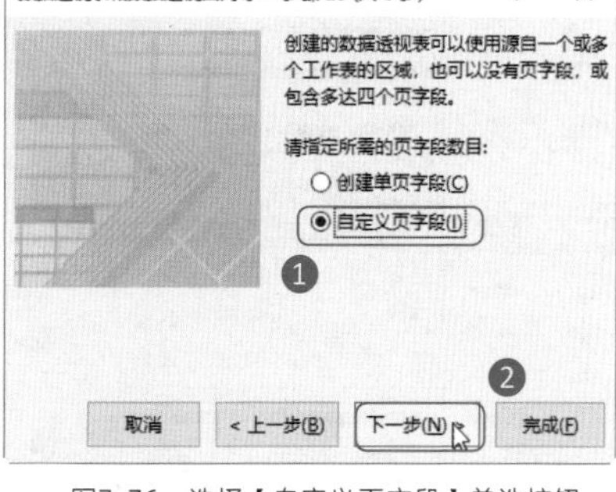

图7-76　选择【自定义页字段】单选按钮

Step03：单击【折叠】按钮。打开【数据透视表和数据透视图向导-第2b步，共3步】对话框，将光标定位到【选定区域】文本框中，单击【折叠】按钮，如图7-77所示。

Step04：添加数据区域。此时对话框将折叠起来，❶切换到【4月传真机销售情况】工作簿的【惠普】工作表中，选中数据列表区域，❷单击【展开】按钮，如图7-78所示。

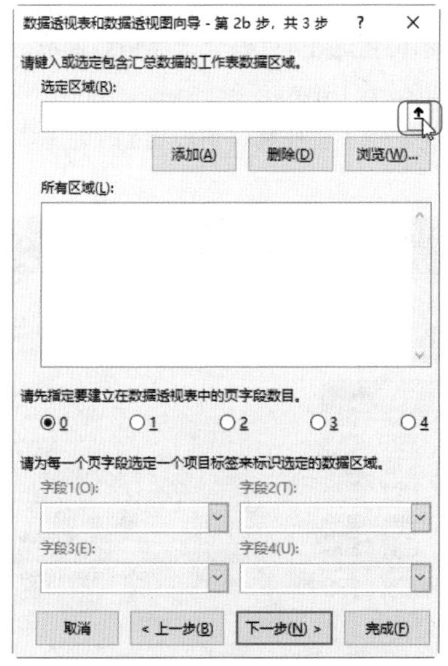

图7-77　单击【折叠】按钮

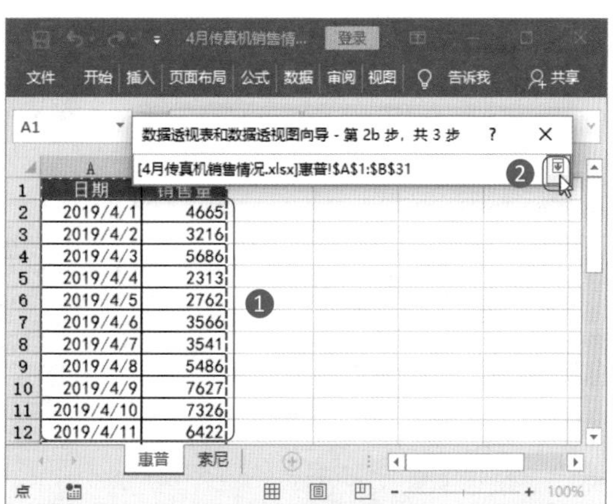

图7-78　添加数据区域

Step05：设置数字段名称。❶此时对话框将重新展开，单击【添加】按钮将所选区域添加到【所有区域】列表框中，❷选择【2】单选按钮指定要建立的页字段数量，❸在【字段1】文本框中输入【惠普】，在【字段2】文本框中输入【传真机】自定义页字段名称，如图7-79所示。

Step06：添加其他数据区域。❶使用相同的方法将其余4张工作表中的数据列表区域添加到【所有区域】列表框中，并设置要建立的页字段数量和对应的页字段自定义名称，❷单击【下一步】按钮，如图7-80所示。

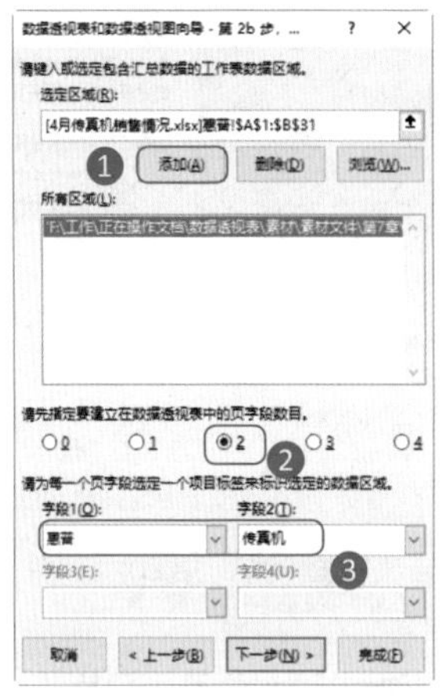

图7-79 设置数字段名称

图7-80 添加其他数据区域

Step07：设置数据透视表位置。打开【数据透视表和数据透视图向导--步骤3（共3步）】对话框，❶选择【现有工作表】单选按钮，设置数据透视表的显示位置为【4月办公产品销售情况汇总】工作簿中【汇总】工作表的A1单元格，❷单击【完成】按钮，如图7-81所示。

Step08：查看数据透视表。返回【4月办公产品销售情况汇总】工作簿，可以看到“汇总”工作表中创建了一个双页字段数据透视表，如图7-82所示。

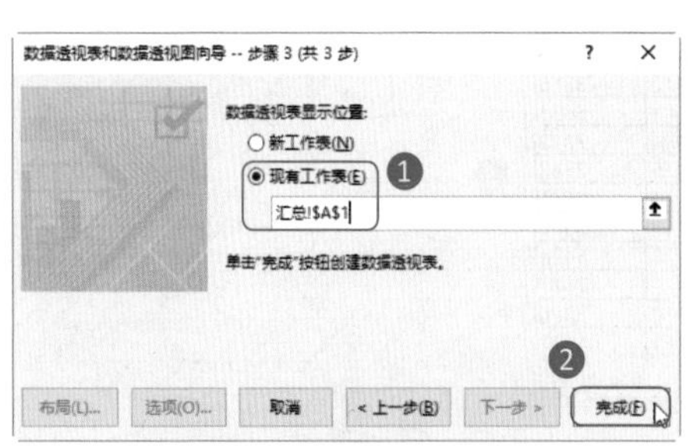

图7-81 设置数据透视表位置

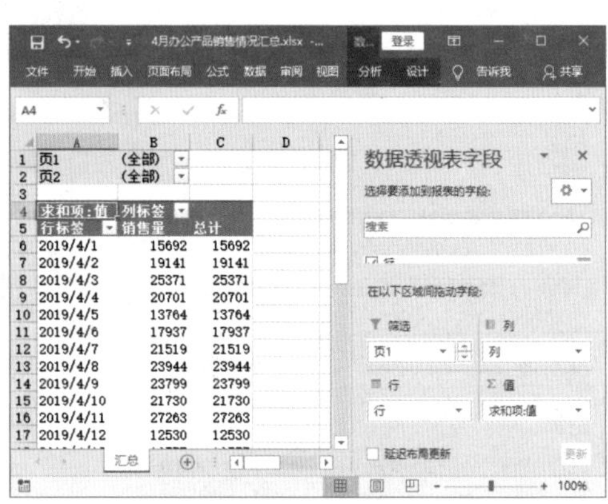

图7-82 查看数据透视表

Step09：筛选要显示的项。❶在数据透视表的报表筛选区域中单击筛选字段右侧下拉按钮▼，❷在弹出的筛选下拉菜单中选择要显示的项，❸单击【确定】按钮，如图7-83所示。

Step10：查看筛选的项。返回数据透视表，即可看到根据设置的筛选项筛选出的品牌销售数据，如图7-84所示。

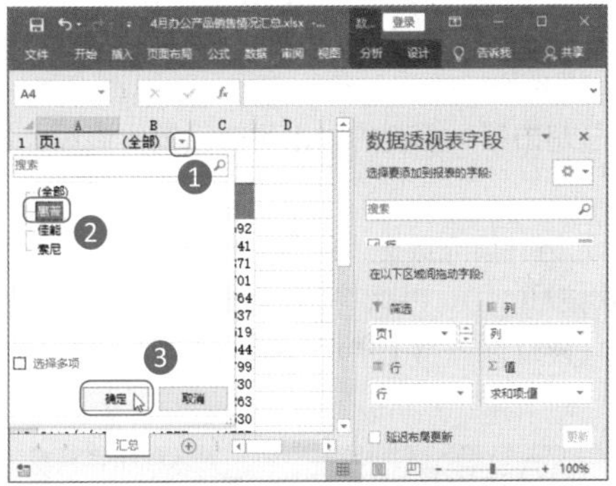

图7-83 选择要显示的项

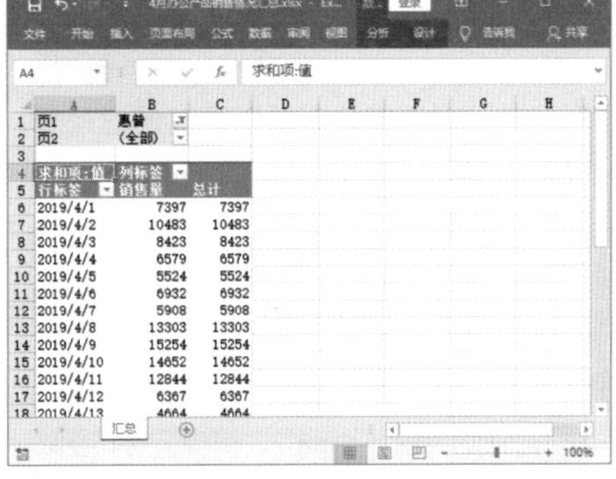

图7-84 查看筛选的项

7.4.3 如果数据源不规则，怎样进行合并计算

小李

王Sir，销售人员给我发了一个工作簿，里面的数据源不仅包含合并单元格，每个工作表的数据分类还不相同，这样的数据源可以进行合并计算吗？

王Sir

小李，前面提及过，**如果有合并单元格，一定要取消合并，填充数据后再创建数据透视表。**

对于不规则的数据，在**创建数据透视表后再对其进行分组操作**，才可以创建出有意义的数据透视表。

例如，在超市大米销售情况工作簿中，按月创建了3张工作表，用于记录某超市3个在售大米品牌中各品种的销售情况，如图7-85所示。

	A	B	C
1	品牌	品种	销售额
2	金XX	东北大米	3250
3		盘锦大米	1764
4		长粒香大米	990
5	福XX	稻花香米	1332
6		丝苗米	1990
7		水晶米	2160
8	十月XX	软香稻大米	910
9		茉莉香米	36374
10		富硒大米	2771

	A	B	C
1	品牌	品种	销售额
2	金XX	东北大米	22264
3		盘锦大米	312
4	福XX	丝苗米	5000
5		水晶米	3299
6	十月XX	软香稻大米	792

	A	B	C
1	品牌	品种	销售额
2	金XX	东北大米	1752
3		盘锦大米	1961
4		长粒香大米	3124
5	福XX	稻花香米	3165
6		丝苗米	12714
7		水晶米	1450
8	十月XX	软香稻大米	1690
9		茉莉香米	265

图7-85 商品销售情况

要根据这样不规则的数据源创建数据透视表，汇总超市第一季度的大米类商品销售情况，操作方法如下。

Step01：规范数据源。打开工作簿，取消合并单元格并填充数据，如图7-86所示。

Step02：选择【多重合并计算数据区域】。依次按Alt、D、P键，打开【数据透视表和数据透视图向导--步骤1（共3步）】对话框，❶选择【多重合并计算数据区域】单选按钮和【数据透视表】单选按钮，❷单击【下一步】按钮，如图7-87所示。

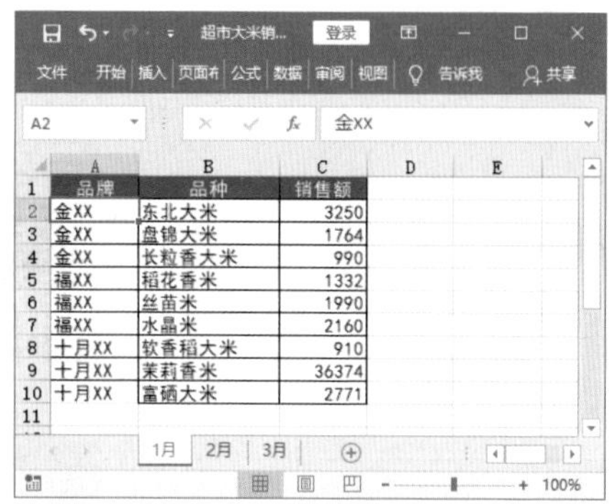

图7-86 规范数据源

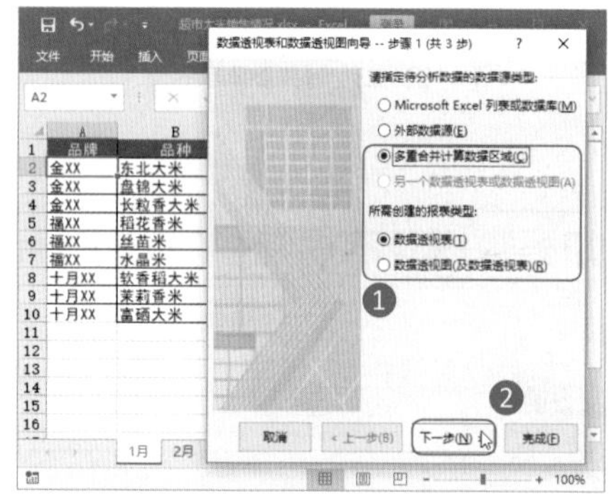

图7-87 选择【多重合并计算数据区域】

Step03：选择【自定义页字段】单选按钮。打开【数据透视表和数据透视图向导--步骤2a（共3步）】对话框，❶选择【自定义页字段】单选按钮，❷单击【下一步】按钮，如图7-88所示。

Step04：添加数据区域。打开【数据透视表和数据透视图向导--第2b步】对话框，❶将光标定位到【选定区域】文本框中，切换到【1月】工作表，选中数据列表区域，返回对话框后单击【添加】按钮，❷选择【1】单选按钮指定要建立的页字段数量，❸在【字段1】文本框中输入“1月”自定义页字段名称，如图7-89所示。

Step05：添加其他数据区域。❶使用相同的方法将【2月】和【3月】工作表中的数据列表区域添加到【所有区域】列表框中，并设置要建立的页字段数量及自定义名称，❷单击【下一步】按钮，如图7-90所示。

Step06：设置数据透视表位置。打开【数据透视表和数据透视图向导--步骤3（共3步）】对话框，❶选择【新工作表】单选按钮，设置数据透视表的显示位置为新工作表，❷单击【完成】按钮，如图7-91所示。

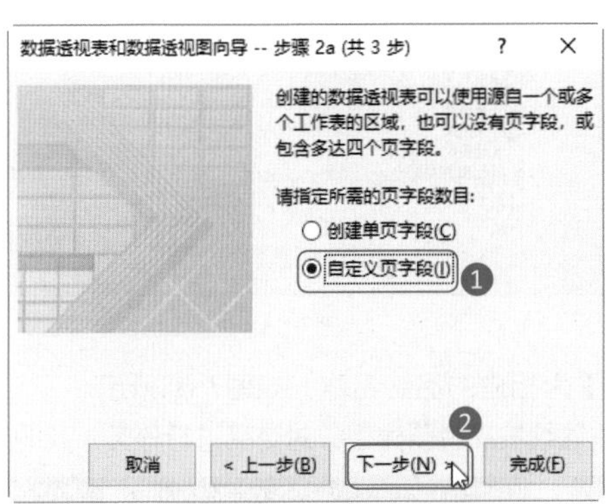

图7-88 选择【自定义页字段】单选按钮

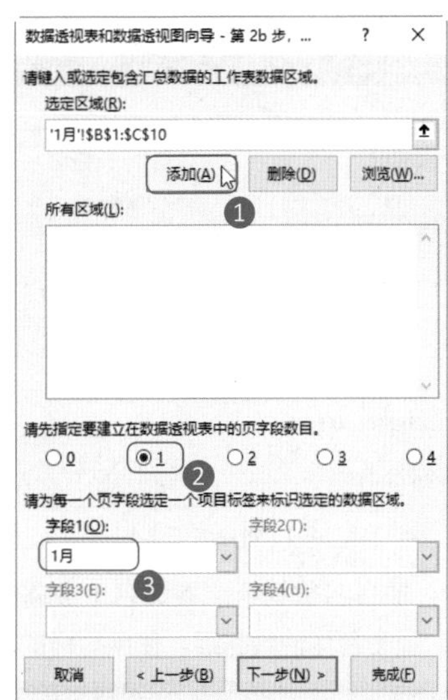

图7-89 添加数据区域

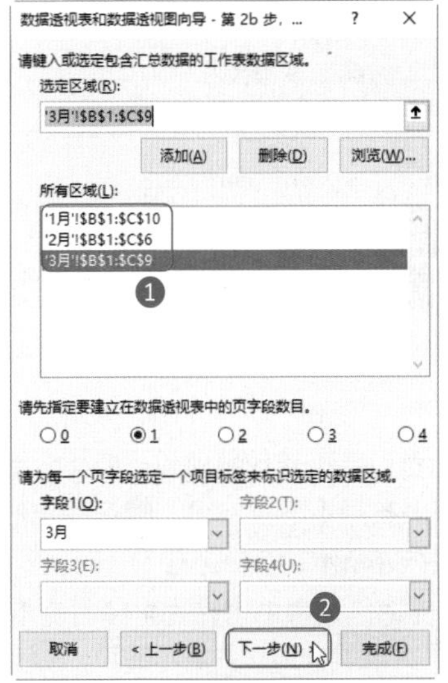

图7-90 添加其他数据区域

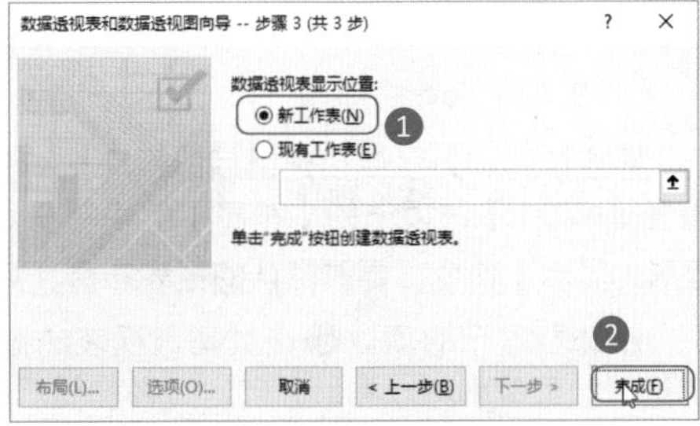

图7-91 设置数据透视表位置

Step07：重命名工作表。返回工作簿，可以看到新建了一个工作表，并已将创建的自定义页字段数据透视表放置其中。根据需要重命名工作表，如图7-92所示。

Step08：选择【组合】命令。❶在按住Ctrl键的同时选中同一品牌旗下的产品名称，并使用鼠标右键单击，❷在弹出的快捷菜单中选择【组合】命令，如图7-93所示。

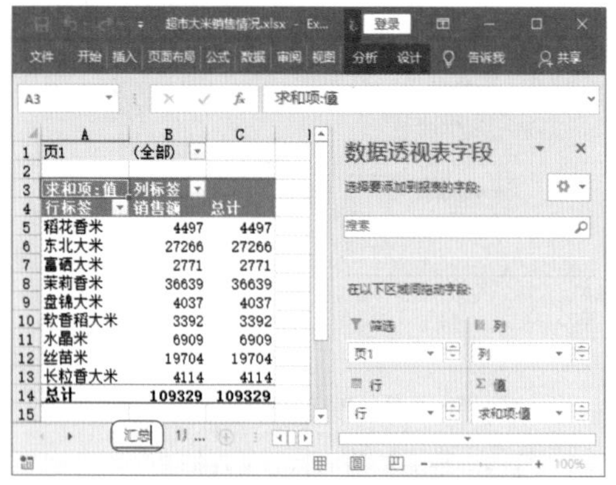

图7-92 重命名工作表

图7-93 选择【组合】命令

Step09：重命名数据组。重命名【数据组1】为相应的品牌名称，如图7-94所示。

Step10：重命名其他数据组。使用同样的方法继续按品牌创建组，对商品进行分类，如图7-95所示。

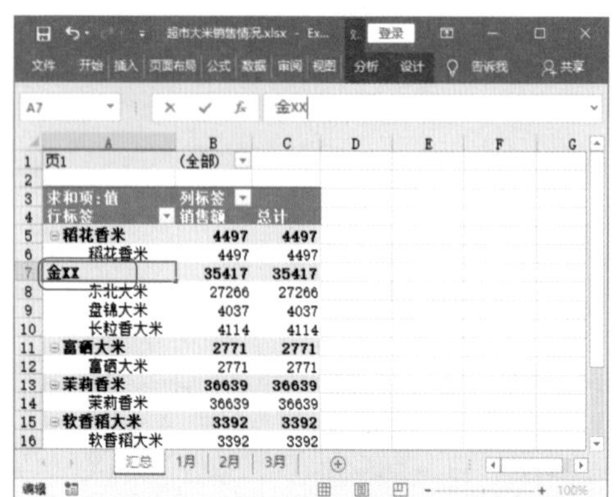

图7-94 重命名数据组

图7-95 重命名其他数据组

Step11：调整布局。为了使创建组后的报表更清楚，可以选中数据透视表中的任意单元格，❶在【数据透视表工具-设计】选项卡的【布局】组中单击【报表布局】下拉按钮，❷在弹出的下拉菜单中选择【以表格形式显示】命令，更改默认的报表布局，如图7-96所示。

Step12：筛选要显示的项。❶在数据透视表的报表筛选区域中单击筛选字段右侧下拉按钮▾，❷在弹出的筛选下拉菜单中可以看到以自定义名称显示的页字段项，选择要显示的项，❸单击【确定】按钮，如图7-97所示。

Step13：查看筛选的项。返回数据透视表，即可看到根据设置的筛选项筛选出的品牌销售数据，如图7-98所示。

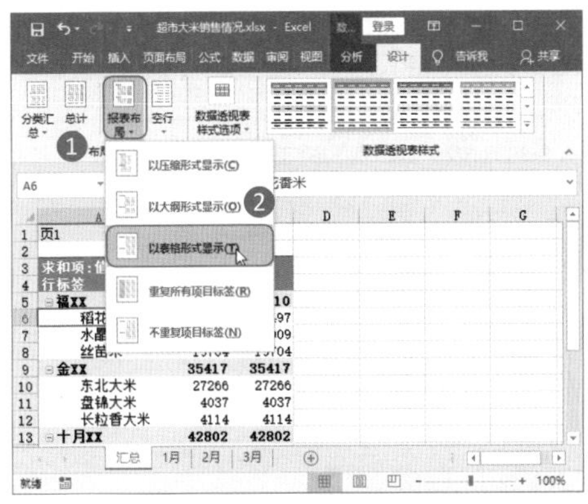

图7-96 调整布局

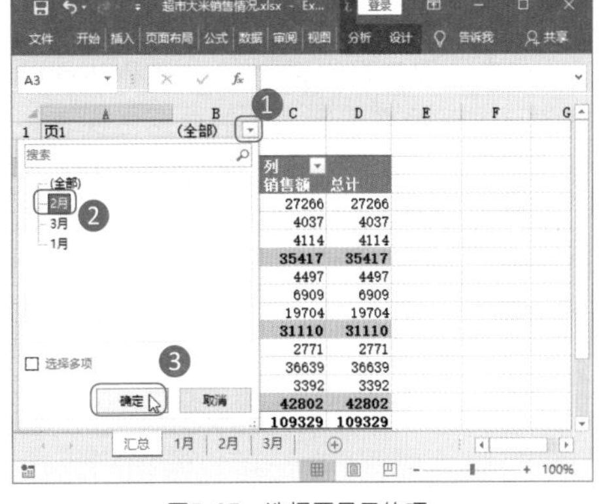

图7-97 选择要显示的项

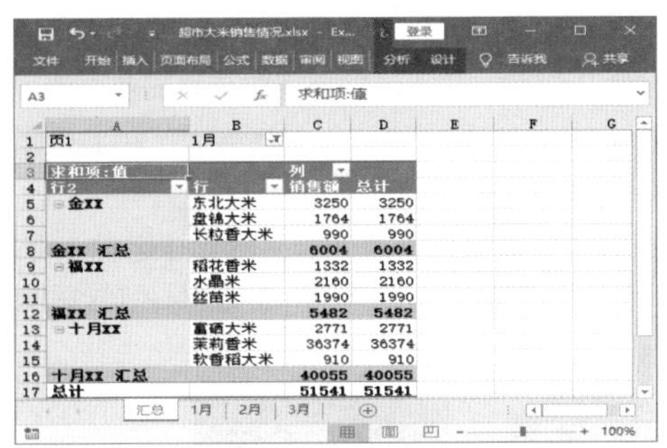

图7-98 查看筛选的项

7.4.4 创建动态多重合并计算数据区域的数据透视表

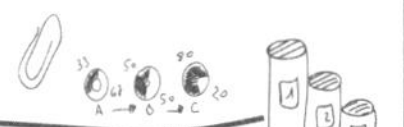

小李

王Sir，工作簿中有3张工作表，而且工作表中的数据会实时更新。现在我需要合并计算这3张工作表，并且数据源更新后，数据透视表也要随着更新，该如何实现呢？

王Sir

小李，如果要合并计算多个工作表中的数据，还要在数据透视表中实时更新，有两种方法：**一种是定义名称法；另一种是运用【表】功能。**

这两种方法我都教给你，你根据自己的情况来选择吧！

1 运用定义名称法创建

在Excel中，用户可以通过定义名称法创建动态【多重合并计算数据区域】的数据透视表。图7-99提供了一个【电脑销售情况汇总】工作簿，其中按门店创建了3张工作表，用于记录每天电脑的销售数据，这些销售数据每天都在增加。

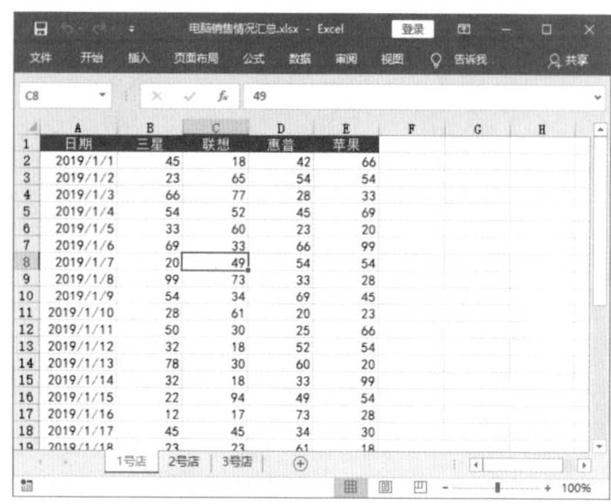

日期	三星	联想	惠普	苹果
2019/1/1	45	18	42	66
2019/1/2	23	65	54	54
2019/1/3	66	77	28	33
2019/1/4	54	52	45	69
2019/1/5	33	60	23	20
2019/1/6	69	33	66	99
2019/1/7	20	49	54	54
2019/1/8	99	73	33	28
2019/1/9	54	34	69	45
2019/1/10	28	61	20	23
2019/1/11	50	30	25	66
2019/1/12	32	18	52	54
2019/1/13	78	30	60	20
2019/1/14	32	18	33	99
2019/1/15	22	94	49	54
2019/1/16	12	17	73	28
2019/1/17	45	45	34	30
2019/1/18	23	23	61	18

图7-99 电脑销售情况

需要对这3张数据列表进行合并汇总，并创建能够实时更新的数据透视表，操作方法如下。

Step01：单击【定义名称】按钮。在【1号店】工作表中，在【公式】选项卡的【定义的名称】组中单击【定义名称】按钮，如图7-100所示。

Step02：新建表名称。打开【新建名称】对话框，❶在【名称】文本框中输入“DATA1”，❷在【引用位置】文本框中输入公式：=OFFSET(1号店!$A$1,,,COUNTA(1号店!$A:$A),COUNTA(1号店!$1:$1))，❸单击【确定】按钮，如图7-101所示。

图7-100 单击【定义名称】按钮

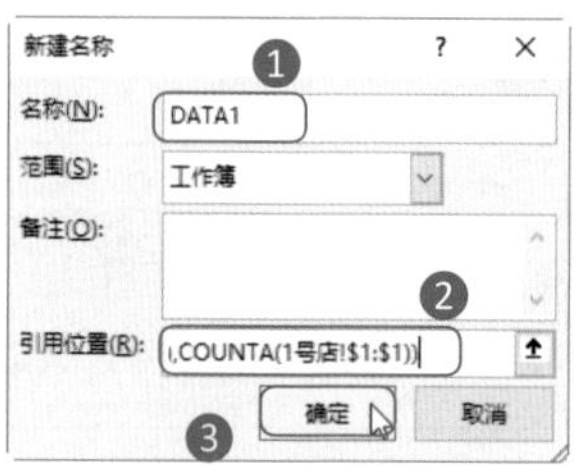

图7-101 新建表名称

Step03：查看表名称。切换到【2号店】【3号店】工作表中，用同样的方法分别设置DATA2=OFFSET(2号店!$A$1,,,COUNTA(2号店!$A:$A),COUNTA(2号店!$1:$1))和DATA3=OFFSET(3号店!$A$1,,,COUNTA(3号店!$A:$A),COUNTA(3号店!$1:$1))，设置完成后可以按Ctrl+F3组合键，打开【名称管理器】对话框检查与修改设置，确认后单击【关闭】按钮关闭对话框，如图7-102所示。

Step04：选择【多重合并计算数据区域】选项。返回工作表，依次按Alt、D、P键，打开【数据透视表和数据透视图向导--步骤1（共3步）】对话框，❶选择【多重合并计算数据区域】单选按钮和【数据透视表】单选按钮，❷单击【下一步】按钮，如图7-103所示。

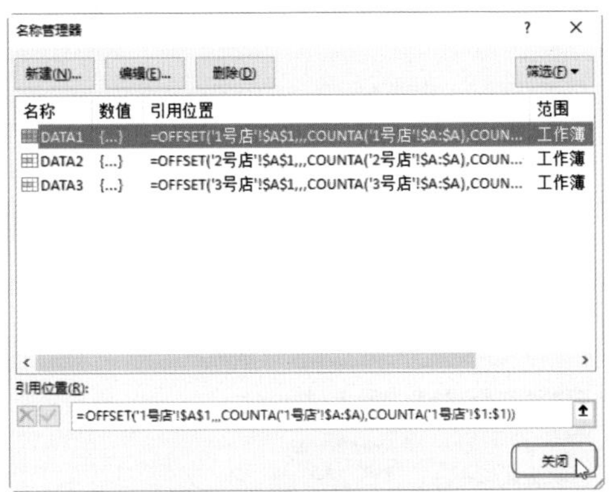

图7-102 查看表名称

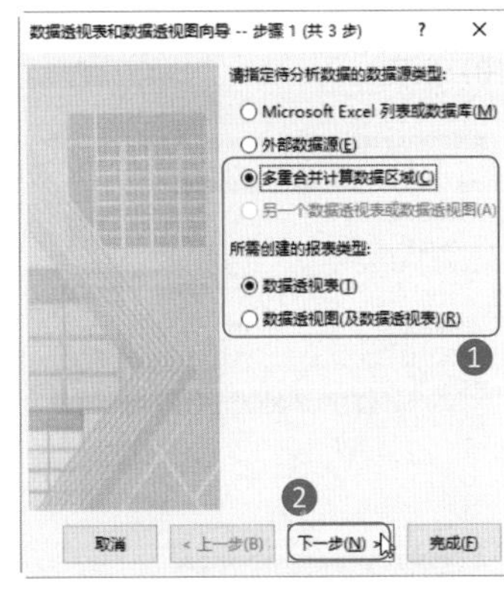

图7-103 选择【多重合并计算数据区域】

Step05：选择【自定义页字段】单选按钮。打开【数据透视表和数据透视图向导--步骤2a（共3步）】对话框，❶选择【自定义页字段】单选按钮，❷单击【下一步】按钮，如图7-104所示。

Step06：添加数据区域。打开【数据透视表和数据透视图向导-第2b步，共3步】对话框，❶在【选定区域】文本框中输入“DATA1”，❷单击【添加】按钮，❸选择【1】单选按钮指定要建立的页字段数量，❹在【字段1】文本框中输入“1号店”自定义页字段名称，如图7-105所示。

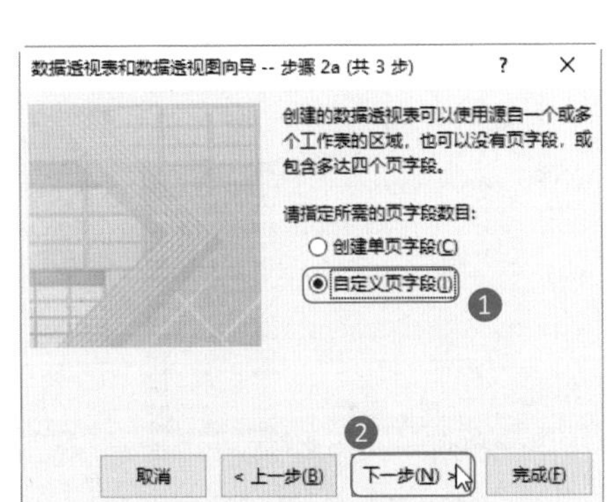

图7-104 选择【自定义页字段】单选按钮

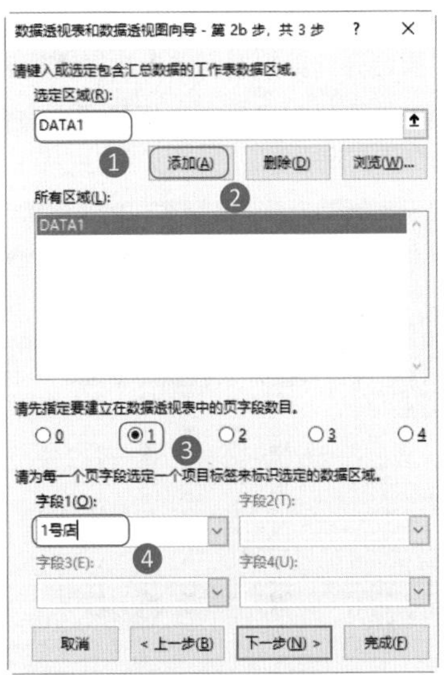

图7-105 添加数据区域

Step07：添加其他数据区域。❶用同样的方法将【DATA2】和【DATA3】添加到【所有区域】列表框中，并设置要建立的页字段数量及自定义名称，❷单击【下一步】按钮，如图7-106所示。

Step08：设置数据透视表位置。打开【数据透视表和数据透视图向导--步骤3（共3步）】对话框，❶选择【新工作表】单选按钮，设置数据透视表的显示位置为【新工作表】，❷单击【完成】按钮，如图7-107所示。

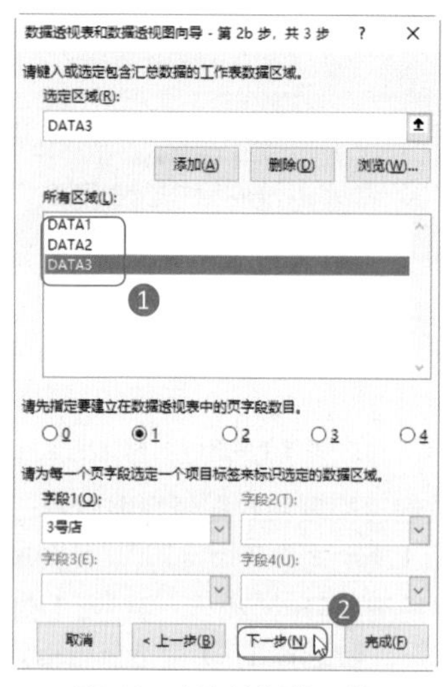

图7-106　添加其他数据区域

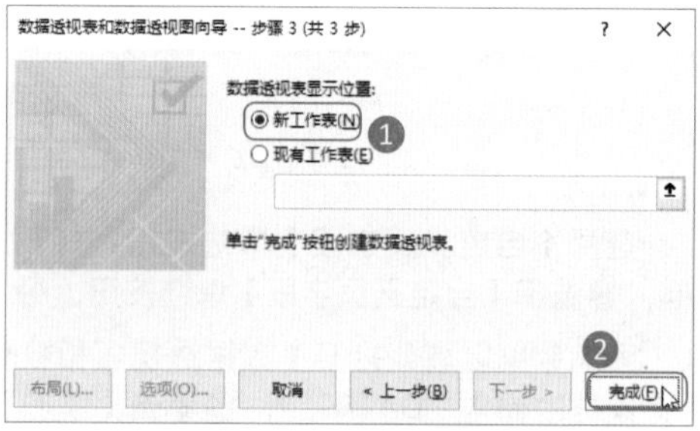

图7-107　设置数据透视表位置

Step09：查看数据透视表。返回工作簿，可以看到新建了一个工作表，并已将运用定义名称法创建的动态【多重合并计算数据区域】数据透视表放置其中，如图7-108所示。

Step10：筛选页字段项。根据需要重命名工作表标签，然后在数据透视表的报表筛选区域中筛选页字段项，如图7-109所示。

图7-108　查看数据透视表

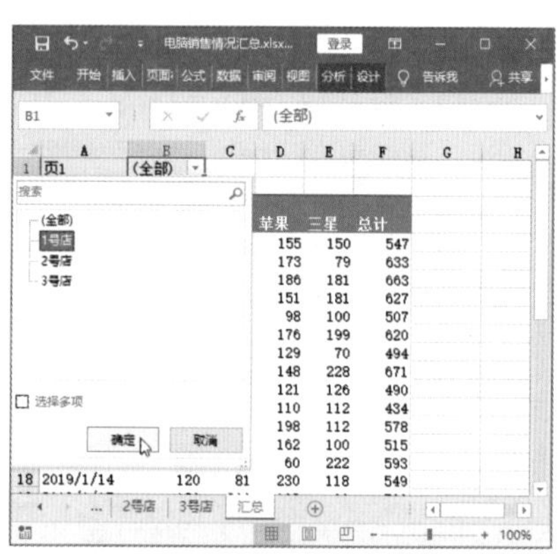

图7-109　筛选页字段项

Step11：查看筛选数据。返回数据透视表，即可查看到筛选的数据，如图7-110所示。

Step12：查看更新的数据。在数据源中添加销售记录，然后刷新数据透视表，可以查看新添加的记录已经更新到数据透视表中，如图7-111所示。

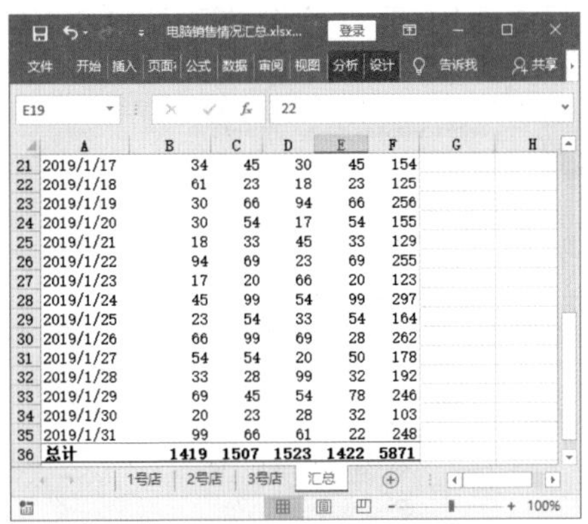

图7-110 查看筛选数据

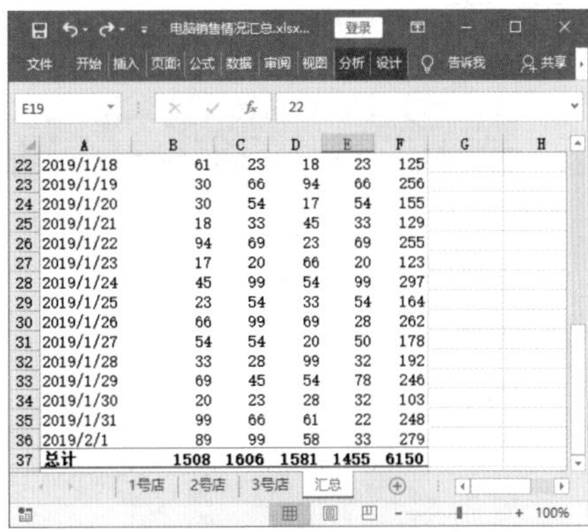

图7-111 查看更新的数据

2 运用【表】功能创建

除了可以使用定义名称的方法外，用户还可以通过【表】功能创建动态的【多重合并计算数据区域】数据透视表，操作方法如下。

Step01：单击【表格】按钮。在【1号店】工作表中，选中数据列表区域中任意单元格，在【插入】选项卡的【表格】组中单击【表格】按钮，如图7-112所示。

Step02：选择数据源。打开【创建表】对话框，❶取消勾选【表包含标题】复选框，Excel将自动选取表数据的来源范围，❷单击【确定】按钮，即可将当前数据表格转换为Excel【表】，如图7-113所示。

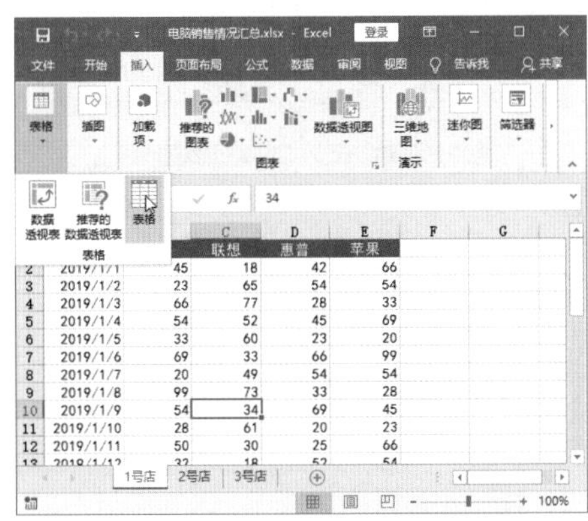

图7-112 单击【表格】按钮

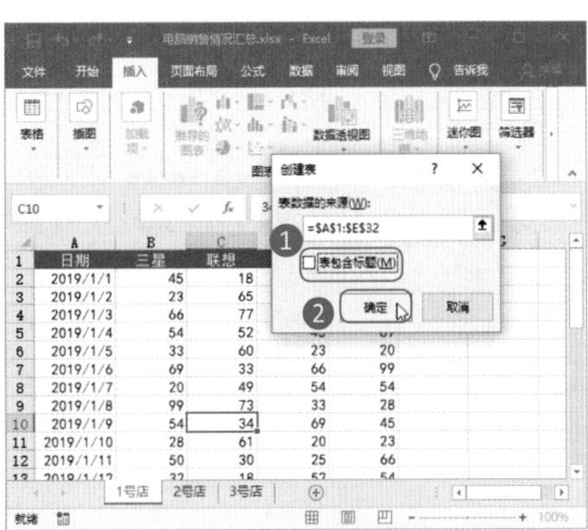

图7-113 选择数据源

Step03：转换其他数据表。切换到【2号店】【3号店】工作表中，用同样的方法分别进行设置，将其中的数据表格转换为Excel【表】，如图7-114所示。

Step04：选择【多重合并计算数据区域】选项。返回工作表，依次按Alt、D、P键，打开【数据透视表和数据透视图向导--步骤1（共3步）】对话框，❶选择【多重合并计算数据区域】单选按钮和【数据透视表】单选按钮，❷单击【下一步】按钮，如图7-115所示。

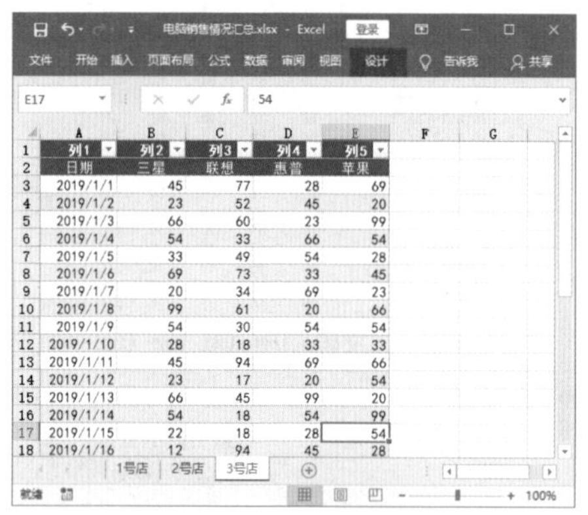

图7-114　转换其他数据表　　图7-115　选择【多重合并计算数据区域】

Step05：选择【自定义页字段】单选按钮。打开【数据透视表和数据透视图向导--步骤2a（共3步）】对话框，❶选择【自定义页字段】单选按钮，❷单击【下一步】按钮，如图7-116所示。

Step06：添加数据区域。打开【数据透视表和数据透视图向导-第2b步，共3步】对话框，❶在【选定区域】文本框中输入“表1”，❷单击【添加】按钮，❸选择【1】单选按钮指定要建立的页字段数量，❹在【字段1】文本框中输入“1号店”自定义页字段名称，如图7-117所示。

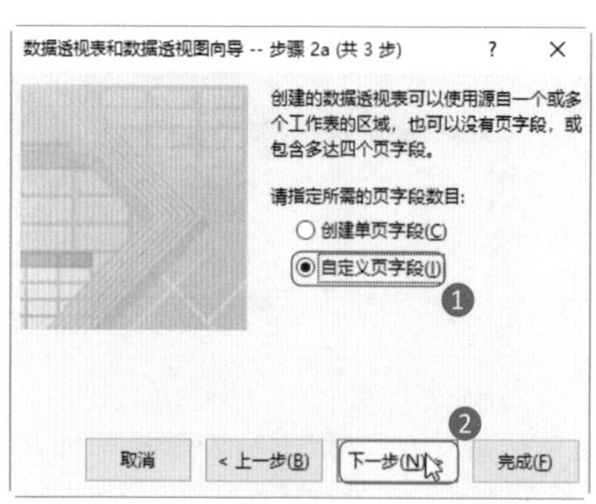

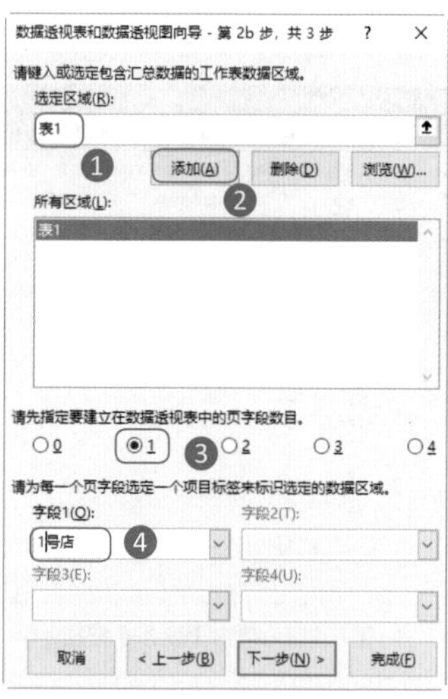

图7-116　选择【自定义页字段】单选按钮　　图7-117　添加数据区域

Step07：添加其他数据区域。❶使用同样的方法将【表2】和【表3】添加到【所有区域】列表框中，并设置要建立的页字段数量及自定义名称，❷单击【下一步】按钮，如图7-118所示。

Step08：设置数据透视表位置。打开【数据透视表和数据透视图向导--步骤3（共3步）】对话框，❶选择【新工作表】单选按钮，设置数据透视表的显示位置为新工作表，❷单击【完成】按钮，如图7-119所示。

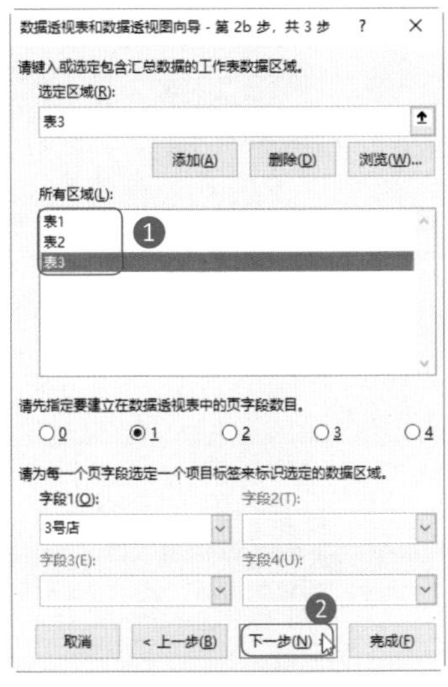

图7-118 添加其他数据区域

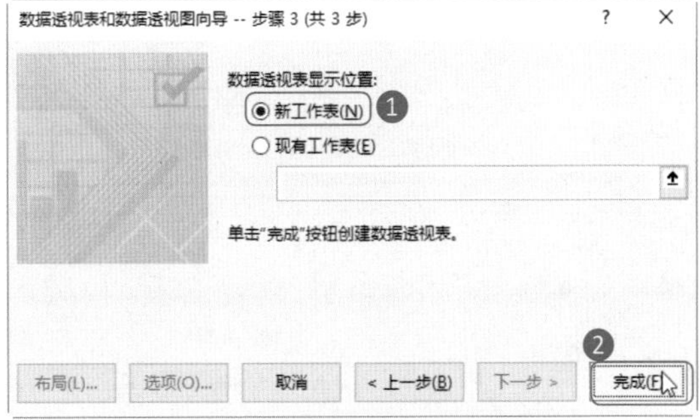

图7-119 设置数据透视表位置

Step09：查看数据透视表。根据需要重命名工作表标签，然后在数据透视表的报表筛选区域中筛选页字段项。返回数据透视表，即可查看到筛选的数据，如图7-120所示。

Step10：查看更新的数据。在数据源中添加销售记录，然后刷新数据透视表，可以查看新添加的记录已经更新到数据透视表中，如图7-121所示。

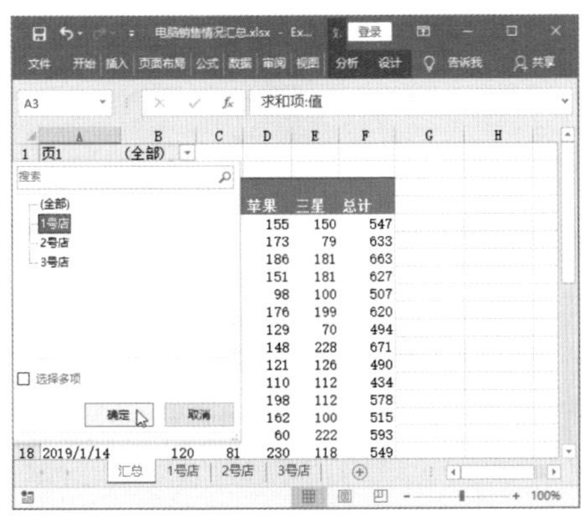

图7-120 查看数据透视表

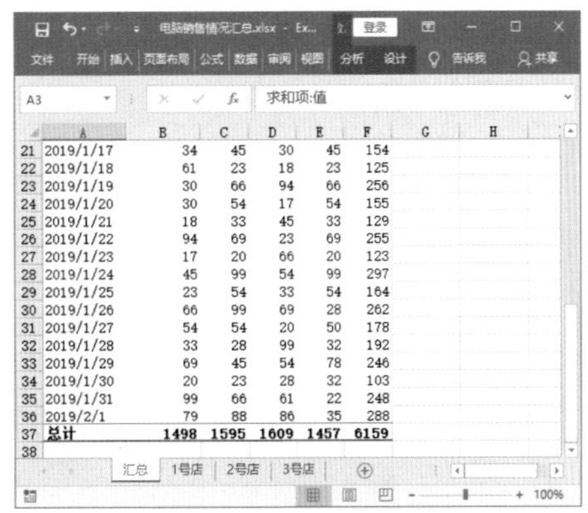

图7-121 查看更新的数据

CHAPTER 8

VBA，自动化办公 解放双手

一直以来，我都认为宏和VBA应该是计算机高端人士才能触及的高级操作。直到张经理看到我不断重复一个动作，做同一件事情时，无奈地提醒我：“做这种重复的工作，为什么那么好用的VBA你不用，非要选择埋头做基本操作呢？要知道，流水线作业时，自动化才是高效的关键。”

原来，我离VBA代码如此之近。经过王Sir的指点，尽管不会编程，我也可以使用VBA代码来操作数据透视表。同样的工作，只需要简单的操作就可以获得需要的代码，让我的工作效率直线上升。

加班，从此与我无缘。

小 李

“觉得VBA很高端”，这是很多职场新人的惯性认知。可是，VBA真的高不可攀吗？其实，这都是没有真正接触过宏和VBA的人才会这样想。我们要学习的并不是高端的编程，只需学会完成工作所需要的代码编写就可以了。

学会了把宏与VBA结合使用，根本不需要编写复杂的代码。当掌握宏与VBA的使用后，就可以真正解放双手，远离加班了。

王 Sir

8.1 使用宏，让你远离加班的苦恼

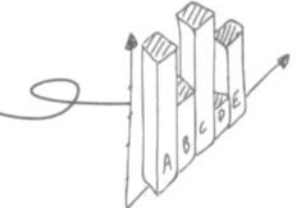

张经理

小李，今年的销售统计你都完成了吗？

小 李

张经理，您稍等一下，只有5个数据透视表了，今天一定加班完成。

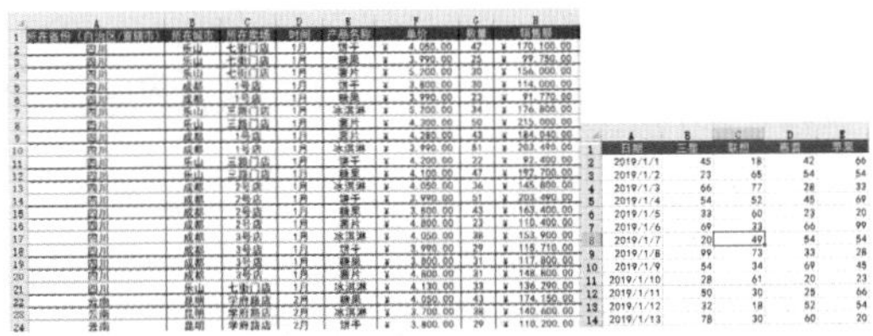

	A	B	C	D	E
1	日期	[illegible]	[illegible]	[illegible]	[illegible]
2	2019/1/1	45	18	42	66
3	2019/1/2	23	65	54	54
4	2019/1/3	66	77	28	33
5	2019/1/4	54	52	45	69
6	2019/1/5	33	60	23	20
7	2019/1/6	69	33	66	99
8	2019/1/7	20	49	54	54
9	2019/1/8	99	73	33	28
10	2019/1/9	54	34	69	45
11	2019/1/10	28	61	20	23
12	2019/1/11	50	30	25	66
13	2019/1/12	32	18	52	54
14	2019/1/13	78	30	60	20

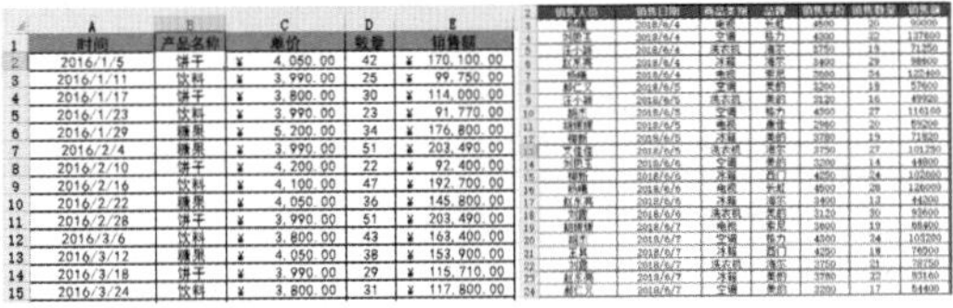

	A	B	C	D	E
1	时间	产品名称	单价	数量	销售额
2	2016/1/5	饼干	¥ 4,050.00	42	¥ 170,100.00
3	2016/1/11	饮料	¥ 3,990.00	25	¥ 99,750.00
4	2016/1/17	饼干	¥ 3,800.00	30	¥ 114,000.00
5	2016/1/23	饮料	¥ 3,990.00	23	¥ 91,770.00
6	2016/1/29	糖果	¥ 5,200.00	34	¥ 176,800.00
7	2016/2/4	糖果	¥ 3,990.00	51	¥ 203,490.00
8	2016/2/10	饼干	¥ 4,200.00	22	¥ 92,400.00
9	2016/2/16	饮料	¥ 4,100.00	47	¥ 192,700.00
10	2016/2/22	糖果	¥ 4,050.00	36	¥ 145,800.00
11	2016/2/28	饼干	¥ 3,990.00	51	¥ 203,490.00
12	2016/3/6	饮料	¥ 3,800.00	43	¥ 163,400.00
13	2016/3/12	糖果	¥ 4,050.00	38	¥ 153,900.00
14	2016/3/18	饼干	¥ 3,990.00	29	¥ 115,710.00
15	2016/3/24	饮料	¥ 3,800.00	31	¥ 117,800.00

张经理

小李，这么多表格，你是打算一步一步全手动操作吗？难道就没有想过用更简单的方法来完成这些相同的操作吗？

（1）你了解过宏吗？有些重复的操作，可以**使用宏来完成**。

（2）如果你不知道宏在哪里，可以试试先**找到【开发工具】选项卡**？

（3）是不是录制宏后保存不了？可看看**格式是否对了**。

（4）如果你确定这个宏是安全的，为什么不**添加到受信任的位置**？

实在没有学过编程，宏难道不需要写代码？如果要写代码，我可真的驾驭不了。

8.1.1 认识你眼中高端的【宏】与VBA

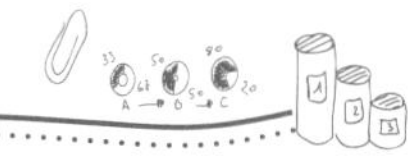

小李

王Sir，我每天制作数据透视表的时候，总是要执行很多重复的操作。张经理说，我可以使用宏来完成，可是我对宏一窍不通啊！

王Sir

小李，如果你觉得使用宏就一定要写代码，那我可以告诉你，在Excel中**使用【宏】功能录制宏，就能够生成VBA代码**。

你可以将数据透视表中的操作录制下来，然后通过录制生成的VBA代码来学习与数据透视表相关的代码应用。

VBA的全称是Visual Basic for Application。官方表示，它是微软公司开发的一种可在应用程序中共享的自动化语言，能够实现Office的自动化，从而极大地提高工作效率。通过VBA这种编程语言，可以实现的功能有很多，例如使重复的任务自动化、自定义Excel的工具栏/菜单和界面、建立模块和宏指令、提供建立类模块的功能、自定义Excel使其成为开发平台、创建报表、对数据进行复杂的操作和分析等。

而Excel的【宏】，其实是一个用VBA代码保存下来的程序，是可以完成某一特定功能的命令组合。换句话说，VBA是由模块组成的，其模块内部由至少一个过程（完成某一特定功能）组成，一个宏对应VBA中的一个过程。宏可以通过录制得到，但是VBA代码需要在VBA编辑器中手动输入。

一些简单的操作可以通过录制宏的方式完成。但是由于录制的宏不够灵活，某些复杂的操作单靠录制宏无法实现，只能靠手工编写VBA代码来完成。同时，在Excel中执行宏时需要手工运行，无法根据实际情况自动执行。相比较而言，虽然VBA具有更高的灵活度，但代码编写对专业知识的要求更高。而宏却更简单，入门难度低，但是又受到各种限制，缺乏灵活性。所以在实际工作中，常常把两者结合起来使用，以降低工作难度，提高工作效率。

8.1.2 找不到宏时找【开发工具】选项卡

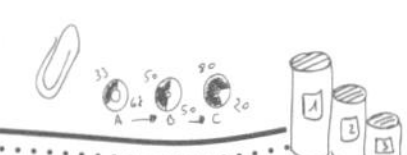

小李

王Sir，我觉得您说的很有道理，我决定学习宏的使用方法。可是，我怎么也找不到宏按钮，该从哪里开始呢？

王Sir

小李，你要找的命令按钮在【开发工具】选项卡中。

可是，默认情况下，Excel中并不会显示【开发工具】选项卡，所以要找关于【宏】和VBA的命令按钮，必须先把【开发工具】选项卡调出来。

要在Excel中显示出【开发工具】选项卡，可以自定义功能区，操作方法如下。

Step01：选择【选项】命令。打开Excel工作簿，在【文件】选项卡中选择【选项】命令，如图8-1所示。

Step02：勾选【开发工具】复选框。❶打开【Excel选项】对话框，切换到【自定义功能区】选项卡，❷在右侧的【自定义功能区】下拉列表中选择【主选项卡】，❸在下方的列表框中勾选【开发工具】复选框，❹单击【确定】按钮，如图8-2所示。

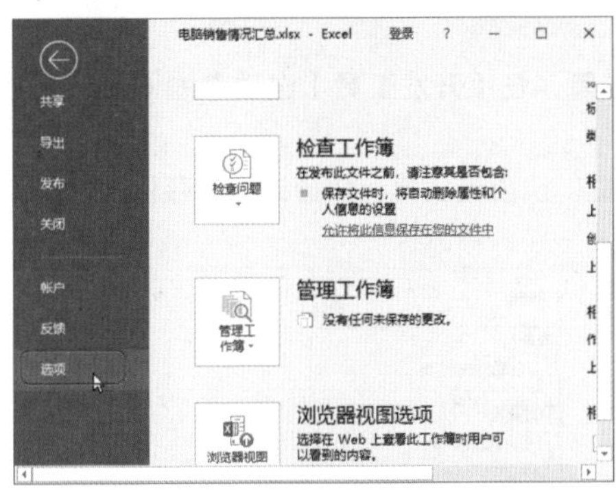

图8-1 选择【选项】命令

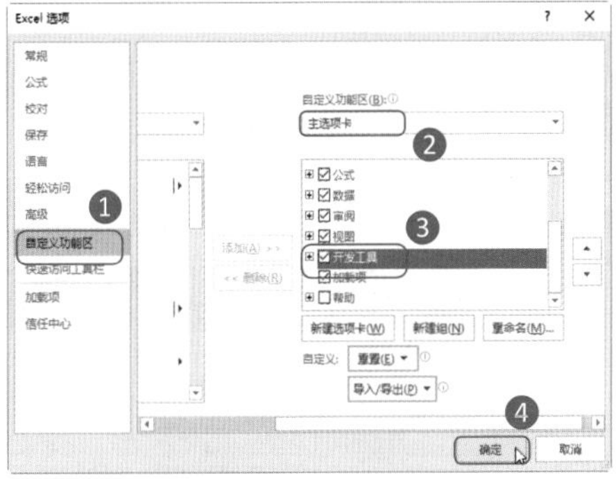

图8-2 自定义功能区

Step03：查看【开发工具】选项卡。返回工作簿中，即可看到【开发工具】选项卡已经出现在工作簿中，如图8-3所示。

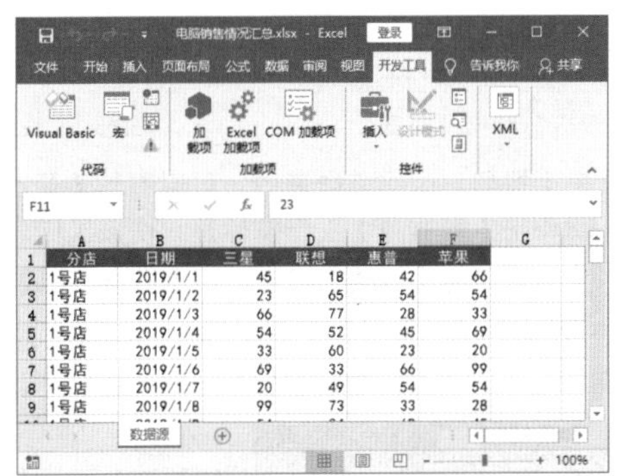

图8-3 查看【开发工具】选项卡

8.1.3 一步步操作，定制专用宏

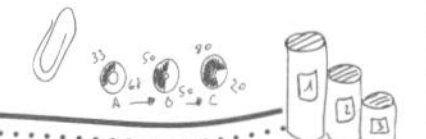

小李

王Sir，我现在找到宏按钮了，是不是可以开始使用宏了？我好想赶紧动手试一试。

王Sir

小李，别着急，使用宏前，需要先录制宏。录制宏，就是**把操作一步一步地录制下来**。下次执行宏的时候，就可以自动根据上次的操作步骤一一执行。

其具体操作方法如下。

Step01：单击【录制宏】按钮。打开Excel工作簿，在【开发工具】选项卡的【代码】组中单击【录制宏】按钮，如图8-4所示。

Step02：设置宏信息。❶打开【录制宏】对话框，设置宏名称、快捷键、保存位置及宏的说明信息，❷单击【确定】按钮，如图8-5所示。

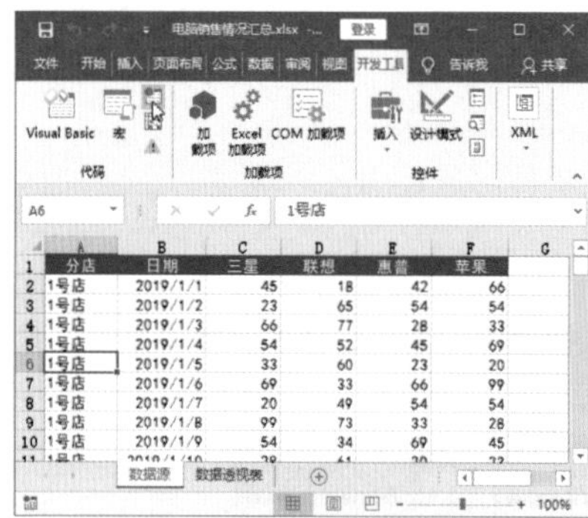

图8-4 单击【录制宏】按钮

图8-5 设置宏信息

Step03：单击【数据透视表】按钮。返回工作表中，可以看到【录制宏】按钮变为【停止录制】按钮■，此时可以开始录制操作。❶单击【数据源】工作表标签，使该工作表成为活动工作表，❷单击数据区域的任意单元格，❸在【插入】选项卡的【表格】栏中单击【数据透视表】按钮，如图8-6所示。

Step04：设置数据透视表保存位置。❶打开【创建数据透视表】对话框，选择【现有工作表】单选按钮，在【位置】栏设置数据透视表的保存位置，❷ 单击【确定】按钮，如图8-7所示。

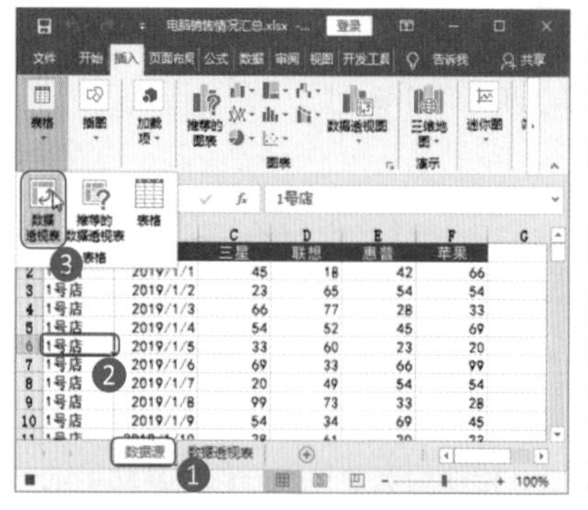

图8-6 单击【数据透视表】按钮

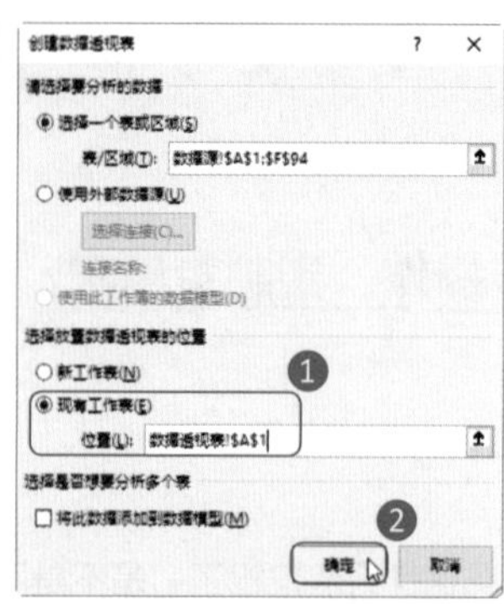

图8-7 设置数据透视表保存位置

Step05：勾选字段。返回工作表中，即可看到已创建的数据透视表，在【数据透视表字段】窗格中勾选需要的字段，如图8-8所示。

Step06：单击【停止录制】按钮。完成后在【开发工具】选项卡的【代码】组中单击【停止录制】按钮■即可，如图8-9所示。

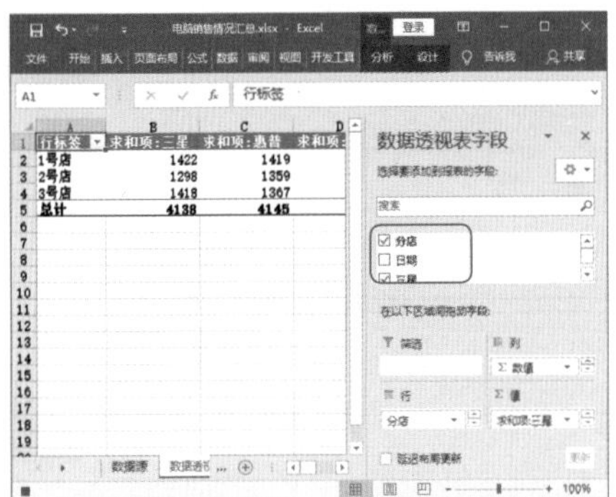

图8-8 勾选字段

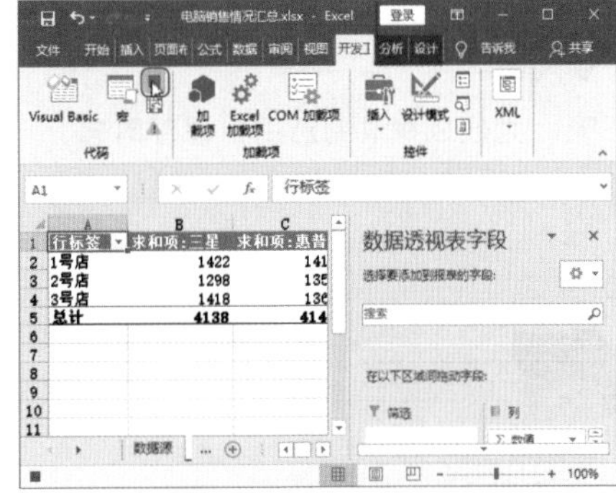

图8-9 单击【停止录制】按钮

温馨提示

如果数据源中的字段不同，在录制宏时不要勾选字段，直接单击【停止录制】按钮■录制创建数据透视表的宏。

Step07：单击【宏】按钮。如果要查看录制的宏，可以在【开发工具】选项卡的【代码】组中单击【宏】按钮，如图8-10所示。

Step08：查看宏。打开【宏】对话框，在其中可以查看到录制的宏，单击【执行】按钮可以执行宏，如图8-11所示。

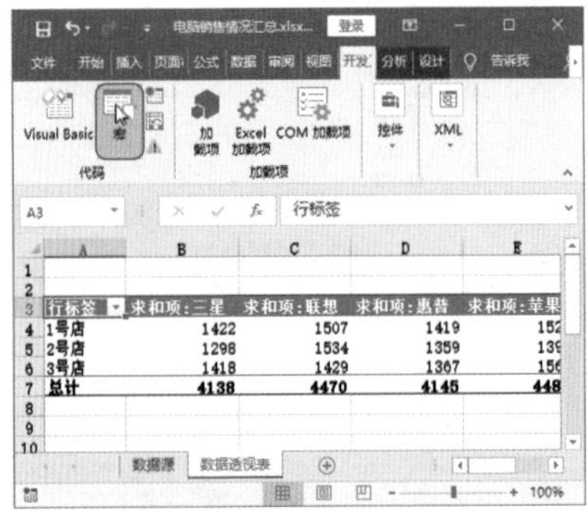

图8-10 单击【宏】按钮

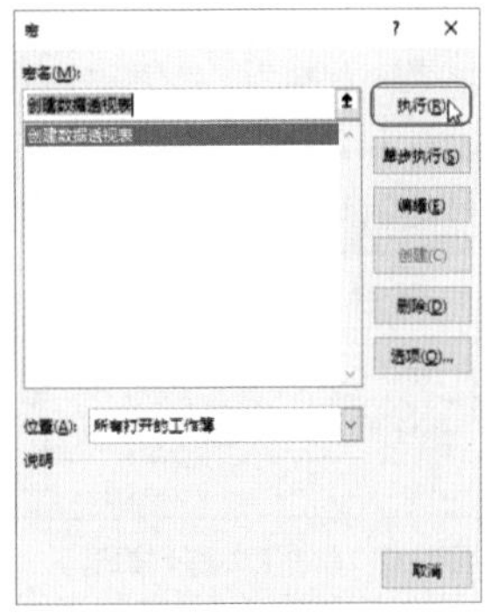

图8-11 查看宏

8.1.4 保存宏的专用格式

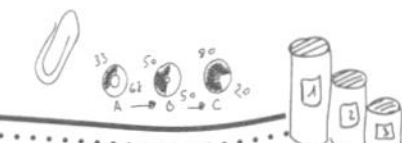

小李

王Sir，为什么我录制宏后，保存时总是弹出提示对话框，不能保存？

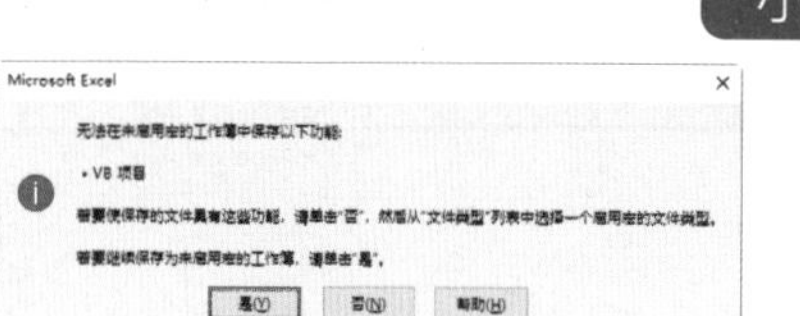

王Sir

小李，保存宏是有专用格式的。

因为Excel对工作簿中是否包含宏进行了严格的区分，**需要将包含宏的工作簿另存为【Excel启用宏的工作簿（*.xlsm）】文件类型**，才能正确保存工作簿中录制的宏，在下次打开工作簿时使用其中的宏。

具体操作方法如下。

Step01：单击【浏览】按钮。❶在【文件】选项卡中选择【另存为】命令，❷在右侧选择【这台电脑】选项，❸在下方单击【浏览】按钮，如图8-12所示。

Step02：设置文件保存类型。打开【另存为】对话框，❶设置文件保存位置、文件名，❷设置文件保存类型为【Excel启用宏的工作簿（*.xlsm）】，❸单击【保存】按钮，如图8-13所示。

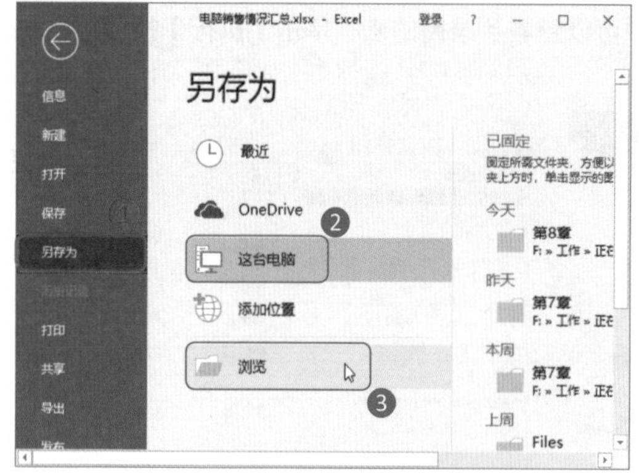

图8-12 单击【浏览】按钮

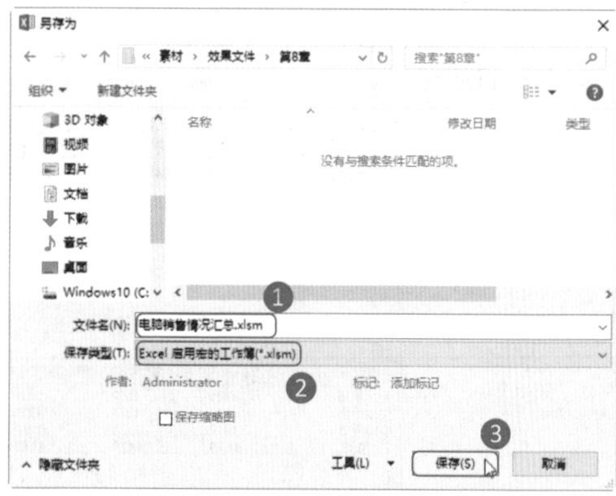

图8-13 设置文件名和保存类型

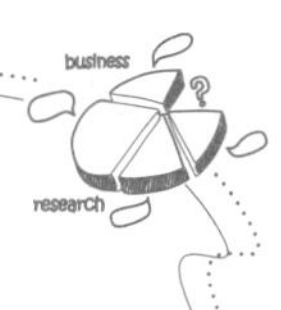

温馨提示

在Excel中，普通工作簿的扩展名为.xlsx，启用宏的工作簿扩展名为.xlsm。

8.1.5 宏的安全不容忽视

小李

王Sir，我在打开录制了宏的工作表时，为什么总会弹出安全警告呢？能不能去掉？

王Sir

小李，对于刚开始使用宏的“菜鸟”来说，安全警告可是非常重要的。因为你不清楚这个宏文件是否安全，会不会对你的文件造成影响。**如果确认安全，再启用宏。**

在Excel中，默认情况下工作簿中将禁用宏。为了能够在工作簿中正常使用宏，需要设置启用宏。

1 通过消息栏启用宏

在Excel中正确保存包含宏的工作簿后，下次打开该工作簿时，会看到功能区下方显示出一个消息栏。如果确认工作簿中的宏是安全的，需要单击【启用内容】按钮才能正常使用工作簿中的宏，如图8-14所示。

如果没有启用宏，在试图运行宏时将无法正常使用宏，并弹出提示对话框，要求用户重新打开当前工作簿，然后启用宏，如图8-15所示。

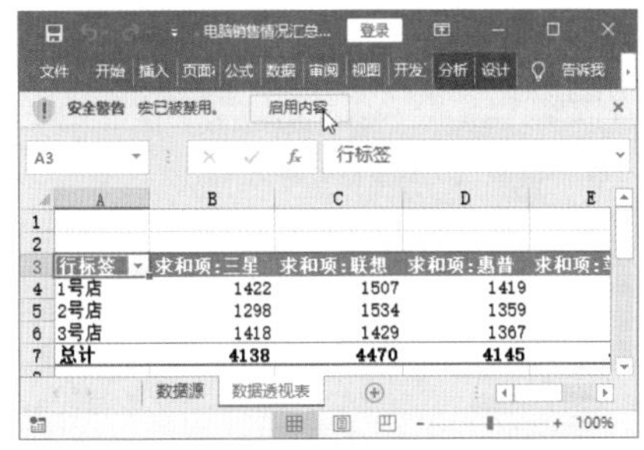

图8-14 单击【启用内容】按钮

图8-15 提示无法正常使用宏

2 更改宏的安全设置

如果不想在每次打开包含宏的工作簿时都要通过单击【启用内容】按钮来启用宏，也可以更改宏的安全设置，通过降低宏的安全性来运行工作簿中所有的宏，操作方法如下。

Step01：单击【宏安全性】按钮。在【开发工具】选项卡的【代码】组中单击【宏安全性】按钮 ，如图8-16所示。

Step02：更改宏设置。打开【信任中心】对话框，❶在【宏设置】选项卡的【宏设置】栏下选择【启用所有宏（不推荐：可能会运行有潜在危险的代码）】单选按钮，❷单击【确定】按钮保存设置，如图8-17所示。

图8-16 单击【宏安全性】按钮（一）

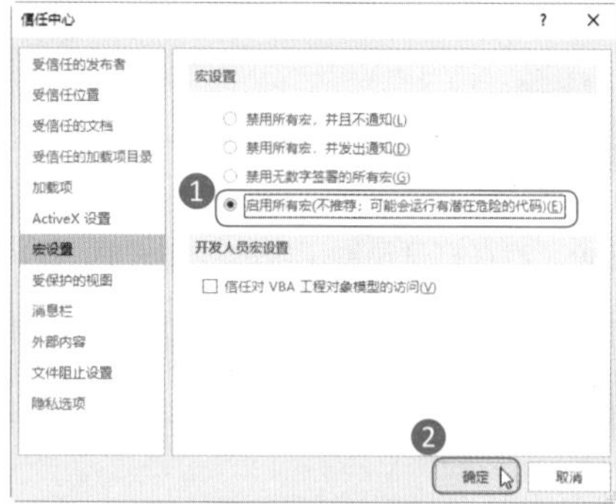

图8-17 更改宏设置

3 添加受信任位置

如果需要在保证宏安全性的同时，允许自动启用指定位置中的工作簿中包含的宏，可以在Excel中设置受信任位置，操作方法如下。

Step01：单击【宏安全性】按钮。在【开发工具】选项卡的【代码】组中单击【宏安全性】按钮 ，如图8-18所示。

Step02：单击【添加新位置】按钮。打开【信任中心】对话框，在【受信任位置】选项卡中单击【添加新位置】按钮，如图8-19所示。

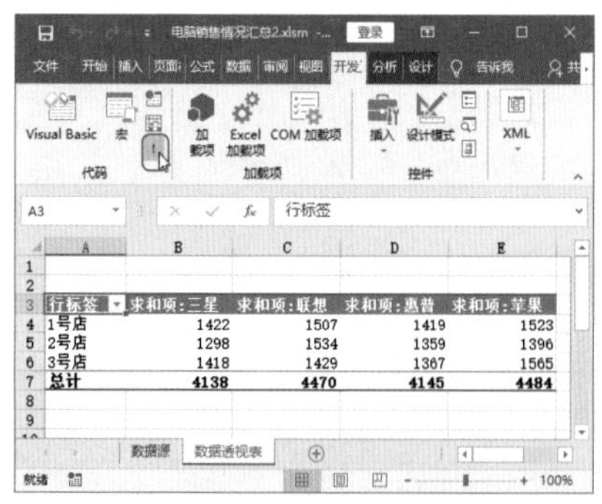

图8-18 单击【宏安全性】按钮（二）

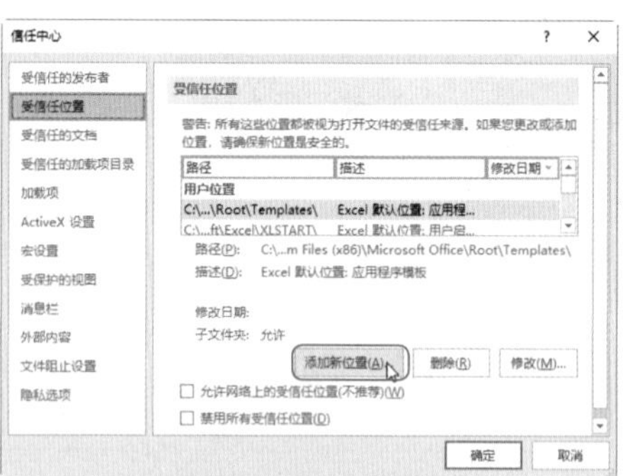

图8-19 单击【添加新位置】按钮

Step03：单击【浏览】按钮。打开【Microsoft Office受信任位置】对话框，单击【浏览】按钮，如图8-20所示。

Step04：选择受信任位置。打开【浏览】对话框，❶选择需要设置受信任位置的文件夹路径，❷单击【确定】按钮，如图8-21所示。

图8-20 单击【浏览】按钮

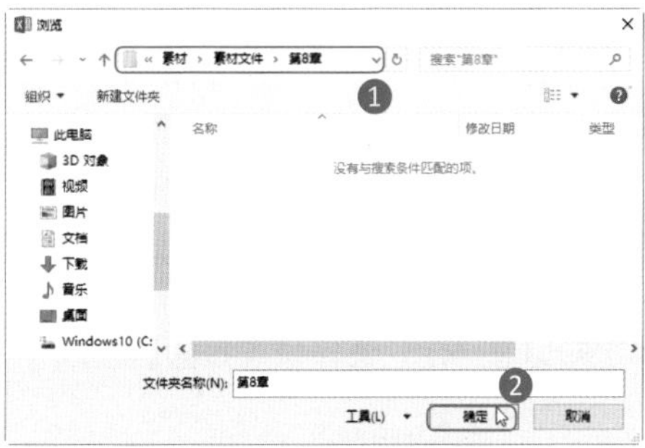

图8-21 选择受信任位置

Step05：单击【确定】按钮。返回【Microsoft Office受信任位置】对话框，在【路径】文本框中将显示所选的文件夹路径，单击【确定】按钮，如图8-22所示。

Step06：查看受信任位置。返回【信任中心】对话框，在列表框中可以看到新增了所选受信任位置，单击【确定】按钮保存设置，如图8-23所示。此后，只要打开受信任位置中的工作簿，其中包含的宏将自动启用。

图8-22 单击【确定】按钮

图8-23 查看受信任位置

8.2 VBA在数据透视表中的应用

小李

张经理，经过王Sir的指点，我已经会用宏了。放心，这次的数据分析肯定可以很快交给您。

张经理

小李，自信是好的，但盲目自信是阻碍成功的“绊脚石”。你觉得自己对宏的使用已经运用自如了吗？

（1）知道怎样**查看宏的代码**吗？

（2）知道怎样用代码**执行字段布局**吗？

（3）知道怎样用代码**设置数据透视表的样式**吗？

（4）知道怎样用代码**设置字段的汇总方式**吗？

（5）知道怎样用代码**刷新数据透视表**吗？

（6）知道怎样用代码**设置值显示方式**吗？

这些都是数据透视表的常见应用，如果不知道，那就不要得意了。

代码可是程序员的拿手绝活，我一个计算机二级都没有过的“菜鸟”，能操作代码吗？

8.2.1 使用VBA前，先认识VBA编辑器

小李

王Sir，既然宏是用VBA代码保存下来的程序，那么我要怎么应用这个程序来工作呢？

王Sir

小李，你知道VBA编辑器吗？

在录制完成一个宏后，**通过VBA编辑器可以查看宏的代码**。此外，如果要编写或测试代码，也需要在VBA编辑器窗口中完成。

在认识VBA编辑器前，需要先打开其窗口。在Excel中，打开VBA编辑器窗口的方法主要有以下几种。

☆ 切换到【开发工具】选项卡，在【代码】组中单击Visual Basic按钮，即可打开VBA编辑器窗口，如图8-24所示。

☆ 按Alt+F11组合键，即可快速打开VBA编辑器窗口。

☆ 在包含宏的工作簿中切换到【开发工具】选项卡，在【代码】组中单击【宏】按钮，打开【宏】对话框，❶在列表框中选中需要的宏，❷单击【编辑】按钮（见图8-25），即可打开VBA编辑器，并可在其中查看所选宏的代码。

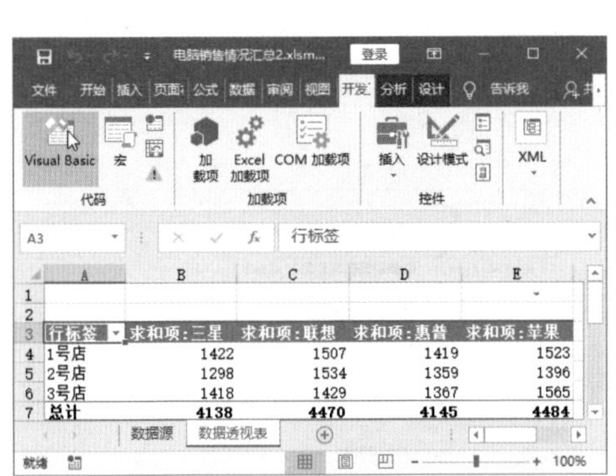

图8-24 单击Visual Basic按钮打开VBA编辑器窗口

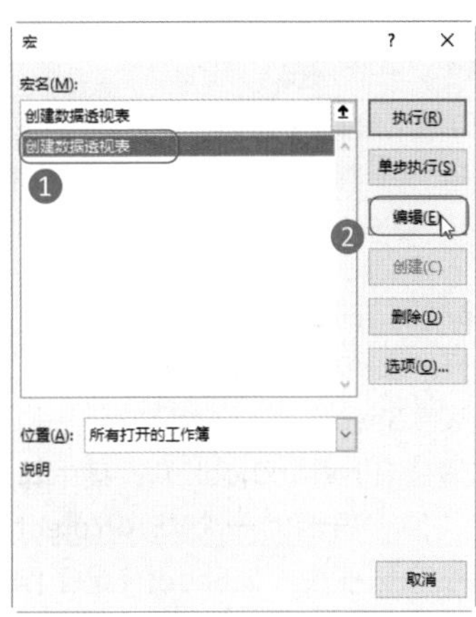

图8-25 单击【编辑】按钮打开VBA编辑器窗口

VBA编辑器窗口也被称作VBA窗口，它由菜单栏、工具栏、工程资源管理器、属性窗口和代码窗口组成，如图8-26所示。通过【视图】菜单中的命令，可以隐藏或显示这些组件。下面详细介绍VBA编辑器窗口的各个重要组成部分，为使用VBA代码打下基础。

图8-26 认识VBA窗口

1 菜单栏

在VBA窗口的菜单栏中，包含【文件】【编辑】【视图】【插入】【格式】【调试】【运行】【工具】【外接程序】【窗口】【帮助】11个菜单。在这些菜单中包含了相应功能的命令，通过执行这些命令可以完成VBA代码和宏的应用。

2 工具栏

在VBA窗口的工具栏中，包含【视图】【插入用户窗体】【保存】【剪切】【复制】【粘贴】等常用命令按钮，方便用户快速执行相应的命令及使用宏和VBA代码等。

3 工程资源管理器

在VBA窗口的工程资源管理器中，显示了当前所有打开的工作簿（VBAProject）、工作簿中包含的工作表（Sheet 1、Sheet 2、…）以及包含代码的工作簿（ThisWorkbook）。其中每一个当前打开的工作簿，显示为一个VBAProject。这些组成部分都被称作模块，如Sheet 1是工作表模块，ThisWorkbook是工作簿模块。当工作簿中录制了宏，Excel还会创建模块。

在工程资源管理器中，可以轻松查看每个VBAProject的组成结构。双击其中的任意模块，即可打开与该模块对应的代码窗口。使用鼠标右键单击任意一个模块，即可在弹出的快捷菜单中对模块执行相应的命令，如图8-27所示。

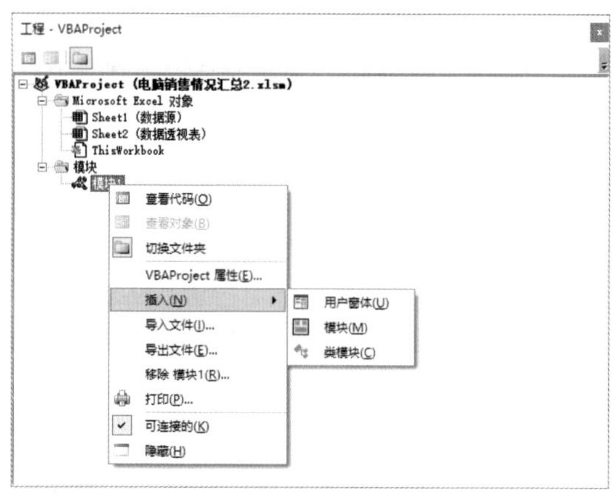

图8-27 工程资源管理器

该快捷菜单中各命令具体介绍如下。

☆ 通过执行【查看代码】命令，可以打开与所选模块对应的代码窗口查看代码。

☆ 通过【插入】命令展开的子菜单，可以选择插入【用户窗体】【模块】或【类模块】。

☆ 通过执行【导入文件】命令，可以将计算机中保存的模块文件导入到当前VBAProject中。

☆ 通过执行【导出文件】命令，可以将当前所选模块以文件形式保存到计算机中。

☆ 通过执行【移除 XX】命令，可以删除当前模块。

☆ 通过执行【隐藏】命令，可以隐藏工程资源管理器窗口。

4 属性窗口

在VBA窗口中，在菜单栏上执行【视图】→【属性窗口】命令，即可打开【属性窗口】。在属性窗口中可以设置对象的外观。

例如，在工程资源管理器中选中ThisWorkbook模块，在属性窗口中即可显示出该模块对应的可进行设置的属性，在左侧单击某个属性，然后在右侧通过输入或选择的方式即可设置属性值，如图8-28所示。

5 代码窗口

在VBA窗口中，双击工程资源管理器中的任意模块，即可打开与其对应的代码窗口，如图8-29所示。在其中可以进行如下操作。

☆ 在代码窗口中，可以使用常用的文本编辑功能输入、修改和删除VBA代码，方法与在记事本中编辑文本内容相同。

☆ 在代码窗口顶部，打开左侧下拉列表，可以选择当前模块中包含的对象；打开右侧下拉列表，可以选择当前模块中包含的过程。

☆ 在代码窗口底部，单击【过程视图】按钮，可设置只显示某个过程，然后通过代码窗口顶部右侧的下拉列表切换要显示的过程；单击【全模块视图】按钮，可设置显示当前模块中包含的所有过程（默认情况下，代码窗口中以【全模块视图】方式显示代码）。

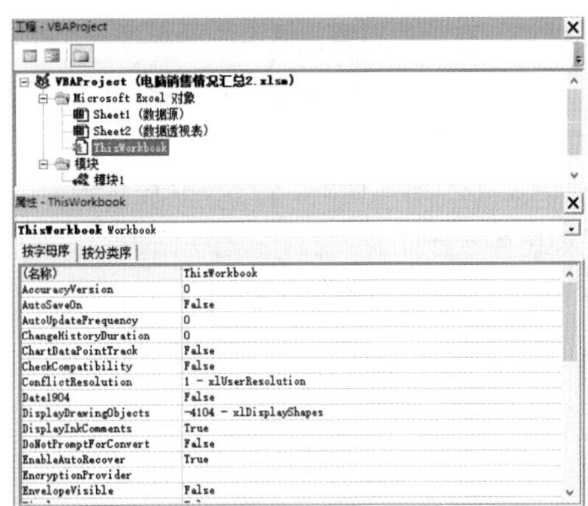

图8-28 属性窗口

图8-29 代码窗口

8.2.2 使用VBA创建数据透视表

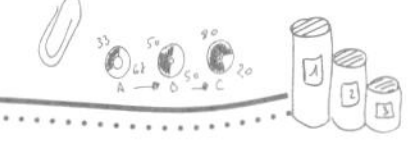

小李

王Sir，我大概明白VBA是怎么回事了，现在可以教我用VBA代码创建数据透视表了吗？

王Sir

当然可以。将VBA应用到数据透视表中，实现数据透视表的自动化管理，的确可以提高工作效率。不过，因为数据源不同，所以代码并不能运用在所有的工作表中。

如果需要重复操作某个字段和结构都相同的工作表，可以**先使用【宏】功能创建宏代码，然后将代码应用于其他工作表。**

例如，在公司销售业绩表中要创建一个数据透视表，操作方法如下。

Step01：单击Visual Basic按钮。在【开发工具】选项卡的【代码】组中单击Visual Basic按钮，如图8-30所示。

Step02：输入代码。打开VBA编辑器窗口，在【数据源】模块对应的代码窗口中输入如下代码，如图8-31所示。

```
Sub 创建基本数据透视表 ()
   Dim pvc As PivotCache
   Dim pvt As PivotTable
   Dim wks As Worksheet
   Dim oldrng As Range, newrng As Range
   Set oldrng = Worksheets(" 数据源 ").Range("A1").CurrentRegion
   Set wks = Worksheets.Add
   Set newrng = wks.Range("A1")
   Set pvc = ActiveWorkbook.PivotCaches.Create(xlDatabase,oldrng)
   Set pvt = pvc.CreatePivotTable(newrng)
End Sub
```

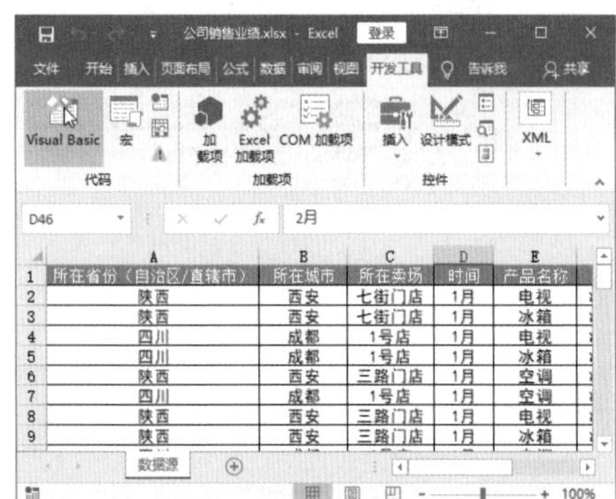

图8-30 单击Visual Basic按钮

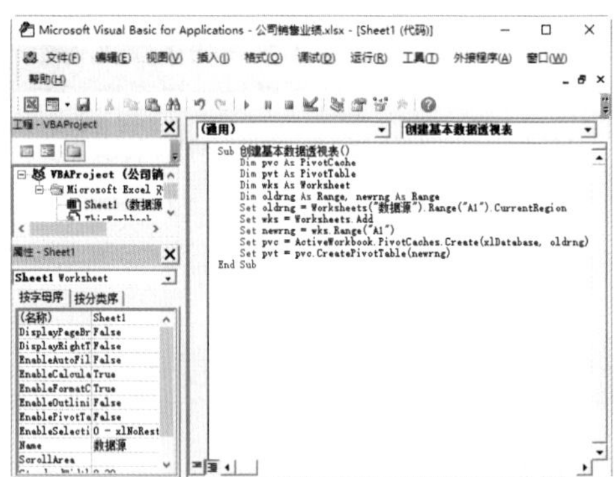

图8-31 输入代码

技能升级

在以上代码中，❶定义了几个变量，指定了变量数据类型，给oldrng赋值为用来创建数据透视表的数据源表格区域；❷在当前工作簿中新建一个工作表；❸给newrng赋值为新工作表的A1单元格；❹根据oldrng，给数据源表格区域创建一个数据透视表缓存（PivotCache）；❺根据数据透视表缓存来创建数据透视表（PivotTable），将创建的数据透视表放置在新建工作表的A1单元格（newrng）中。

Step03：查看数据透视表。按F5键运行代码，即可得到一个空白的数据透视表，如图8-32所示。

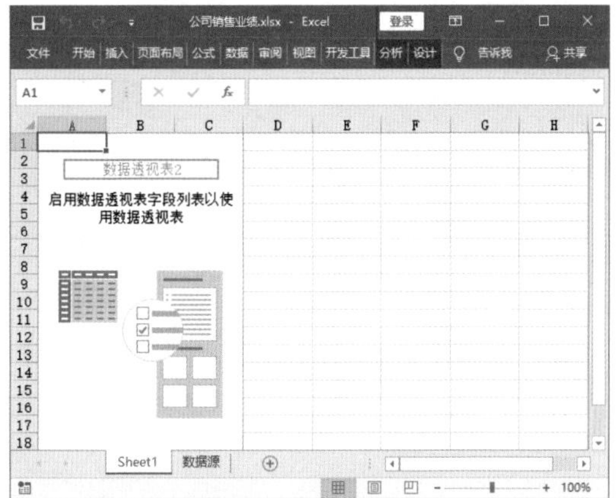

图8-32 查看数据透视表

8.2.3 使用VBA快速执行字段布局

小李

王Sir，创建的数据透视表是空白的，那么又如何使用VBA为数据透视表布局呢？

王Sir

字段布局当然是数据透视表必备的技能。

以上一例创建的空白数据透视表为例，这次我们**用VBA代码来布局数据透视表**。

例如，要将【所在省份（自治区/直辖市）】字段放置到报表筛选区域、将【所在城市】和【产品名称】字段放置到行字段区域、将【数量】和【销售额】字段放置到值字段区域，可以在数据透视表所在的工作表（【Sheet 1】工作表）模块对应的代码窗口中输入如下代码。

```
Sub 对字段进行布局()
    Dim pvt As PivotTable
```

```
    Set pvt = Worksheets("Sheet1").PivotTables(1)
    With pvt
      With .PivotFields(" 所在省份（自治区 / 直辖市）")
        .Orientation = xlPageField
      End With
      With .PivotFields(" 所在城市 ")
        .Orientation = xlRowField
        .Position = 1
      End With
      With .PivotFields(" 产品名称 ")
        .Orientation = xlRowField
        .Position = 2
      End With
      .AddDataField .PivotFields(" 数量 ")
      .AddDataField .PivotFields(" 销售额 ")
    End With
End Sub
```

按F5键运行上述代码，即可成功添加数据透视表字段并布局，如图8-33所示。

所在省份（自治区/直辖市）	(全部)	
	值	
行标签	求和项:数量	求和项:销售额
成都	651	2567070
冰箱	207	799140
电视	225	885780
空调	219	882150
昆明	412	1582900
冰箱	140	541400
电视	120	471500
空调	152	570000
西安	412	1765810
冰箱	150	608840
电视	126	518250
空调	136	638720
长沙	208	718520
冰箱	67	180230
电视	81	347490
空调	60	190800
重庆	422	1723150
冰箱	171	712890
电视	128	523360
空调	123	486900
总计	2105	8357450

图8-33 数据透视表字段布局

8.2.4 使用VBA刷新数据透视表

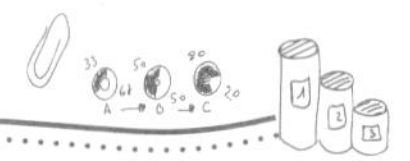

小李

王Sir，我的数据源更新了，怎么使用VBA代码来刷新数据透视表呢？

王Sir

刷新数据透视表是常备技能，除了可以使用功能区的按钮来刷新，**使用VBA代码一样可以做到。**

想要通过VBA代码刷新数据透视表，可以在Sheet 1代码窗口中输入以下代码，如图8-34所示。

```
Sub 根据数据源刷新数据透视表 ()
    Dim pvt As PivotTable
    Set pvt = Worksheets("Sheet1").PivotTables(1)
    pvt.RefreshTable
End Sub
```

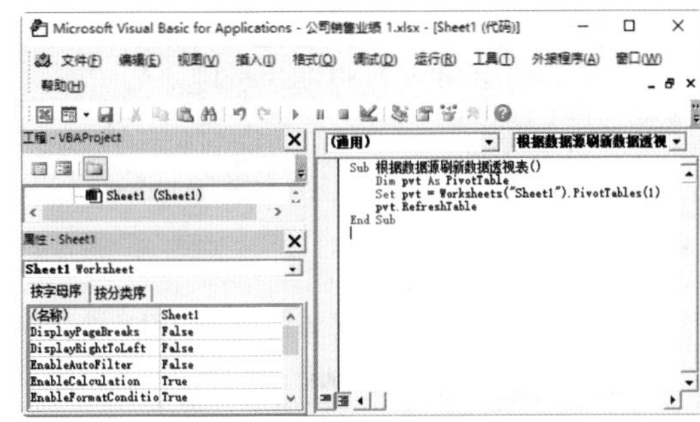

图8-34 刷新数据透视表的代码

8.2.5 使用VBA添加和删除字段

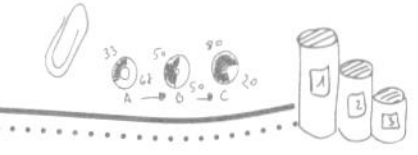

小李

王Sir，使用VBA代码可以添加和删除字段吗？

王Sir

当然可以。

如果是相同的结构，**使用VBA代码添加和删除字段比手动拖动的速度更快。**

例如，数据透视表中添加了所在省份、所在城市、产品名称、销售额和数量等字段，如图8-35所示。

要想通过VBA代码将数据透视表中的【所在城市】字段从行字段区域移动到报表筛选区域，并置于【所在省份（自治区/直辖市）】字段的下方，同时将【数量】字段从数据透视表的值字段区域中移除，可以输入以下代码。

```
Sub 在数据透视表中添加和删除字段 ()
    Dim pvt As PivotTable
    Set pvt = Worksheets("Sheet1").PivotTables(1)
    With pvt
        With .PivotFields(" 所在城市 ")
            .Orientation = xlPageField
            .Position = 1
        End With
        .PivotFields(" 求和项 : 数量 ").Orientation = xlHidden
    End With
End Sub
```

按F5键运行代码，即可查看到添加和删除字段后的效果，如图8-36所示。

3	行标签	求和项:销售额	求和项:数量
4	⊟湖南	718520	208
5	⊟长沙	718520	208
6	冰箱	180230	67
7	电视	347490	81
8	空调	190800	60
9	⊟陕西	1765810	412
10	⊟西安	1765810	412
11	冰箱	608840	150
12	电视	518250	126
13	空调	638720	136
14	⊟四川	2567070	651
15	⊟成都	2567070	651
16	冰箱	799140	207
17	电视	885780	225
18	空调	882150	219
19	⊟云南	1582900	412
20	⊟昆明	1582900	412
21	冰箱	541400	140
22	电视	471500	120
23	空调	570000	152
24	⊟重庆	1723150	422
25	⊟重庆	1723150	422
26	冰箱	712890	171
27	电视	523360	128
28	空调	486900	123
29	总计	8357450	2105

图8-35 原始字段

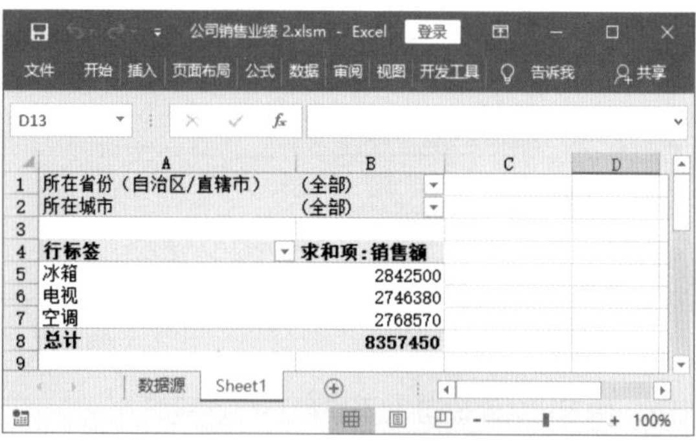

	A	B
1	所在省份（自治区/直辖市）	(全部)
2	所在城市	(全部)
3		
4	行标签	求和项:销售额
5	冰箱	2842500
6	电视	2746380
7	空调	2768570
8	总计	8357450

图8-36 添加和删除字段后的效果

8.2.6 使用VBA设置数据透视表的布局

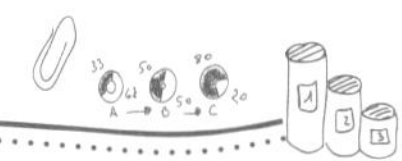

小李

王Sir，我想把数据透视表更改为表格布局，使用VBA代码能实现吗？

王Sir

当然可以。

在VBA代码窗口中**输入需要的代码，就可以执行更改布局的操作了。**

例如，默认情况下，Excel数据透视表以压缩形式（xlCompactRow）布局，如果要通过VBA代码将数据透视表的布局方式更改为表格形式（xlTabularRow），可以输入以下代码。

```
Sub 设置数据透视表布局方式 ()
  Dim pvt As PivotTable
  Set pvt = Worksheets("Sheet1").PivotTables(1)
  pvt.RowAxisLayout xlTabularRow
End Sub
```

按F5键运行代码，即可看到数据透视表已更改为表格布局，如图8-37所示。

	A	B	C	D
1				
2	所在省份（自治区/直辖市）	（全部）		
3				
4	所在城市	产品名称	求和项:销售额	求和项:数量
5	⊟成都	冰箱	799140	207
6		电视	885780	225
7		空调	882150	219
8	成都 汇总		2567070	651
9	⊟昆明	冰箱	541400	140
10		电视	471500	120
11		空调	570000	152
12	昆明 汇总		1582900	412
13	⊟西安	冰箱	608840	150
14		电视	518250	126
15		空调	638720	136
16	西安 汇总		1765810	412
17	⊟长沙	冰箱	180230	67
18		电视	347490	81
19		空调	190800	60
20	长沙 汇总		718520	208
21	⊟重庆	冰箱	712890	171
22		电视	523360	128
23		空调	486900	123
24	重庆 汇总		1723150	422
25	总计		8357450	2105

数据源 Sheet1

图8-37 查看数据透视表布局

技能升级

数据透视表还有一种布局形式，即大纲形式（xlOutlineRow）。如果要将布局更改为大纲形式，可以输入以下代码。

```
Sub 设置数据透视表布局方式 ()
  Dim pvt As PivotTable
  Set pvt = Worksheets("Sheet1").PivotTables(1)
  pvt.RowAxisLayout xlOutlineRow
End Sub
```

8.2.7 使用VBA隐藏行总计和列总计

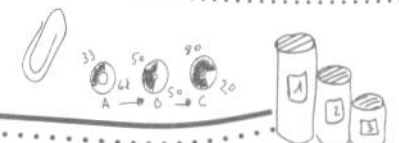

小李

王Sir，数据透视表中的行总计和列总计我都用不上，可以通过VBA代码隐藏吗？

王Sir

当然可以了。

如果行总计和列总计用不上，隐藏是最好的方法。**除了可以通过【数据透视表工具-设计】选项卡来隐藏外，使用VBA代码也是一个不错的选择。**

例如，如图8-38所示的数据透视表中，显示了行总计和列总计。

如果需要隐藏总计行和总计列，可以输入以下代码。

```
Sub 隐藏行列总计()
    Dim pvt As PivotTable
    Set pvt = Worksheets("Sheet1").PivotTables(1)
    pvt.RowGrand = False
    pvt.ColumnGrand = False
End Sub
```

按F5键运行代码，即可看到数据透视表的行总计与列总计已经被隐藏，如图8-39所示。

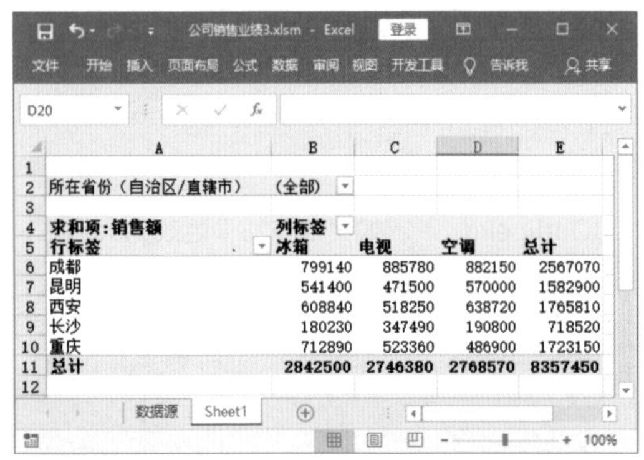

	A	B	C	D	E
1					
2	所在省份（自治区/直辖市）	(全部)			
3					
4	求和项:销售额	列标签			
5	行标签	冰箱	电视	空调	总计
6	成都	799140	885780	882150	2567070
7	昆明	541400	471500	570000	1582900
8	西安	608840	518250	638720	1765810
9	长沙	180230	347490	190800	718520
10	重庆	712890	523360	486900	1723150
11	总计	2842500	2746380	2768570	8357450
12					

图8-38　显示行总计和列总计的数据透视表

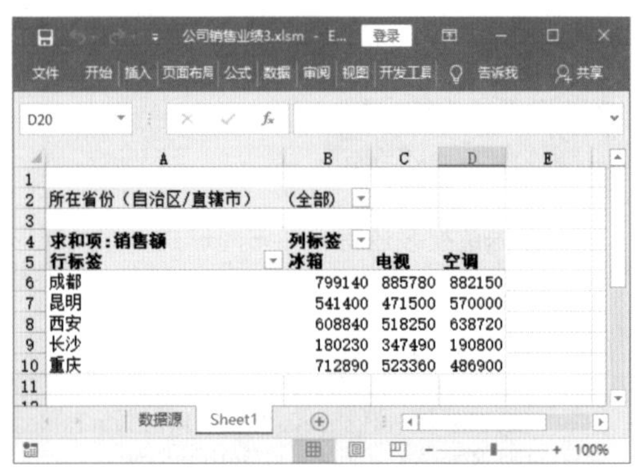

	A	B	C	D	E
1					
2	所在省份（自治区/直辖市）	(全部)			
3					
4	求和项:销售额	列标签			
5	行标签	冰箱	电视	空调	
6	成都	799140	885780	882150	
7	昆明	541400	471500	570000	
8	西安	608840	518250	638720	
9	长沙	180230	347490	190800	
10	重庆	712890	523360	486900	
11					

图8-39　隐藏了行总计和列总计的数据透视表

8.2.8 使用VBA设置数据透视表的样式

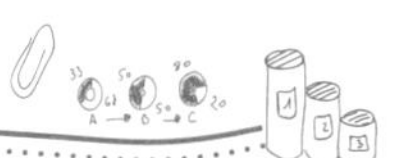

小李

王Sir，数据透视表的样式那么多，也可以用VBA来设置吗？

王Sir

当然可以了。

不过，在设置数据透视表的样式时，**应包括【数据透视表工具-设计】选项卡中【数据透视表样式选项】组和【数据透视表样式】组中的内容**，且设置方法不同。

（1）如果要使用【数据透视表样式】下拉列表中的选项为数据透视表设置样式，可以利用到VBA中PivotTable对象的TableStyle2属性，其中样式分为浅色（Light）、中等深浅（Medium）和深色（Dark）三组。例如，要将数据透视表样式设置为【数据透视表样式深色4】，可以输入以下代码。

```
Sub 使用数据透视表样式 ()
    Dim pvt As PivotTable
    Set pvt = Worksheets("Sheet1").PivotTables(1)
    pvt.TableStyle2 = "PivotStyleDark4"
End Sub
```

按F5键运行代码，即可看到数据透视表的样式已经更改为【数据透视表样式深色4】，如图8-40所示。

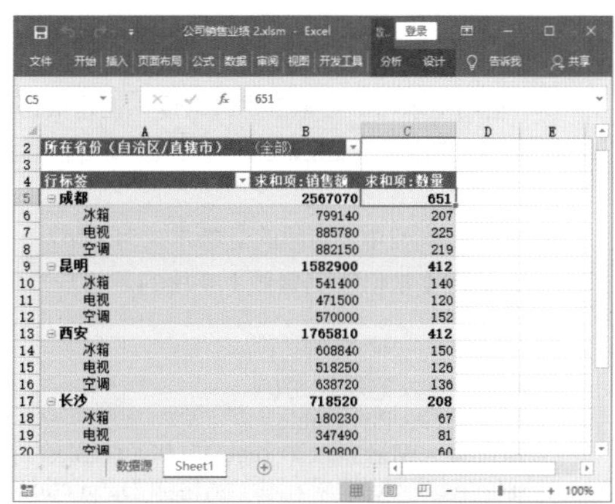

所在省份（自治区/直辖市）	(全部)	
行标签	求和项:销售额	求和项:数量
成都	2567070	651
冰箱	799140	207
电视	885780	225
空调	882150	219
昆明	1582900	412
冰箱	541400	140
电视	471500	120
空调	570000	152
西安	1765810	412
冰箱	608840	150
电视	518250	126
空调	638720	136
长沙	718520	208
冰箱	180230	67
电视	347490	81
空调	190800	60

图8-40 使用【数据透视表样式】下拉列表设置

（2）如果要使用【数据透视表样式选项】组中的选项为数据透视表设置样式，可以输入如下代码。

```
Sub 设置数据透视表样式选项 ()
    Dim pvt As PivotTable
    Set pvt = Worksheets("Sheet1").PivotTables(1)
    With pvt
        .ShowTableStyleColumnHeaders = True
        .ShowTableStyleColumnStripes = True
        .ShowTableStyleRowHeaders = True
        .ShowTableStyleRowStripes = True
    End With
End Sub
```

按F5键运行代码，即可看到数据透视表的样式已经更改勾选了【数据透视表样式选项】组的所有复选框，如图8-41所示。在实际工作中，我们可以根据需要来选择是否要勾选，不需要勾选的复选框将True值更改为False值即可。

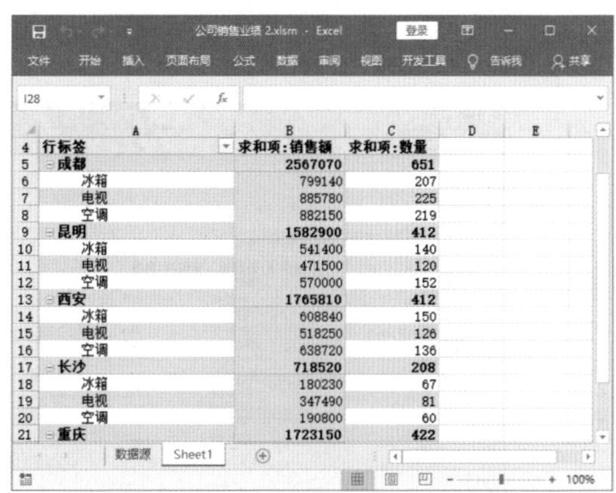

行标签	求和项:销售额	求和项:数量
成都	2567070	651
冰箱	799140	207
电视	885780	225
空调	882150	219
昆明	1582900	412
冰箱	541400	140
电视	471500	120
空调	570000	152
西安	1765810	412
冰箱	608840	150
电视	518250	126
空调	638720	136
长沙	718520	208
冰箱	180230	67
电视	347490	81
空调	190800	60
重庆	1723150	422

图8-41 使用【数据透视表样式选项】设置

8.2.9 使用VBA设置字段的汇总方式

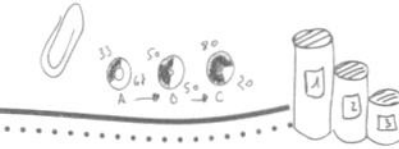

小李

王Sir，我不想用默认的汇总方式，可以通过VBA设置字段的汇总方式吗？

王Sir

当然可以了。

虽然【求和】汇总方式最常用，但是根据情况不同，也经常会用到其他的汇总方式。**你可以选择多种方法来改变汇总方式，使用VBA代码就是其中的一种。**

例如，图8-42中销售额的汇总方式为求和。

如果要将【求和项:销售额】字段的汇总方式更改为【最大值】，得到商品的最高销售额，可以输入如下代码。

```
Sub 更改字段汇总方式 ()
   Dim pvt As PivotTable
   Set pvt = Worksheets("Sheet1").PivotTables(1)
   pvt.PivotFields(" 求和项 : 销售额 ").Function = xlMax
End Sub
```

按F5键运行代码，即可看到数据透视表的【求和项:销售额】已经更改为【最大值项:销售额】，如图8-43所示。

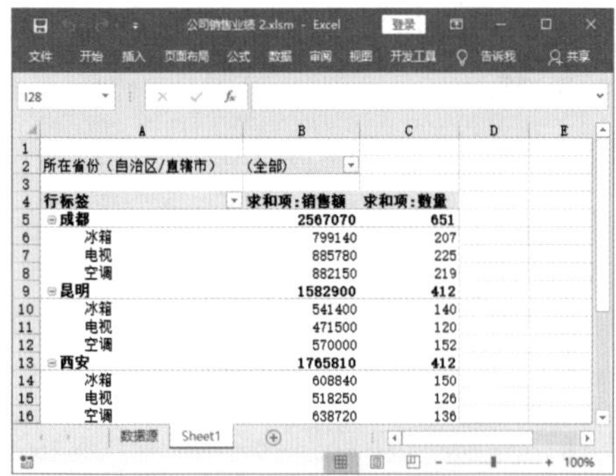

所在省份（自治区/直辖市）	（全部）	
行标签	求和项:销售额	求和项:数量
成都	2567070	651
冰箱	799140	207
电视	885780	225
空调	882150	219
昆明	1582900	412
冰箱	541400	140
电视	471500	120
空调	570000	152
西安	1765810	412
冰箱	608840	150
电视	518250	126
空调	638720	136

图8-42 求和汇总方式

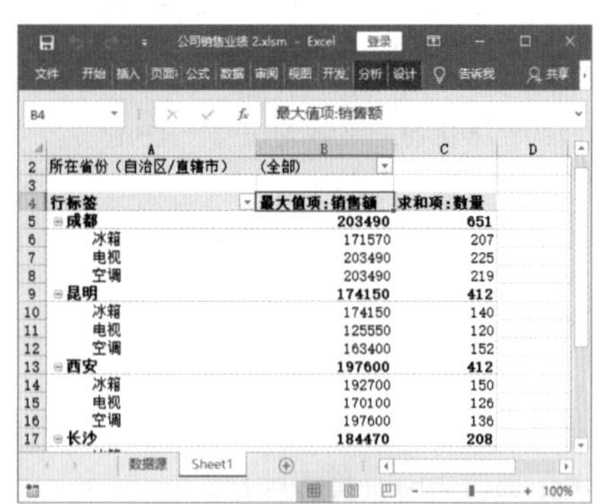

所在省份（自治区/直辖市）	（全部）	
行标签	最大值项:销售额	求和项:数量
成都	203490	651
冰箱	171570	207
电视	203490	225
空调	203490	219
昆明	174150	412
冰箱	174150	140
电视	125550	120
空调	163400	152
西安	197600	412
冰箱	192700	150
电视	170100	126
空调	197600	136
长沙	184470	208

图8-43 最大值汇总方式

8.2.10 使用VBA修改字段的数字格式

小 李

王Sir，我觉得把销售额的数据更改为货币格式应该更合适，使用VBA代码应该怎么做呢?

王Sir

在创建数据透视表后，为其中某些字段的数字格式进行设置是非常有必要的。例如【销售金额】【单价】等数据，可以将其数字格式设置为货币格式。

使用VBA代码来设置数字格式非常简单，**输入正确的代码就可以了。**

例如，要将数值区域中的【求和项:销售额】字段的数字格式设置为货币格式，可以输入如下代码。

```
Sub 修改数字格式 ()
   Dim pvt As PivotTable
   Set pvt = Worksheets("Sheet1").PivotTables(1)
   pvt.PivotFields(" 求和项 : 销售额 ").NumberFormat
=" ¥ #,##0.00; - ¥#,##0.00"
End Sub
```

按F5键运行代码，即可看到数据透视表的【求和项:销售额】字段的数字格式已经更改为货币格式，如图8-44所示。

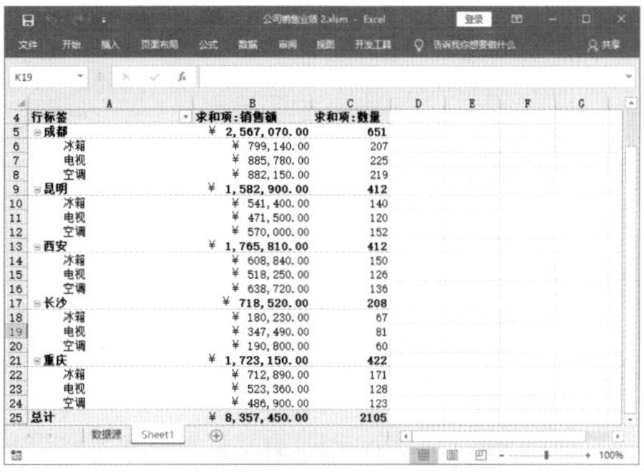

行标签	求和项:销售额	求和项:数量
成都	¥ 2,567,070.00	651
冰箱	¥ 799,140.00	207
电视	¥ 885,780.00	225
空调	¥ 882,150.00	219
昆明	¥ 1,582,900.00	412
冰箱	¥ 541,400.00	140
电视	¥ 471,500.00	120
空调	¥ 570,000.00	152
西安	¥ 1,765,810.00	412
冰箱	¥ 608,840.00	150
电视	¥ 518,250.00	126
空调	¥ 638,720.00	136
长沙	¥ 718,520.00	208
冰箱	¥ 180,230.00	67
电视	¥ 347,490.00	81
空调	¥ 190,800.00	60
重庆	¥ 1,723,150.00	422
冰箱	¥ 712,890.00	171
电视	¥ 523,360.00	128
空调	¥ 486,900.00	123
总计	¥ 8,357,450.00	2105

图8-44 修改字段的数字格式

8.2.11 使用VBA设置值显示方式

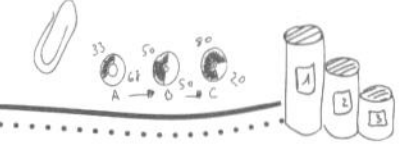

小 李

王Sir，有些数据用百分比来显示更好一些，所以需要更改值的显示方式，使用VBA代码可以操作吗?

王Sir

可以呀！

如果通过菜单更改值显示方式，需要多步操作，而**如果使用代码，一步就可以完成。**

例如，在公司销售业绩数据透视表中，销售额以数字显示不容易查看各城市的销售额占比情况，如图8-45所示。

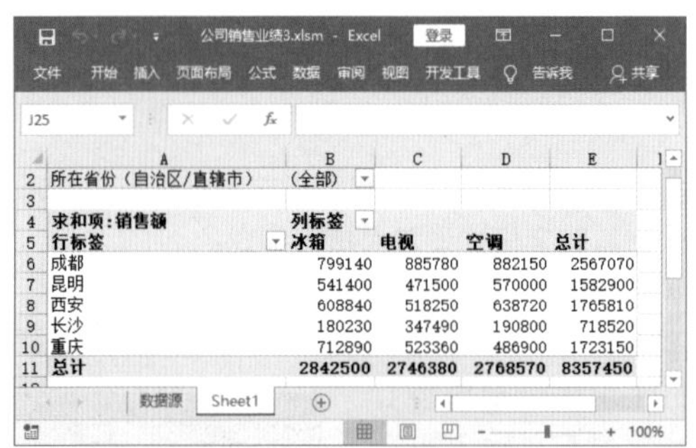

所在省份（自治区/直辖市）	(全部)			
求和项:销售额	列标签			
行标签	冰箱	电视	空调	总计
成都	799140	885780	882150	2567070
昆明	541400	471500	570000	1582900
西安	608840	518250	638720	1765810
长沙	180230	347490	190800	718520
重庆	712890	523360	486900	1723150
总计	**2842500**	**2746380**	**2768570**	**8357450**

图8-45　原始值显示方式

此时，可以将商品销售额数据的值显示方式设置为行汇总的百分比，查看起来一目了然。输入的代码如下。

```
Sub 设置值显示方式 ()
    Dim pvt As PivotTable
    Set pvt = Worksheets("Sheet1").PivotTables(1)
    pvt.PivotFields(" 求和项 : 销售额 ").Calculation = xlPercentOfRow
End Sub
```

按F5键运行代码，即可看到数据透视表中的值已经更改为百分比显示，如图8-46所示。

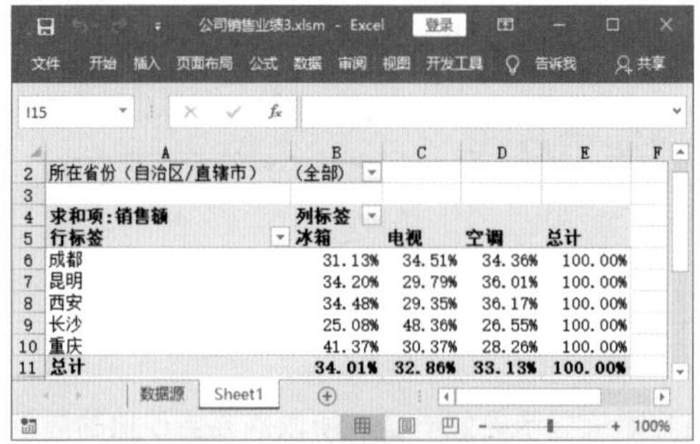

所在省份（自治区/直辖市）	(全部)			
求和项:销售额	列标签			
行标签	冰箱	电视	空调	总计
成都	31.13%	34.51%	34.36%	100.00%
昆明	34.20%	29.79%	36.01%	100.00%
西安	34.48%	29.35%	36.17%	100.00%
长沙	25.08%	48.36%	26.55%	100.00%
重庆	41.37%	30.37%	28.26%	100.00%
总计	**34.01%**	**32.86%**	**33.13%**	**100.00%**

图8-46　更改为百分比显示方式

CHAPTER 9

技巧，有备无患、拒绝职场慌乱

学习数据透视表以来，我自认为已经掌握了七分，数据分析已经渐入佳境。

可是，张经理总是时不时地给我“泼冷水”——数据源更新后，有时忘记刷新；打印时漏掉标题；用多张工作表统计数据时，总是弄得一塌糊涂……

经过这次的学习，我真正意识到，多学一些技巧，在需要使用时才能有备无患。

小 李

数据透视表的学习进入了尾声，很多人都会沾沾自喜，觉得自己已经完全掌握了数据透视表。可是，什么知识是可以一次性完全掌握的呢？

小李，你最大的缺点就是容易骄傲。我不断给你出难题，就是为了让你意识到自己的不足。而你最大的优点是勇于接受挑战，职场上最需要的就是有挑战精神的员工。

我要告诉你的是，无论什么知识，多学一招，总会在困境时帮你找到出路。不断学习，努力提高，这才是职场生存的最终法则。

王 Sir

9.1 刷新，让数据透视表跟上节奏

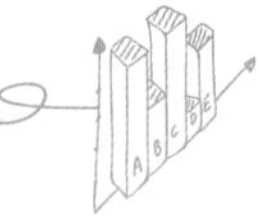

小李

张经理，这是今年的销售业绩情况，您请过目。

	行标签	求和项:第一季度（¥）	求和项:第二季度（¥）	求和项:第三季度（¥）	求和项:第四季度（¥）
4	成都	978924	1104710	1103048	1008538.5
5	贵阳	1553661	1853001	2334955	1942168.5
6	昆明	1875811	2568007.5	2359257.5	3065585
7	重庆	1502783	2225582.5	2429141.5	2863861
8	**总计**	**5911179**	**7751301**	**8226402**	**8880153**

张经理

小李，我怎么觉得这次的数据有点不对呢？上午刚更新了一批数据，这上面怎么没有显示出来？

（1）每次更新数据时都要记得**刷新数据透视表**。

（2）如果你经常忘记刷新数据透视表，可以**设置自动刷新**。

我怎么就忘记新添加的数据了呢？可是，添加数据后，我要怎样刷新呢？

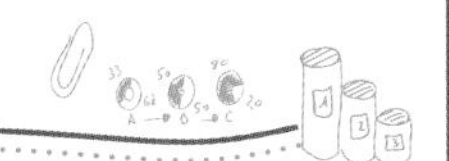

9.1.1 动动手，刷新数据透视表

小李

王Sir，我的数据源更新了，可是数据透视表中的数据却没有变化，这是怎么回事？

王Sir

小李，你肯定是没有刷新数据透视表。

如果你的数据源发生了变化，那么及时刷新数据透视表是很有必要的。在刷新数据透视表时，又分了两种情况：一种是数据源的范围没有改变；另一种是数据源的范围发生了改变。

1 刷新未改变范围的数据源

在工作中遇到最简单的情况就是，对数据源中的一个或多个单元格中的数据进行了修改，数据源与创建数据透视表时相比发生了变化，需要刷新数据透视表，及时获取新的数据源内容。

如图9-1所示，是一个原始的数据源。

根据这个原始的数据源，我们创建了数据透视表，如图9-2所示。

根据需要，我们需要更改数据源中的数据，把电视的【销售数量】更改为【30】，冰箱的【销售数量】更改为【16】，烤箱的【销售数量】更改为【50】，如图9-3所示。

	A	B	C
1	家电销售汇总		
2	商品类别	销售数量	销售额
3	电视	20	90000
4	空调	32	137600
5	洗衣机	19	71250
6	冰箱	29	98600
7	电饭锅	34	122400
8	微波炉	18	57600
9	烤箱	16	49920
10	榨汁机	27	116100
11	破壁机	20	59200
12	扫地机器人	19	71820
13	空气净化器	27	101250
14	电风扇	14	44800

图9-1　原始的数据源

3	行标签	求和项:销售数量	求和项:销售额
4	冰箱	29	98600
5	电视	20	90000
6	空调	32	137600
7	洗衣机	19	71250
8	电饭锅	34	122400
9	微波炉	18	57600
10	烤箱	16	49920
11	榨汁机	27	116100
12	破壁机	20	59200
13	扫地机器人	19	71820
14	空气净化器	27	101250
15	电风扇	14	44800
16	总计	275	1020540

图9-2　原始的数据透视表

	A	B	C
1	家电销售汇总		
2	商品类别	销售数量	销售额
3	电视	30	90000
4	空调	32	137600
5	洗衣机	19	71250
6	冰箱	16	98600
7	电饭锅	34	122400
8	微波炉	18	57600
9	烤箱	50	49920
10	榨汁机	27	116100
11	破壁机	20	59200
12	扫地机器人	19	71820
13	空气净化器	27	101250
14	电风扇	14	44800

图9-3　更改后的数据源

此时，返回数据透视表，可以看到其中的数据信息并没有随着数据源中数据的修改而发生改变，需要进行刷新操作。刷新的方法有以下两种。

☆　通过快捷菜单刷新：如图9-4所示，❶使用鼠标右键单击数据透视表中的任意单元格，❷在弹出的快捷菜单中选择【刷新】命令即可。

☆　通过功能区刷新：如图9-5所示，❶单击数据透视表中的任意单元格，出现【数据透视表工具-分析】选项卡，❷单击【数据】组中的【刷新】按钮即可。

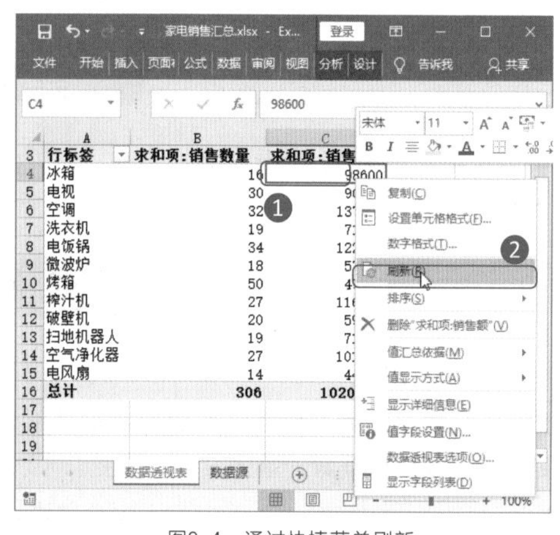

图9-4　通过快捷菜单刷新

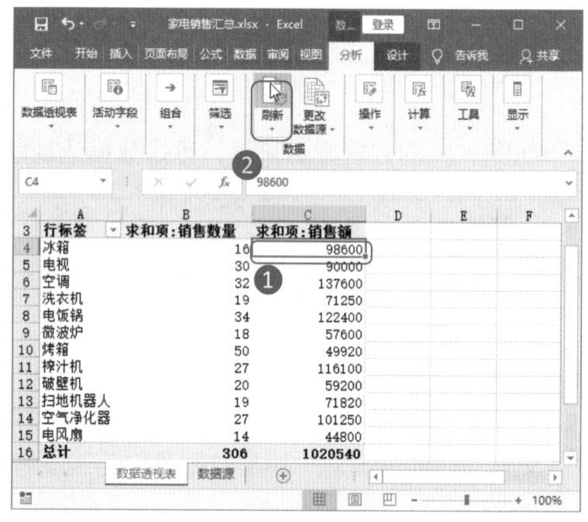

图9-5　通过功能区刷新

2　刷新已改变范围的数据源

当创建数据透视表的数据源范围发生改变，将其扩大或缩小后，就不能使用前面所介绍的方法刷新数据透视表了。此时，如果要刷新已经改变了数据源范围的数据透视表，可以使用【更改数据透视表数据源】功能，操作方法如下。

Step01：单击【更改数据源】按钮。❶选择数据透视表中的任意单元格，❷在【数据透视表工具-分析】选项卡的【数据】组中单击【更改数据源】按钮，如图9-6所示。

Step02：查看原始数据源范围。打开【更改数据透视表数据源】对话框，系统将自动切换到数据源所在的工作表，并用虚线框标示出创建数据透视表时原始的数据源范围，如图9-7所示。

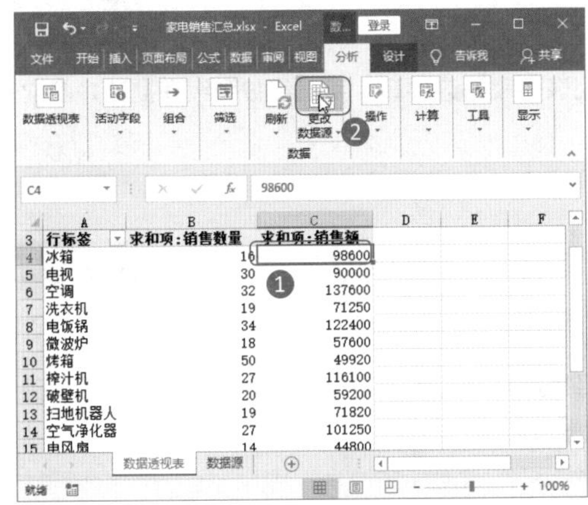

图9-6 单击【更改数据源】按钮

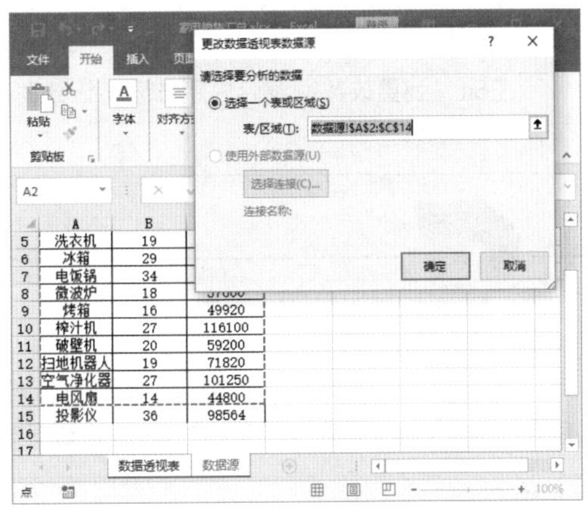

图9-7 查看原始数据源范围

Step03：更改数据区域。❶在【更改数据透视表数据源】对话框中重新设置数据区域，此时对话框名称改变为【移动数据透视表】，❷单击【确定】按钮，如图9-8所示。

Step04：刷新数据透视表。返回刷新后的数据透视表，可以看到更改数据源后的效果，如图9-9所示。

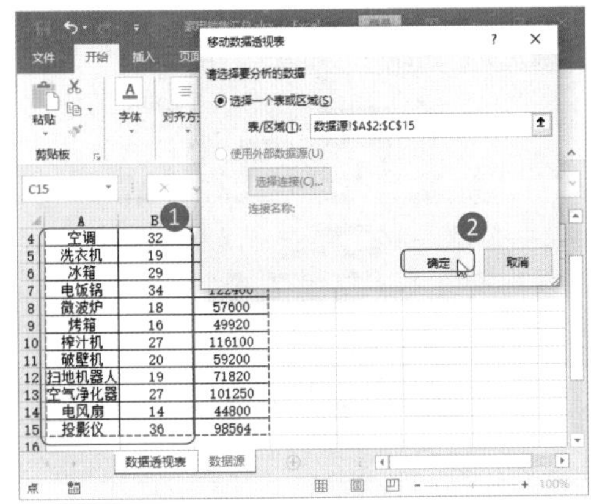

图9-8 更改数据区域

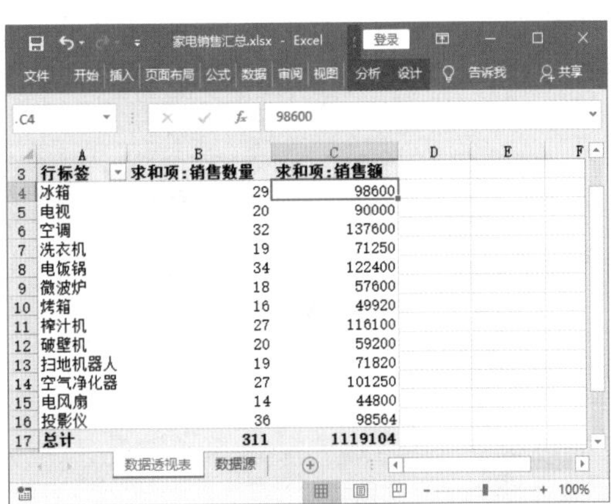

图9-9 刷新数据透视表

9.1.2 动动脑，让数据透视表自动刷新

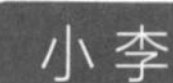

小李

王Sir，我更改数据源后总是忘记刷新数据透视表，就为这件事，我已经被张经理批评好多次了，你帮帮我吧！

王Sir

小李，你设置自动刷新就可以了。

而且，自动刷新的方式多种多样，你可以选择**每次打开工作簿时自动刷新，也可以选择每天固定的时间自动刷新，还可以选择同时刷新所有数据透视表。**

1 打开工作簿时自动刷新

无论是否修改过数据源中的内容，都可以在Excel中设置在每次打开工作簿时自动刷新其中的数据透视表，操作方法如下。

Step01：选择【数据透视表选项】命令。❶使用鼠标右键单击数据透视表中的任意单元格，❷在弹出的快捷菜单中选择【数据透视表选项】命令，如图9-10所示。

Step02：勾选【打开文件时刷新数据】复选框。打开【数据透视表选项】对话框，❶在【数据】选项卡中选择【打开文件时刷新数据】复选框，❷单击【确定】按钮即可，如图9-11所示。

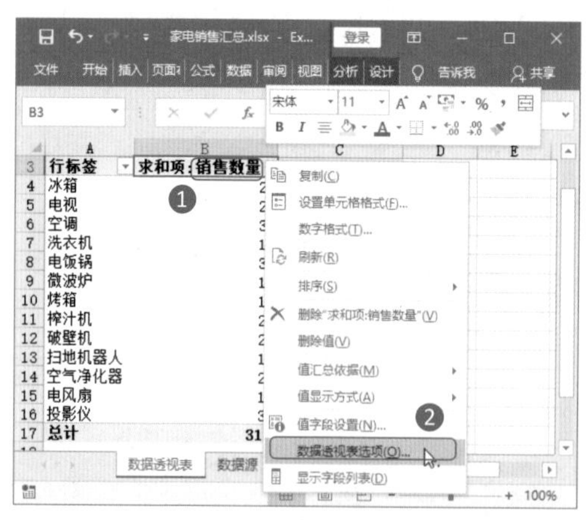

图9-10 选择【数据透视表选项】命令

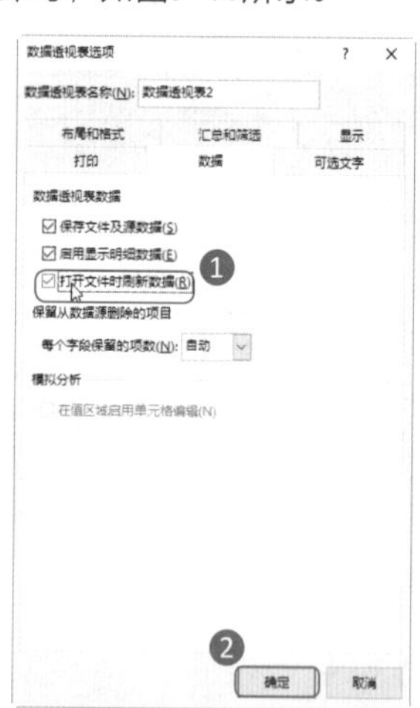

图9-11 勾选【打开文件时刷新数据】复选框

温馨提示

设置【打开文件时刷新数据】后，打开工作簿将刷新基于同一数据源的数据透视表。即，如果工作簿中数据透视表1和数据透视表2基于同一数据源创建，对表1设置【打开文件时刷新数据】后，打开工作簿将刷新数据透视表1和数据透视表2，但不刷新不同数据源的数据透视表3。

2 每天四次定时刷新

在Excel中，对于使用外部数据源创建的数据透视表，我们可以设置定时自动刷新，以便实时监控数据源。例如，我们使用【外部数据】工作簿中的工作表数据作为数据源，在【定时刷新】工作簿中创建一个数据透视表，然后为其设置定时刷新，操作方法如下。

Step01：单击【现有连接】按钮。新建一个名为【定时刷新】的工作簿，在【数据】选项卡的【获取外部数据】组中单击【现有连接】按钮，如图9-12所示。

Step02：单击【浏览更多】按钮。打开【现有连接】对话框，单击【浏览更多】按钮，如图9-13所示。

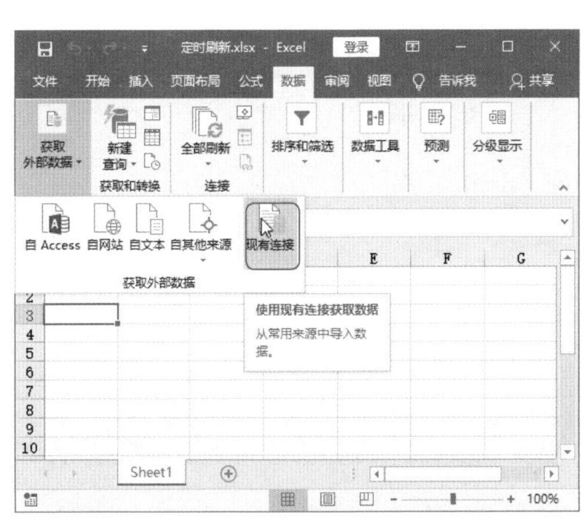

图9-12 单击【现有连接】按钮

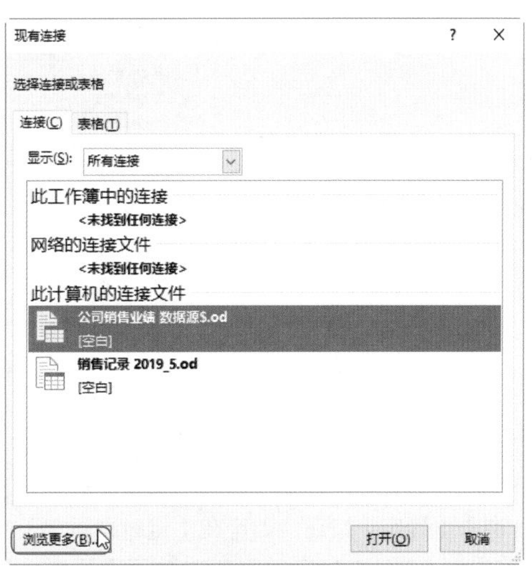

图9-13 单击【浏览更多】按钮

Step03：选择工作簿。打开【选取数据源】对话框，❶找到并选择数据源所在的工作簿，本例选择【外部数据】工作簿，❷单击【打开】按钮，如图9-14所示。

Step04：选择工作表。打开【选择表格】对话框，❶选择数据源所在工作表，❷单击【确定】按钮，如图9-15所示。

图9-14 选择工作簿

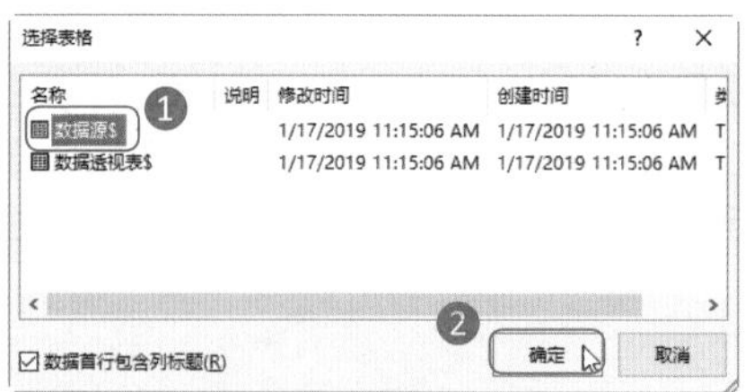

图9-15 选择工作表

Step05：单击【属性】按钮。打开【导入数据】对话框，❶选择【数据透视表】单选按钮，❷设置数据透视表放置的目标位置，❸单击【属性】按钮，如图9-16所示。

Step06：设置刷新频率。打开【连接属性】对话框，❶在【使用状况】选项卡中勾选【刷新频率】复选框，在右侧微调框中设置时间间隔，❷单击【确定】按钮，如图9-17所示。

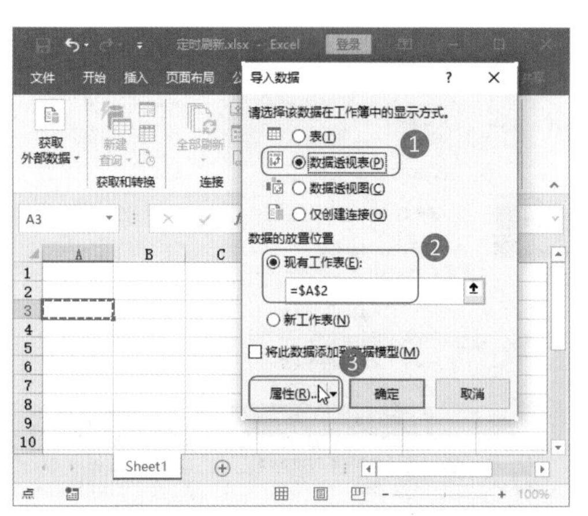

图9-16 单击【属性】按钮

图9-17 设置刷新频率

Step07：创建成功。返回【导入数据】对话框，单击【确定】按钮，即可在【定时刷新】工作簿中创建一个可自动定时刷新的数据透视表，如图9-18所示。

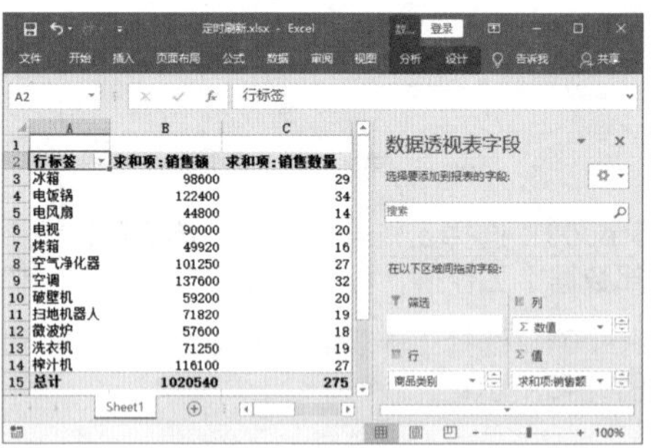

图9-18 成功创建数据透视表

3 全部数据透视表同时刷新

由于设置【打开文件时刷新数据】复选框只能刷新基于同一数据源的数据透视表，当工作簿中有基于不同数据源的多个数据透视表时，需要逐一进行设置，才能在打开工作簿时刷新全部的数据透视表。

此时，可以使用【全部刷新】功能来解决这一问题。全部刷新的方法有以下两种。

☆ 通过【数据透视表工具-分析】选项卡刷新：打开工作簿，❶单击其中任意一张数据透视表中的单元格，❷在【数据透视表-分析】选项卡的【刷新】组中选择【刷新】下拉按钮▾，❸在弹出的下拉菜单中选择【全部刷新】命令即可，如图9-19所示。

☆ 通过【数据】选项卡刷新：打开工作簿，❶在【数据】选项卡的【连接】组中单击【全部刷新】下拉按钮▾，❷在弹出的下拉菜单中选择【全部刷新】命令即可，如图9-20所示。

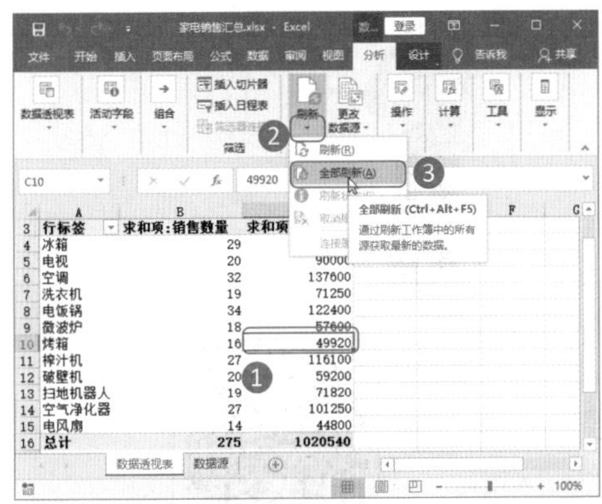

	A	B	C
3	行标签	求和项:销售数量	求和项
4	冰箱	29	
5	电视	20	90000
6	空调	32	137600
7	洗衣机	19	71250
8	电饭锅	34	122400
9	微波炉	18	57600
10	烤箱	16	49920
11	榨汁机	27	116100
12	破壁机	20	59200
13	扫地机器人	19	71820
14	空气净化器	27	101250
15	电风扇	14	44800
16	总计	275	1020540

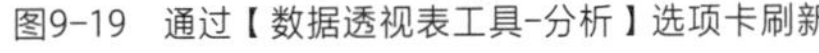
图9-19 通过【数据透视表工具-分析】选项卡刷新

	A	B	C
3	行标签	求和项	项:销售额
4	冰箱		98600
5	电视	20	90000
6	空调	32	137600
7	洗衣机	19	71250
8	电饭锅	34	122400
9	微波炉	18	57600
10	烤箱	16	49920
11	榨汁机	27	116100
12	破壁机	20	59200
13	扫地机器人	19	71820
14	空气净化器	27	101250
15	电风扇	14	44800
16	总计	275	1020540

图9-20 通过【数据】选项卡刷新

9.2 要求不同，打印方法不同

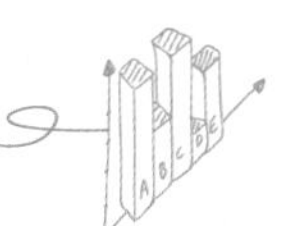

小李

张经理，这是开会用的销售统计表，您看可以吗？

	行标签	求和项:销售额	求和项:数量
3	行标签	求和项:销售额	求和项:数量
4	⊟湖南	718520	208
5	⊟门店	718520	208
6	⊟冰箱	180230	67
7	1月	78010	29
8	2月	102220	38
9	⊟电视	347490	81
10	1月	163020	38
11	2月	184470	43
12	⊟空调	190800	60
13	1月	98580	31
14	2月	92220	29
15	⊟陕西	1765810	412
16	⊟七街门店	783410	193
17	⊟冰箱	223440	56
18	1月	99750	25
19	2月	123690	31

张经理

小李，你是让我拿着U盘去城东的公司开会吗？你就不能把我要的表格打印出来吗？

记住我的以下要求。

（1）没有标题行，让别人怎么能看清每一项数据？所以**每一页都需要有标题行。**

（2）类别不同的数据放在一起容易混淆，所以**不同类别要分开打印。**

（3）有多个项目的数据透视表，**每个项目分开打印**可以看得更清楚。

现在，每个表格打印3份。

打印我会，可是张经理提出的那些打印要求，我全都不会呀！

9.2.1 为数据透视表设置打印标题

小李

王Sir，为什么我打印出来的数据透视表，第2页没有标题行呢？这样不符合张经理的要求呀！

王Sir

小李，你肯定是没有设置打印标题行。

默认情况下，在打印数据透视表时，只会在第1页打印标题。如果有多页数据透视表，其他页没有标题行肯定不方便，张经理又怎么会满意呢。

当一张数据透视表的打印区域过大不能全部打印在一张纸上时，就需要多页打印。但是，在多页打印时，往往会造成表头缺失，如图9-21所示。

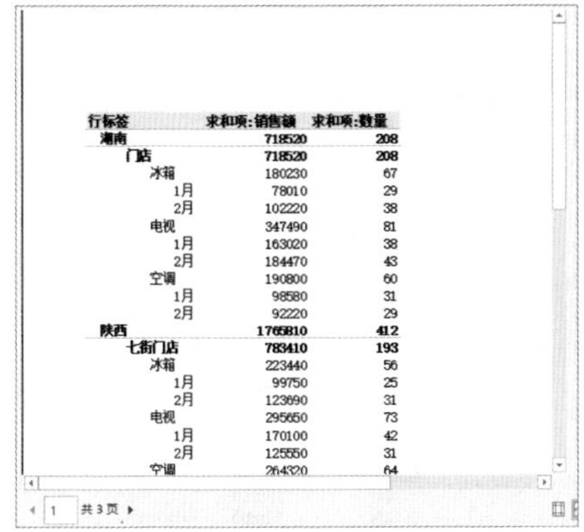

行标签	求和项:销售额	求和项:数量
湖南	718520	208
门店	718520	208
冰箱	180230	67
1月	78010	29
2月	102220	38
电视	347490	81
1月	163020	38
2月	184470	43
空调	190800	60
1月	98580	31
2月	92220	29
陕西	1765810	412
七街门店	783410	193
冰箱	223440	56
1月	99750	25
2月	123690	31
电视	295650	73
1月	170100	42
2月	125550	31
空调	264320	64

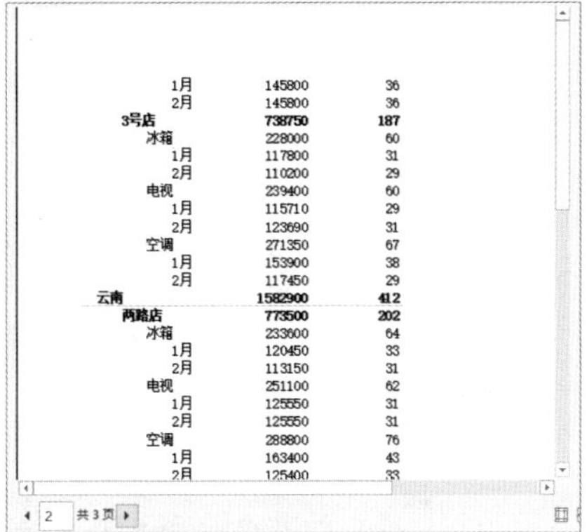

1月	145800	36
2月	145800	36
3号店	738750	187
冰箱	228000	60
1月	117800	31
2月	110200	29
电视	239400	60
1月	115710	29
2月	123690	31
空调	271350	67
1月	153900	38
2月	117450	29
云南	1582900	412
两路店	773500	202
冰箱	233600	64
1月	120450	33
2月	113150	31
电视	251100	62
1月	125550	31
2月	125550	31
空调	288800	76
1月	163400	43
2月	125400	33

图9-21 数据透视表的第1页和第2页

此时，我们可以通过设置打印标题行来确保第2页的标题完整，操作方法如下。

Step01：选择【数据透视表选项】命令。❶在数据透视表区域使用鼠标右键单击任意单元格，❷在弹出的快捷菜单中选择【数据透视表选项】命令，如图9-22所示。

Step02：勾选【设置打印标题】复选框。打开【数据透视表选项】对话框，❶在【打印】选项卡中勾选【设置打印标题】复选框，❷单击【确定】按钮，如图9-23所示。

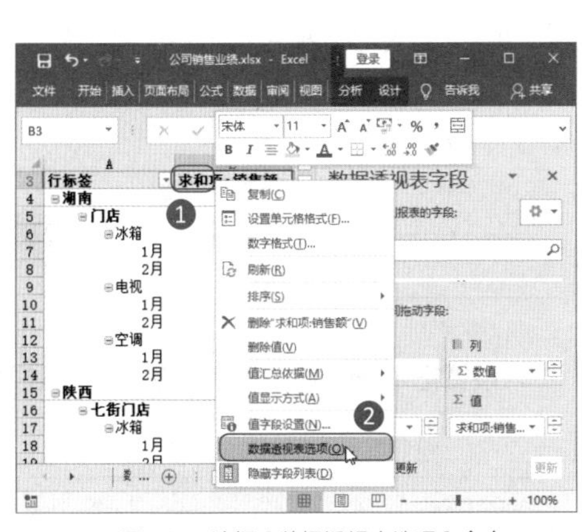

图9-22 选择【数据透视表选项】命令

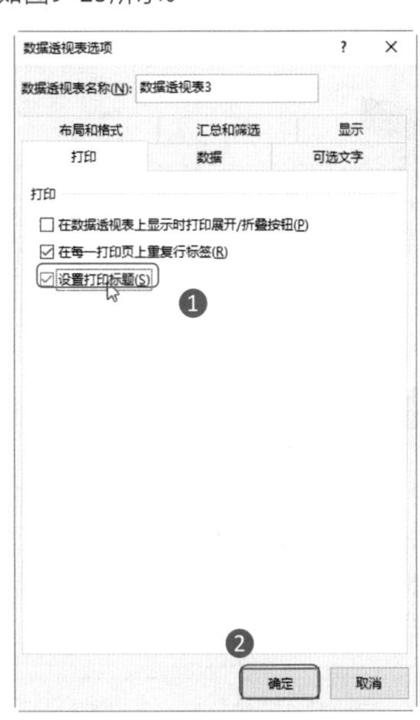

图9-23 勾选【设置打印标题】复选框

Step03：查看标题行效果。返回工作簿，进入打印预览界面，即可看到第2页已经显示了标题行，如图9-24所示。

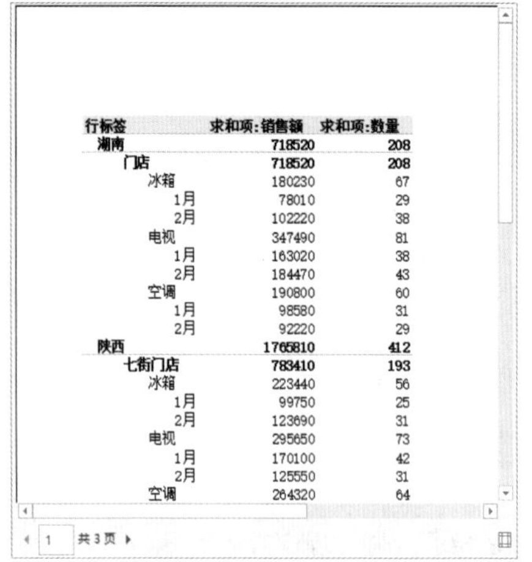

行标签	求和项:销售额	求和项:数量
湖南	718520	208
门店	718520	208
冰箱	180230	67
1月	78010	29
2月	102220	38
电视	347490	81
1月	163020	38
2月	184470	43
空调	190800	60
1月	98580	31
2月	92220	29
陕西	1765810	412
七街门店	783410	193
冰箱	223440	56
1月	99750	25
2月	123690	31
电视	295650	73
1月	170100	42
2月	125550	31
空调	264320	64

1 共3页

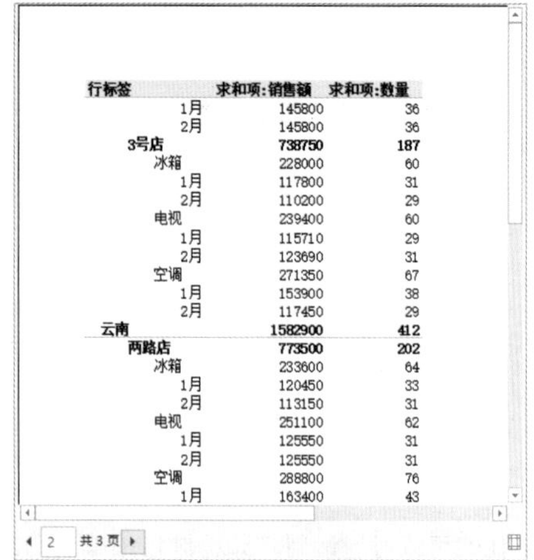

行标签	求和项:销售额	求和项:数量
1月	145800	36
2月	145800	36
3号店	738750	187
冰箱	228000	60
1月	117800	31
2月	110200	29
电视	239400	60
1月	115710	29
2月	123690	31
空调	271350	67
1月	153900	38
2月	117450	29
云南	1582900	412
西路店	773500	202
冰箱	233600	64
1月	120450	33
2月	113150	31
电视	251100	62
1月	125550	31
2月	125550	31
空调	288800	76
1月	163400	43

2 共3页

图9-24 查看标题行效果

9.2.2 为数据透视表设置分类打印

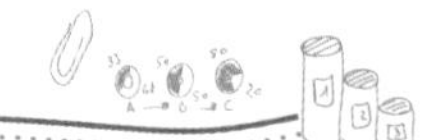

小李

王Sir，这个数据透视表中的分类有点多，打印在一页看起来密密麻麻，不太清楚，有什么办法吗？

王Sir

小李，这个问题很好解决。

在数据透视表中可以通过为每一类项目分页，**设置把每一个分类都单独打印成一张报表。**

这样一来，是不是清楚多了？

例如，要将【公司销售业绩】工作簿中的数据透视表按照【所在省份】字段分页打印，操作方法如下。

Step01：选择【字段设置】命令。❶选中所在省份字段并使用鼠标右键单击，❷在弹出的快捷菜单中选择【字段设置】命令，如图9-25所示。

Step02：勾选【每项后面插入分页符】复选框。打开【字段设置】对话框，❶在【布局和打印】选项卡中勾选【每项后面插入分页符】复选框，❷单击【确定】按钮，如图9-26所示。

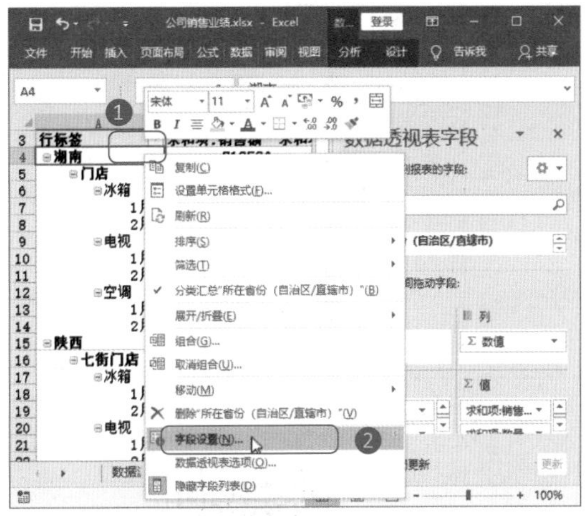

图9-25　选择【字段设置】命令

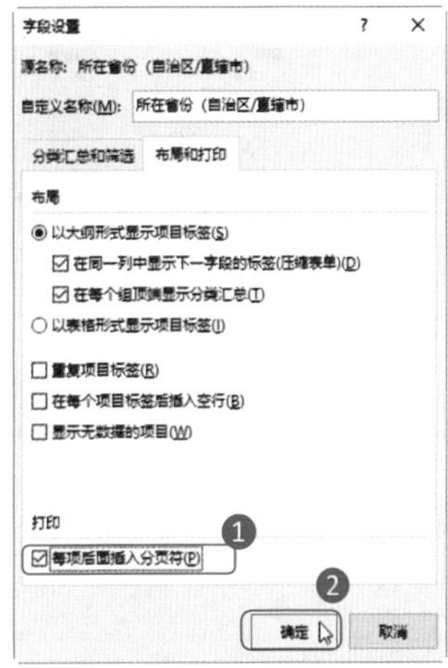

图9-26　勾选【每项后面插入分页符】复选框

Step03：选择【数据透视表选项】命令。❶在数据透视表区域使用鼠标右键单击任意单元格，❷在弹出的快捷菜单中选择【数据透视表选项】命令，如图9-27所示。

Step04：勾选【设置打印标题】复选框。打开【数据透视表选项】对话框，❶在【打印】选项卡中勾选【设置打印标题】复选框，❷单击【确定】按钮，如图9-28所示。

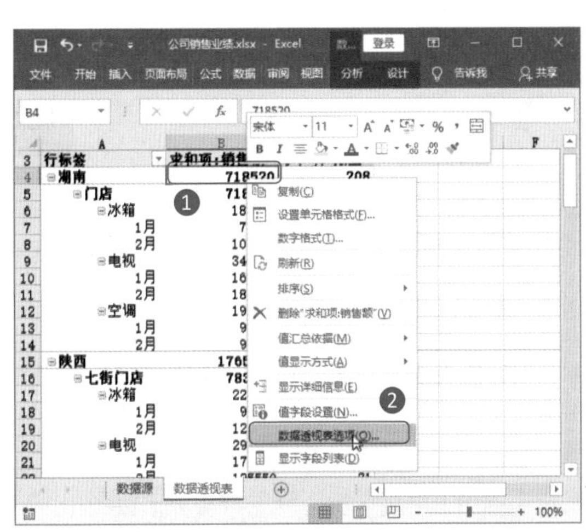

图9-27　选择【数据透视表选项】命令

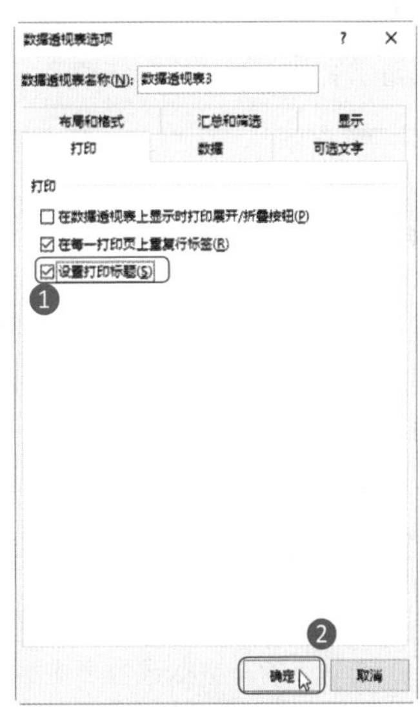

图9-28　勾选【设置打印标题】复选框

Step05：查看分类打印效果。返回工作簿，进入打印预览界面，即可看到已经根据省份设置了分类打印的效果，如图9-29所示。

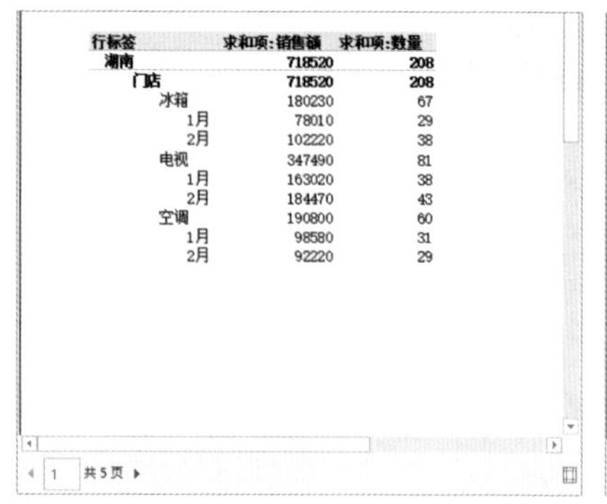

行标签	求和项:销售额	求和项:数量
湖南	718520	208
门店	718520	208
冰箱	180230	67
1月	78010	29
2月	102220	38
电视	347490	81
1月	163020	38
2月	184470	43
空调	190800	60
1月	98580	31
2月	92220	29

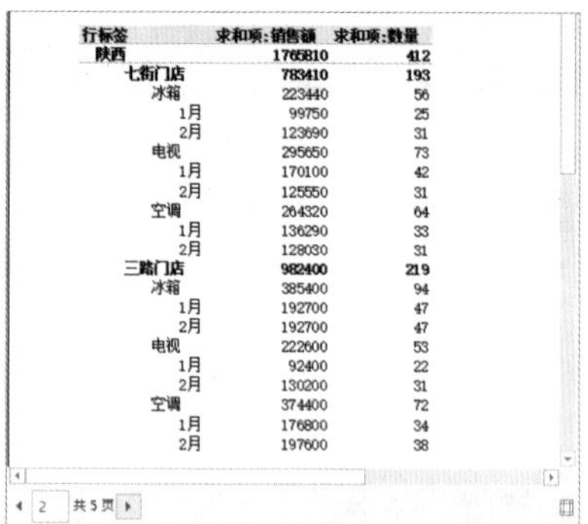

行标签	求和项:销售额	求和项:数量
陕西	1765810	412
七街门店	783410	193
冰箱	223440	56
1月	99750	25
2月	123690	31
电视	295650	73
1月	170100	42
2月	125550	31
空调	264320	64
1月	136290	33
2月	128030	31
三路门店	982400	219
冰箱	385400	94
1月	192700	47
2月	192700	47
电视	222600	53
1月	92400	22
2月	130200	31
空调	374400	72
1月	176800	34
2月	197600	38

图9-29 查看分类打印效果

9.2.3 根据筛选字段分页打印

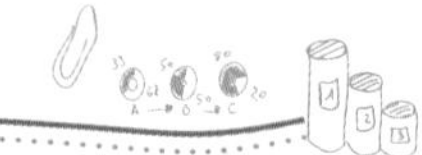

小李

王Sir，打印筛选结果太麻烦了，一个一个筛选，再一个一个打印，还经常会漏打，怎么办？

王Sir

小李，难道你一直都是这样打印筛选字段的吗？

要分页打印筛选字段，可以使用【分页显示】功能快速地按照项目名称分别创建多个工作表，然后再打印不就简单多了吗？

例如，要将【公司销售业绩】工作簿中的数据透视表按照【所在省份】字段分页打印，操作方法如下。

Step01：选择【显示报表筛选页】命令。❶选中数据透视表中的任意单元格，❷在【数据透视表工具-分析】选项卡的【数据透视表】组中单击【选项】下拉按钮，❸在弹出的下拉菜单中选择【显示报表筛选页】命令，如图9-30所示。

Step02：选择分页字段。打开【显示报表筛选页】对话框，❶在下方的列表框中选择一个需要分页的字段，❷单击【确定】按钮，如图9-31所示。

图9-30 选择【显示报表筛选页】命令

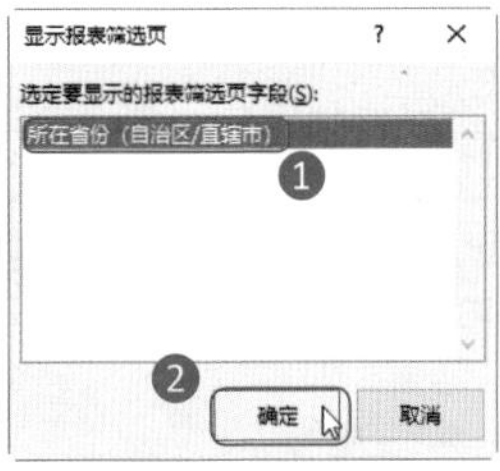

图9-31 选择分页字段

Step03：查看分页效果。返回工作簿，即可看到为每个省份的数据创建了数据透视表，如图9-32所示。

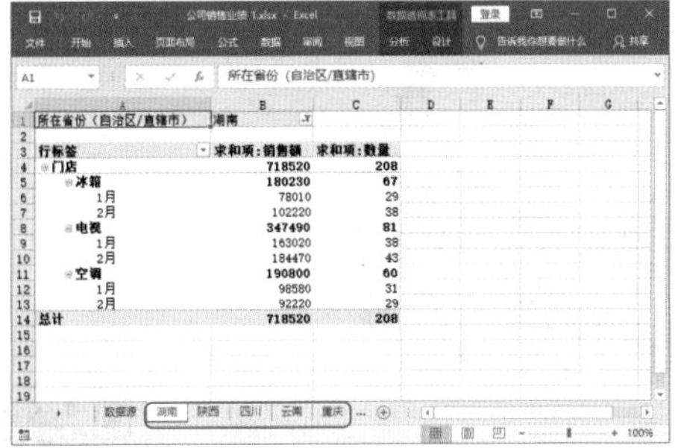

图9-32 查看按省份分页效果

9.3 简单易懂的Power Query

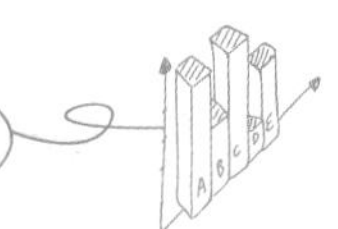

小李

张经理，这次的资料是由几个分公司交上来的多个工作簿，所以我做了5个数据透视表，请查看。

张经理

小李，虽然你的数据透视表水平已经很不错了，但是需要学习的地方还有很多。

Excel有很多强大的功能，数据透视表的汇总功能可以帮助我们轻松分析数据，如果再结合Power Query，那么在数据汇总方面就不会再有难倒你的问题了。使用Power Query，**可以把几张工作表，甚至几个工作簿合并为一个工作簿，再进行数据汇总。**

现在，重新统计一份汇总数据给我吧。

几个工作簿都可以合并为一个工作簿？听起来很美好，可是操作起来好难啊！

9.3.1 一劳永逸的多表统计

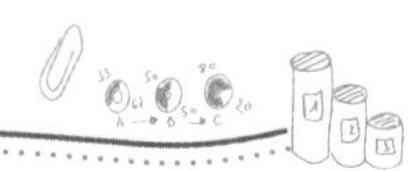

小李

王Sir，我有一个工作簿，其中有几张工作表，它们格式一样、表头字段也一样，要统计销售额，应该怎么做呢？用多重合并计算可以吗？

王Sir

小李，虽然多重合并计算可以解决一些在多张工作表中汇总数据的问题，但这个功能是有局限性的。因为**这个功能只允许数据源有一列是文本，如果有两列文本，就要在数据源基础上创建一个辅助列，连接这两列文本。**

可是，如果有多列文本呢？难道要创建多个辅助列，连接多列吗？不用担心，**用Power Query进行多表统计**就可以轻松解决了。

如图9-33所示，有3张格式一样、表头字段也一样的工作表，要统计销售额。

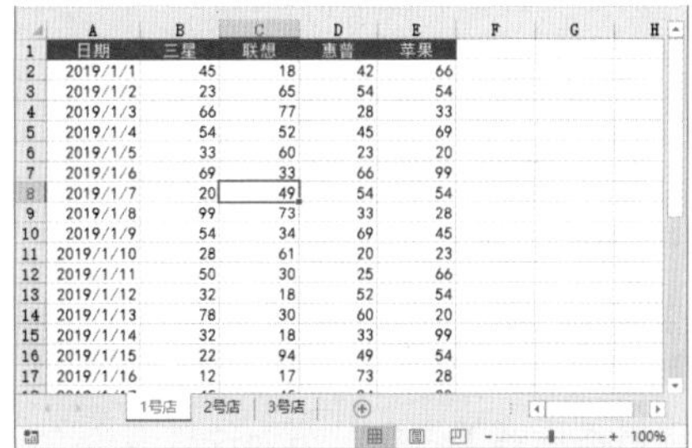

日期	三星	联想	惠普	苹果
2019/1/1	45	18	42	66
2019/1/2	23	65	54	54
2019/1/3	66	77	28	33
2019/1/4	54	52	45	69
2019/1/5	33	60	23	20
2019/1/6	69	33	66	99
2019/1/7	20	49	54	54
2019/1/8	99	73	33	28
2019/1/9	54	34	69	45
2019/1/10	28	61	20	23
2019/1/11	50	30	25	66
2019/1/12	32	18	52	54
2019/1/13	78	30	60	20
2019/1/14	32	18	33	99
2019/1/15	22	94	49	54
2019/1/16	12	17	73	28

图9-33　字段和格式均相同的3张工作表

Step01：选择【从工作簿】命令。关闭要统计的工作簿，再新建一个工作簿，❶在【数据】选项卡的【连接】组中单击【新建查询】下拉按钮▾，❷在弹出的下拉菜单中选择【从文件】命令，❸在弹出的子菜单中选择【从工作簿】命令，如图9-34所示。

Step02：选择工作簿。打开【导入数据】对话框，❶选择要合并的工作簿，❷单击【导入】按钮，如图9-35所示。

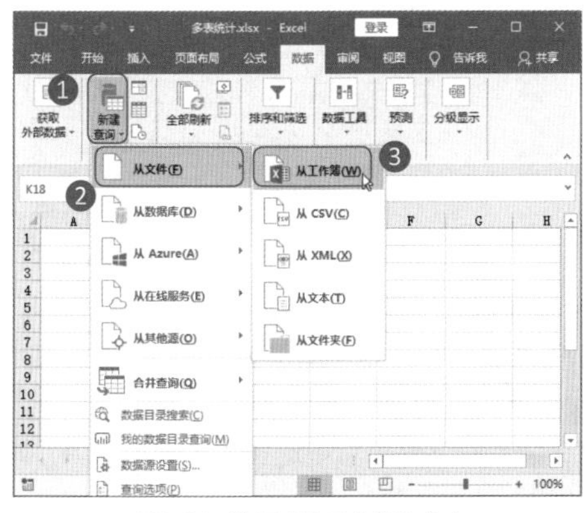

图9-34　选择【从工作簿】命令

图9-35　选择工作簿

Step03：单击【编辑】按钮。打开【导航器】对话框，❶在【显示选项】下拉列表中选择文件标题，就默认选择了所有工作表，❷单击【编辑】按钮，如图9-36所示。

Step04：选择【删除列】命令。打开Power Query编辑器，只需要保留【Data】这一列的数据，❶按住Ctrl键选择不需要的列右击，❷在弹出的快捷菜单中选择【删除列】命令，如图9-37所示。

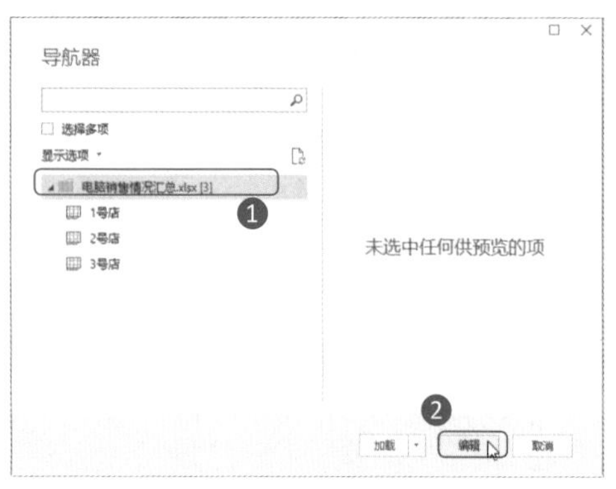

图9-36　单击【编辑】按钮

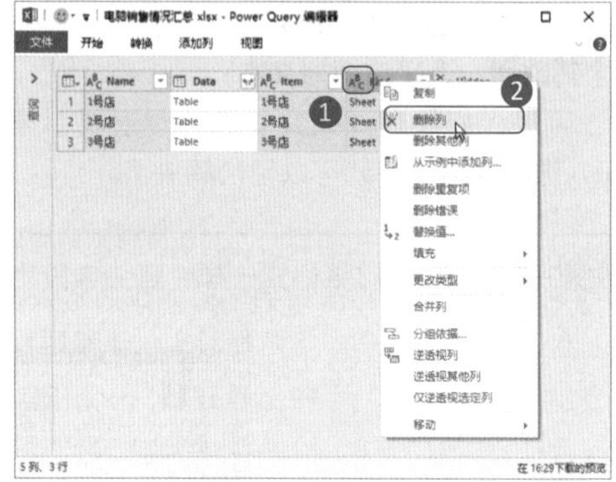

图9-37　选择【删除列】命令

Step05：单击【加载更多】链接。❶单击【Data】右侧的【扩展】按钮，❷在弹出的扩展菜单中单击【加载更多】链接，❸单击【确定】按钮，如图9-38所示。

Step06：单击【将第一行用作标题】按钮。因为这张表没有标题，直接单击【开始】选项卡【转换】组中的【将第一行用作标题】按钮，如图9-39所示。

图9-38　单击【加载更多】链接

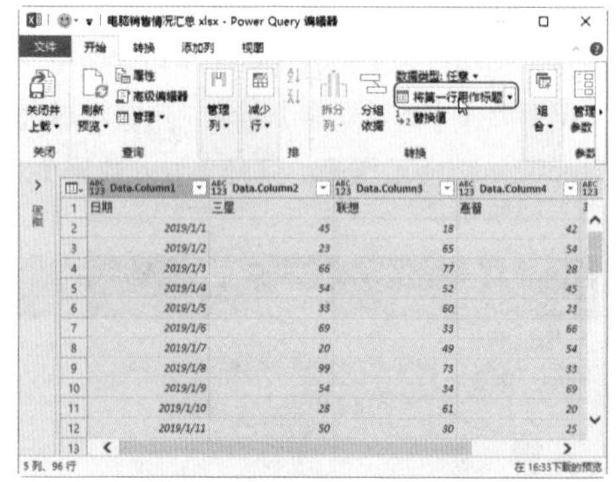

图9-39　单击【将第一行用作标题】按钮

Step07：取消勾选【日期】复选框。直接合并以后会有多余的标题，❶单击任意一列的筛选箭头，如【日期】，❷在弹出的下拉菜单中取消勾选【日期】复选框，❸单击【确定】按钮，如图9-40所示。

Step08：选择【日期】选项。因为第一列是日期格式，❶选中第一列，❷在【开始】选项卡的【转换】组中单击【数据类型：日期】下拉按钮，❸在弹出的下拉菜单中选择【日期】选项，如图9-41所示。

图9-40　取消勾选【日期】复选框

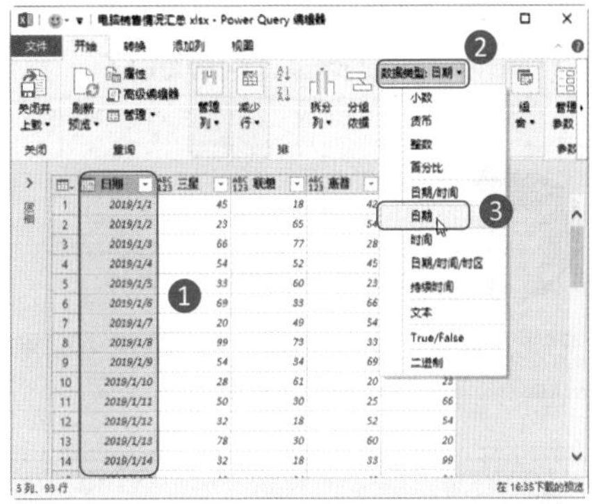

图9-41　选择【日期】选项

Step09：单击【关闭并上载】按钮。在【开始】选项卡的【关闭】组中单击【关闭并上载】按钮，如图9-42所示。

Step10：查看合并的工作表。返回工作表中，即可看到原工作簿中的3个工作表都已合并到一张工作表中，如图9-43所示。

图9-42　单击【关闭并上载】按钮

图9-43　查看合并的工作表

Step11：创建数据透视表。在合并的工作簿中创建数据透视表，即可对3个工作表中的数据进行统计，如图9-44所示。

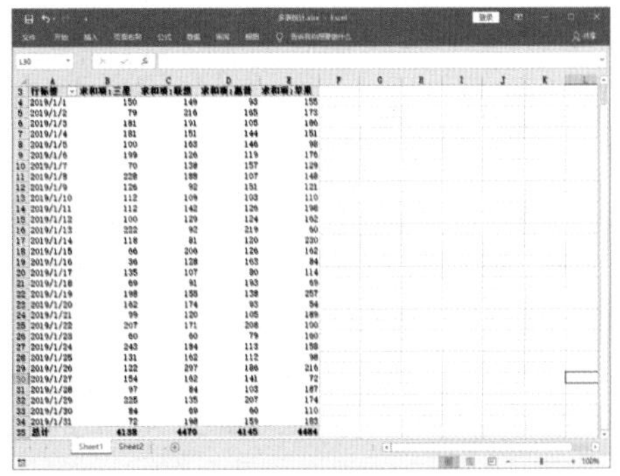

图9-44　创建的数据透视表

9.3.2 一劳永逸的多工作簿统计

小李

王Sir，现有3个工作簿，是不是也可以像前面那样，合并为一个工作簿呢？那样统计起来肯定更方便。

王Sir

小李，你都会举一反三了呀！当然是可以的，它们的工作原理差不多，只是细节处理上有一些不同。

无论是多张工作表合并为一张工作表，还是多个工作簿合并为一个工作簿，在平时的工作中都是很常见的，你一定要掌握。

如图9-45所示，格式相同、字段相同的3张工作簿，现要将它们合并为一个工作簿，操作方法如下。

1月.xlsx

日期	三星	联想	惠普	苹果
2019/1/1	45	18	42	66
2019/1/2	23	65	54	54
2019/1/3	66	77	28	33
2019/1/4	54	52	45	69
2019/1/5	33	60	23	20
2019/1/6	69	33	66	99
2019/1/7	20	49	54	54
2019/1/8	99	73	33	28
2019/1/9	54	34	69	45
2019/1/10	28	61	20	23
2019/1/11	50	30	25	66
2019/1/12	32	18	52	54
2019/1/13	78	30	60	20

2月.xlsx

日期	三星	联想	惠普	苹果
2019/2/1	60	54	23	20
2019/2/2	33	99	66	99
2019/2/3	49	54	54	54
2019/2/4	73	66	33	28
2019/2/5	34	54	69	50
2019/2/6	61	20	20	32
2019/2/7	30	55	34	52
2019/2/8	30	54	54	54
2019/2/9	18	28	28	22
2019/2/10	56	30	50	54
2019/2/11	17	18	32	66
2019/2/12	45	94	52	54
2019/2/13	78	17	60	20

3月.xlsx

日期	三星	联想	惠普	苹果
2019/3/1	45	77	28	69
2019/3/2	23	52	45	20
2019/3/3	66	60	23	99
2019/3/4	54	33	66	54
2019/3/5	33	49	54	28
2019/3/6	69	73	33	45
2019/3/7	20	34	69	23
2019/3/8	99	61	20	66
2019/3/9	54	30	54	54
2019/3/10	28	18	33	33
2019/3/11	45	94	69	66
2019/3/12	23	17	20	54

图9-45 格式和字段均相同的3个工作簿

Step01：选择【从文件夹】命令。关闭要统计的工作簿，再新建一个工作簿，❶在【数据】选项卡的【连接】组中单击【新建查询】下拉按钮▾，❷在弹出的下拉菜单中选择【从文件】选项，❸在弹出的子菜单中选择【从文件夹】命令，如图9-46所示。

Step02：选择文件夹。打开【文件夹】对话框，❶单击【浏览】按钮，选择放置前面3个工作簿的文件夹，❷单击【确定】按钮，如图9-47所示。

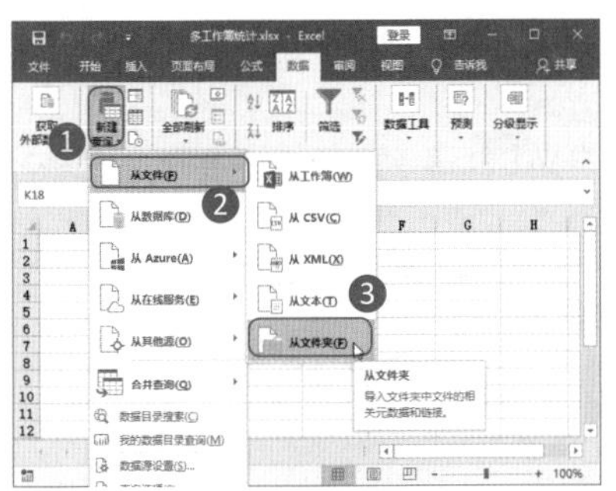
图9-46 选择【从文件夹】命令

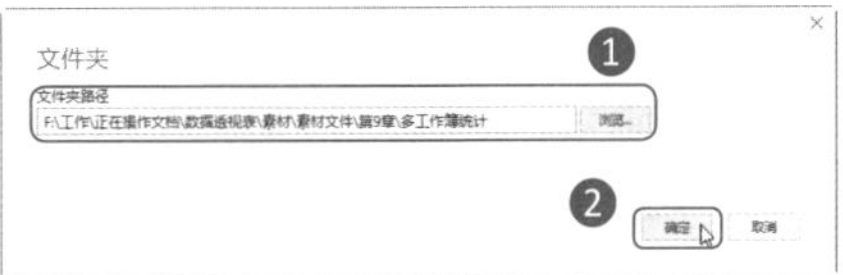
图9-47 选择文件夹

Step03：单击【编辑】按钮。在打开的对话框中可以看到需要合并的3个工作簿，保持默认不变，单击【编辑】按钮，如图9-48所示。

Step04：单击【自定义列】按钮。打开Power Query编辑器，在【添加列】选项卡中单击【自定义列】按钮，如图9-49所示。

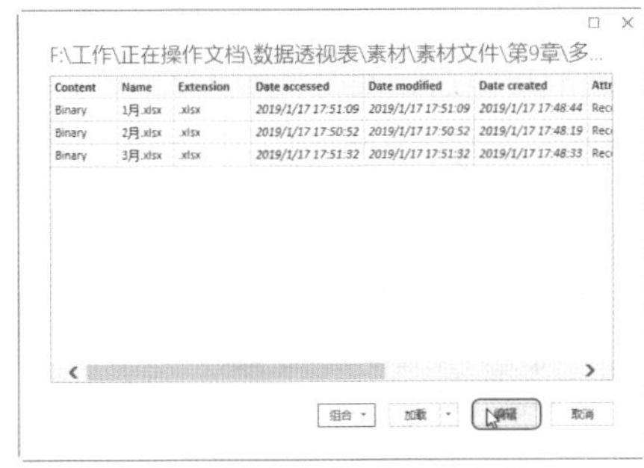
图9-48 单击【编辑】按钮

图9-49 单击【自定义列】按钮

Step05：输入公式。打开【自定义列】对话框，❶在【自定义列公式】文本框中输入公式"=Excel.Workbook([Content])"，大小写字符要保持完全一致，❷单击【确定】按钮，如图9-50所示。

Step06：选择【删除其他列】选项。❶因为只需要保留【自定义】列，其他列不需要，所以选中【自定义】列，并使用鼠标右键单击，❷在弹出的快捷菜单中选择【删除其他列】选项，如图9-51所示。

图9-50 输入公式

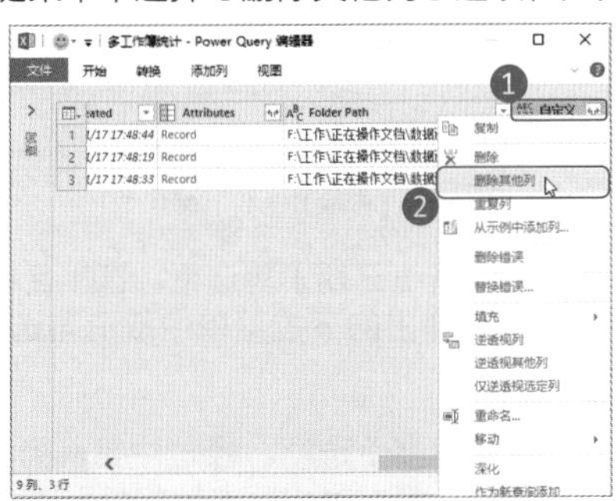
图9-51 选择【删除其他列】选项

Step07：单击【展开】按钮（一）。❶单击【自定义】列右侧的【展开】按钮，❷在弹出的下拉菜单中单击【确定】按钮，如图9-52所示。

Step08：单击【展开】按钮（二）。❶单击【自定义.Data】列右侧的【展开】按钮，❷在弹出的下拉菜单中单击【确定】按钮，如图9-53所示。

图9-52　单击【展开】按钮（一）

图9-53　单击【展开】按钮（二）

Step09：选择【删除其他列】命令。此时已经默认选择了需要保留的列，❶在有颜色填充的列上右击，❷在弹出的快捷菜单中选择【删除其他列】命令，如图9-54所示。

Step10：单击【将第一行用作标题】按钮。因为现在的内容没有标题，需要单击【开始】选项卡【转换】组中的【将第一行用作标题】按钮，如图9-55所示。

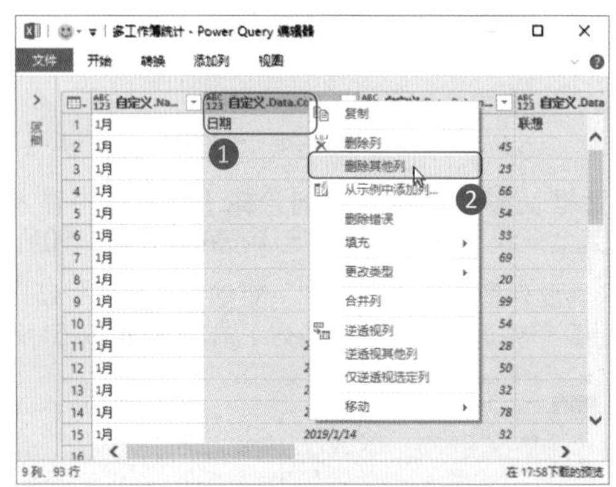

图9-54　选择【删除其他列】命令

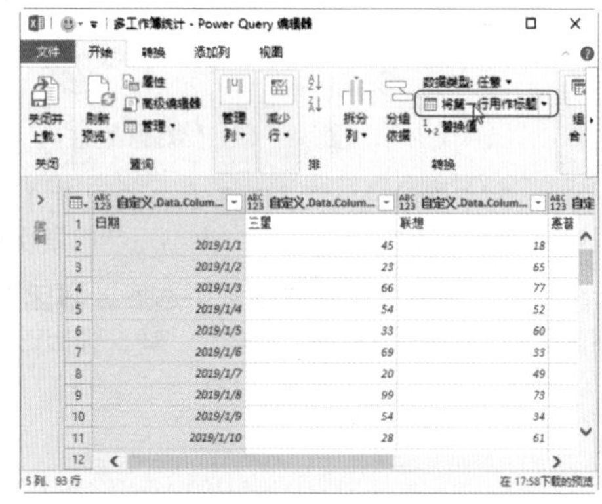

图9-55　单击【将第一行用作标题】按钮

Step11：取消勾选【日期】复选框。直接合并以后会有多余的标题，❶单击任意一列的筛选箭头，如【日期】，❷在弹出的下拉菜单中取消勾选【日期】复选框，❸单击【确定】按钮，如图9-56所示。

Step12：选择【日期】选项。❶选中第一列，❷在【开始】选项卡的【转换】组中单击【数据类型：任意】下拉按钮，❸在弹出的下拉菜单中选择【日期】选项，如图9-57所示。

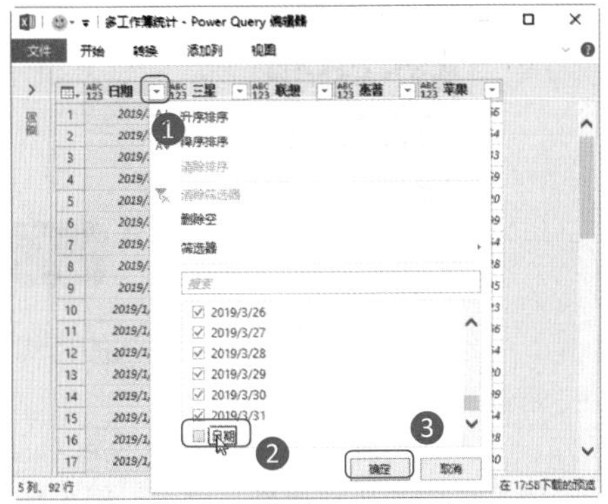

图9-56 取消勾选【日期】复选框

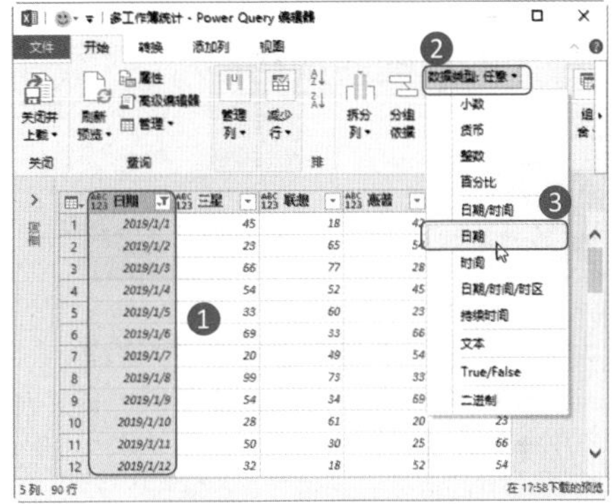

图9-57 选择【日期】选项

Step13：单击【关闭并上载】按钮。在【开始】选项卡的【关闭】组中单击【关闭并上载】按钮，如图9-58所示。

Step14：查看合并后的工作表。返回工作表中，即可看到3个工作簿都合并到一张工作表中了，如图9-59所示。

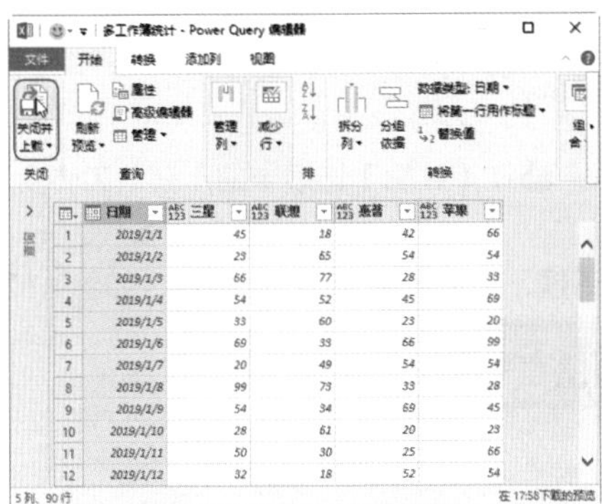

图9-58 单击【关闭并上载】按钮

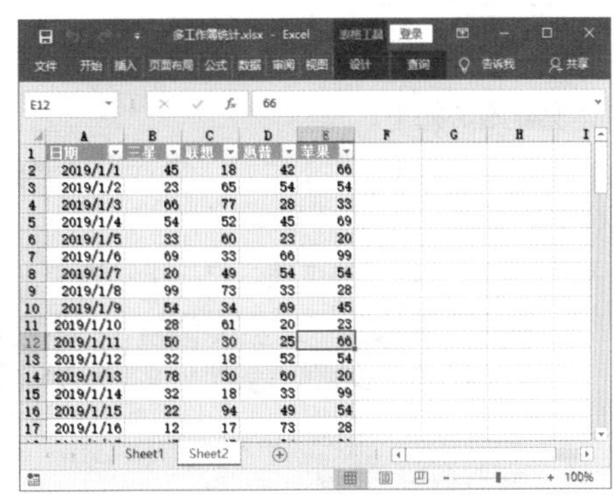

图9-59 查看合并后的工作表

Step15：创建数据透视表统计数据。在合并的工作簿中创建数据透视表，即可对3个工作簿中的数据进行统计，如图9-60所示。

图9-60 创建数据透视表统计数据

9.3.3 强大的日期转换功能

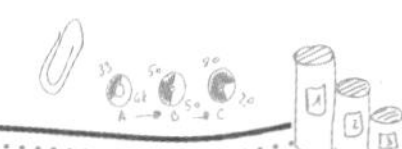

小李

王Sir，这是地区业务员交上来的销售记录，日期格式均不一样。这样不统一的格式，让我怎么统计？

	A	B	C	D	E
1	销售日期	产品名称	单价	数量	销售额
2	2018.12.8	玩具火车	56	12	672
3	2018.12.8	拍拍球	10	50	500
4	2019 1 5	跳跳马	32	15	480
5	2019 1 5	遥控车	98	20	1960
6	2019/4/3	积木	46	23	1058
7	2019-06-09	玩具火车	56	26	1456
8	2019 1-12	游戏桌	230	5	1150
9	2019-1 18	遥控车	98	27	2646
10	2.3.2019	跳跳马	32	22	704
11	12.1.2019	积木	46	36	1656

王Sir

小李，这种随心所欲输入的格式看起来确实令人头疼。

不过，没有什么能难倒Power Query编辑器。跟着步骤操作，就可以轻松地**将不规范的日期格式转换为规范的日期格式**，再统计就轻松多了。

其具体操作方法如下。

Step01：单击【从表格】按钮。❶选中日期数据，❷在【数据】选项卡的【获取和转换】组中单击【从表格】按钮，如图9-61所示。

Step02：确认表数据的来源。打开【创建表】对话框，直接单击【确定】按钮，如图9-62所示。

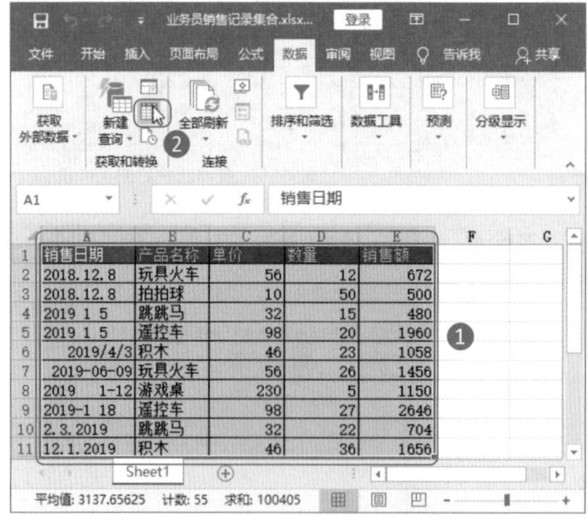

图9-61 单击【从表格】按钮

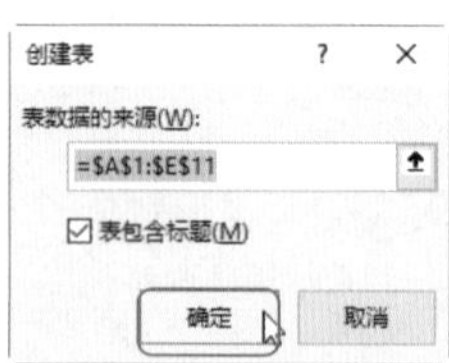

图9-62 确认表数据的来源

Step03：选择【日期】选项。打开Power Query编辑器，❶选择日期，❷在【开始】选项卡的【转换】组中单击【数据类型：任意】下拉按钮，❸在弹出的下拉菜单中选择【日期】选项，如图9-63所示。

Step04：单击【关闭并上载】按钮。此时，日期已经变为规范日期，在【开始】选项卡的【关闭】组中单击【关闭并上载】按钮，如图9-64所示。

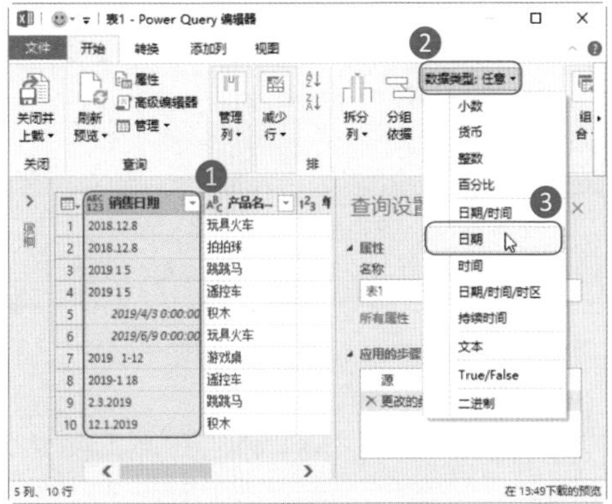

图9-63 选择【日期】选项

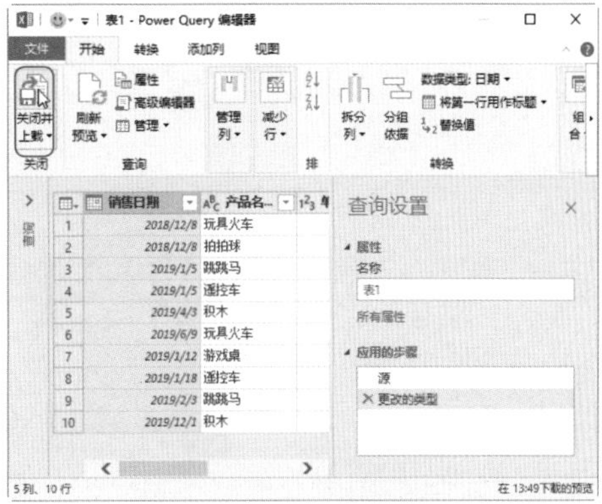

图9-64 单击【关闭并上载】按钮

Step05：查看规范后的日期。返回工作表中，即可看到不规范的日期已经转换为规范日期了，如图9-65所示。

Step06：创建数据透视表分析数据。创建数据透视表，即可按日期分析工作表中的数据了，如图9-66所示。

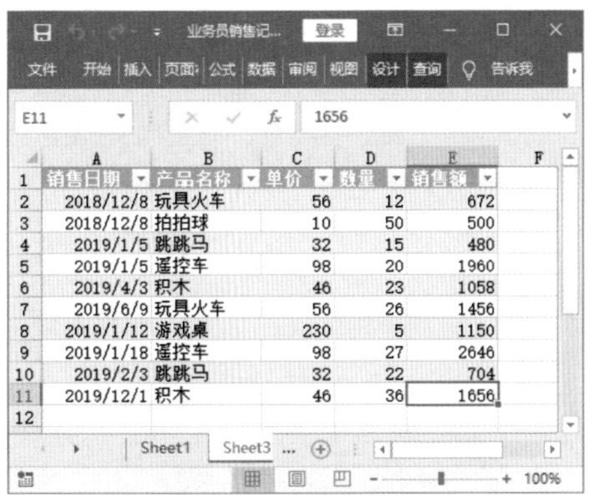

销售日期	产品名称	单价	数量	销售额
2018/12/8	玩具火车	56	12	672
2018/12/8	拍拍球	10	50	500
2019/1/5	跳跳马	32	15	480
2019/1/5	遥控车	98	20	1960
2019/4/3	积木	46	23	1058
2019/6/9	玩具火车	56	26	1456
2019/1/12	游戏桌	230	5	1150
2019/1/18	遥控车	98	27	2646
2019/2/3	跳跳马	32	22	704
2019/12/1	积木	46	36	1656

图9-65 查看规范后的日期

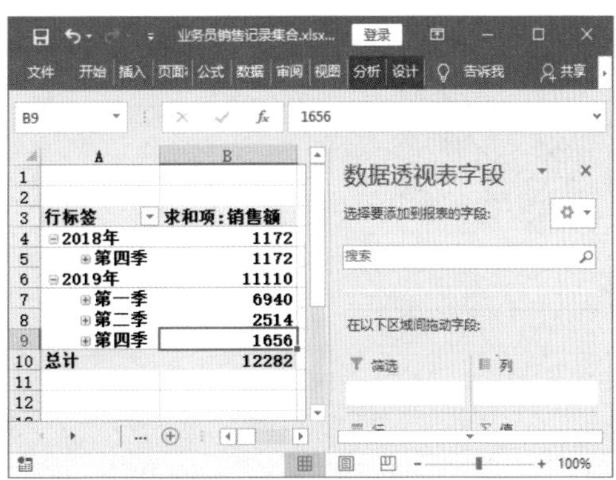

行标签	求和项：销售额
2018年	1172
第四季	1172
2019年	11110
第一季	6940
第二季	2514
第四季	1656
总计	12282

图9-66 创建数据透视表分析数据